全国高等职业教育“十三五”规划教材

煤资源地质学

主　编　马长玲　岳　亮
副主编　康　英　翟晓燕

中国矿业大学出版社
·徐州·

图书在版编目(CIP)数据

煤资源地质学 / 马长玲，岳亮主编. —徐州：中国矿业大学出版社，2018.12

ISBN 978-7-5646-4004-0

Ⅰ. ①煤… Ⅱ. ①马… ②岳… Ⅲ. ①煤田地质—高等职业教育—教材 Ⅳ. ①P618.110.2

中国版本图书馆 CIP 数据核字(2018)第 115855 号

书　　名　煤资源地质学
主　　编　马长玲　岳　亮
责任编辑　何晓惠　何晓明　孙建波
出版发行　中国矿业大学出版社有限责任公司
　　　　　　（江苏省徐州市解放南路　邮编 221008）
营销热线　(0516)83884103　83885105
出版服务　(0516)83995789　83884920
网　　址　http://www.cumtp.com　**E-mail**:cumtpvip@cumtp.com
印　　刷　江苏淮阴新华印务有限公司
开　　本　787 mm×1092 mm　1/16　**印张** 20.25　**字数** 502 千字
版次印次　2018 年 12 月第 1 版　2018 年 12 月第 1 次印刷
定　　价　45.00 元

前　言

煤炭是我国的第一大能源，占全国能源生产和消费总量的70%以上。虽然有关煤炭利用的争论长期存在，但时至今日煤炭依旧是全球重要的基础能源之一，未来很长时间内其地位还难以被替代。

《国务院关于加强地质工作的决定》（国发〔2006〕4号）发布以来，我国煤炭地质勘查技术研究与找矿技术取得了全方位发展。在煤炭地质和综合勘查理论领域，含煤岩系层序地层学、超厚煤层成因、构造推覆体下找煤、滑脱构造控煤等研究走在了世界前列，建立了信息化煤炭地质综合勘查理论与技术新体系。

为了适应煤炭地质综合勘查理论与技术的发展，促进我国煤炭地质工作的开展与交流，完成全国高等职业教育"十三五"规划教材的编写任务，特编制本书，以满足相关煤炭类高职高专院校教育改革的需要，加强职业技能人才的培训与培养。

教材编写分工如下：绪论、项目一、项目五、项目六由陕西能源职业学院马长玲编写；项目二、项目八由陕西能源职业学院康英编写；项目三由陕西能源职业学院翟晓燕编写；项目四、项目七、项目九由江苏建筑职业技术学院岳亮编写。

由于编者水平所限，书中不足之处在所难免，敬请读者批评指正。

编　者
2018年6月

目　　录

绪　论

一、煤在国民经济中的地位和作用

煤是由古代植物遗体经生物化学作用和物理化学作用转变而成的固体可燃有机矿产。它是由多种高分子化合物和矿物质组成的复杂混合物，是极其重要的、不可再生的化石能源和工业原料，是地球上蕴藏最丰富、分布地域最广的化石燃料。

我国是世界上最早发现和利用煤的国家。根据考古文物研究，在我国新石器时代的晚期遗物和周朝的墓葬里曾发现用煤制成的工艺品；辽宁新乐古文化遗址中的煤制工艺品，其同位素年龄为六千多年，煤质属抚顺的煤精。文字记载最早见于地理名著《山海经》中，称煤为“石涅”，并载有几处煤产地。在河南巩义市发现西汉时用煤饼炼铁的遗迹。魏晋时称煤为“石墨”或“石炭”，《水经注·漳水》中有“石墨可书，又燃之难尽，亦谓之石炭”，说明当时对煤的特性已有了一定的认识。唐宋时仍沿用“石墨”“石炭”的称呼。明朝开始有“煤”的称呼。“煤”和“煤炭”两词始见于《本草纲目》。在《天工开物》一书中，记述了煤矿开采的通风排气、顶板支护等，还对煤的块度进行分类，并对产地作了记述，如“明煤产北、碎煤产南”；关于煤的性质与用途分类在《天工开物·燔石》中有：“炎高者曰饭炭，用以炊烹；炎平者曰铁炭，用以冶锻”；在《天工开物·燔石》中还有“凡取煤经历久者，从土面能辨有无之色，然后掘挖，深至五丈许方始得煤”的记载。

在长期生活的实践中，人们逐步加深了对煤的认识，用煤范围也日益广泛，从早期用煤制作工艺品，到用于日常燃料、焙烧建筑材料和冶炼金属。我国劳动人民在长期找煤、采煤和用煤实践中积累下来的关于煤的知识，极大地丰富了煤资源地质学的内容。

我国煤炭资源分布面广，除上海市外，其余省、市、自治区都不同程度地存在煤炭资源；按煤炭资源总储量排序依次为新疆、内蒙古、山西、陕西、宁夏、甘肃、贵州、河北、河南、山东等省区。这种地理分布的不均衡性是我国制定资源勘查和开发战略布局的地质依据。在漫长的地质演变过程中，煤受到多种地质因素的作用，由于成煤时期、成煤原始物质、还原程度及成因类型上的差异，再加上各种变质作用和变质程度并存，造成了我国煤炭品种的多样化，从未变质的褐煤到高变质的无烟煤都有。煤炭在我国能源消费构成中一直占据重要的比重。在相当长的时期内，煤炭在我国能源消费构成中的主导地位不会发生根本改变，在我国经济建设和能源战略中所起的作用在今后相当长的时间内不会动摇，在国民经济中仍然具有重要地位。因此，从事煤资源地质学的研究和煤炭资源勘查开发是一项光荣而重要的工作。

在国民经济中，煤不仅是重要的能源，也是炼焦工业和冶金工业的重要原料。炼焦过程中可获得焦油、煤气和氨水等副产品，还可制取化学工业原料苯、甲苯、酚和萘等。这些化学工业原料是染料、药品、肥料、炸药、人造纤维等几百种产品的重要原料。石油危机出现后，煤的液化和气化燃料又使煤作为洁净燃料成为能源的组成部分。煤或煤灰中还可提取有益的金属元素，如锗、镓、铀、钒、金等。

二、煤资源地质学及其发展简史

煤资源地质学是以地质理论为基础，研究煤、煤层、含煤沉积、煤盆地以及与煤共生的其他矿产（油页岩、煤成气等）的物质成分、成因、性质及其分布规律的学科。它是研究煤炭资源的地质科学，是地质学中形成较早的分支学科，是一门既古老又崭新的发展中学科，是在前人总结的煤田地质学系统学科理论与研究方法的基础上，增加了含煤沉积体系、层序地层和我国新的煤的分类标准、赋煤区的划分及近年来发展的煤成气和煤层气理论等新内容，并与我国煤炭资源勘查、开发的实际需要相联系，形成了有比较完整的学科体系和丰富学科内容的新的煤资源地质学。煤资源地质学与沉积岩石学、地史学、构造地质学、大地构造学、矿床学、地质勘查、矿井地质学等学科密切相关。

煤资源地质学是在18世纪以后，伴随着工业化的变革及能源利用的第一次变革发展起来的。18世纪后半叶，蒸汽机的广泛应用带来了工业革命，促进了煤炭资源需求的增加，为了寻找煤炭及其他各种矿产资源，欧洲的许多国家相继成立了地质调查机构，相应发展了专门的地质科学。伴随着煤炭资源地质工作的发展，人们提出了许多有争论的煤资源地质问题，如早期争论最突出也是最持久的问题是成煤的原始物质，当时有煤的有机成因说和无机成因说。显微镜的出现促进了煤资源地质学的发展，1830—1846年，古植物学家尝试将煤制成薄片，在显微镜下观察，才逐渐肯定了煤的有机成因说的地位。此外，煤的原地与异地形成说的争论，也在煤资源地质学的萌发时期推动了学科的发展。19世纪中期，欧洲许多国家成立地质机构，开办矿业学校，开展地质调查，采煤工业迅速发展。此后，炼焦工业兴起，气化工业诞生。19世纪末到20世纪初，电力被应用于工业社会，冶金技术飞速提高，钢铁产量急剧增加，有机合成工业开始发展，世界铁路交通迅速扩大，对煤炭资源的需求急剧增加。为了适应煤炭生产的需要，当时世界上一些发达国家大力开展大煤田的地质调查研究，相继开始了对鲁尔、西里西亚、南威尔士、顿巴斯、宾夕法尼亚等几个大煤田进行大规模地质调查与研究，加速了煤资源地质学的发展。这一时期对含煤沉积、构造、煤的成因和性质等方面有较多的著述，如怀特和蒂森的《煤的起源》、蒂森的《古生代烟煤的构造》等，深化了煤资源地质学的研究领域，开辟了煤微观研究的独立分支。木质素成煤说与纤维素成煤说的争论，深化了煤的成因学说。此时，煤资源地质学除了偏重于研究煤的成因、性质、煤层变化等问题以外，还涉及煤的自然演化、煤层堆积条件、煤变质作用中的希尔特定律等。随着煤炭利用的深化，初步建立了煤的工业分类、化学分类、煤的岩石分类和成因分类，围绕着含煤沉积的旋回结构，初步深化了煤系沉积学的研究。煤资源地质学的研究和发展，使其从矿床学和采矿学中分离出来，成为独立的学科。

我国的煤资源地质学萌芽阶段大致为从鸦片战争到中国地质学会成立的这段时期，即1840—1922年。鸦片战争以后，资本主义国家的地质学家纷纷来华从事地质调查，如维里士、庞培里、李希霍芬等。19世纪中叶，若干西方的自然科学著述被翻译引入我国，如1872年华蘅芳翻译了莱伊尔著的《地学浅释》，成为近代地质学传入我国的先声。鲁迅与顾琅合编的《中国矿产志》论述了矿产和矿业问题，并论述了我国的煤炭资源；1910年，邝荣光所编绘的《直隶地质图》首次描绘了石炭纪和侏罗纪含煤地层的分布；1916年，叶良辅、刘季晨、谢家荣、王竹泉等地质学者集体调查西山地质，完成了《北京西山地质图(1∶10万)》，并论述了煤田分布与向斜构造的关系，1920年出版了《北京西山地质志》，成为我国第一部区域地质专著;1916 年,丁文江发表了《论中国煤炭资源》。自 20 世纪 30 年代以后,随着煤炭资源成为我国的主要能源,地质科学进入现代科学的发展时期,煤资源地质学进入了系统发展和成熟阶段。1922 年,中国地质学会的正式成立标志着我国地质科学发展进入了新的阶段。首先开展广泛研究的领域是含煤沉积的划分、对比及化石种群的研究,主要有李四光、赵亚曾对华北含煤沉积的研究,根据纺锤虫和腕足类化石划分了太原组,并确定了本溪组和太原组的界线,为含煤沉积的划分及对比提供了科学依据;袁复礼研究了甘肃西北部早石炭世地层,创立了"臭牛沟组";丁文江、俞建章研究了南方贵州独山地区早石炭世地层,创建了"丰宁组";斯行建研究了含煤沉积植物化石,阐述了各地质时代植物的演进及其环境;潘钟祥研究了陕北中生代植物化石及油页岩地质。1924 年,李捷编绘了《1∶100 万中国地质图　北京—济南幅及说明书》,并论述了古生界、中生界和新生界煤炭资源及第四系泥炭分布。地质学者开始研究我国各地煤资源地质,其中翁文灏、谢家荣、侯德封还专门讨论了我国煤炭资源分布规律,绘制了《中国煤炭资源分布图》。为研究我国煤炭资源分布规律,不断发现新的煤炭资源,中华人民共和国成立以后,我国进行了大规模的煤炭资源地质勘查工作和区域地质研究,不仅发现了许多新的煤炭资源产地,而且大大促进了我国煤资源地质学的蓬勃发展。

三、煤资源地质学的研究领域

煤资源地质学是研究煤在地壳中分布聚集规律的科学。随着地球科学的发展,煤资源地质学的研究领域不断开拓,各个研究方向日益深化,逐渐形成了系统完整的研究体系,主要包括以下研究领域。

(一) 成煤作用的研究

成煤作用主要研究由古代植物遗体转变成煤的过程,研究这一复杂过程的不同阶段、影响因素、作用性质、演变过程和产物,阐明煤的形成过程以及煤的成因分类等。我国煤的变质因素、变质规律、变质指标、变质阶段、变质类型等问题很早就引起地质及采矿部门的关注,不仅探讨了由于含煤沉积沉降到地壳深处而引起的深成变质作用,也深入探讨了接触变质和区域岩浆热变质的影响。随着地质力学的开展,构造应力变质现象受到广泛关注和研究。

(二) 煤的组成和性质的研究

根据研究的属性和手段的差别,可将煤的组成和性质的研究分为两个方面:一是将煤作为一种岩石,运用岩石学的研究方法,通过各种物理属性研究煤的组分、类型和物理性质;另一种是运用化学分析的方法,通过各种化学属性研究煤的有机和无机组分的化学组成、元素组成、工艺性质特征等,进而研究煤的工业分类和进行煤质评价及确定煤的综合利用方向等。

(三) 煤层及煤系沉积学的研究

研究煤、煤层、煤系堆积时的沉积作用、沉积体系、层序地层特征,阐明不同沉积体系、层序地层的形成演化对煤的物质组成、煤层和煤系的形成、富煤带和富煤中心分布规律的控制,形成了含煤性预测的基础。

(四) 聚煤构造、聚煤域和煤盆地的研究

煤层、煤系形成时和形成后的演变,特别是构造控制的研究(即影响煤形成的古构造和影响煤形变的后期构造),都是含煤性最终预测及评价煤炭资源开发利用的重要问题。煤盆地分析以盆地为整体,从演化发展的观点进行古环境和古构造相结合的分析,并进行区域大地构造、古气候、海水进退以及盆地在古大陆的位置等背景分析。在煤盆地的形成与演化的控制因素中，大地构造因素起主导作用。要阐明煤在地壳中的聚集分布规律，必须研究煤盆地的特征、类型及其与大地构造的关系，必须对煤层的赋存变化进行构造预测。这些内容日益成为煤资源地质学的重要研究内容。

（五）煤聚集与分布规律的研究

煤的区域分布规律是从植物演化、气候条件、古地理环境、古构造学等方面对较大区域直至全球的煤聚集规律进行研究。聚煤规律研究是当今煤资源地质学指导煤炭资源寻找和预测的基础，它运用多学科手段，在区域地质研究的基础上，借助煤盆地分析方法和原理，研究煤在特定地壳中的聚集和分布规律，从而为有效开展煤资源地质工作、为煤炭资源开发利用提供依据。

（六）煤成气及与煤共(伴)生的其他矿产研究

煤作为生气源岩已经成为煤岩学和煤层气勘查工作的一个重要研究课题。已知有些含煤沉积中产出石油、天然气，有的石油构造发育有煤层，从成因上研究煤、石油、天然气的共生关系，具有重要的理论和实际意义。油页岩、铝土矿和耐火黏土、沉积铁矿及锗、镓、铀、钒、金等是与煤共(伴)生的沉积矿产，研究它们与煤之间的关联，有助于更好地进行综合找矿勘查，提高矿产勘查效率，能更有效地寻找、开发、利用矿产资源。

四、地学新理论、新方法对煤资源地质学的促进与影响

沉积体系分析和层序地层学等新概念、新学科的提出和发展给煤资源地质学带来了新的思路和方法。当代地球科学的发展明显地表现出全球性和综合性的特点。当代地球的发展要求应用各种现代科学技术的最新成果，并使各门学科紧密地结合起来。层序地层学在煤资源地质研究领域的应用和发展就是当代煤资源地质沉积学、地层学及相近学科理论和方法的综合运用。

沉积体系分析的理论与方法，拓展了煤资源地质学研究的新途径。沉积体系的系统论和从三维空间追踪沉积体的思路，使人们将煤层作为一种特殊沉积体来研究，对煤层在一个沉积体系中的三维分布及对其受整体水动力控制机制的分析有了全新的概念。煤层的发育在整个沉积体系中成为关键，在分析煤聚集和煤盆地充填规律时，煤层或煤的聚集过程已经成为对比的关键。

煤资源地质学的成煤作用理论一直以陆相成煤作为煤形成的经典理论，即以往大多数研究者认为成煤作用发生在水退期。前人总结出了海(水)退成煤模式或陆相成煤模式。海退成煤作用一般发生在盆地演化某一阶段的后期，泥炭堆积的终结表明这一演化阶段的结束。所以，以往人们习惯于把煤层顶层面作为一个沉积旋回的顶界面，进行旋回划分与对比。随着沉积学的发展，泥炭的堆积过程成为地学工作者不懈探索的课题，从而发现某些煤层不是在海退期间形成的，而是在海侵过程中形成的，这就使得成煤作用理论出现了质的飞跃。

盆地分析与层序地层学为煤资源地质学提供了新的研究方法。现代煤资源地质学不断吸收盆地分析和层序地层的分析方法，如煤盆地的整体分析、含煤沉积的精细对比等，使得煤资源地质学领域出现了新的景象。煤资源地质学研究已经与沉积学、地层学、层序地层学等研究融为一体。

煤资源地质学的另一重要进展是不再以固体煤作为主要研究对象，而是将煤及与其共

(伴)生的矿产均作为主要研究对象。煤成气地质理论的形成与发展,应该看作是煤资源地质学的重要组成部分。煤和石油、天然气在形成上存在着密切的成因联系,因此,煤资源地质学和石油地质学的研究有相互渗透的趋势。煤和黑色页岩中锗、镓、钒、金等元素富集的研究,已成为煤和黑色页岩有机地球化学的研究方向。

总之,煤资源地质学是一门既古老又崭新的学科,也是一门发展中的学科。我国的煤炭资源极其丰富、品种多样,煤资源地质工作有着广阔前景。在科学技术发展已进入新时代的今天,煤资源地质科学必将跨进以引入计算机技术和空间技术成果为标志,以发展新的沉积理论、构造理论、煤的成因与变质理论为重点的新阶段。随着煤炭工业的迅速发展,煤资源地质学科的领域也将不断扩大,许多边缘学科将会不断诞生,新的技术手段也将日益增多,煤资源地质工作的精度和科学预见性将大大提高,将会找到更多的新煤盆地,提供更准确、更完整的煤资源地质资料,为我国煤炭工业的高速发展和社会主义现代化建设做出贡献。

项目一　成煤作用

成煤作用是原始成煤物质最终转化成煤的全部过程，它分为两个相继的阶段：从成煤原始物质堆积，经生物化学作用直到泥炭形成，称为泥炭化作用阶段；当已形成的泥炭物质由于沉积盆地沉降而被埋藏于地下较深处时，就进入了成煤作用的第二阶段——煤化作用阶段，它是在温度、压力增高的长时间物理、化学作用下，由泥炭向褐煤、烟煤、无烟煤转变的过程(图 1-1)。

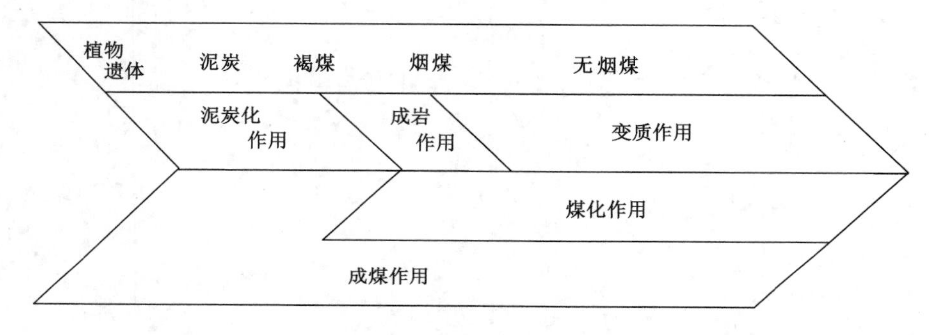

图 1-1　成煤作用的阶段划分

任务一　成煤原始物质及堆积环境

知识要点

成煤作用；成煤原始物质；堆积环境。

任务导入

煤是由植物遗体堆积转化而成的，这种观点在 18 世纪初就已提出，但直到 19 世纪 30 年代显微镜技术的应用才得以公认。

作为成煤的原始物质——植物，在自然界有其漫长的发展演化过程，各类植物的兴、盛、衰、亡必然影响地史时期煤的形成和整个成煤特征的演化，两者关系密切。植物种类多样，无论是高等植物还是低等植物，都是成煤的原始物质。原始物质不同，必然导致煤在化学组成、物理化学性质及工艺性能方面的差异。由高等植物形成的煤称为腐殖煤；由低等植物形成的煤称为腐泥煤。若成煤的原始物质主要是植物的根、茎等木质纤维组织，煤的氢含量就低；若是由含脂类化合物较多的角质体、木栓层、树脂、孢粉所形成的煤，则氢含量就高；若是由藻类为主形成的腐泥煤，其氢含量就更高。这些不同的煤在加工利用过程中表现出来的工艺性质也有很大差别。因此,成煤的原始物质是影响煤质的重要因素之一。

任务分析

掌握植物演变与成煤的关系、成煤的原始物质、植物遗体的堆积环境、沼泽的主要特点与形成方式、植物遗体的聚集条件。

相关知识

一、低等植物与高等植物

根据植物体构造的复杂程度,可将植物分为低等植物和高等植物两大类。

(一) 低等植物

属于低等植物的有藻类和菌类。由单细胞或多细胞组成的丝状体或片状体植物,没有根、茎、叶等器官的分化,基本上为柔软的组织,构造简单,多生活在水中,在条件有利的情况下迅速繁殖,在条件不利时则大量死亡,沉积于水底,与矿物杂质混在一起形成腐泥。

地史早期(从元古宙到早泥盆世),低等植物曾构成了当时植物界的主体,此时期成为植物发展演化的菌藻类植物时期。

(二) 高等植物

随着地史的演化,进入了以高等植物占主导地位的时期,即早期维管植物时期、蕨类和古老裸子植物时期和被子植物时期。

高等植物由一些低等植物经长期演变而来,逐渐由水生向陆生发展,在形体结构和生理特征上都较低等植物复杂。在植物细胞的分化过程中,逐渐演化成具有相同生理机能和形态结构的细胞群(各类植物组织),它们分别组成了植物的根、茎、叶等营养器官和花、果实、种子等结实器官。尽管各类植物的生理机能因植物死亡而消失,但一些组织(如高等植物根、茎、叶的保护组织等)的形态结构仍可保存下来,成为煤岩学乃至古植物学的研究对象。

二、植物的有机组成及其在成煤过程中的转化特点

植物主要由有机物质构成,但也含有少量的无机物质。无论是低等植物还是高等植物,它们都是由细胞组成的,而细胞又由细胞壁和原生质组成。细胞壁的主要组成是纤维素、半纤维素和木质素;原生质是细胞的内含物,它由蛋白质和一些碳水化合物组成。此外,植物还有花粉、孢子等繁殖器官。

从化学角度看,植物的有机组成可分为以下四类,并且在成煤过程中具有不同的转化特点。

(一) 碳水化合物

碳水化合物包括纤维素、半纤维素和果胶质等。纤维素是构成植物细胞壁的主要成分,在生长着的植物体内很稳定。但植物死亡后,在氧化条件下易受喜氧细菌、霉菌等微生物的作用而分解为 CO_2、CH_4 和 H_2O;在沼泽酸性介质中,纤维素又易发生水解作用形成糖类,在溶液中呈胶体参与泥炭的形成。半纤维素和果胶质的化学组成和性质与纤维素相似,两者常混合出现,但比纤维素更易水解为糖类和酸。果胶质大部分存在于低等植物体内,高等植物中比较少见。

（二）木质素

木质素是植物细胞壁的主要成分,多分布在植物机械组织。木质素比纤维素稳定且不易水解,但在泥炭沼泽水和微生物等介质的作用下,木质素可发生分解,并和其他化合物生成与腐殖酸相似的物质,是泥炭形成的原始物质中很重要的有机组分。

（三）蛋白质

蛋白质在植物体内所占比重不大,但它是组成植物细胞原生质的主要物质,在植物生存过程中起着重要作用。蛋白质在菌、藻类等低等植物中含量高。植物死亡后,若氧化条件充分,蛋白质可全部分解为气态产物而逸散。在泥炭沼泽的水介质中,蛋白质可以分解或转变为氨基酸、卟啉等含氮化合物,参与泥炭或腐泥的形成。

（四）脂类化合物

脂类化合物主要是指不溶于水,溶于醚、苯、氯仿等有机溶剂的有机化合物。植物的脂类化合物包括脂肪、树脂、树蜡、角质层、木栓质和孢粉质等。

1. 脂肪

脂肪是植物细胞内原生质体的一种成分。低等植物的脂肪含量高,藻类中可达 20%;高等植物含脂肪少,一般仅为 1%～2%,且多数集中在植物的孢子和种子内。在生物化学作用过程中,酸性和碱性溶液可水解脂肪生成脂肪酸和甘油,其中脂肪酸可参与泥炭或腐泥的形成。

2. 树脂

树脂是植物分泌组织在生长过程中的分泌物质,在植物体内呈分散状态。所有针叶植物都含有树脂,低等植物则没有。树脂的化学性质极为稳定,不溶于有机酸,微生物和昆虫都不能破坏它,因此可以很好地保存在泥炭中。煤化作用过程中,树脂的主要挥发组织大部分将消失,少量可以保存下来,我国三纪煤中的"琥珀"就是由树脂转变而成的。

3. 树蜡

树蜡多呈薄膜状覆盖于植物的叶、茎和果实表面,以防止水分的过度蒸发,保护植物免遭伤害(图 1-2)。树蜡的化学性质稳定,不易遭受分解。植物的角质层、木栓层等外壳中含有树蜡,因此在泥炭、褐煤中常保存有植物的角质层和木栓层。

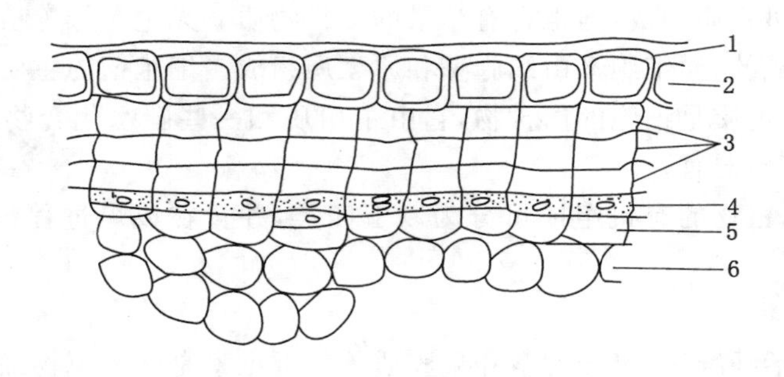

图 1-2　植物茎周皮切面示意图

1——角质层;2——表皮;3——木栓层;4——木栓形成层;5——栓内层;6——皮层

4. 孢粉质

孢粉质是植物繁殖器官孢子与花粉外壁的主要有机组分，化学性质十分稳定，在较高温度和酸碱度下也不发生分解，因而能较完整地保存在煤中。

植物主要由以上四大类有机化合物组成，但不同种类的植物，其有机组成是不同的，而且同一种植物的不同部分其有机组成也是不同的。植物在有机组成上的差异，直接影响其在泥炭沼泽中的分解程度和转化，影响泥炭的组成和性质，也影响煤的性质与用途。

高等植物和低等植物都是成煤的原始物质，植物所有的有机组分都能参加成煤作用，部分植物还可参与石油的形成。稳定组分可直接参加成煤作用，不稳定和较稳定的组分则首先进行分解形成中间产物，进而相互作用或与其他组分作用形成新的产物而参与成煤作用。

三、植物的演化与成煤作用特征

植物演化与成煤作用具有密切关系，没有植物的发育，地质历史中就不可能有聚煤作用发生。植物在自然界由低级向高级演化，经历过多次飞跃，具有明显的阶梯性，因此，成煤作用也就具有明显的阶段性，如图 1-3 所示。

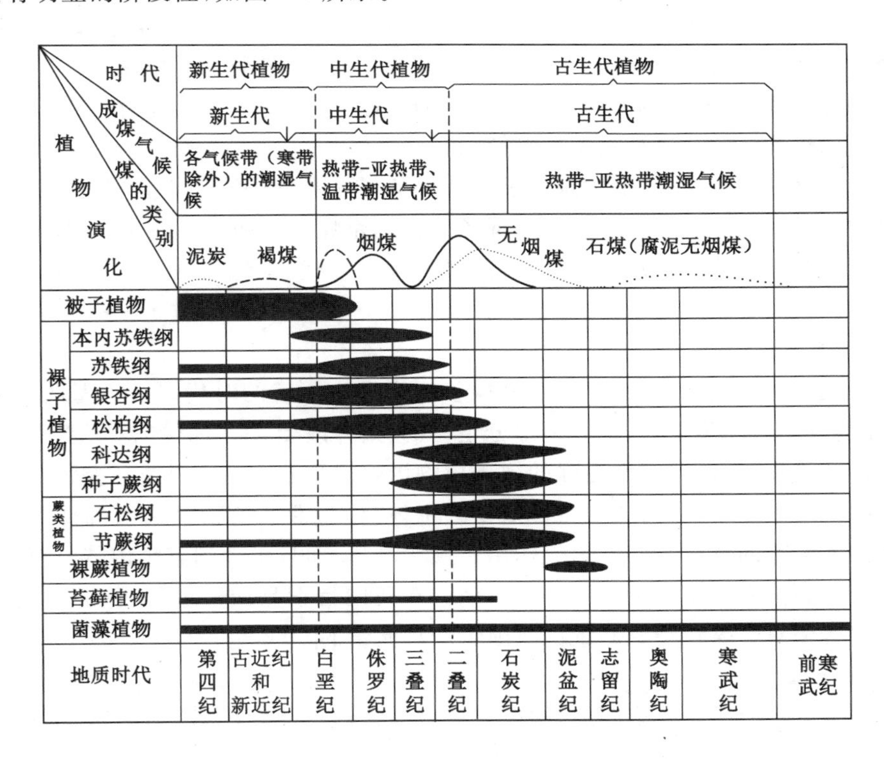

图 1-3 地史时期植物演化与成煤作用的关系

（一）菌藻类植物时代

元古宙到早泥盆世，是植物界发展的初期阶段。这个时期是水生的菌藻植物时代，因此，不可能有大规模的聚煤作用发生，广阔、稳定的浅海环境提供了藻类大量繁殖的良好条件，以藻类等低等生物的遗体为原始物质形成的腐泥，再经煤化作用转变而成的煤在我国俗称为“石煤”。

这是地史上最早的聚煤时期。由于特定的地质条件，石煤主要分布在我国南方各省区。

（二）蕨类植物时代

晚志留世到早、中泥盆世为世界上最古老的陆生植物时代。由于加里东阶段的地壳运动，陆地面积逐渐扩大，植物也开始从水生向陆生发展，这是植物由低等向高等演化的重要转折时期。早期维管植物以裸蕨类为主，还包括原始的石松类、节蕨类等，形成地史上最古老的陆生植物群。这是植物发展史上，也是聚煤历史上的重大事件。由于裸蕨植物对陆地环境仅初步适应，所以其组织器官仍很原始，形体也小，还没有真正的叶、根之分，只在地下有一种假根。泥盆纪炎热而湿润的气候，裸蕨植物在滨海湖沼地带得到迅速繁殖与发展。这个时期被称作裸蕨植物时代，为当时的聚煤作用提供了物质基础。我国泥盆纪由裸蕨形成的煤见于云南禄劝、广东台山和秦岭西段等地。

（三）蕨类、种子蕨类植物时代

晚泥盆世开始到晚二叠世早期，是高等植物发育、发展和演化的最重要的时期，以孢子植物蕨类和裸子植物的种子蕨为主。裸蕨植物有了根、茎、叶等器官的分化，扁化了的大型叶面扩大了光合作用，是由半陆生的裸蕨类演化而成的完全陆生植物，这又是一次质的飞跃。这个时期的气候温暖潮湿，适于植物生长发育，多门类植物共同发展，形成了广阔而茂密的滨海和内陆森林，为煤的聚集提供了丰富的原始物质，在全世界范围内都形成了大量具有工业价值的煤炭，石炭-二叠纪煤层就形成于此时代。

石炭-二叠纪是全世界范围内最重要的聚煤时期，地势比较平坦，植物繁盛，聚煤作用强，为全球性的第一个主要聚煤时期，形成了广泛的聚煤盆地和含煤地层。我国著名的鄂尔多斯盆地、华北盆地、华南盆地等，都是大型的石炭-二叠纪聚煤盆地，形成了我国重要的煤炭开发基地。

（四）裸子植物时代

晚二叠世晚期开始到中生代早期，是裸子植物最为繁盛的时代。由于海西和印支运动的影响，陆地范围进一步扩大，地表地形分化，气候条件改变，干旱带扩展，从而使石炭-二叠纪的植物群开始衰退，而适应性更强的裸子植物则随之兴起。特别是晚三叠世到早白垩世，是裸子植物极度繁盛时期，构成中生代植物的主体，称为裸子植物时代，它们为中生代的聚煤作用提供了丰富的物质基础。聚煤作用不仅在滨海，而且扩大到整个内陆，使侏罗纪和早白垩世被公认为世界上第二个重要的聚煤期。在我国特别是西部地区，侏罗纪是最为重要的聚煤时期。侏罗系煤炭资源储量占我国煤炭总储量的60%左右。

（五）被子植物时代

从早白垩世晚期开始到第四纪，构造活动更加强烈，气候分带更加明显，植物进入高级发展的重要阶段。被子植物迅速发展并替代裸子植物成为这个时期的优势植物群。被子植物的种子除有种皮保护外，输导组织亦更加完善，对气候多变的陆地生活具有更强的适应能力。古近纪、新近纪和第四纪冰期后，被子植物处于绝对统治地位，成为古近纪和新近纪煤聚集的主要物质来源，这个时期被称为世界上第三个重要的聚煤期。

从上述可以看出，植物的演化与煤的形成和聚集具有密切关系。首先，煤的形成始于植物出现以后，随着植物的大量繁殖与发展，聚煤作用强度加大，重要聚煤时期才能形成；由于植物从水生到陆生、从低级向高级的发展和演化，成煤环境亦由浅海、滨海进而扩大到整个内陆，聚煤环境逐渐多样化；整个地史过程聚煤作用呈波浪式发展，每个强烈聚煤作用发生期都和植物演变进化、新植物群的出现有密切关系，而新的聚煤时期的出现又总是以新门类的植物群的出现为前提，呈现出明显的阶段性。

四、植物遗体的堆积环境——沼泽及其类型

植物遗体并不是在任何环境下都能够转化成泥炭和腐泥的，必须具备两个条件：

（1）必须有大量植物的持续繁殖和发展，这是成煤的物质基础。

（2）植物遗体堆积后应及时与空气隔绝，以使植物遗体不被分化，能保存下来并进一步转化成泥炭或腐泥。

沼泽或泥炭沼泽是死亡后的高等植物堆积并转变为泥炭的最有利场所，湖泊、海湾和浅海多为低等植物繁殖、死亡和堆积且形成腐泥的环境。

沼泽指有植物生长的常年积水的洼地。沼泽中的植物死亡后，其遗体能够转变成泥炭的，称为泥炭沼泽。

世界上许多地区都有现代泥炭沼泽，估计总面积可达 160 万 km^2。我国泥炭沼泽的分布也很广，总面积达 11 万 km^2，其中泥炭泥堆积较厚的面积约为 2.6 万 km^2。

根据划分依据不同，泥炭沼泽可分为以下几类。

① 按植物群落面貌，可分为草本泥炭沼泽和木本泥炭沼泽。

② 按水介质的含盐度，可分为淡水泥炭沼泽、半咸水泥炭沼泽和咸水泥炭沼泽。

③ 按沼泽水补给来源及沼泽的相对位置，可分为低位泥炭沼泽、高位泥炭沼泽和漂浮泥炭沼泽。

④ 按成因，可分为滨岸带泥炭沼泽、三角洲平原泥炭沼泽、河流泛滥地泥炭沼泽等。

在不同条件下形成的泥炭沼泽及沼泽中泥炭的堆积，各有不同的特点，以下介绍其中的两种类型及泥炭堆积的某些特征。

（一）淡水、半咸水和咸水泥炭沼泽

淡水泥炭沼泽一般处于内陆环境；半咸水和咸水泥炭沼泽往往处于近海条件下，与海水活动有关系。

淡水沼泽在成煤沼泽中占有重要地位，除在滨海地带发育并逐渐朝海的方向过渡为半咸水、咸水泥炭沼泽外，广泛分布于内陆地区。我国四川省西北部若尔盖沼泽是内陆发育淡水泥炭沼泽的典型实例。该地区因长年积水而大面积沼泽化，在盆地内平坦广阔的河谷阶地、湖盆和洼地中，长满了喜湿的草本植物，形成草本植物大量繁殖和泥炭堆积的有利环境。堆积的泥炭层厚度一般为 2～3 m，最厚可达 8 m。

东北是我国现代泥炭沼泽分布最广的地区，三江平原、松嫩平原等地都有大面积沼泽发育。这些地区地壳长期下沉，地势低平，排水不畅，地表岩石透水性差，加之雨量多集中在夏秋两季，因而造成季节性积水，形成多处沼泽地带。沼泽内苔草丛广泛分布，形成所谓“漂浮甸子”的泥炭堆积层，最厚可达 70 cm。

湿带滨海地区半咸水和咸水沼泽的景观面貌、植物群落与内陆淡水沼泽有明显不同。一般最靠海的一侧是咸水沼泽，这是潮汐作用能影响到的地带，常被海水淹没；朝陆地的方向，位于高潮线以上的地带，虽不受潮汐影响，但在风暴期或异常高潮期仍有海水侵入，再加上地下水的咸化，这里发育的沼泽通常为半咸水沼泽。无论是咸水沼泽还是半咸水沼泽，所生长的植物主要是海草类草本植物，没有重要的泥炭聚集，一般仅形成薄的泥炭层，并具有高灰、高硫的特点。有些地段泥炭完全不发育，仅可见到有草根穿插的含铁质结核的黏土层。由半咸水沼泽再向陆地方向，则发育淡水沼泽，其中有些地段可能以漂浮的草本植物为主，但木本植物更为繁盛，形成稳定的树沼泽环境，是泥炭聚集的重要场所。当有河流平原发育时，滨海地带的树沼泽可以和河流平原上的树沼泽连成一片，并朝上倾方向延伸很远(图 1-4)。

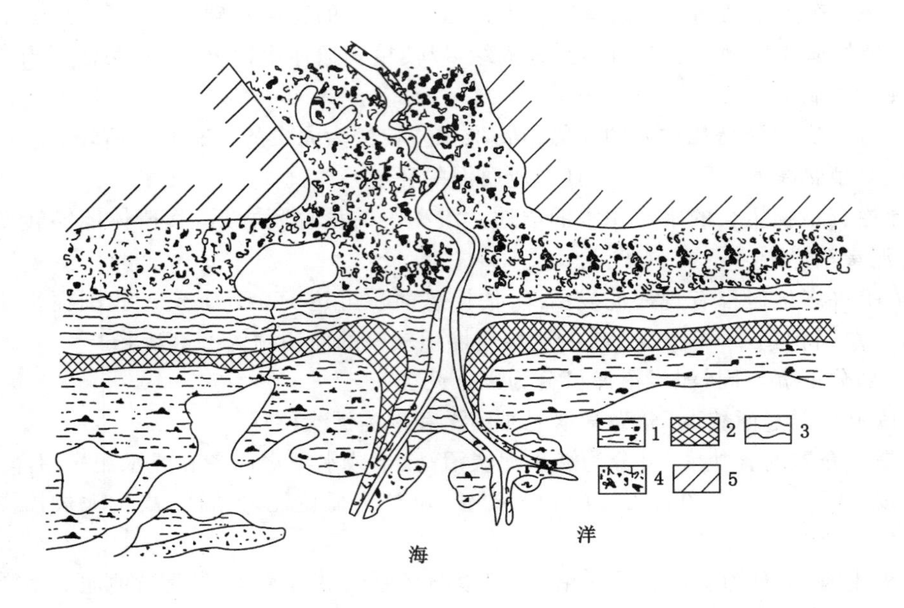

图 1-4　墨西哥湾北岸现代沼泽(咸水、半咸水和淡水沼泽)分带示意图

1——咸水沼泽；2——微咸水草沼泽；3——淡水草沼泽；4——树沼泽；5——较老沉积物

在热带、亚热带地区，沿海岸发育的半咸水和咸水沼泽通常无草本植物，取代它的是红树林。红树高达数米，具有板状根和鸡笼状的支柱根，还有从树枝上长出来又插入地下的空中根，这些为数极多、错纵交叉生长的根深植于淤泥质土壤中，以防止风暴的侵袭。涨潮时海水淹没到支柱根以上，退潮时支柱根部分露出水面。由于这些根大量埋藏于地下，因此比茎更容易保存下来转变为泥炭。

我国的现代红树林主要分布在广东、海南和福建南部沿海，广西和台湾沿海也有少量分布。红树林在海岸地带繁殖，日久堆积，形成泥炭。

综上所述，淡水、半咸水和咸水沼泽中都能生成泥炭，但真正有价值的、可称为聚煤环境的是近海和内陆的淡水沼泽，特别是木本植物繁殖的淡水沼泽。

(二) 低位泥炭沼泽、中位泥炭沼泽和高位泥炭沼泽

低位泥炭沼泽、中位泥炭沼泽和高位泥炭沼泽是沉积盆地中淡水泥炭沼泽的三种基本类型。它们是根据泥炭沼泽水补给来源的不同和地下水与泥炭堆积的相互关系来区分的，也可以把这三种类型看作是泥炭沼泽的地貌随时间演变的连续系列(图 1-5)。

(1) 低位泥炭沼泽，又称为低伏泥炭沼泽。它是指位于地表低洼地段，主要靠地下水以及潜水面较高的泥炭沼泽作为补给来源[图 1-5(a)]。这种类型泥炭沼泽多处于泥炭沼泽发

展的初期，其主要特征是泥炭层覆盖在基底地形之上，地下水位的高度与泥炭堆积的表面相当，故泥炭堆积层常被水淹没或周期性被水淹没。在地表水和地下水源不断补给时，带来大量溶解了的矿物质，这种高滋育营养条件使高等植物大量繁殖生长，形成了茂密的森林。在地表异常湿润的地段，则发育芦苇和水百合等植物，造成泥炭沼泽中植物类型的分异。低位沼泽对泥炭的形成最为有利，在地史上各成煤期占重要的地位，且通常出现在各种含煤碎屑沉积模式中。由于特定的条件，低位沼泽中所形成的泥炭灰分较高，沥青质含量低，焦油产出率亦较低。我国第四纪泥炭形成于这种类型泥炭沼泽的约占90%。

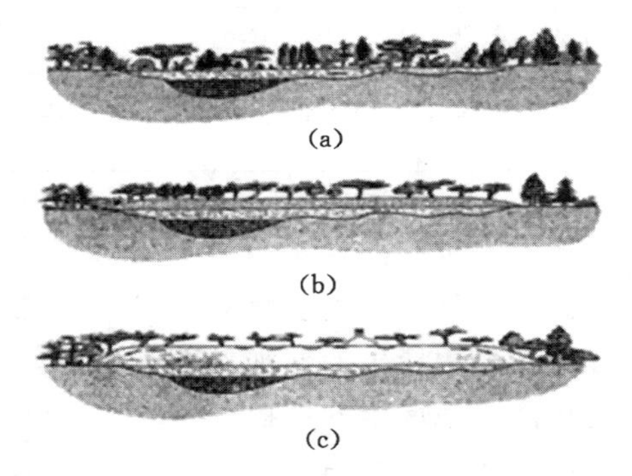

图 1-5 淡水泥炭沼泽的类型与演变序列示意图

(a) 广阔的低位泥炭沼泽，其内有各种茂密的植物群；(b) 中位泥炭沼泽，其内有受限制的植物群；
(c) 高位泥炭沼泽，其内有受到限制及发育受阻的植物群

(2) 中位泥炭沼泽。这类泥炭沼泽多出现于低位泥炭沼泽与高位泥炭沼泽的过渡时期，同时兼有低位泥炭沼泽和高位泥炭沼泽的某些特点；其水源一部分由大气降水补给，一部分由地下水补给，潜水面位置在泥炭层内并随补给水量的大小而变化。这类泥炭沼泽的表面，由于泥炭的积累超于平坦或中部已有凸起，地表水和地下水通过周边泥炭层时就开始被吸收，到中心地带已大为减少，因而潜水位降低、营养状况变差，泥炭层也处于中性到酸性，植物以中等养分为主，故又称为中营养泥炭沼泽或过渡泥炭沼泽[图 1-5(b)]。所形成泥炭的性质一般介于低位泥炭沼泽和高位泥炭沼泽之间。

(3) 高位泥炭沼泽，又称为凸起泥炭沼泽。它是以大气降水为主要补给来源的泥炭沼泽类型，其特点是有凸起的，不反映原来地形的泥炭沼泽上表面；同时由于泥炭的不断堆积，泥炭形成层表面逐渐高出潜水面，从而失去地下水给水条件而仅靠大气降水补给。由于水源不足，高位泥炭沼泽缺乏植物大量繁衍所需的矿物质，故又被称为低滋育泥炭沼泽。高位泥炭沼泽在发展演化过程中，泥炭积累速度与养分的供给状况与低位泥炭沼泽有明显不同：在泥炭沼泽边缘部分，易得到周边流水所携带的丰富营养；在中心部位则难以得到充足的、高营养的地表水和地下水的补给，仅靠大气降水补给，这样就使得贫营养植物首先出现于中心地带。此外，典型的高位泥炭沼泽中部平坦，边缘陡凸，具有中部高出周边的特有剖面形态，中心部分还可发育小型湖泊或河流。当具备了高位泥炭沼泽的特征后，就不利于大规模泥炭层的形成，在成煤过程中不占主要地位[图 1-5(c)]。在有些地区的高位泥炭沼泽中形成了厚层泥炭，这可能与沼泽中河流的发育有关。高位泥炭沼泽中形成的泥炭，与低位沼泽中形成的泥炭有明显不同(表 1-1)。

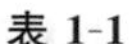

表 1-1　　低、高位沼泽泥炭特征对比表

名称	项目				
	取样深度/m	灰分/%	沥青产率占有机物的百分比/%	焦油产率占有机质的百分比/%	有机质的含量/%
低位沼泽泥炭	1.00	12.2	5.9	15.1	5.8
	1.75	13.6	6.4	16.0	5.7
	2.75	12.8	5.6	17.3	5.7
高位沼泽泥炭	0.50	3.4	14.5	20.1	6.4
	1.75	2.0	15.5	23.5	6.3
	2.50	2.5	22.1	26.7	6.0

除上述三种基本类型外，还有一种漂浮泥炭沼泽类型。它属于沉积盆地淡水泥炭沼泽范畴，往往发育在一些较浅的湖泊或其他蓄水盆地中。在这些盆地的边缘浅水带，半水生植物死亡后转化为泥炭堆积，在分解作用产生的气泡作用下，可部分撕裂并浮到水面，形成片状漂浮的泥炭席随处浮动，也可随其他漂浮的植物一起沿湖泊边缘堆积，形成漂浮的泥炭台地，甚至可以覆盖整个湖泊。在现代的这类沼泽中，有时还可以发现漂浮泥炭席上生长有植物，其根向下延伸扎入下伏的沼泽中，使漂浮泥炭与下伏泥炭结合在一起，在浅水区形成长树的泥炭孤岛。漂浮泥炭沼泽中形成的泥炭对浅水湖泊或浅水盆地淤积充填起重要的作用，但形成不了厚的泥炭堆积层，往往是大面积沼泽化初期阶段的产物。

以上介绍的几种泥炭沼泽类型，可以看作是泥炭沼泽形态随时间而演化的连续系列中的一个部分或一个阶段。洼地因过分湿润而发展为低位沼泽，随着植物遗体的堆积和泥炭层的不断加厚，可使泥炭沼泽逐渐高出水面，潜水位相对下降，经过过渡类型最终演化为高位泥炭沼泽。浅湖也可先在边缘部分发育漂浮泥炭沼泽，然后演化为大面积低位泥炭沼泽，并最终发展为高位泥炭沼泽。

五、泥炭沼泽的形成条件及沼泽化的可能途径

泥炭沼泽的形成和发育是地质、气候、水文、地貌、土壤、植物等多种自然因素综合作用的产物。泥炭沼泽的形成条件如下。

（1）地貌和土壤条件

形成泥炭沼泽要有缓慢沉降且具有植物繁殖生长所需的疏松的低洼地带，这种洼地有利于水的汇聚而不利于水的排泄，基底的缓慢沉降与地下水位的缓慢持续抬升相均衡。同时，洼地与活动能量大的水体间以一定形式的保护屏障相对隔离，并且洼地内部地形高差变化不大，地表宽缓低平。

（2）气候条件

从现代泥炭的分布来看，寒带、温带、热带都有泥炭沼泽的形成和泥炭的堆积。在寒带，现代泥炭的堆积一直发展到北极地区。在北极的北斜坡和阿拉斯加地区就有由草本植物和苔藓类形成的厚层泥炭。在温带，泥炭层的分布也很广泛，如美国密西西比河三角洲地区，河道之间的淡水沼泽中就有 2～5 m 厚的泥炭层。在热带，如马来西亚、印度尼西亚等地区都有泥炭的聚集。由此可知，在泥炭沼泽形成的气候条件中，湿度是最重要的，温度只影响植物的生长速度和植物群落的面貌。形成泥炭沼泽的湿度条件，是年降雨量大于年蒸发量。

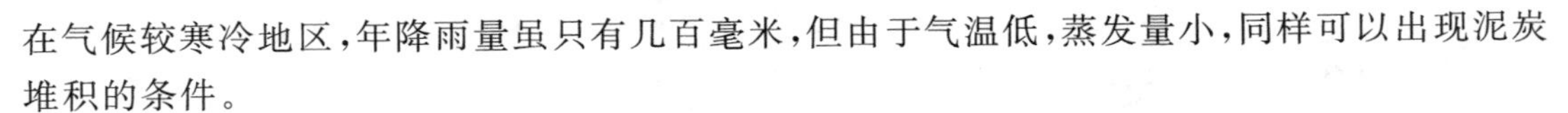

在气候较寒冷地区，年降雨量虽只有几百毫米，但由于气温低，蒸发量小，同样可以出现泥炭堆积的条件。

(3) 水文地质条件

沼泽形成的水文条件要求入流量大于出水量，或者可以表达为：入流量＋降水量＝外流量＋蒸发量＋剩余量。其中，入流量既包括地面水系的补给量，也包括地下水补给量，外流量包括地表和地下两个部分。只有这样，才能使沼泽化地区有充分的积水。

具备上述条件的内陆或近海地区都可以发生沼泽化而形成泥炭沼泽。

泥炭沼泽是水域和陆地的过渡形态，因此自然界沼泽化的可能途径大致有两种，即由陆地演化为泥炭沼泽，称为陆地泥炭沼泽化；由水域转化为泥炭沼泽，称为水域泥炭沼泽化。

陆地泥炭沼泽化是广泛的，尤以气候湿润地带最为有利。陆地泥炭沼泽化的成因有多种，有的是由于地下水位升高或溢出地表，或是由于地表低洼，洪水、冰雪融水及大气降水的汇集，使地表过湿或积水，土层通气条件恶化而形成；有的则是由植物自然更替而引起土壤养分的贫化而造成。陆地沼泽化可产生各种地貌类型中的草甸，如河漫滩、阶地、坳沟、山间小盆地、平缓分水岭、缓坡地、扇缘洼地、冰蚀冰碛谷地及溶蚀洼地等处，在有利的条件下，都可以发生草甸沼泽化。森林地带的沼泽化，往往是由森林残落物的过分积累及土壤灰化作用引起的。永冻土区的沼泽化是由于气候严寒、降水少、地表切割微弱，地面众多封闭的洼地易形成小的湖沼。由于永冻层可作隔水层，地表水不能渗入，在气温低、湿度大、蒸发量小的情况下出现了厌氧条件，从而形成泥炭沼泽。

水域沼泽化都是从岸边及水体底部植物丛生开始，这些地带水深不大，水层透明度较好，且具水温适宜、含盐度低等特点，易于发生沼泽化。水域沼泽化可产生于河流、湖泊、滨岸地带的各种海湾和河口湾等。其中，河流的沼泽化大多发生在平原或山间谷地的中、小河流地带，这些地带由于河道迂回曲折，河床宽浅，水流平稳，岸、底植物丛生，对沼泽化有利。湖泊的沼泽化有三种模式：浅水缓岸的湖泊泥炭沼泽化(图 1-6)，为常见的情况；深水陡岸的湖泊泥炭沼泽化(图 1-7)；小河泥炭沼泽化。

浅水缓岸的湖泊水体由四周向湖心逐渐变深，湖底首先沉积含少量有机质的黏土和砂岩，其上为腐泥层。在湖底沉积的同时，岸边向湖心方向可分出几个有规律变化的植物带。随着植物逐渐积累，湖泊亦不断淤浅，导致原有植物群落由于水生生态环境的演化而依次向湖心推移，最终湖泊转变为泥炭沼泽。这种由湖滨向湖心演化的模式称为向心泥炭化型或向心陆化型。在湖泊水位变化强烈的情况下，湖泊在水位降低时可出露湖底，由于水层变浅或只有薄层积水，因而促使水生植物大量繁殖，逐渐形成泥炭堆积层；随后水位若再次缓慢上升，且能与泥炭堆积速度相平衡，就会出现泥炭沼泽由湖心向岸边发展，因而这种发育方式被称为离心泥炭化型或离心陆化型。

深水陡岸的湖泊中，因其边缘繁殖大量的漂浮植物，死亡后的植物残体沉入湖底转化为泥炭，这是一种由上而下的泥炭化过程。初始，在避风浪的湖边水面长满了漂浮植物，并与湖岸边相连，形成漂浮的“植物毯”。漂浮植物主要是蔓延在水面上的长根茎植物，其根茎交织成网，风沙带来的矿物质停积其上，养分逐渐改变，其他植物也入侵繁衍，使得“浮毯”增厚，密度加大，进而为苔草植物的生长提供了有利条件。随“浮毯”的逐渐加大积厚向水中沉没，其下部死亡的植物残体在重力作用下脱落沉入湖底，转化为泥炭。最终因湖底填积加高，逐渐与“浮毯”相连并不断向湖心扩展造成湖泊的淤浅而萎缩。

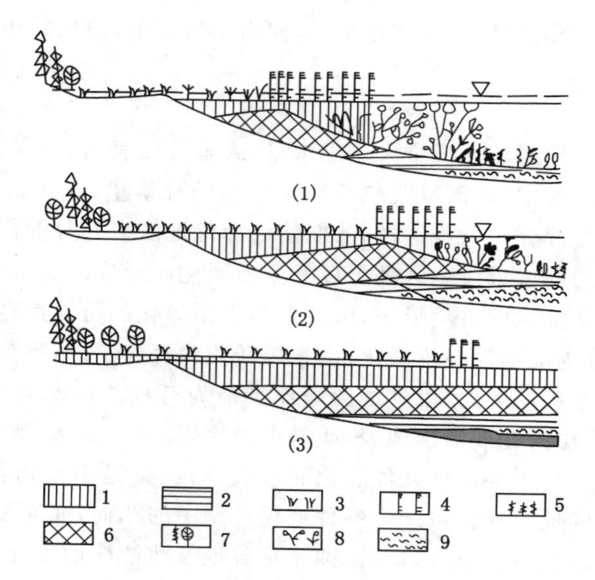

图 1-6　浅水缓岸的湖泊泥炭沼泽化发育模式

1——苔草泥炭；2——睡菜泥炭、眼子菜；3——苔草草丘；4——芦苇；5——藻类沉水植物；6——芦苇泥炭；7——针叶阔叶树；8——浮水植物；9——腐泥

(1)、(2)、(3)表示沼泽发展的不同阶段

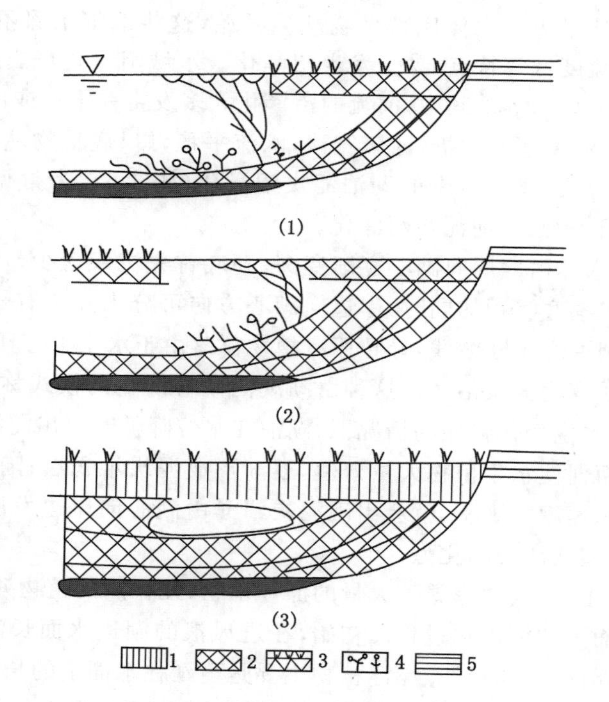

图 1-7　深水陡岸湖泊泥炭沼泽化发育模式

1——苔草泥炭；2——混合泥炭；3——浮毯；4——浮水植物；5——亚黏土

(1)、(2)、(3)表示沼泽发展的不同阶段

小河泥炭沼泽化的情形大致与浅水缓岸的湖泊泥炭沼泽化近似，呈带状，植物分带不明显，往往在流速最小河段的河底开始生长水生植物；植物繁茂后，由于河床糙度增加，流速减小，于是在河面及河边出现漂浮植物，在水中充氧不足的条件下，积累起泥炭，使整个河道泥炭沼泽化。

六、植物遗体的堆积方式

植物遗体的堆积方式是成煤条件的体现。按成煤的植物遗体是否经过搬运而后堆积的过程，分为原地堆积和异地堆积两大类。这样的分类既包含了植物遗体的堆积方式，也是指泥炭的生成和埋藏方式。

原地堆积是指形成泥炭的植物残体不经搬运，原地堆积于植物繁衍生存的泥炭沼泽内，然后形成泥炭进而演变为煤。其根据是现代典型泥炭沼泽中生长的植物，死亡后就在原地堆积，没有搬运的迹象；煤层底板中常见有发育很好的垂直根座，表明这里曾是植物生长的土壤；煤层具有均一的或宽条带状结构，煤中陆源碎屑矿物较少且分布均匀；大多数煤层厚度在大面积内比较稳定，结构和形态变化不大。

若植物遗体经过相当距离的搬运后再堆积并且形成泥炭，则称为异地堆积。现代穿越辽阔森林地带的河流，常见到河水将大量植物遗体搬运到河口及湖、海沿岸地带的情况。在我国一些山间盆地，山前冲积扇缘洼地、河漫滩洼地的全新世沉积中，都有异地生成的泥炭。如河北易县石岗易水河河湾沉积的泥炭层，直接堆积于基岩和河床相的卵石粗砂层之上（图 1-8），泥炭层夹着躺倒的树干、树根及植物的壳果，厚度变化大，这是由洪水将植物残体从山地带到水流突然减速的河湾处堆积而形成。在地史上所形成的煤层中，也发现有根部朝上倒立的树木化石，有些煤层的厚度、结构和物质成分变化很大，煤的岩石夹层中不含根座，这些特征都可作为异地生成的依据。至于已经形成的泥炭经过搬运后再沉积，属于异地生成的另一种情况。

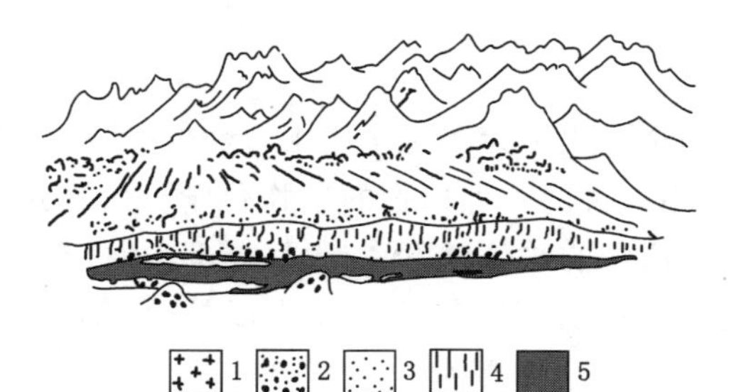

图 1-8　河北易水河河湾异地生成泥炭剖面

1——基岩（花岗闪长岩）；2——卵石粗砂层；3——砂层；4——黄土层；5——泥炭层

近代泥炭层及煤层地质研究认为，原地堆积和异地堆积生成泥炭的两种方式都是存在的，但具有工业价值的煤层大都是原地成因的。异地堆积生成泥炭由于富氧水流的分解作用和其他原因，能够保存成为有工业价值泥炭的并不多。此外，有的煤层底板中尽管有根土岩存在，但在显微镜下观察，可发现煤中有被搬动磨损的痕迹、煤中有较多碎屑矿物、结构破碎及混杂现象，这是在同一泥炭沼泽范围内流动的水将部分植物遗体和已形成的泥炭短距离漂浮搬运后再堆积的缘故，有人称其为微异地堆积或亚原地生成，但仍属于原地生成范畴。近年来，又有人提出大多数工业煤层应当符合原地-异地混合方式的堆积，绝对的原地生成和异地生成是局部分布的，况且在泥炭堆积过程中，原地和异地间的关系并不固定。

思考与练习

1. 试分析植物的有机组成及其在成煤过程中的转化特点。

2. 简述低位泥炭沼泽、中位泥炭沼泽和高位泥炭沼泽的区别标志。

任务二　泥炭和腐泥的形成

知识要点

泥炭;腐泥;泥炭化作用。

任务导入

植物遗体堆积后,并不是直接转变为泥炭或腐泥的,而是逐渐堆积的植物遗体受堆积环境中的水、氧气及微生物活动的影响,经过分解和分解产物的化合等作用后,才使得高等植物转变成泥炭,低等植物转变为腐泥,这是在成煤作用第一阶段发生的变化。

任务分析

学习泥炭化过程中的凝胶化作用、丝炭化作用和残植化作用,分析腐泥化作用过程。

相关知识

一、泥炭化作用

高等植物转化为泥炭的全过程称为泥炭化作用,是一种植物的生物化学分解作用,它是与水解作用、氧化及还原作用有关的一种植物的生物化学分解作用和生物化学合成作用的总称。这一过程发生在覆水沼泽的水位以下,与大气局部沟通,是有微生物参与的一个非常复杂的变化过程。泥炭化作用的直接产物除了泥炭以外,分解出的气态产物有二氧化碳、水、沼气和少量氮。

(一) 泥炭化过程中的生物化学作用

泥炭化过程中生物化学作用的实质,就是使植物遗体中所有的有机组分经过一系列的变化后转变成为泥炭。一般认为,这个过程大致可分为以下两个连续的阶段。

第一阶段,以生物化学分解作用为主。堆积的植物遗体处在泥炭层的表面多氧条件下,由于水介质、氧和微生物的参与,发生氧化分解、生物分解和水解,使植物遗体有机组成的一部分被彻底破坏,变成气体和水分;另外一些部分被分解成组分较为简单、化学性质活泼、呈半流动状态的胶体物质和其他新的有机化合物;未被彻底分解及植物有机组成中难以分解的稳定组分继续保留下来。

在生物化学分解过程中,微生物起到很大的作用。无论是在泥炭堆积的表面层、中间层,还是还原环境的底层,都有微生物的繁殖及活动。在泥炭堆积的表面层,空气流通,温度较高,为氧化环境,因此含有大量需氧性细菌、放线菌和真菌。在表面层以下,随着深度的增加,需氧性细菌、真菌等减少,厌氧细菌迅速增多,逐渐变成以合成作用为主的还原环境。在各类微生物中,需氧细菌中的无芽孢杆菌有强烈分解蛋白质的能力,在植物遗体分解的初期占优势。一些真菌能分解糖类、淀粉、纤维素、木质素和丹宁(又称鞣酸类物质)等有机物质。在某些条件下,不少细菌还可以分解植物有机组成中的稳定组分。

在生物化学分解过程中,植物组织的各种有机组分的抗分解能力各不相同,最易分解的是原生质,其次为脂肪、果胶质、纤维素、半纤维素,最后是木质素、木栓质、角质、孢粉质、蜡质和树脂。在氧化分解、水解和微生物分解的作用下,它们都会遭受程度不同的破坏与分解。如纤维素可首先被分解为羟基,羟基可进一步被分解为二氧化碳和水;木质素首先转化为芳香族和脂肪族的酸类,继续分解也会变为二氧化碳和水。如果综合分解作用一直进行下去,植物遗体绝大部分遭受破坏,变为气态和液态产物逸出,就不可能有大量泥炭的聚积。但实际上,在泥炭沼泽环境中,植物遗体的分解是不充分的,其原因如下:

(1) 泥炭沼泽中水体的覆盖和植物遗体堆积厚度的不断增加,使正在分解的植物遗体逐渐与空气隔绝,阻碍了氧化分解作用的进一步进行,往往在不完全氧化分解的情况下就转入第二阶段,使未充分分解的产物保留而形成泥炭。

(2) 泥炭化过程中,植物遗体分解出的某些气体、液体、有机酸和细菌新陈代谢的酸性产物,使泥炭沼泽中水介质酸度增大,抑制了细菌的生存及活动。

(3) 植物本身所具有的防腐和杀菌成分,能够使植物不致遭到完全破坏。

由上述可知,植物遗体的各主要有机组成大部分被分解成新的化合物参与了泥炭的形成。

第二阶段,以生物化学合成作用为主。随着植物遗体的不断堆积和分解,泥炭堆积的表面形成层依次被掩盖,原处在表层的氧化环境逐渐被还原环境所替代,在底部的还原层中分解作用逐渐减弱。与此同时,在厌氧细菌的参与下,第一阶段在泥炭形成层中形成和保留下来的分解产物之间和分解产物与未完全分解产物之间的化学作用开始占主导地位。相互作用的结果便产生了原来植物遗体中所没有的成分——腐殖酸和沥青质等,合成了一种新的较稳定的有机化合物,导致植物遗体分解的最终产物——泥炭形成。因生物化学合成作用主要是形成具有泥炭特征组分的腐殖酸,因此把这种复杂混合物的形成作用也称为腐殖化作用。泥炭是植物遗体转化成煤的总进程中的中间产物。

植物转变为泥炭后,植物中含有的蛋白质在泥炭中消失;木质素、纤维素等在泥炭中含量甚微,而产生了植物中原来所没有的大量腐殖酸和沥青质。在元素组成上,碳含量增高,氢含量略有增加,氧含量减少。

泥炭化作用过程中的生物化学分解与生物化学合成是没有截然界线的,实际上是植物分解作用进行不久,合成作用也就开始了,两种作用在相对不同泥炭剖面位置中同时进行。无论是在植物遗体的分解过程还是在合成过程,都有微生物的参与并起了相当重要的作用。

(二) 泥炭化过程中几种不同作用方式

泥炭化作用是泥炭不断生成和积累的过程。这个过程主要是在微生物参与下所进行的生物化学作用,它包括凝胶化作用、丝炭化作用、残植化作用等几种不同的作用方式。这是因为在不同泥炭沼泽环境中,介质条件往往是不同的,即使同一环境中的不同地段或同一地段的不同时期,介质条件也随之发生变化,加之植物各有机组成部分稳定性存在差异,因此在不同的条件下就有不同的作用方式，使植物的各主要组成部分变为成分和性质完全不同的产物，造成泥炭物质组成上的多样性。

1. 凝胶化作用

凝胶化作用是指植物的主要组成部分在泥炭化过程中经过生物化学变化和物理化学变化，形成以腐殖酸和沥青质为主要成分的胶体物质——凝胶和溶胶的过程。凝胶化作用是在覆水较深、水体滞流、气流闭塞的缺氧或弱氧化至还原环境的泥炭沼泽中发生的。在微生物参与下，植物的木质纤维组织一方面进行生物化学变化，一方面进行胶体化学变化，二者同时发生和进行，导致物质成分和物理结构两方面都发生变化。由于受水的长期浸泡，细胞壁吸水膨胀，胞腔逐渐缩小，甚至完全失去细胞结构，逐步离解为分子集合体，通过结合形成胶体，胶体与水接触形成以腐殖酸和沥青质为主要成分的凝胶、溶胶等胶体物质。

由于凝胶化作用的强烈程度不同，产生的凝胶化物质的结构和形态亦不相同，再经煤化作用转化，便形成煤中不同的凝胶化显微组分。

2. 丝炭化作用

丝炭化作用是指泥炭化作用阶段，植物的木质纤维组织受一定时间的氧化、脱氢、脱水和增碳等作用而形成丝炭物质的过程。丝炭化作用是在沼泽积水较少、湿度不足或泥炭层表面比较干燥，以及氧气供应充足的条件下，在喜氧细菌的参与下发生的。丝炭化物质和凝胶化物质一样，也是由植物的木质纤维组织转变而成的，但由于其变化条件及变化过程不同，形成的丝炭与凝胶化物质的性质也完全不同。丝炭化物质形成后，经煤化作用转变为煤中的丝炭化组分。

大量的研究成果表明，有的丝炭化物质在形成过程中不经过明显的凝胶化作用，在煤中仍保留不膨胀变形的、完整的植物细胞结构；但还有相当一部分丝炭化物质首先经历了不同程度的凝胶化作用过程，而后由于泥炭沼泽介质发生变化，转入了丝炭化作用环境，形成丝炭化物质，但仍保留凝胶化阶段已形成的形态与结构。因此，同一植物的有机组成可先后经历两种不同的转变过程，并形成相应结构的组分。然而已经经过充分丝炭化作用而形成的丝炭化物质，即使再转回凝胶化作用发生的条件下，也不能再发生凝胶作用而形成凝胶化物质，并且丝炭物质的细胞结构也不会改变。凝胶化物质一旦完成了向丝炭化物质的彻底转化，就不可能再发生逆向转化。

3. 残植化作用

残植化作用是指在泥炭化阶段，植物的木质纤维组织受到强烈分解，从而使植物有机组成中难以分解的稳定组分相对富集的过程。残植化作用是在水流畅通的活水泥炭沼泽中发生的。由于外部水流的不断补给和沼泽内水的不断流出，新鲜氧气供给充分，细菌活动持续活跃，氧化分解作用长期进行，凝胶化作用和丝炭化作用的产物被充分分解破坏，并不断被水流带走，而稳定组分则相对富集。残植化作用是泥炭化作用中的一种特殊情况。

经残植化作用所形成的富含稳定组分的泥炭物质，是形成残植煤的初期产物，经过煤化作用即成为残植煤。在残植化介质条件下，植物物质所遭受的生物化学氧化分解，也被称为腐朽作用。

综上所述，由于诸多原因，泥炭沼泽的介质条件不是一成不变的，沼泽的氧化、氧化-还原、还原三种环境经常变化或交替出现，造成植物遗体分解过程的多次经历，使泥炭化过程表现为几种不同的作用方式，形成不同的最终产物，因此造成泥炭在物质组成上的多样性。

它是影响煤质的主要因素之一。

（三）泥炭化作用的产物——泥炭及其特征

泥炭是泥炭化作用的最终产物。泥炭的组成主要为固态有机组分和无机组分。造成泥炭成分、性质不同的影响因素主要为沼泽的植物群落、营养供应、介质的酸度和其中所含盐分的种类、氧化还原条件等。

1. 泥炭的化学组成

泥炭的化学组成，除含有大量水分外，主要是有机质和矿物质。

(1) 泥炭的有机质

泥炭的有机质主要包括未完全分解的植物残体和腐殖质。有机质的含量是指有机质在泥炭干物质总量中占有的百分比。在我国泥炭资源中，泥炭中有机质含量一般为50%～80%，个别可高达90%或以上，因植物种类不同而存在差异。

在元素组成上，也是因植物残体的类型、泥炭的积累时间和分解程度的不同而不同。

碳是泥炭有机质中主要的元素组成，其含量多在50%～60%，最高可达65%或以上。一般木本泥炭的碳含量较高，草本泥炭次之，藓类泥炭较低，这主要与形成泥炭的植物的含碳量有关。碳的聚集是在泥炭沼泽环境下，在生物化学过程中，植物遗体分解后，进行缓慢缩合、脱水和脱羧基的结果。

氢在泥炭有机质中的含量主要和泥炭的类型有关，一般含量为4.7%～7.5%。由贫营养泥炭至富营养泥炭，氢的含量逐渐减少。

氧在泥炭有机质中的含量为30%～40%，含量的高低主要受形成泥炭的植物及其分解程度的影响。

氮含量的高低也与泥炭类型有关。富营养泥炭氮含量高，一般为1.5%～3.5%，富营养泥炭中草本泥炭氮含量高于木本泥炭；贫营养泥炭氮含量较低，一般为0.8%～1.2%。

硫在泥炭有机质中平均含量为0.3%，最高为0.66%，最低为0.08%。一般硫含量在贫营养泥炭中较低，富营养泥炭中较高。

泥炭有机质中的有机组分的组成较为复杂，主要包括用有机溶剂从泥炭中萃取的类脂或沥青；用热水从泥炭中提取的水溶物和在无机酸中存在的经水解后溶解的易水解物；泥炭有机质中不水解的残余物等。在泥炭有机质中，以稀碱溶液从泥炭中提取的物质，称为腐殖酸，它是泥炭的特征组分。腐殖酸不是单一的有机化合物，而是一组由相似的且分子大小各异、结构不同的羟基芳香羧酸所组成的复杂混合物。腐殖酸在泥炭有机质中含量较高，一般在泥炭干物质中占20%～40%，有的高达50%或以上。

(2) 泥炭的矿物质

泥炭的矿物质是指泥炭组成的无机物部分。它的来源一方面是在水、风和其他动力作用下，使矿物质运移到泥炭中并聚集起来；另一方面则来源于形成泥炭的植物体本身。其中，地下水、河流及湖泊水、地表径流、冰雪融水及大气降水等是促使矿物质在泥炭中聚集的最活跃因素。

水、风及其他动力来源的泥炭矿物质，在数量上构成泥炭中无机质的主要部分。常见的有氧化物、氢氧化物、碳酸盐类等，其中，以石英及次生黏土矿物为主。

贫营养泥炭的矿物质，除少量来自大气降水和风力作用外，主要来源于植物本身，因而泥炭灰分含量较低。富营养泥炭灰分含量较高，一般为10%～40%，最高可达70%。

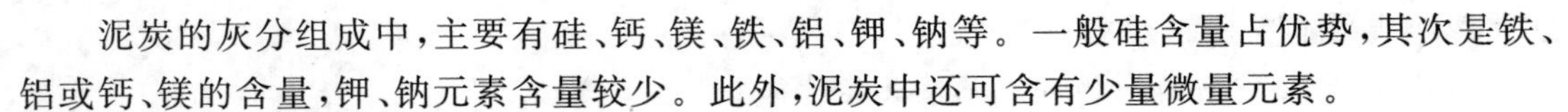

泥炭的灰分组成中，主要有硅、钙、镁、铁、铝、钾、钠等。一般硅含量占优势，其次是铁、铝或钙、镁的含量，钾、钠元素含量较少。此外，泥炭中还可含有少量微量元素。

2. 泥炭的主要物理、化学特性

泥炭的性质反映出泥炭形成和演化的环境，它直接或间接地反映了泥炭的化学组成，这对评价泥炭的加工利用有重要的意义。

(1) 分解度

泥炭的分解度是指植物遗体的有机组成由于腐解作用而失去细胞结构物质的相对含量，即泥炭中无定形腐殖质占有机质的百分含量。分解度表示泥炭分解的强度，在一定程度上反映了泥炭化作用的程度。因此，它是评价泥炭质量及加工利用的重要依据之一。

(2) 泥炭的含水性质

泥炭具有分散、疏松多孔的结构，因此泥炭可吸收和保持大量水分。泥炭的含水性可用湿度、持水量两种方法表示。泥炭的湿度是指泥炭中含有的水分质量占泥炭总质量的百分率。泥炭的持水量是指泥炭中含有的水分质量占泥炭的物质质量的百分率。

泥炭的含水性质除与泥炭类型、泥炭形成的水文条件有关外，还与泥炭的分解度、灰分含量、植物残体种属等有关。

(3) 泥炭的密度

泥炭的密度可分为相对密度和视密度。泥炭的相对密度是指单位体积内泥炭物质的质量(不含孔隙)与同体积水的质量之比。泥炭的相对密度一般为 1.20～1.60，藓类泥炭的相对密度较小，木本泥炭和草本泥炭的相对密度较大。泥炭的视密度是指单位体积内(含孔隙)泥炭物质的质量，其单位为克/立方厘米(g/cm^3)。泥炭的视密度分为湿视密度和干视密度，前者指自然状态下的视密度，后者指风干或烘干状态下的视密度。

(4) 泥炭的结构和颜色

泥炭的结构疏松、多孔、力学稳定性差，它与形成泥炭的植物种属、分解度及矿物质含量有关。如藓类泥炭呈疏松的海绵状结构，草本泥炭一般呈纤维状结构，木本泥炭呈小块状结构等。

泥炭的颜色主要取决于形成泥炭植物种属的颜色，但随分解度的增强而变深、变暗，最终转变为腐殖物质所具有的黑色色彩。自然状态下的泥炭颜色随水分增大而变浅，并且与泥炭自生矿物的影响有关。

(5) 泥炭的可燃性

泥炭的主要组成是有机物质，因此具有可燃性，通常以发热量来表示。泥炭有机质的元素组成、组分组成、分解度、水分等因素都影响泥炭发热量的高低。我国泥炭的发热量多在 10～12 MJ/kg，最高发热量可超过 16.5 MJ/kg。

3. 泥炭的类型

按泥炭的原有植物组成，可分为草本泥炭、木本泥炭和藓类泥炭。我国现代生成的泥炭多属草本泥炭类型。

二、腐泥化作用

腐泥化作用是指低等植物(如藻类)和浮游生物遗体在生物化学作用下转变为腐泥(有机软泥)的过程。

腐泥化作用是在湖泊、沼泽水藻地带及潟湖、海湾和浅海等水体中进行的。

形成腐泥的原始物质主要是藻类，包括绿藻、蓝绿藻等群体藻类，也有少量的浮游生物。有些情况下，也有由流水或风搬动而来的高等植物残体和水生动物的排泄物参与。

腐泥主要是在滞流缺氧的还原环境中，在厌氧微生物参与下形成的。它可以是沼泽的深水部位，也可以是淡水或半咸水的湖泊，还可以是半咸水的潟湖和海湾，但以湖泊环境最为多见。

腐泥化过程中，形成腐泥的各种低等植物及其他生物遗体首先在水体表面进行一定程度的氧化作用。在下沉水底过程和沉到水底后，由于水体的覆盖而变为还原环境，在厌氧细菌作用下，植物中的脂肪、蛋白质等有机组成发生分解，其分解产物经不断缩合、聚合，形成一种高含水的絮状胶体物质——腐胶质，然后再经脱水、压实等形成腐泥。在腐泥形成的过程中，还不断地放出甲烷、氨、硫化氢等气体，与泥炭化作用类似，形成最多的是富含氢的液态或固态沥青物质。

腐泥化作用的程度不同，形成腐泥的原始物质的腐解程度亦不相同，有的保存或部分保存原生低等植物的组织形态或结构，有的则被彻底分解，形成的腐泥煤显微组分的特征也不相同。

腐泥通常呈黄色、暗褐色、黑色等。新鲜腐泥水含量可达70%～90%，呈粥状流动或冻胶淤泥状，干燥后含水量降到18%～20%，成为具有弹性橡皮状物质。由于受形成环境等因素影响，腐泥灰分含量不一，变化很大。与泥炭相比，腐泥中氢含量高而氧含量低，富含沥青质。

在地质历史中所形成的腐泥煤很少成层，而是以夹层、透镜体存在于腐殖煤煤层内，这与泥炭沼泽的形成和演化有关。

上述表明，泥炭化作用、腐泥化作用都是在沉积时同期发生的两种生物化学作用过程，只是由于沉积的原始物质和转变环境不同，才分别形成腐殖煤、腐泥煤。

思考与练习

1. 简述泥炭化过程中生物化学作用的阶段。
2. 简述泥炭有机质中有机组分的组成。

任务三 煤化作用

知识要点

煤化作用；煤的变质特征。

任务导入

当已形成的泥炭物质由于沉积盆地沉降而被埋藏于地下较深处时，就进入了成煤作用的第二阶段——煤化作用阶段，它是在温度、压力增高的长时间物理、化学作用下，由泥炭向褐煤、烟煤、无烟煤转变的过程。

任务分析

学习煤的成岩作用与变质作用过程，以及该过程中煤的成分和性质的变化；熟悉煤的变质类型及各变质类型的变质特征。

相关知识

一、煤化作用阶段及特性

煤化作用包括煤成岩作用和煤的变质作用，前者是一种地球化学作用，后者则是一系列物理化学作用过程，它们共同影响着煤阶的变化，同时导致煤化学组成和物理性质的改变。

（一）煤的成岩作用与煤的变质作用

1. 煤的成岩作用

煤的成岩作用是指泥炭在上覆沉积物引起的压力和温度等因素长时间作用下，使泥炭经压实、脱水、胶结老化等物理变化和增碳、失氧、腐殖酸和游离纤维素基本消失等化学变化，以及煤岩组分开始形成的成岩变化，从而转变为年轻褐煤的过程。

一般认为，煤的成岩作用大致发生在地表以下200～400 m深度内，温度不超过70 ℃。由于泥炭被上覆沉积物覆盖，故以微生物活动为特征的生物化学作用渐趋消失，地球化学则起主导作用。

煤的成岩作用中，煤受到复杂的化学和物理煤化作用。化学煤化作用主要反映在泥炭内的腐殖酸、腐殖质分子侧链上的亲水官能团以及环氧数目的不断减少，形成CO_2、H_2O、CH_4等多种挥发性产物，并导致碳含量增加，氧和水分含量减少。煤的物理煤化作用主要反映在发生了物理胶体反应，即成岩凝胶化作用，从而使未分解或未完全分解的木质纤维组织不断转变为腐殖酸、腐殖质，使已形成的腐殖酸、腐殖质变为黑色具有微弱光泽的凝胶化组分。成岩作用中，丝炭化组分和稳定组分也会发生变化。

2. 煤的变质作用

煤的变质作用是指在成岩作用之后，年轻褐煤进一步受到物理化学作用，转变为老褐煤、烟煤、无烟煤的过程。

同煤的成岩作用一样，煤的变质作用也表现为煤的化学与物理结构两个方面的变化。这一阶段所发生的化学煤化作用主要表现为腐殖物质进一步聚合，失去大量甲氧基等含氧官能团，腐殖酸进一步减少，使腐殖物质由酸性变为中性，出现了更多的腐殖复合物。本阶段物理煤化作用表现为结束了成岩凝胶化作用，形成凝胶化组分，植物残体已不存在，稳定组分发生沥青化作用，并开始具有微弱的光泽。

自然界的高等植物转变为泥炭、褐煤、烟煤和无烟煤，从成煤序列来说，是一个由低煤阶到高煤阶的发展过程。煤的变质作用可一直延续到形成石墨，由煤演化为石墨，称为石墨化作用。由于石墨不属于煤，所以煤化作用不包括石墨化阶段在内。

由低等植物经腐泥化作用形成的腐泥最终转变成腐泥无烟煤的全过程，称为腐泥煤煤化作用。在成岩作用阶段，受地球化学腐泥化作用，形成腐泥褐煤；腐泥褐煤在变质作用影响下，继续转变为腐泥亚烟煤、腐泥烟煤和腐泥无烟煤。腐泥煤随煤化程度增高而发生的变化，总的来说与腐殖煤规律相似，如碳含量增高、光泽增强等。由于自然界腐泥煤较少，研究程度低，因此对腐泥在煤化过程中的变化特点尚待进一步研究。

（二）煤化过程中煤的成分及性质的变化特点

煤化作用是成岩作用、变质作用连续演化的过程，地球化学与物理化学作用的共同影响，导致了泥炭向褐煤、烟煤、无烟煤的转化。在这个转化过程中，煤的分子结构、化学组成、工艺性能和物理性质等都会发生一系列变化。其结果是明显地显现出增碳化趋势，即由泥炭化阶段含有C、H、O、N、S五种主要元素演变到无烟煤阶段只含C一种元素。因此，煤化作用过程也可认为是异种元素的排出过程。

煤化过程中，煤的分子结构的变化主要表现为结构单一化趋势，即由泥炭化阶段含多种官能团的结构，逐渐演变到无烟煤阶段只含缩合芳核的结构。因此，煤化作用实际上是依序排除不稳定结构的过程。煤化作用还表现为结构致密化和定向排列趋势，即随煤化作用的进行，煤的有机分子侧链由长变短，数目减少，腐殖复合物的稠核芳香系统不断增大，渐趋紧密，缩合度提高，分子排列从混杂到层状有序，逐渐规则化（图1-9），因而反光性能随之增强。

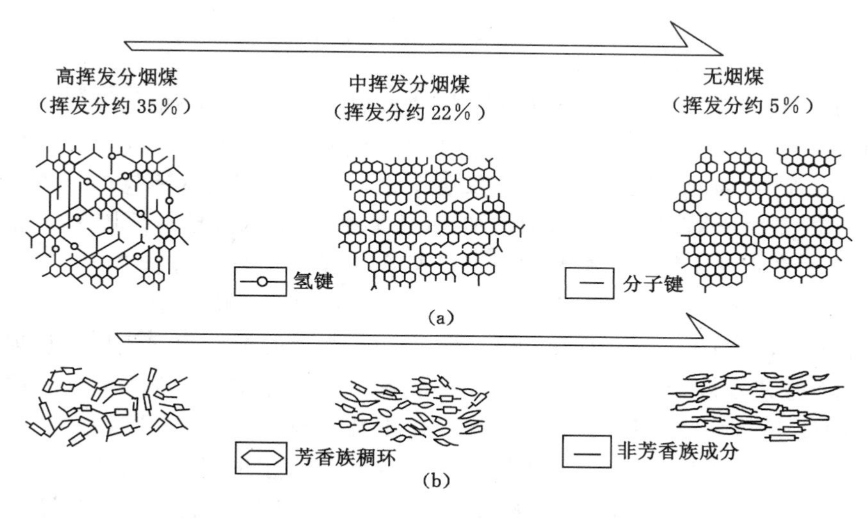

图1-9 煤化过程中微镜煤分子结构的变化

(a) 煤化过程中分子结构变化；(b) 垂直于层面的分子排列方向规则化

根据对镜质组的研究，在煤化过程中，随分子结构的变化，在化学组成上明显地呈现增碳趋势，这种增碳过程以褐煤至气肥煤阶段和无烟煤阶段的幅度最为明显（图1-10）；其他元素的排出是由于在煤化过程中，分子结构侧链上基团减少，同时析出水和二氧化碳，导致氢氧含量总体上降低。在煤的成岩阶段，氢含量有明显上升趋势；到煤的变质阶段初期，由老褐煤到气肥煤阶段，二氧化碳和水等富氧产物大部分释放，而富氢侧链和基团减少不多，甲烷的释放尚未开始，因而氢含量仍然缓慢增加；此后，由于变质加深，侧链基团脱落增多，甲烷开始大量释放，氢含量开始下降；当碳含量大于87%、挥发分为29%时，甲烷析出量最大，氢含量和H/C原子比迅速降低（图1-11）。在成岩阶段，氧含量已明显减少，并且持续到碳含量小于87%、反射率小于1.3%的阶段；此后随演化的进行，氧含量降低缓慢。原生腐殖酸的含量在泥炭与年轻褐煤阶段最高，随成岩作用加强，腐殖酸逐渐变为腐殖复合物，到长烟煤阶段已完全消失。

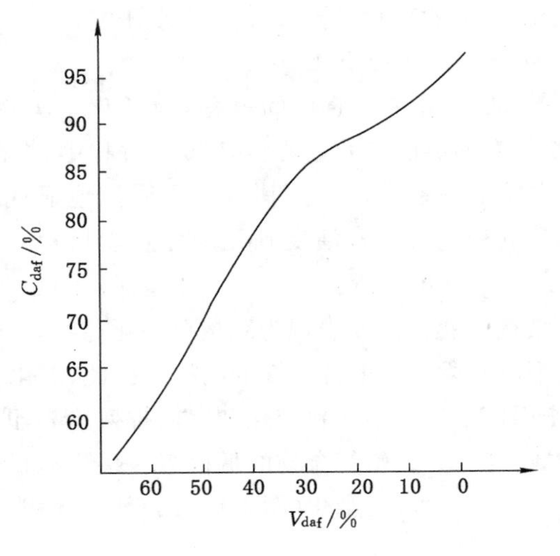

图 1-10　煤化过程中碳含量的变化

煤化作用过程还表现为煤显微组分性质的均一性趋势。在煤化作用的低级阶段，煤显微组分的光性和化学组成结构差异显著，但随煤化作用的进行，这些差异趋于一致，变得不易区分。

煤化作用过程中，煤的工艺性质也随之发生变化。从泥炭转变为褐煤的显著特征是含水量下降，这主要是由于随泥炭上覆压力增加，其孔隙率减小，水分排出；同时也是由于温度增高，使侧链上的亲水基团特别是羟基在褐煤早期阶段明显减少的缘故。在煤的变质阶段，水分继续下降，到焦瘦煤界线上达到最小值，由瘦煤到无烟煤又略有增加(图 1-12)。发热量主要取决于水分，其变化与水分变化相反(图 1-13)。煤中的挥发分和镜质组反射率都取决于腐植复合物的芳香族稠环缩合程度。在褐煤和低变质烟煤阶段，由于析出的主要是 CO_2 和 H_2O，缩合程度不高，挥发分和反射率变化小且不规律；随着变质程度的增高，芳香核结构变大，代表挥发物质的芳香组分因脂肪族和脂肪族官能团的脱落、富氢的甲基和亚甲基的析出而逐渐降低，反射率相应增大，挥发分逐渐降低且规律明显(图 1-14、图 1-15)；到无烟煤阶段，挥发分很少，变化幅度亦小，而反射率则更快增长。黏结性在焦肥煤阶段最强，同时向低变质和高变质两个方向减弱，从胶质层厚度和罗加指数的变化曲线可看出这种变化情况(图 1-16、图 1-17)。焦油产率随煤化程度增高而降低。

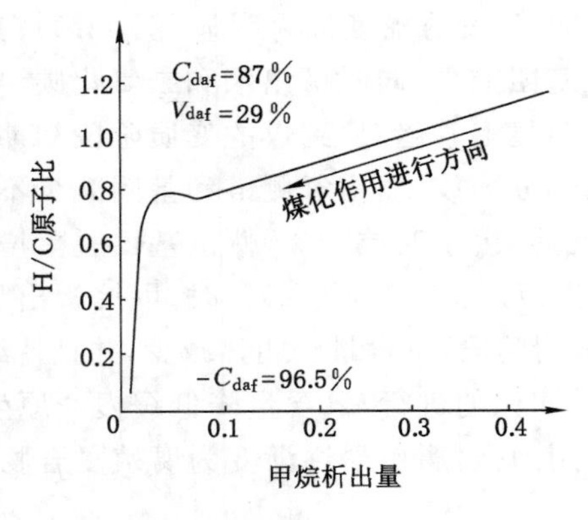

图 1-11　煤化过程中氢和氧的变化

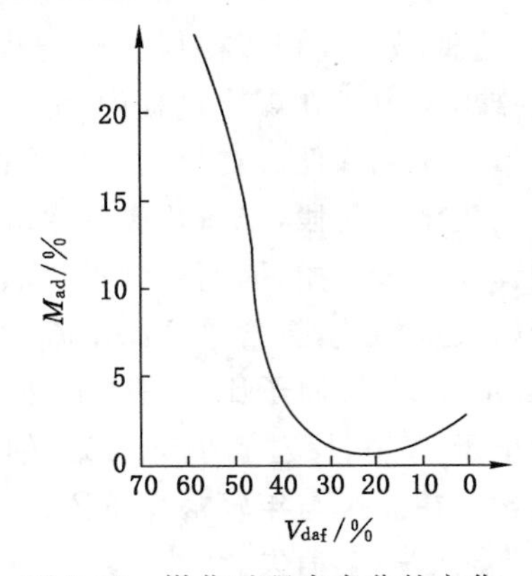

图 1-12　煤化过程中水分的变化

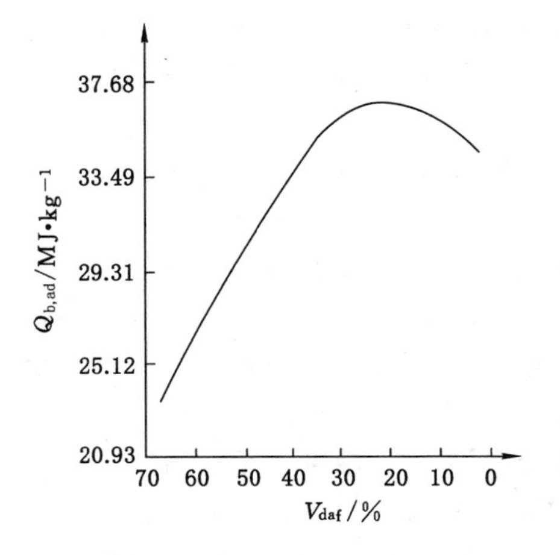

图 1-13 煤化过程中发热量的变化

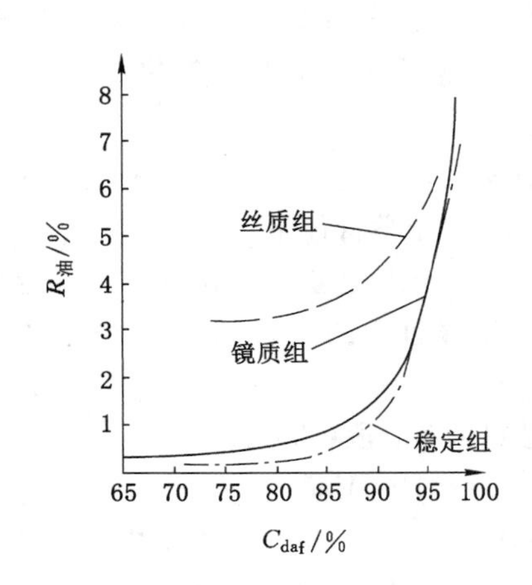

图 1-14 煤化过程中各显微组分反射率的变化

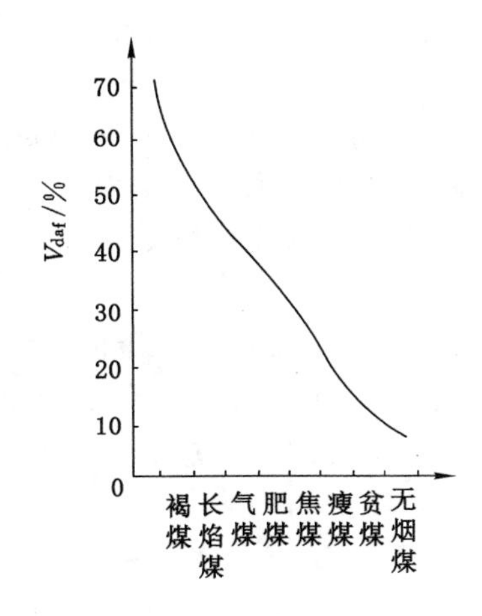

图 1-15 煤化过程中挥发分的变化

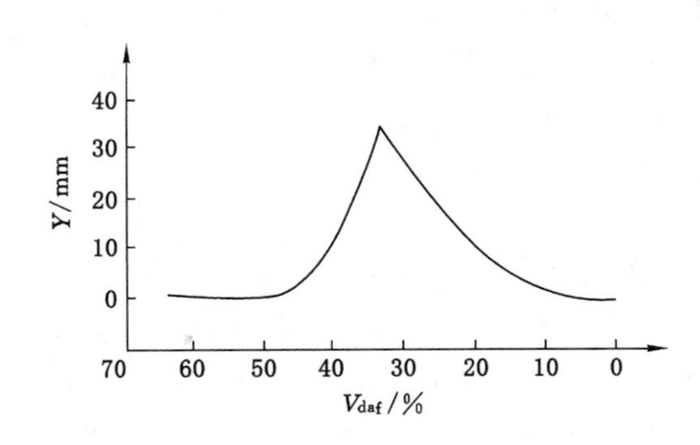

图 1-16 胶质层最大厚度(Y 值)的变化

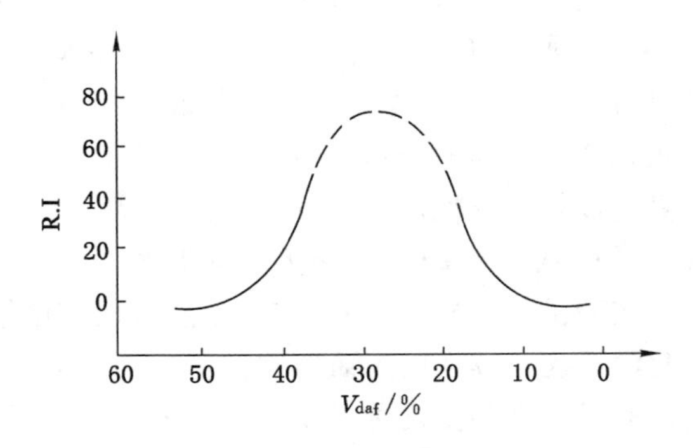

图 1-17 罗加指数的变化

上述煤化过程中的化学组成和工艺性质方面的变化，是根据平均煤样或光亮煤样的研究而得出的，因而它反映的是各种煤岩组分在煤化过程中变化的综合数值。实际上，作为非均一物质的煤，其各种组分在煤化过程中的变化是不同的，各有其演化轨迹，在任一煤化阶段，各种显微组分都有自己的化学组成特点和工艺性质特征，只是在高变质阶段，它们才逐渐趋于一致。

物理煤化作用不仅反映在硬度增大和光泽增强上，更为明显的变化是在各种光学镜下可观察到的光学特征上。

纵观整个煤化过程，其发展是非线性的，表现为煤化作用的跃变，简称煤化跃变。煤的各种物理、化学性质的变化，在煤化过程中快、慢、多、少是不均衡的。第一次跃变发生在长焰煤开始阶段（$C_{daf}=75\%\sim80\%$，$V_{daf}=43\%$，镜质组最大反射率 $R_{o,max}=0.6\%$）；第二次跃变出现在肥煤到焦煤阶段（约 $C_{daf}=78\%$，$V_{daf}=29\%$，$R_{o,max}=1.3\%$）；第三次跃变为烟煤变为无烟煤阶段（$C_{daf}=91\%$，$V_{daf}=8\%$，$R_{o,max}=2.5\%$）；第四次跃变为无烟煤与半无烟煤的分界（$C_{daf}=93.5\%$，$V_{daf}=2.5\%$，$R_{o,max}=3.5\%$）。总体实现由低煤阶煤向高煤阶煤的转化（图 1-18）。

煤化作用中，腐殖物质的煤化作用与沥青质的沥青化作用是同期进行的。沥青质的沥青化作用是指壳质组（包括藻类体）和镜质组在煤化过程中形成的沥青质，即石油型烃类的一种作用。这种作用起始于硬褐煤阶段（$R_{o,max}$为 0.5%），持续到早期肥煤阶段（$R_{o,max}=1.2\%$）。

二、煤化作用的因素

煤化作用是改变煤的基本性质的地质过程，其实质是煤的有机质化学结构的改变，这种改变是在长期地质过程中受温度、压力等因素的影响而造成的。所以，温度、压力和作用的时间是煤化作用的基本因素，其中温度对煤化作用影响最大。

（一）温度

作为煤中主体的有机质对温度的反应是极为敏感的，特别是其中的富氧基团及脂肪族侧链在受热后先后分解、断裂和脱落，导致芳香核缩聚，煤化程度增高。因此，温度对煤化作用中的化学反应起决定性作用。这一点在煤化过程的变质阶段体现最明显，并且被科学实验和生产实践所证实。

温度对煤化作用的重要性被许多人工煤化实验所证明。1930 年，W.格鲁普和 H.鲍德将泥炭或年轻褐煤置于密闭容器中，在 101.325 MPa 压力的条件下逐渐加热，在温度不足 200 ℃时，虽然持续相当长的时间，但试样并无变化；当温度超过 200 ℃时试样开始变化，经过4～48 h，逐渐转变成褐煤。在 1 823.85 MPa 压力条件下，当温度低于 320 ℃时，褐煤未进一步变化；但当温度升高到 320 ℃时，褐煤就开始具有长烟煤的特点；增温到 345 ℃时，便具有烟煤特征；温度升到 500 ℃时，试样具有无焰煤性质。实验结果表明，温度和压力都是煤化作用的影响因素，但在足够大的压力下，如没有足够的热作用，依然不会发质的变化，可见温度是煤化作用的主导因素。

在温度因素中，最令人感兴趣的问题是不同煤阶煤的形成温度。W.格鲁普和 H.鲍德的实验虽有结论，但人工实验只能再现煤化作用的温度和压力，无法模拟出煤化过程中保持化学反应连续性的地质时间。这样的结果曾导致了较长一段时间内，一些学者认为煤化作用需要较高的温度才能完成。如热姆丘日尼柯夫等提出，褐煤转变为长焰煤需要 200～300 ℃，焦煤需要 300～350 ℃，烟煤转变成无烟煤需要 500 ℃以上的温度等。

近年来，一些学者应用地质-地球物理的方法来研究地温场的变化，用围岩矿化来推测古地温，并用热动力模拟计算煤化温度，从而得出的煤化作用演化所需温度比 20 世纪 60 年代以前根据人工煤化实验所推测的温度要低。各研究者就此发表了各自的研究成

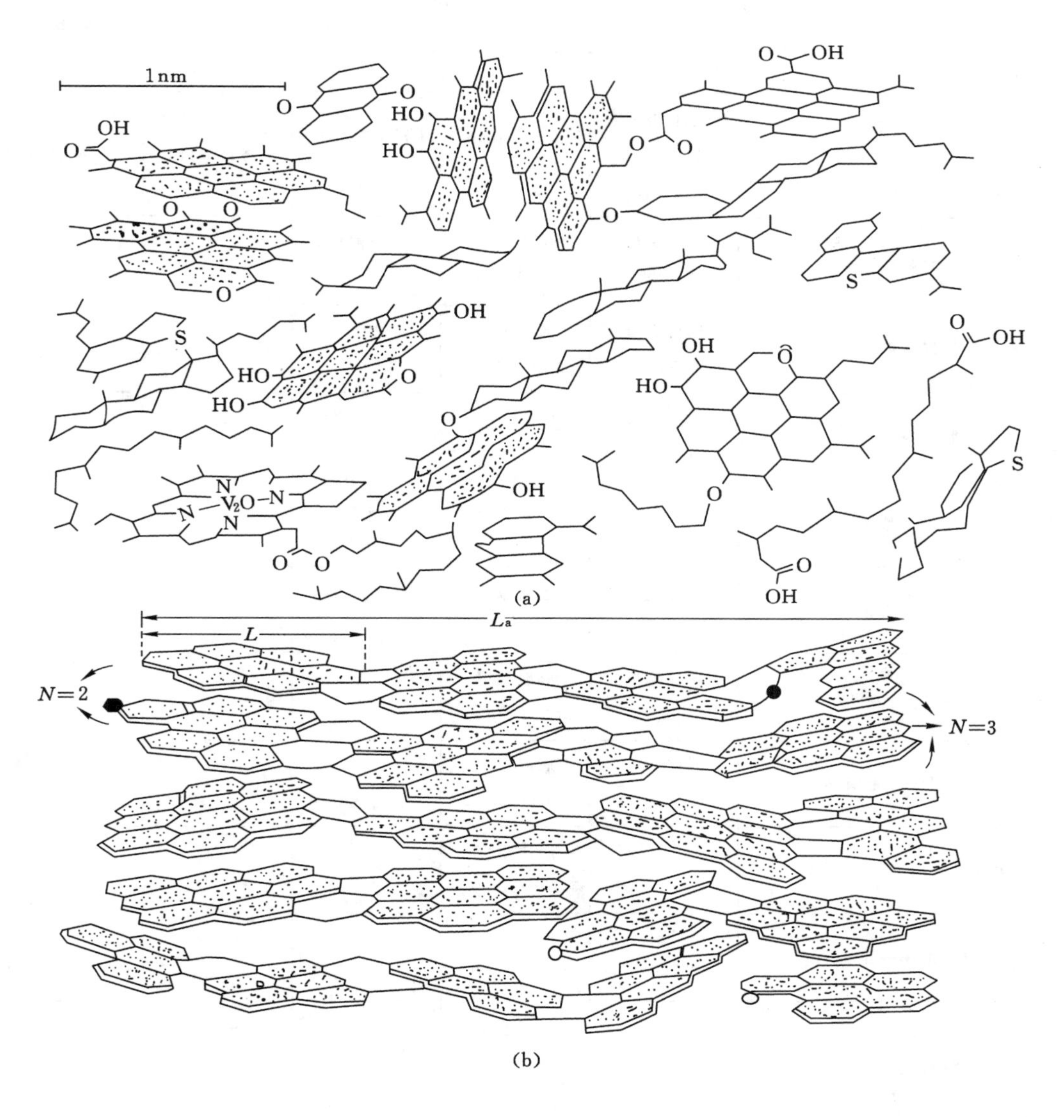

图 1-18 低煤阶煤及高煤阶煤分子结构模式

(a) 低煤阶煤;(b) 高煤阶煤

果(表 1-2),可能更加符合自然条件下煤化作用的实际情况。

表 1-2 各煤级的形成温度对比表

煤的变化	研究者(发表时间)				
	M.JI.JIeBH Ⅲ TeHH (1969)	Ya.F.Kanana (1979)	H.HAMMocoB (1976)	I.VetÖ(1978)	
				最高温度 /℃	持续时间 /Ma
褐煤→长焰煤	形成温度 40～60 ℃	形成温度 50～80 ℃	形成温度 110 ℃	81～103	9～50

表 1-2(续)

煤的变化	研究者(发表时间)				
	M.JI.JIeBH Ⅲ TeHH (1969)	Ya.F.Kanana (1979)	H.HAMMocoB (1976)	I.VetÖ(1978)	
				最高温度 /℃	持续时间 /Ma
长焰煤→气煤	形成温度 70～90 ℃	形成温度 80～110 ℃	形成温度 150 ℃	94～112 ℃	55～250
气煤→肥煤	形成温度 100～120 ℃	形成温度 110～120	形成温度 185 ℃	110～126 ℃	130～400
肥煤→焦煤	形成温度 120～140 ℃		形成温度 205 ℃	133～147 ℃	200～350
焦煤→瘦煤		形成温度 120～140 ℃	形成温度 230 ℃		
瘦煤→贫煤	形成温度 150～180 ℃	形成温度 140～155 ℃	形成温度 240 ℃		
贫煤→半无烟煤	形成温度 170～200 ℃	形成温度 155～190 ℃			
半无烟煤→无烟煤	形成温度 190～240 ℃	形成温度 190～320 ℃			
无烟煤→石墨质无烟煤		形成温度 210～320 ℃			
石墨质无烟煤→不纯石墨		形成温度 320～370 ℃			
不纯石墨→石墨		形成温度 ＞370 ℃ (可达 700 ℃)			

在生产实践中,也可以发现温度对煤化作用的影响。如炽热的岩浆侵入含煤岩系后,在岩浆岩与煤接触带上有高温影响煤化作用的情况,即直接与岩浆接触的煤,其变质程度最深,远离岩浆的煤,其变质程度依次减弱;在穿过含煤岩系的深孔中也发现煤的变质程度由浅向深依次递增,这无疑与地温逐渐升高有关。这些观测结果说明,温度对煤化作用特别是对煤变质的影响强烈。

(二) 压力

压力是煤化过程中不可缺少的因素,但与温度比较,压力只是次要因素。

煤的形成全过程中,既有温度的作用,又有压力(包括来自上覆岩系的静压力和来自地壳运动的构造压力)的影响。静压力不仅能够使煤压实,孔隙率降低,水分减少和密度增加,还促使煤的芳香族稠环平行层面做规则的排列。在区域岩浆热变质的高温条件下形成的无烟煤，其芳香族稠环增长迅速，上覆岩系压力在使其做平行层面排列方面起到了重要作用。以上均说明了压力因素在煤化过程中对煤阶演变特别是对煤的物理结构与性质所起的作用。

构造压力对煤化程度的影响，往往表现在煤化作用的最后阶段，在构造压力的作用下，剪切力与挤压力可促使石墨晶格的形成。

近年来的研究成果表明，随着煤化作用的进行，析出的气体使煤的内部压力增大，造成瓦斯物质从煤有机结构侧链上脱出困难，化学反应速度逐渐变慢。压力到一定程度后，不再促进煤化作用，反而阻碍化学变化的进行。列文施琴(1963)对卡拉干达煤加压到相当于地面以下 15 km 处的静压力后，测得的挥发分、碳含量、氢含量及胶质层最大厚度(Y 值)基本上不发生变化(表 1-3)。别的学者的实验也得出相同结论，反映了静压力对化学煤化作用的抑制，说明正常煤化作用所需的压力不会太大。压力在煤化作用过程中，对成岩阶段的影响可能是重要且明显的，但在变质阶段起决定作用的是化学煤化作用而不是物理煤化作用。

表 1-3　　卡拉干达煤田压力变化与煤化指标关系

加压值/MPa	V_{daf}/%	C_{daf}/%	H_{daf}/%	Y/mm
0	37.5	82.20	5.66	13
100	37.7	82.32	5.81	12
200	37.5	82.62	5.90	13
500	37.4	82.68	5.80	

(三) 时间

时间对煤化过程是否起作用，是长期以来一直有争议的问题。莫斯科近郊煤田煤系的时代为早石炭世，含可采煤层 1～3 层，煤系与下伏地层间存在冲刷面，因此煤层厚度不稳定，极端厚度为 10～80 m，并且上覆岩系很薄。尽管煤的形成距今已长达 3 亿年以上，但仍为褐煤，这就使得一些学者在长时间内认为时间与煤化作用无关。卡威尔(1956)第一次从化学动力学角度评价了煤化作用的持续时间，从而开创了定量评价煤化作用因素的方法。经学者对许多煤田的煤化过程的系统分析和理论研究，逐渐认识到时间也是煤化作用的重要因素。但这里所说的时间，并非造煤物质埋藏后的整个地质时间，而是指某种温度和压力条件持续作用于煤的过程的长短。当沉降幅度相近，经受的温度相似时，煤化程度就取于时间长短。受热时间越长，煤化程度就越高。但当温度太低时，时间因素基本上不起作用。莫斯科近郊煤田埋藏浅，煤系本身厚度不足百米，且未受到岩浆热的影响，受热不超过 20～25 ℃，尽管煤已形成了 3 亿年以上，但煤化程度仍然很低。

通过上述实例可知，在较低温度下(至少 60 ℃)进行的煤化作用可由较长的受热时间来加以补偿，即在较短时间的较高温度下与较长时间的较低温度下，可以形成相同煤阶的煤。如图 1-19 所示，挥发分均为 20%的煤，可以在 340 ℃温度下经 500 万年形成，也可在 300 ℃温度下经 1 000 万年形成，还可在 200 ℃温度下经 2 000 万年形成。由此得知，煤化程度是煤受热温度及其持续时间的函数。

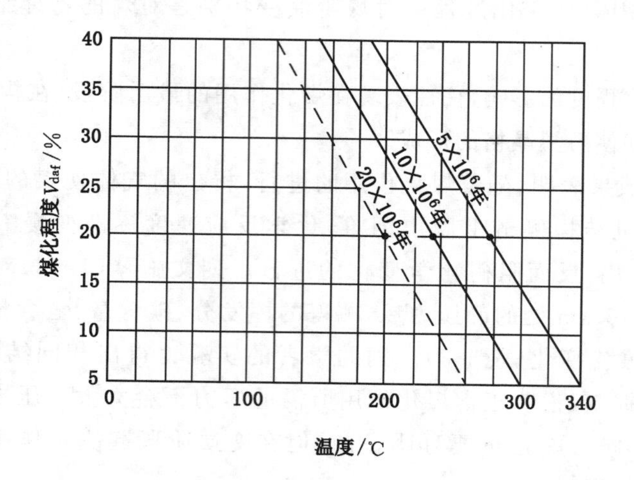

图 1-19　煤化温度及其受热时间与煤化程度的关系

有了以上认识，就不难理解多数古生代煤的煤化程度较高，中、新生代煤的煤化程度普遍偏低，而少数中、新生代煤的煤化程度却高于古生代，出现了高变质烟煤或无烟煤的原因。

此外，时间因素还涉及由于沉降快慢所引起的受热速率问题。在同样沉降幅度的盆地，由于达到相同埋藏深度的沉降速度不同，其受热增温速率也不同。

三、煤化程度指标与煤变质阶段的划分

煤化程度和煤变质阶段的划分是煤质研究的重要问题。对煤化程度的研究，首先要合理地选择能够反映煤化程度的有关参数作为评价依据，在此基础上才能进行变质阶段的划分，进而确定变质类型，分析煤质变化规律，探讨其地质成因，正确进行煤质预测与评价。

（一）煤化程度指标

煤化程度指标简称煤化指标，又称煤阶指标。凡可作为衡量煤化程度的煤的化学和物理特征均可作为煤化程度指标使用。实际工作中，比较普遍的是根据煤的化学分析得到的一些化学指标，如碳、氢、水分的含量，挥发分产率和发热量等。此外，还有一些能够精确地作定量分析的物理指标，如镜质组反射率。以前煤的化学分析多采用平均煤样进行，其数值受各种煤岩组分相对比例的制约，如果用这些化学指标来确定煤的煤化程度，只能得到近似的结果，当煤岩组分差别很大时，就可能把相同煤化程度的煤划归为不同的变质阶段。针对这个问题，目前普遍选用比较单一的煤岩成分来研究和对比煤的煤化程度或煤阶。实践表明，镜煤或光亮煤是最理想的。这是因为与其他煤岩组分相比较，它们具有质地纯净杂质少、分布广泛易辨认、特征明显易识别、容易剥离好取样等优点，所以在鉴别煤化程度时，化学分析资料要采用镜煤煤样，反射率的测定要求采用光亮煤。

由于煤化作用是复杂的过程，不同煤化阶段中各种指标变化的显著性各不相同，同时对于一定煤化阶段往往采用不同的煤化指标作为确定煤阶的指标（表 1-4）。

表 1-4　　常用煤阶指标在不同煤级阶段的变化情况表

煤阶指标（镜煤样）		测值变化范围[①]			
		褐煤	低煤阶烟煤	高煤阶烟煤	无烟煤
水分 $M_{ad}/\%$		28～5	＜5～11[②]	1±	1～2[②]
挥发分 $V_{daf}/\%$		63～46	＜46～24	＜24～10	＜10～2[②]
碳含量 $C_{daf}/\%$		60～75	＞75～87[②]	＞87～91[②]	＞91～96[②]
氢含量 $H_{daf}/\%$		7～6[②]	＜6～5.6[②]	＜5.5～4[②]	＜4～1
发热量 $Q_{daf}/(MJ \cdot kg^{-1})$		16.7～29.3	＞29.3～36.17	≥36.17	≤36.17
折射率 N_{max}		1.680～1.732	＞1.732～1.859	＞1.859～1.940	＞1.940～2.058
吸收率 K_{max}		0.010～0.027	＞0.027～0.077	＞0.077～0.130	＞0.130～0.351
反射率	$R_{o,max}/\%$	0.28～0.50	＞0.50～1.50	＞1.50～2.50	＞2.50～6.09
	$R_{a,max}/\%$	6.40～7.20	＞7.20～9.40	＞9.40～11.50	＞11.50～16.55
双反射率 $R_{o,max}/\%$～$R_{a,max}/\%$		0	0	0～0.5	＞0.5～5
X 射线衍射面网间距（d_{002}/0.1 mm[②]）		4.190 7～4.040 1[②]	4.040 1～3.534 1[②]	3.534 1～3.476 0[②]	3.476 0～3.426 9[②]

注：① 表示各指标测值的变化范围是按煤阶增加的方向排列。

② 表示规律性差。

现将常见的主要煤化程度指标分述如下。

1. 水分

在褐煤与尚能压固的低煤化阶段，上覆岩层压力使得煤中的孔隙率很快降低，亲水官能团分解，水分迅速减少。如在软褐煤阶段，埋深每增加 100 m，水分就降低 4%。因此，水分是低煤化阶段较敏感的煤化程度指标。

2. 发热量

在褐煤及 V_{daf}＞30%的低煤化烟煤阶段，镜质组的发热量主要取决于水分含量，随水分降低，发热量大致成比例增高。因此和水分一样，发热量是褐煤及低煤化烟煤阶段适用的煤化指标。

3. 氢含量

煤中氢含量一般小于 6%。由于煤的芳香族稠环中富氢官能团和侧链随煤化程度的增高而逐渐脱落，从而析出甲烷，且在无烟煤阶段的析出量最大，故氢含量减少最为明显，可由4%降至 1%。因此，氢含量是无烟煤和半无烟煤阶段较敏感的煤化指标。

4. 碳含量

随煤化程度增高，碳含量相应增加。但从肥煤到贫煤阶段内，碳含量仅从 87%增加到 91%，在褐煤阶段的变化也不明显。在长焰煤到肥煤阶段和无烟煤阶段变幅较大，即 C_{daf}分别为 70%～85%和＞90%，故碳含量可作为煤化程度指标。

5. 挥发分及镜质组反射率

挥发分及镜质组反射率是最常用的两个煤化程度指标。在气肥煤到瘦煤的煤化阶段，镜质组反射率随芳香稠环缩合程度的增加而增高，挥发分则随非芳香馏分(脂肪官能团和脂环官能团)的逐步减少而降低。因此，镜质组反射率的增高与挥发分低的程度几乎相同。在气肥煤阶段，镜质组反射率和挥发分变化不明显且不规则；在无烟煤阶段，挥发分已少，变化不大；在肥煤到贫煤阶段，挥发分是良好的煤化程度指标。镜质组反射率除在肥煤到贫煤阶段使用外，到贫煤阶段以后，由于煤化作用增加了芳环族单元层排列的有序性，仍是良好的煤化指标。

与其他各种煤化指标相比，镜质组反射率指标不受煤岩成分、灰分煤样代表性的影响，其优点首先表现在随煤化程度的加深具有明显规律性单向变化，变化规律有较好的重现性和可比性；其次，该指标的变化值能较精确地加以确定，测定的技术方法简便、易行。

6. X 射线衍射曲线

煤化作用的增高使镜煤的芳香族稠环逐渐排列规范化。因此，当 X 射线透过时，会产生不同程度的衍射，随煤化程度的提高，衍射曲线从平衡到陡峭，强度也愈来愈大(图 1-20)。至于上述煤化指标在鉴定煤化阶段中出现的某些差异，可结合煤变质类型等因素综合考虑。

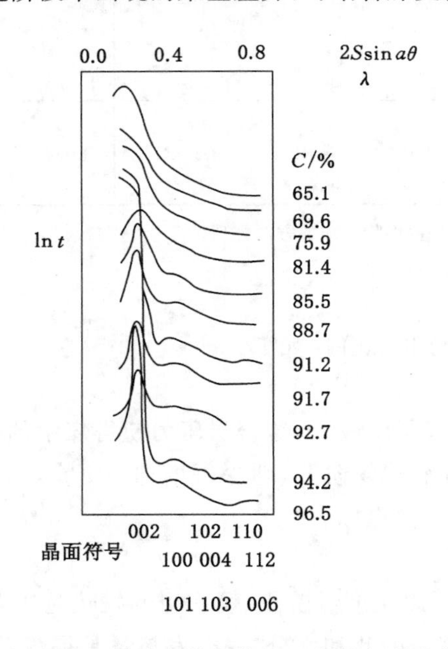

图 1-20　随碳含量变化的 X 射线衍射曲线

θ——入射角度；λ——波长

(二) 煤变质阶段的划分

煤化作用中煤变质阶段的划分，目前尚无统一方案。通常，可先根据肉眼观察把煤划分为未变质、低变质、中变质和高变质等四个大的阶段(表 1-5)；再根据所测定的镜质组最大反射率，将低变质、中变质、高变质的煤进一步划分八个变质阶段，即 0～Ⅶ阶段，大致相当于按化学工艺性质划分的八个类别。每个变质阶段按反射率的强弱可再分为三个小阶段，以 1、2、3 标注在阶段代号的右下角，分别表示这个阶段变质较低、与标准煤样相当、变质较高等三种情况。

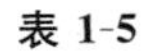

表 1-5　**煤变质阶段的划分和命名**

变质程度（按肉眼）	变质阶段名称（按镜质组反射率）		与变质阶段相应的煤的类别（按工艺性质）	进一步细分的变质小阶段
未变质	褐煤 0 阶段		褐煤	0_1 0_2 0_3
低变质煤	烟煤	Ⅰ阶段	长焰煤	I_1 I_2 I_3
		Ⅱ阶段	气煤	II_1 II_2 II_3
中变质煤		Ⅲ阶段	肥煤	III_1 III_2 III_3
		Ⅳ阶段	焦煤	IV_1 IV_2 IV_3
		Ⅴ阶段	瘦煤	V_1 V_2 V_3
高变质煤		Ⅵ阶段	贫煤	VI_1 VI_2 VI_3
	无烟煤	Ⅶ阶段	无烟煤	VII_1 VII_2 VII_3

注：此表把煤变质作用的起点放在褐煤和烟煤界限上。

煤变质阶段是以镜质组最大反射率作为主要指标来划分的。我国 1989 年以前使用的煤（以炼焦用煤为主）分类，是采用平均煤样测试挥发分产率和胶质层厚度来划分的。根据平均煤样测度的数据，既反映煤的煤化程度，也反映不同煤岩成分的影响。因此，只有当平均煤样属于光亮煤时，煤的分类才与煤的变质阶段相当。其中，褐煤与阶段“0”相当，烟煤与阶段“Ⅰ～Ⅵ”相当，无烟煤与阶段“Ⅶ”相当。

思考与练习

1. 煤的成岩、变质阶段中化学煤化作用的表现各是什么？
2. 简述煤变质阶段的划分和命名。

项目二　煤岩鉴定

煤岩学是从岩石学角度研究煤的岩石组成、类型、结构、构造和各种物理性质的科学。

不同的煤由于成煤物质、转变因素及过程的不同，其岩石组成存在差异，造成煤的物理、化学和工艺性质差别较大，煤岩鉴定为煤相分析、煤层对比、评价煤质、构造分析、鉴别煤氧化作用、确定煤化程度、恢复煤化作用历史、油气预测等方面，都提供了重要依据。

一、判别煤相、重塑煤层沉积史

马尔基奥尼(1980)根据煤的显微组分组成和显微煤岩类型组合，划分出四种煤相。

(1) 陆地森林沼泽煤相(FTM)：沼泽比较干燥，以发育丝质微亮煤为特征。

(2) 森林沼泽煤相(FM)：潜水面较高，适于木本植物的生长和保存。煤以富含镜质组贫壳质组的微亮煤和微暗亮煤为特征，呈明显的条带结构。煤中镜质组以结构镜质体和均质镜质体为主。

(3) 芦苇沼泽相(RM)：水位更高，以生长草本植物为主。煤以角质微亮煤和微暗亮煤及微三合煤为主。煤中镜质组多为基质镜质体。

(4) 开放沼泽相(OM)：覆水深的水下沼泽沉积，以发育微亮暗煤、微暗煤和碳质泥岩为特征。岩石类型以暗淡型煤为主，有时夹腐泥煤条带。

煤层剖面中，由煤相的更迭可以构成旋回结构，旋回结构的特征可以反映出沼泽化的过程。沼泽化的过程主要有两大类：一类是水域沼泽化，另一类是陆地沼泽化。

水域沼泽化的煤相剖面自下而上的沉积相序为：湖底泥沙堆积→湖底淤泥(腐泥)沉积→芦苇沼泽沉积→森林沼泽沉积。这一相序代表湖泊逐渐淤浅，植物丛生，至逐渐淤塞变为沼泽的过程。

陆地沼泽化的相序为：底部为根土岩→森林沼泽相→深覆水或更干燥的煤相(镜质组少、微暗煤多的煤)。

每一煤层可以由多个旋回组成，反映了沼泽化过程中沉积环境的变化特点。

二、用煤岩特征进行煤层对比

(1) 标志煤层：具有煤核的煤层或利用煤中的高岭石夹矸，可以对比煤层。

(2) 宏观煤层剖面和煤层形成曲线：不同地点地下水位变化的趋势一致，煤层形成曲线的变化趋势相似。

(3) 用煤岩特征对比煤层：同一煤层不同地点的显微组成特征通常相似。如镜质组含量高、不含孢子，或惰性组含量特别高，或黄铁矿多等，都可用于对比。

三、利用煤级判断地层、构造和侵入体等地质问题

(1) 根据岩石中细分散有机质的煤化程度，确定地区内岩石的新老关系，特别对不含化石或少含化石的地层作用更大。

(2) 利用煤阶资料可以解释地质构造。如同一深度上，向斜的煤阶低，背斜的煤阶高。

一个钻孔的煤阶剖面中，如曲线突然回到低煤阶，可能有逆断层存在；如果是正断层，则煤阶在断层面之下突然增高。

(3) 用煤阶研究地热和侵入体。

(4) 分析构造形变，恢复构造应力场。由于构造应力的影响，煤的光轴重新定向。一般情况下，最小反射率的方位总是与最大压力方向保持一致。

四、煤岩学在油气勘探中的重要性

运用煤岩学方法，可半定量地确定干酪根的类型及其丰度，快速准确地确定干酪根的成熟度，为评价油源岩的生油能力和性质提供重要的资料。

此外，还可推算古地温、古地温梯度，评价盆地中有机质的热成熟史，确定石油窗界限深度，对盆地含油远景做出评价。

任务一 煤的宏观肉眼鉴定

知识要点

煤的物理性质；煤的结构和构造；宏观煤岩组分和宏观煤岩类型。

技能目标

掌握煤的光学性质、机械性质及煤中裂隙等性质；了解宏观煤岩类型。

任务导入

凡是由动植物遗体等有机质形成的岩石都称作有机岩，其中又将可燃烧的有机岩称作可燃有机岩。煤就属于可燃有机岩，从岩石学的角度来看，煤是一种特殊的沉积岩，其岩石组成比较复杂，常具有明显的不均匀性，主要由有机物质组成，并含有无机矿物杂质。用研究岩石学的方法研究煤，主要有宏观研究和显微研究两种方法。

任务分析

煤的宏观研究结果能够为煤质评价、煤(煤层)的形成环境、煤层对比、煤层开采、煤的综合利用等问题提供依据。宏观研究是用肉眼或放大镜观察煤并获知煤的宏观特征，包括煤的宏观物理性质、结构、构造及宏观煤岩组分和宏观煤岩类型等。

相关知识

一、煤阶的划分

用数量表示的煤化过程或成熟度称为煤阶，又称煤阶，表示煤化作用深浅程度的等级。煤阶有两种不同的称谓与层次：一种称为低煤阶煤、中煤阶煤及高煤阶煤；另外一种习惯形象且常用的称谓有褐煤、次烟煤、烟煤和无烟煤等。

通常用于确定煤阶的参数为镜质体最大反射率。镜质体最大反射率指在显微镜下，于油浸及 546 nm 波长条件下镜质组的反射光强度与垂直入射光强度的百分比，以 $R_{o,max}$(%)表示，其值随煤阶的增高而增加。划分煤的变质阶段推荐方案见表 2-1。

表 2-1　　划分煤的变质阶段推荐方案

变质阶段		牌号	R_{omax}/%
褐煤	0		<0.50
烟煤	1	长焰煤	0.50～0.65
	2	气煤	0.65～0.90
	3	肥煤	0.90～1.20
	4	焦煤	1.20～1.70
	5	瘦煤	1.70～2.00
	6	贫煤	2.00～2.50
无烟煤	7	无烟煤 3 号	2.50～4
		无烟煤 2 号	4～6
		无烟煤 1 号	≥6

二、摩式硬度

摩式硬度是表示矿物硬度的一种标准。它由十种矿物表示十个硬度等级，由软到硬，顺序如下：滑石→石膏→方解石→萤石→ 磷灰石→正长石→石英→黄玉→刚玉→金刚石。

任务实施

一、煤的物理性质

煤的物理性质是在成煤作用的不同阶段，受成煤原始物质、聚集环境、煤化作用等因素影响而逐渐形成的。煤的宏观物理性质主要包括煤的颜色、光泽、硬度、脆度、断口、裂隙、密度、表面积、孔隙度、导电性等方面。

（一）颜色

煤的颜色是煤对不同波长的光波选择吸收的结果。普通反射光下，煤的表面显示的是表色，腐殖煤的表色随着煤化程度的增高而变化(表 2-2)。褐煤通常为褐色、褐黑色；低中煤化程度的烟煤为黑色；高煤化程度的烟煤为黑色略带灰色，无烟煤往往为灰黑色，带有铜黄色或银白色的色彩。水分可以使煤的表色加深，矿物质能使煤的表色变浅。煤的表色应该在干燥煤样的新鲜、纯净表面上观察。利用表色可以区别褐煤、烟煤和无烟煤。

表 2-2　　腐植煤的光学性质对比表

煤化程度	颜色(表色)	粉色	光泽
褐煤	褐色、深褐色、褐黑色	浅褐色、褐色	暗淡沥青光泽
长焰煤	黑色、褐黑色	深褐色	沥青光泽
气煤	黑色	褐黑色	强沥青光泽
肥煤	黑色	黑色、褐黑色	玻璃光泽

续表 2-2

煤化程度	颜色(表色)	粉色	光泽
焦煤	黑色	黑色	强玻璃光泽
瘦煤	黑色	黑色	强玻璃光泽
贫煤	黑色、灰黑色	黑色	金刚光泽
无烟煤	灰黑色、钢灰色	灰黑色	半金属光泽

煤被研磨成粉末的颜色是粉色,也称条痕色。粉色一般略浅于表色,但比表色稳定。褐煤的粉色为浅褐色、褐色,低煤阶烟煤为深褐色到黑褐色,中煤阶烟煤为褐黑色,高煤阶烟煤为黑色有时略带褐色,无烟煤为深黑色或灰黑色(表 2-2)。

(二) 光泽

煤的光泽是指煤新鲜断面的反光能力。年轻褐煤无光泽,老褐煤呈蜡状光泽或弱的沥青光泽,低煤阶烟煤具沥青光泽、弱玻璃光泽,中煤阶烟煤具强玻璃光泽,高煤阶烟煤具金刚光泽,无烟煤具半金属光泽(表 2-2)。

通常,腐殖煤的光泽较强,腐泥煤的光泽暗淡。随着煤化程度的增高,煤的光泽均有不同程度的增强。影响煤的光泽的因素很多,主要有成煤的原始物质、煤岩成分、煤化程度、矿物杂质的含量及分布情况、煤表面特征等。

观察煤的光泽时应排除受风化、构造揉皱破碎、滑动面及所含矿物杂质的影响,选择光洁的新鲜断面作为标准。在比较光泽时,应以相同煤岩成分的煤进行比较。

(三) 硬度

煤的硬度是指煤抵抗外来机械作用的能力。肉眼鉴定时,多用刻划的方法确定煤的硬度。刻划硬度(摩氏硬度)是用标准硬度的矿物刻划煤时得出的相对硬度。煤的硬度一般为1～4,且与煤化程度及煤岩组分有关。褐煤与焦煤硬度最小,约 2～2.5;无烟煤的硬度最大,接近 4。同一煤化程度的煤,以惰质组硬度最大,镜质组居中,壳质组最小。另外,煤中矿物的组成和含量对煤硬度的影响各不相同;煤受风化和氧化后,硬度降低。

(四) 脆度和韧性

煤的脆度指煤体受外力作用时容易破碎的程度,韧性则与脆度相反。腐殖煤中以肥煤、焦煤和瘦煤的脆度最大,长焰煤和气煤的脆度较小而具有一定的韧性;无烟煤的脆度最小。在腐殖煤的煤岩成分中,镜煤和没有矿化的丝炭脆度最大,亮煤次之,暗煤脆度最小但韧性最大。腐泥煤和腐殖腐泥煤的脆度较小,韧性大。我国抚顺的煤精就是一种特殊的腐殖腐泥煤,因其韧性大而常用于工艺雕刻。

(五) 断口

煤受外力打击后断开的表面称作断口。断口不包括沿层理面或裂隙面断开的表面。煤的断口常见有贝壳状、阶梯状、参差状、眼球状、粒状等。组成比较均一的煤易出现贝壳状断口,如腐泥煤;组成不均一的煤呈现其他状断口。断口表面形状不同,反映了煤的物质组成的特点。煤中常见断口及特征见表 2-3。

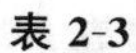

表 2-3 煤中常见断口及特征

断口名称	鉴别特征
贝壳状断口	形如贝壳或玻璃破碎处，是组成均匀的煤的特征。在腐泥煤、镜煤、纯净的亮煤、无烟煤和均一低变质烟煤中常见
阶梯状断口	形似阶梯，是由裂隙或层理相交而成。在不均一的煤和条带状烟煤中常见
参差状断口（棱角状断口）	呈棱角状或尖棱角状，是由几组破碎面相交而成。在不均一的光亮煤中常见
眼球状断口	在煤的裂隙面上，呈圆形、椭圆形的具有特殊光泽的表面，形似眼球。在均一而脆度大的煤特别是镜煤、亮煤中常见
羽毛状断口（梳状断口）	在外生裂隙面上，形成的彼此平行似羽状或梳状的擦痕
粒状断口	煤的表面凹凸不平，在粒状结构的煤中常见

（六）煤中裂隙

煤中裂隙是指煤受到自然界各种应力作用而造成的裂开现象。按成因分为内生裂隙与外生裂隙。

内生裂隙是在煤化过程中，凝胶化物质受温度和压力等因素的影响，体积均匀收缩产生内张力而形成的一种张裂隙。内生裂隙主要出现在镜煤中，有时也出现在均匀致密的光亮型煤分层中。内生裂隙一般都垂直或大致垂直于层理面且不截穿煤组分；裂隙面平坦，常伴生眼球状断口（附录 A-1），发育程度与煤化程度有关。互相垂直的两组内生裂隙中，发育较密的一组称为主要组；较稀的一组称为次要组（图 2-1，附录 A-2）。内生裂隙的密度是以主要裂隙组每 5 cm 长度的裂隙条数表示的。

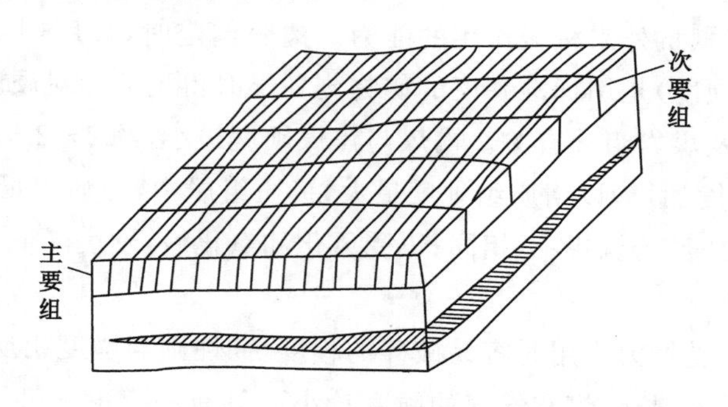

图 2-1　煤的内生裂隙示意图

外生裂隙是煤层在形成之后，受构造应力的作用而产生的，它可以出现在煤层的任何部位，并常同时穿过几个煤分层，能以各种角度斜交于层理面，如放射状外生裂隙，能导水（附录 A-3），也有利于煤层气渗透移动。外生裂隙面常有凹凸不平的滑动痕迹，有时可见次生矿物或破碎煤屑充填。在相同构造力作用下，焦煤、瘦煤中外生裂隙发育。

（七）密度

煤的密度是指单位体积煤的质量，是煤的主要物理性质之一。按测定方法不同分为真密度、视密度、堆密度等。

煤的真密度（TRD）是指在 20 ℃时煤的质量（不包括煤的内部毛细孔和裂隙）与同温

度、同体积水的质量之比。它是计算煤层平均质量和研究煤的性质的一项重要指标。褐煤的真密度为 1.28～1.42 g/cm^3，烟煤的真密度为 1.27～1.33 g/cm^3，无烟煤的真密度为 1.40～1.80 g/cm^3。

煤的视密度（ARD）是指在 20 ℃时煤的质量（包括煤的内部毛细孔和裂隙）与同温度、同体积水的质量之比。煤的视密度小于煤的真密度。它是煤炭资源/储量估算时采用的参数之一，在煤运输、粉碎、燃烧等过程中都有应用。褐煤的视密度为 1.05～1.20 g/cm^3，烟煤的视密度为 1.20～1.40 g/cm^3，无烟煤的视密度为 1.35～1.80 g/cm^3。

煤的堆密度（散密度）是指在容器中单位体积散状煤的质量。在设计煤仓、估算焦炉装煤量和火车、轮船装载量时都要用到这一指标。

煤的密度大小与煤岩类型、煤化程度及煤中矿物质成分及含量相关。矿物质含量高的煤的密度较大，其他条件相同时，随着煤化程度的增高，煤的密度增大。

（八）煤的表面积

煤的表面积包括煤的外表面积和内表面积，外表面积所占的比例极少，主要是内表面积。常用煤的比表面积代表煤的表面积，即每克煤所具有的表面积，单位是 m^2/g，煤的比表面积大小与煤的分子结构和孔隙结构有关。

煤的表面积用比表面积（BET，BET 是美国 Beauner、Emmett、Teller 三位物理化学家的名字的缩写）表示，即每克煤所具有的表面积，单位符号为 m^2/g。

煤的比表面积大小与瓦斯吸附量成正比，比表面积越大，瓦斯吸附量也越大。煤的比表面积对研究煤层中的瓦斯含量和瓦斯突出以及煤在气化时的化学反应性都具有实际意义。

（九）孔隙率

煤中毛细孔和裂隙的总体积与煤的总体积之比称作煤的孔隙率，采用单位质量的煤中包含的空隙体积（cm^3/g）来表示。

煤的孔隙率可以用煤的密度和视密度计算求得。因为氦分子能够充满煤的全部孔隙，而水银在不加压条件下完全不能进入煤的孔隙，所以，煤的孔隙率计算公式为：

$$孔隙率=\frac{密度-视密度}{密度}\times 100\%$$

$$孔隙率=\frac{d_{氦}-d_{汞}}{d_{氦}}$$

式中 $d_{氦}$，$d_{汞}$——用氦和汞测定的煤的密度，g/cm^3。

煤孔隙率大小与煤阶有关，褐煤的孔隙率高，为 15%～25%，无烟煤的孔隙率也较高，为 5%～10%，而低、中煤阶烟煤的孔隙率较低，为 2%～5%。煤的孔隙率也与显微煤岩组分和矿物质含量有关。相同煤阶的煤，孔隙率可有相当大的波动范围。

在煤矿瓦斯研究工作中，煤中的孔隙大小分为三级：大孔（直径一般大于 100 nm）、过渡孔（100～10 nm）和微孔（小于 10 nm）。

（十）导电性

煤的导电性是指煤传导电流的能力，通常用电阻率表示。煤的电阻率随煤化程度的增加而降低（褐煤除外），烟煤的电阻率较大，无烟煤的电阻率较小。煤中水分、矿物质、孔隙率及煤的风氧化程度等因素也影响煤的电阻率。当矿物质含量高时，烟煤的电阻率降低，无烟煤的电阻率升高。

煤的物理性质是在成煤过程中形成的，并在各个阶段受多种因素影响。观察煤的物理性质时以不改变煤的自然状态为原则，对比煤的物理性质时以煤化程度相同为前提，在相同煤岩组分之间进行。

二、煤的结构和构造

煤的结构和构造反映了成煤原始物质及其聚集条件，是煤层的重要宏观特征，也是煤资源勘探与煤矿井下煤层对比的重要依据之一。

（一）煤的结构

煤的结构是指煤岩成分的形态、大小、厚度、植物组织残迹，以及它们之间相互关系所表现出来的特征，按成因可以分为原生结构和次生结构。煤的原生结构是指由成煤原始物质及成煤环境所形成的结构；煤的次生结构是指煤层形成后受到应力作用产生各种次生的宏观结构。

煤的主要原生结构如下。

1. 条带状结构

条带状结构是宏观煤岩组分在煤层中呈薄层状相互交替出现的结构。按煤层剖面上条带的宽窄分为：细条带（1～3 mm）、中条带（3～5 mm）和宽条带（＞5 mm）。条带状结构在烟煤中常见，尤其是在半亮型和半暗型煤层中多见（附录 A-4）。

2. 线理状结构

煤层中的镜煤、丝炭及黏土矿物以厚度小于 1 mm 的断续薄层分布属于线理状结构，多见于半暗型煤层中（附录 A-5）。

3. 透镜状结构

透镜状结构为镜煤、丝炭、黏土矿物和黄铁矿等以透镜状分布于暗煤或亮煤中呈现出的结构，常见于半暗淡型煤、暗淡型煤中（附录 A-6）。

4. 均一状结构

均一状结构煤岩组分单一呈现出均一状结构，在镜煤、腐泥煤及无烟煤中都可见到（附录 A-7）。

5. 粒状结构

粒状结构是煤体中散布大量的壳质组分及矿物质而呈现出粒状结构，它是暗煤及暗淡型煤常具有的结构（附录 A-8）。

6. 木质结构

煤中保存了植物茎部的木质纤维组织的痕迹，植物茎干的形态清晰可辨，称木质结构。植物的木质组织的痕迹清晰可见，有时能见到保存完整的已经煤化了的树干和树桩（附录 A-9）。

7. 纤维状结构

纤维状结构为丝炭所特有，它是植物茎部组织经过丝炭化作用而形成的煤岩组分所常有的结构。可见到在煤层面上沿一个方向延伸，呈现长纤维状和疏松多孔状（附录 A-10）。

8. 叶片状结构

叶片状结构是沿煤层面分布的大量的角质层和木栓层，在煤层剖面上呈现纤细的页理，能被分成薄片的煤的结构（附录 A-11）。

煤的主要次生结构如下。

1. 碎裂结构

碎裂结构为煤被密集的次生裂隙相互交切成碎块，但碎块之间基本没有位移（附录 A-12,附录 A-13)。

2. 碎粒结构

碎粒结构为煤被破碎成粒状,主要粒级大于 1 mm(附录 A-14,附录 A-15)。

3. 糜棱结构

糜棱结构为煤被破碎成很细的粉末,主要粒级小于 1 mm(附录 A-16,附录 A-17)。

(二) 煤的构造

煤的构造是指煤岩组分在空间排列和分布上所表现出的外部特征。可以分为层理构造(附录 A-18)和块状构造(附录 A-19)。

沿煤层垂直方向上可看到明显的不均一性,主要是由组成成分不同而引起的,或是煤岩成分的变化,或含无机矿物夹层所引起,表现为层理。按层理的形态,可分为水平层理、波状层理和斜层理等。

块状构造指煤的外观均一,看不到层理,主要是成煤物质相对均匀,在沉积环境稳定滞水的条件下形成,如腐泥煤、腐殖腐泥煤、暗淡型煤。

三、宏观煤岩组分与宏观煤岩类型

研究宏观煤岩组分和煤岩类型可以更好地认识煤的宏观特征,了解煤的成因,评价煤质和对煤进行分类。

(一) 宏观煤岩组分

用肉眼或放大镜可以区分和辨认的煤的基本组成单位称为宏观煤岩组分。腐殖烟煤中包括镜煤、亮煤、暗煤和丝炭四种宏观煤岩组分,其中镜煤和丝炭是简单煤岩组分,亮煤和暗煤是复杂煤岩组分。

1. 镜煤

镜煤呈乌黑色、光泽强,是煤中颜色最深和光泽最强的成分。结构致密均一,贝壳状断口,表面反光、明亮如镜。内生裂隙发育,硬度小,性脆,易碎成棱角状小块,密度小。常以厚度为几毫米到几厘米的透镜状、条带状夹在亮煤和暗煤中(附录 A-20,附录 A-21)。镜煤是由植物的木质纤维组织经凝胶化作用转变而成的。

2. 亮煤

亮煤呈黑色,光泽次于镜煤,结构较均一,可见贝壳状断口,密度较小,性脆,内生裂隙发育。亮煤是煤层中的主要煤岩组分,有时可以构成整个煤层(附录 A-22)。

3. 暗煤

暗煤光泽暗淡,呈灰黑色,致密坚硬,密度较大,断口粗糙,内生裂隙不发育,硬度大。暗煤可以在煤层中形成较大的分层,有时能单独成层(附录 A-23)。

4. 丝炭

丝炭也称丝煤,外形像木炭,呈黑色,纤维状结构,具有丝绢光泽,疏松多孔,能染手,性脆易碎。丝炭的空腔常被矿物质充填,形成密度较大的矿化丝炭。丝炭吸氧性强,容易被氧化而产生自燃。丝炭在煤层中含量不大,常沿煤层层面以扁平的、不连续的透镜状分布,厚度仅有几个毫米(附录 A-24)。

(二) 宏观煤岩类型

宏观煤岩类型是宏观煤岩组分共生组合的综合反映。常以煤层表面平均光泽强度为依据,将腐殖煤划分为光亮型煤、半光亮型煤、半暗淡型煤和暗淡型煤四种宏观煤岩类型。

1. 光亮型煤

光亮型煤主要由镜煤和亮煤组成，煤岩组分简单，光泽很强，具有贝壳状断口，煤层内生裂隙发育，性脆易碎。

2. 半亮型煤

半亮型煤由镜煤、亮煤和暗煤组成，有时夹有丝炭组分。镜煤和亮煤的含量在75%～50%，平均光泽较弱于光亮型煤，内生裂隙发育，断口呈阶梯状或棱角状。煤层内条带状结构明显。

3. 半暗型煤

半暗型煤主要由暗煤和亮煤组成，以暗煤为主，可夹有细条带状、透镜状的镜煤丝炭线理，光泽暗淡，硬度和密度较大，断口呈参差状，矿物质含量较高。

4. 暗淡型煤

暗淡型煤主要由暗煤组成，夹少量镜煤、丝炭和矸石透镜体。光泽暗淡，致密块状，断口粗糙，煤质坚硬，密度较大。矿物质含量较高，难洗选，煤质差。

上述宏观煤岩类型在煤层中常交替出现，实际观察时应逐层描述和记录，分层取样并编制煤层宏观煤岩类型柱状图，以便于掌握煤层的宏观煤岩特征。

腐泥煤不划分煤岩类型，其特征为：颜色为灰色、褐色、黑色，结构均一，致密块状，光泽暗淡，呈现沥青光泽，具贝壳状断口，点燃具有沥青味道，密度约为1.10 g/cm^3。形成于早古生代及震旦纪的高煤化程度的腐泥煤称为石煤，其光泽较强。

四、煤的宏观研究方法

煤的宏观研究的对象是煤层煤样，它是煤岩学研究的基础，宏观煤岩研究能够提供多方面的煤岩资料，对煤的成因、物理性质、化学工艺性质和煤的实际应用研究均有重要意义。

煤层的观察和描述可以选择不同地点，常在井下煤层剖面或在地表的煤层自然露头或人工揭露的煤层剖面进行，有时也利用钻孔的煤芯剖面进行研究。

（一）煤层块煤煤样的观察描述

按照《烟煤的宏观煤岩类型分类》（GB/T 18023—2000）进行煤层块样的观察描述。对块煤煤样的厚度、煤岩组分、结构、构造、颜色、光泽、密度、断口、裂隙、结核等特征进行描述。具体步骤如下。

(1) 煤层总体观察。记录观察点的位置、观察条件、编号、成煤时代、煤层名称、煤层厚度及产状等，概述煤层的稳定性、裂隙发育情况、夹矸分布及比例、煤层顶底板岩石性质和裂隙发育情况及与煤层接触关系等。

(2) 在煤层厚度和结构有代表性的地点，选择垂直于煤层的新鲜平整的连续剖面，观察煤层中镜煤或亮煤的颜色、条痕色、光泽、内生裂隙等物理性质，初步确定煤的煤化程度。

(3) 确定宏观煤岩组分，划分宏观煤岩类型，估计各煤岩组分在煤样中的含量。注意观察夹矸的层数和岩性，并把层位稳定、厚度大于1 cm的夹矸单独划分出来，依据夹矸将煤层划分成几个自然层，对每一个自然煤分层，在垂直于煤层的新鲜断面上以不小于5 cm（特殊分层时可以小于5 cm）的厚度对块煤煤样进行分层，每一煤岩分层应在煤壁上做好记号，对有重要意义的标志层，如矿化煤、破碎煤、腐泥煤等应单独进行分层。逐层估计光亮成分含量，确定煤的宏观类型。

(4) 描述时注意各宏观煤岩分层的横向稳定性、煤岩组分组合特点、结构、构造、矿物质、包裹体成分和数量、各分层间接触关系等，并采集必要的煤岩测试样品。

(5) 观察煤中的矿物质分布及存在状态，对煤块样中特征部分进行素描或照相。

（二）利用钻孔采取的柱状煤芯进行煤层剖面的观察描述

当钻孔煤芯块样完整时，可按井下煤层剖面观察方法进行；但对煤层结构杂、易碎、采取率低的煤芯观察描述时，还应与当地采取率高的、宏观煤岩特征相似的相当层位的煤芯进行对比，作补充描述。

（三）室内检查和补充描述整理

野外和井下工作条件差，还需要在室内对现场的煤岩分层工作进行检查，对各分层的肉眼观察特征作补充描述，绘制煤层煤岩柱状图，对代表性煤分层样品进行照相和磨光观察。

（四）采集煤岩研究的煤样

根据煤岩研究的需要可以采取煤层柱状煤样、宏观煤岩类型煤样、光亮煤样、煤层的全层混合煤样，并注明采取煤样的位置。

（五）煤层宏观研究结果分析

(1) 对煤层中各宏观煤岩类型含量进行统计，说明其变化特征。

(2) 根据宏观特征对煤层的形成环境作简要说明，结合煤层中其他成分，分析其对煤质的影响。

(3) 初步确定煤的煤化程度，并阐明该煤层的可能工业用途，提出进一步的研究加工方向。

(4) 清绘出正规的煤层煤岩柱状图(图 2-2)，作为煤层煤岩研究的正式资料。

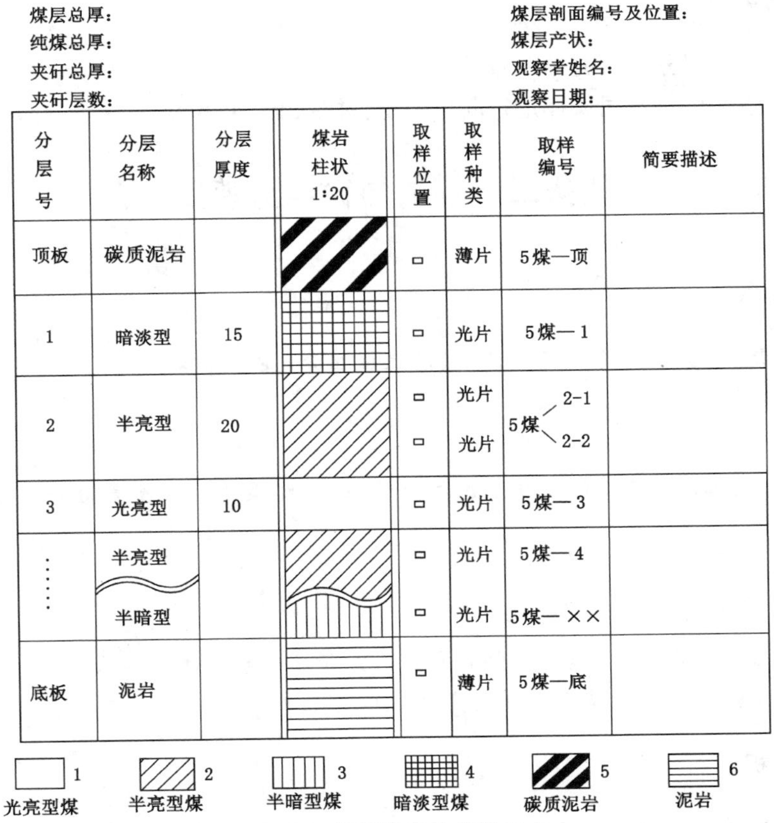

煤层总厚：　　　　　　煤层剖面编号及位置：
纯煤总厚：　　　　　　煤层产状：
夹矸总厚：　　　　　　观察者姓名：
夹矸层数：　　　　　　观察日期：

分层号	分层名称	分层厚度	煤岩柱状 1:20	取样位置	取样种类	取样编号	简要描述
顶板	碳质泥岩			▭	薄片	5煤—顶	
1	暗淡型	15		▭	光片	5煤—1	
2	半亮型	20		▭ ▭	光片 光片	5煤 2-1 5煤 2-2	
3	光亮型	10		▭	光片	5煤—3	
⋮	半亮型 半暗型			▭ ▭	光片 光片	5煤—4 5煤—××	
底板	泥岩			▭	薄片	5煤—底	

图 2-2　煤层煤岩柱状图格式

（六）野外确定煤的变质程度的简易方法

在野外一般是根据煤的物理性质和简易燃烧试验来确定煤的变质程度，通常用镜煤或纯净的亮煤进行比较鉴定。煤的主要物理性质见表2-2；煤的简易燃烧试验方法为将一块较薄的（厚度小于2 mm）镜煤或较纯净的亮煤放在酒精灯或蜡烛上燃烧，观察其易燃程度、烟雾的浓淡、火焰的长短、膨胀熔融性能及结焦情况等特征，据此判断煤的变质程度（表2-4）。

表2-4　各煤化阶段光亮型煤的简易燃烧特征表

煤化阶段		易燃程度	熔融、膨胀性能	烟焰特征	残渣强度
褐煤		较易燃	不膨、不熔	烟淡、焰短	
低变质烟煤	长焰煤	易燃	不膨或微膨、不熔	烟浓、焰长	
	气煤	易燃	膨胀、熔或微熔	烟浓、焰长	较小
中变质烟煤	肥煤	易燃	强膨、强熔	烟浓、焰长	小
	焦煤	易燃	膨胀、熔融	烟较浓、焰较长	大
高变质烟煤	瘦煤	较易燃	微膨、微熔	烟淡、焰短	
	贫煤	较难燃	不膨、不熔或微熔	烟淡若无、焰短	
无烟煤		难燃	不膨、不熔	无烟、几乎无焰	

思考与练习

1. 简述煤的宏观分析研究的一般步骤。
2. 请在实验室里对不同煤样进行断口识别，并说出分类名称。

任务二　煤的显微组分鉴定

知识要点

显微煤岩组分；显微煤岩研究方法；煤的显微组分；显微煤岩类型。

技能目标

掌握透射光、反射光下煤的有机显微组分特征，了解煤的无机显微组分类型和显微煤岩类型。

任务导入

用研究岩石学的方法研究煤，主要有宏观研究和显微研究两种方法，上一个任务我们学习了宏观研究，接下来，一起学习显微研究方法。

任务分析

显微研究是在显微镜下依据形态特征及光学性质区分显微煤岩组分、显微煤岩类型。

相关知识

一般光学显微镜的使用步骤如下。

1. 取镜和安放

① 右手握住镜臂，左手托住镜座。② 把显微镜放在实验台上，略偏左。③ 安装好目镜和物镜。

2. 对光

① 转动转换器，使低倍物镜对准通光孔。② 把一个较大的光圈对准通光孔。③ 左眼注视目镜内，右眼睁开，便于观察画图。④ 转动反光镜，直到视野明亮。

3. 观察

① 把所要观察的载玻片放到载物台上，用压片夹压住，标本要正对通光孔。② 转动粗准焦螺旋，使镜筒缓缓下降，直到物镜接近载玻片。眼睛看着物镜以免物镜碰到载玻片标本。③ 左眼向目镜内看，同时反向转动粗准焦螺旋，使镜筒缓缓上升，直到看清物像为止。④ 再略微转动细准焦螺旋，使看到的物像更加清晰。

任务实施

一、显微煤岩组分

煤岩学中把普通显微镜下能够识别的、组成煤的基本单位称为煤的显微组分，也称显微煤岩组分。按其成分和性质的不同，可分为有机显微组分和无机显微组分两种类型。由植物遗体转变而来的为有机显微煤岩组分；而矿物杂质则称为无机显微组分。按照岩石学原理，显微组分是组成煤的矿物单位。

为了统一在显微镜下识别与划分煤岩组分，国际煤岩学会确定利用显微镜在反射光、油浸、物镜 25～50 倍下观察煤的各种显微组分的形态，测定它们的物理性质，划分显微组分和亚组分。

二、显微煤岩研究方法

显微镜下观察鉴定煤的显微组分，主要依据各组分的光学性质及形态特征，常用两种方法：一种方法是在透射光下观察用煤磨制的薄片，利用煤的有机显微组分的透光色、透明度、形态、结构和轮廓等，研究煤的成因特征。由于高变质煤透光性较差，使用该方法有一定的局限性。另一种方法是把煤块的表面磨光，然后在反射光下进行研究，依据煤的有机显微组分的反射色、形态、结构、轮廓、凸起、反射率、显微硬度等，研究煤的加工利用和成因，几乎适用于所有的煤。反射光研究煤可分为普通反射光和油浸反射光两种。用普通反射光观察时，使用干物镜，物镜与光片之间的介质是空气；用油浸反射光观察时，物镜与光片之间的介质是油，以减少空气折射的影响，使光线更集中，观察特征更明显，因此油浸反射光应用更为广泛，已成为煤显微研究的主要手段。除了研究煤薄片和煤光片外，也可将煤磨成光薄片（煤薄片表面抛光），进行透射光和反射光下的观察和鉴定。

三、煤的显微组分

（一）煤的有机显微组分分类和命名

有机显微组分是在显微镜下观察到的煤中由植物残体转变而成的显微组分，分为镜质组、惰质组和壳质组。进一步按照细胞保存程度和形态，在镜质组中又划分出结构的、无结构的和碎屑的 3 种组分；惰质组划分出 6 种组分；壳质组划分出 9 种组分。有些显微组分还可以依据形态、成因，再细分为亚组分(表 2-5)。

表 2-5　有机显微组分分类表

组	代号	组分	代号	亚组分	代号
镜质组	V	结构镜质体	T	结构镜质体 1	T_1
				结构镜质体 2	T_2
		无结构镜质体	C	均质镜质体	C_1
				基质镜质体	C_2
				团块镜质体	C_3
				胶质镜质体	C_4
		碎屑镜质体	VD		
		碎屑半镜质体	SVD		
惰质组	I	半丝质体	SF		
		丝质体	F		
		微粒体	Mi		
		粗粒体	Ma	粗粒体 1	Ma_1
				粗粒体 2	Ma_2
		菌类体	Scl	菌类体 1	Scl_1
				菌类体 2	Scl_2
		碎屑惰质体	ID		
壳质组	E	孢子体	Sp	大孢子体	Sp_1
				小孢子体	Sp_2
		角质体	Cu		
		树脂体	Re		
		木栓质体	Sub		
		树皮体	Ba		
		沥青质体	Bt		
		渗出沥青体	Ex		
		荧光体	Fl		
		藻类体	Alg	结构藻类体	Alg_1
				层状藻类体	Alg_2

（二）有机显微组分的主要特征

各种显微组分、亚组分的主要特征如下。

1. 镜质组(V)

镜质组是由高等植物的木质素和纤维素经凝胶化作用，形成的以腐殖酸和沥青质为主要成分的凝胶化物质经过煤化作用后形成的，相当于凝胶化组。它是煤中最常见、最重要的显微组分组，在半光亮型煤中占60%～80%，在光亮型煤中含量达80%以上。镜质组以芳香族成分和氧含量较高、氢含量中等、碳含量较低为特征，挥发分产率较高，具有较好的黏结性，是炼焦的最主要成分。低煤化煤和中煤化煤的镜质组在透光显微镜下呈现橙红色、褐红色，在反射光下呈现灰色、浅灰色。镜质组在显微镜下可以分成以下3种组分。

(1) 结构镜质体

结构镜质体镜下植物细胞结构清楚或朦胧可见，可分为两个亚组分。

① 结构镜质体1。由植物残体经过煤化作用形成。植物细胞保存完好，胞腔排列整齐，胞壁不膨胀或稍有膨胀(附录B-1，附录B-2)。

② 结构镜质体2。由植物残体分解的产物构成。植物细胞壁强烈膨胀，胞腔完全变形或几乎消失，仅显示细胞结构残迹(附录B-3，附录B-4)。

(2) 无结构镜质体

无结构镜质体镜下不显示植物细胞结构，按形态可以分为五个亚组分。

① 均质镜质体。显微镜下呈现宽窄不等的条带状和透镜状，均一、纯净(附录B-5，附录B-6)。

② 基质镜质体。无固定形态，充当其他显微组分和矿物质的“胶结物”，不显示细胞痕迹，是煤中最常见的组分(附录B-7，附录B-8)。

③ 胶质镜质体。无固定形态，胶体腐殖溶液充填在植物组织的细胞腔或其他空腔中沉淀成凝胶状态的物质(附录B-9，附录B-10)。

④ 团块镜质体。呈圆形、椭圆形单体或群体分布，较其他镜质体透光色深(附录B-11，附录B-12)。

⑤ 鞣质体。鞣质体是由植物生长时细胞分泌的鞣酸在细胞死亡后经氧化或缩合作用形成的物质，透射光下呈褐色、橙红色、棕红色，油浸反射光下呈不同程度的灰色。鞣质体是褐煤中常见组分，其化学组成和结构稳定，易于保存。中新生代成煤植物的木栓组织中都有鞣质体(附录B-13)。

(3) 碎屑镜质体

碎屑镜质体为粒径小于10 μm的镜质组组分碎屑，呈粒状或不规则形状，常与碎屑惰质体混合堆积(附录B-14)。

2. 惰质组(I)

惰质组主要是由植物的根、茎、叶等木质纤维组织经丝炭化作用而形成的显微组分，少数是在煤化过程中形成的次生显微组分，相当于丝炭化组。它以富碳、贫氢、更高程度的芳香化为特征。透射光下，惰质组呈棕褐色到黑色，油浸反光下呈灰白色、亮白色等。本组碳含量高、氢含量最低、氧含量中等。磨蚀硬度和显微硬度高，凸起高，挥发分低，没有黏结性。惰质组的芳构化程度高，反射率高。惰质组可以分成6种显微组分。

(1) 丝质体

丝质体是植物细胞结构保存完好的惰性组分，原始胞壁、管胞纹孔清晰可见，按成因分为2个亚组分。

① 火焚丝质体。火焚丝质体成因与森林火灾有关，表现为丝质体具有很薄的细胞壁，而且保存完好(附录B-15，附录B-16)。

② 氧化丝质体。氧化丝质体的细胞结构保存差，原始细胞壁有不同程度的膨胀加厚或

细胞排列不规则(附录 B-17,附录 B-18)。

(2) 半丝质体

半丝质体植物细胞结构保存较差,胞壁膨胀或强烈膨胀,有的只显示不规则胞腔残迹(附录 B-19)。

(3) 粗粒体

粗粒体无细胞结构,粒径大于 30 μm,呈无定形"基质"状(附录 B-20)。

(4) 菌类体

菌类体是由真菌体和高等植物的分泌物质所形成的浑圆的惰质组分(附录 B-21)。

(5) 微粒体

微粒体是粒径小于 1 μm 的惰质组分,腐殖煤中微粒体常充填在结构镜质体的细胞腔中(附录 B-22)。

(6) 碎屑惰质体

碎屑惰质体是粒径小于 30 μm 的惰质组分,无细胞结构,呈棱角状或不规则状(附录 B-23)。

3. 壳质组(E)

壳质组是植物中化学性质较稳定的组成部分,包括孢子体、角质体、木栓质体、树脂体、花粉等。在泥炭化和煤化作用中,它们变化不大,相当于稳定组。透射光下透明,呈黄色,轮廓清楚,外形特殊;反射光下呈深灰色,大多具低凸起;油浸反射光下呈灰黑色。按形态特征可分为以下 10 个亚组分。

(1) 孢子体

孢子体是植物的繁殖器官。孢子按个体大小分为大孢子体(>0.1 mm)和小孢子体(<0.1 mm)2 个亚组分。

① 大孢子体。大孢子体的直径为 0.1～3 mm,在垂直于层理的切面中呈封闭的压扁长环形状,折曲处呈钝圆形,外缘较光滑(附录 B-24)。

② 小孢子体。小孢子体的直径常小于 0.1 mm,在垂直于层理的切面上呈扁环状或蠕虫状(附录 B-25)。

(2) 角质体

角质体是由植物的树皮、树叶等角质表层转变而成,在垂直于层理的切面上呈长条带状,外缘平滑,内缘锯齿状,末端折曲处呈尖角状(附录 B-26)。

(3) 木栓质体

木栓质体是由植物周皮组织木栓层组成,木栓细胞结构可见,胞腔有时充填团块状镜质体。木栓质体在横切面上呈叠瓦状,在弦切面上呈鳞片状(附录 B-27)。

(4) 树皮体

树皮体是由植物根、茎的形成层以外的所有组织形成的壳质组分,细胞壁和胞腔充填物质已经栓质化,呈叠瓦状(附录 B-28)。

(5) 树脂体

树脂体是由成煤植物的树脂、蜡质和脂类物质形成的壳质组分,呈大小不等的圆形、椭圆形及不规则形态,零星地分布于煤体中(附录 B-29)。

(6) 渗出沥青体

渗出沥青体是由树脂体、角质体、树皮、孢子体和富含氢的镜质体形成的次生显微组分,呈楔形沿一定方向延伸，充填于裂隙或胞腔中（附录 B-30）。

（7）藻类体

藻类体是由藻类遗体形成的、主要在腐泥煤中出现的壳质组分。藻类体能发出较强的荧光，按有无细胞结构分为以下 2 个亚组分。

① 结构藻类体。煤中常见的皮拉藻类体具有代表性，常呈不规则的椭圆形和纺锤形，在垂直层理的切面中表面呈斑点状、蜂窝状，边缘呈放射状（附录 B-31）。

② 层状藻类。在镜下不显示原始形态和结构特征，在垂直层理的切面中呈纹层状，如胶泥煤中呈层状的藻类体（附录 B-32）。

（8）沥青质体

沥青质体是由藻类、浮游生物、细菌等类脂质体分解形成的产物，在腐泥煤、腐殖腐泥煤中呈粒状等形态，在透射光下呈褐黄色或黄色，如粒状沥青质体（附录 B-33）。

（9）荧光体

荧光体是由植物分泌的油脂等转化形成的具有强荧光的壳质组分，常呈单体或群体的粒状、油滴状小透镜体（附录 B-34）。

（10）碎屑壳质体

碎屑壳质体是指粒径小于 3 μm 的壳质体，常成群出现，表现为分布在孢子体周围的碎屑壳质体。

四、煤的无机显微组分

煤的无机显微组分主要是各类矿物杂质，据相关资料，在煤中已经鉴定出的矿物达 125 种以上。

（一）按成因分类

1. 植物成因的矿物质

植物中常见的矿物质主要是 Ca、K、Mg、Na、O、Si、S、P、Fe、Cl 等元素形成的化合物，以及 Ti、B、Cu、Mo、Zn、Co 等微量元素，其总量一般不超过植物（干燥基）的 2%。这些成分虽少但难以除去。

2. 陆源碎屑成因的矿物质

煤中常见的陆源碎屑成因的矿物质有黏土矿物、石英、长石、云母等，还有锆石、磷灰石、重晶石等副矿物，有的煤中还有火山碎屑。

3. 化学成因及生物成因的矿物质

煤中常见的化学成因矿物质有高岭石、硫化物矿物、菱铁矿、石英等。生物及遗体降解过程中产生的气体、有机酸对矿物的形成有影响，如黄铁矿煤粒形成就与菌类生物有关。

（二）按形成时期分类

1. 同生矿物

同生矿物是指在泥炭化作用阶段和煤的早期成岩作用阶段形成于煤中的矿物。如高岭石、石英、方解石、黄铁矿、菱铁矿等。

2. 后生矿物

后生矿物是指在煤的晚期成岩作用阶段和煤的变质作用阶段形成于煤中的矿物。主要有黄铁矿、石英、高岭石、方解石、菱铁矿、石膏和褐铁矿等。

五、显微煤岩类型

显微煤岩类型是显微镜下煤显微组分组的典型组合。由于研究目的、工作方法和研究的详细程度不同,显微煤岩类型的划分也各异。下面以国际煤岩学委员会的显微煤岩类型的分类方案为代表进行说明。该分类应用广泛,也是我国所采用的方案(表 2-6)。

表 2-6 国际煤岩学委员会显微煤岩类型分类方案

显微煤岩类型组	显微组分组的组成	显微组分及含量(不包括矿物质)	显微煤岩类型
微镜煤	$V>95\%$	结构镜质体>95%	微结构镜煤
		无结构镜质体>95%	微无结构镜煤
		碎屑镜质体>95%	微碎屑镜质煤
微壳煤	$E>95\%$	孢子体>95%	微孢子煤
		角质体>95%	微角质煤
		木栓质体>95%	微木栓质煤
		树皮体>95%	微树皮煤
		树脂体>95%	微树脂煤
		渗出沥青体>95%	微沥青质煤
		藻类体>95%	微藻类煤
		碎屑壳质体>95%	微碎屑壳质煤
微惰煤	$I>95\%$	丝质体>95%	微丝煤
		半丝质体>95%	微半丝煤
		粗粒体>95%	微粗粒惰质煤
		菌类体>95%	微菌类煤
		碎屑惰质体>95%	微碎屑惰质煤
微亮煤	$V+E>95\%$ $V>5\%$ $E>5\%$	镜质组+孢子体>95%	孢子微亮煤
		镜质组+角质体>95%	角质微亮煤
		镜质组+木栓质体>95%	木栓微亮煤
		镜质组+树皮体>95%	树皮微亮煤
		镜质组+树脂体>95%	树脂微亮煤
		镜质组+藻类体>95%	藻类微亮煤
		镜质组+渗出沥青体 >95%	沥青质微亮煤
微镜惰煤	$V+I>95\%$ $V>5\%,I>5\%$	镜质组+惰质组>95%,$V>I$	微镜惰煤 V
		镜质组+惰质组>95%,$I>V$	微镜惰煤 I
微暗煤	$I+E>95\%$ $I>5\%$ $E>5\%$	惰质组+孢子体>95%	孢子微暗煤
		惰质组+角质体>95%	角质微暗煤
		惰质组+树皮体>95%	树皮微暗煤
微三合煤	$V>I,E$ $E>I,V$ $I>V,E$	镜质组、壳质组、惰质组>5%	微暗亮煤
			微镜惰壳煤
			微亮暗煤

注:V 为镜质组,E 为壳质组,I 为惰质组。

表 2-6 分类方案的目的主要是研究煤的工艺性质和用途。此方案依据煤中所含显微组分组的数目，划分出单组分、双组分和三组分显微煤岩类型。并规定各种显微煤岩类型条带的最小宽度为 50 μm 或最小覆盖面积为 50 μm×50 μm，并要求各显微组分组的含量大于 5%的条件下，依据煤中的镜质组(V)、惰质组(E)、壳质组(I)的含量百分比划分出 7 个显微煤岩类型组。

显微煤岩组分的定量是研究煤层组成特征的基本参数，采用在柱状煤样制成的一系列薄片上进行显微组分的定量统计分析，将煤的有机显微组分和无机显微组分分别进行。为保证结果能代表具有不同的化学、工艺性质的各种显微组分在煤层中所占的比例，常采用混合煤样煤粒胶结光片(煤砖光片、粉煤光片)的定量统计方法。

六、煤的显微物理性质

(一) 煤的反射率、折射率

煤的反射率是在垂直照明条件下，煤岩组分(镜质组分为主)磨光面的反射光强度与入射光强度之比的百分值，用 R 表示。经测定，在油浸介质中煤中镜质组的最大反射率 $R_{o,max}$=0.26%～11.0%，空气介质中镜质组的最大反射率 $R_{a,max}$=6.40%～22.10%。当 C_{daf}≥85%时，反射率出现最大值和最小值，即双反射现象。随着煤阶升高，双反射率逐渐增强(表 2-7)。

表 2-7　镜质组的反射率、折射率

C_{daf}/%	$R_{o,max}$/%	$R_{o,min}$/%	$R_{a,max}$/%	$R_{a,min}$/%	$N_{最大}$	$N_{最小}$
58.0	0.26	0.26	6.40	6.40	1.680	1.680
70.5	0.35	0.35	6.80	6.80	1.705	1.705
75.5	0.51	0.51	7.25	7.25	1.230	1.230
83.5	0.67	0.67	7.85	7.85	1.775	1.775
85.0	0.92	0.90	8.50	8.45	1.815	1.815
89.0	1.26	1.18	9.50	9.30	1.88	1.87
91.2	1.78	1.55	10.60	10.00	1.95	1.90
92.5	2.37	1.84	11.70	10.55	2.00	1.93
93.4	3.25	2.06	12.90	10.80	2.02	1.93
94.2	4.17	2.22	14.05	11.05	2.02	1.93
95.0	5.20	2.64	15.35	11.05	2.02	1.93
96.0	6.60	3.45	17.10	12.55	2.02	1.93
100.0	11.0		22.10			

可以看出，煤中镜质组的反射率明显与其碳含量之间呈线性关系，随着煤阶的增高，煤的反射率不断增强。因此，目前广泛利用测定镜质组反射率来精确确定煤的变质程度，将煤的反射率作为确定煤化程度最重要的光学常数，这对于煤质评价、煤的加工利用、油气勘探等地质问题的研究均有重要意义。

煤的折射率是光线通过煤的界面时发生折射后进入煤的内部，其入射角的正弦和折射角的正弦之比，用 N 表示。随着煤化程度的增高，煤的折射率也相应增高，从 1.680 增至 2.02。在 85%后，折射率出现最大值和最小值，其差距随煤阶增高而增大。

（二）煤的显微硬度和抗磨硬度

1. 显微硬度（维氏硬度）

煤的显微硬度指在显微镜下以很小的负荷压力（0.01～0.02 kg/mm^{-2}）将金刚石锥压入煤的显微组分，测量压痕大小，得到显微硬度值。压痕越大，煤的显微硬度越小；反之，显微硬度越大。显微硬度在测定时只需很小的一块煤表面，并能在脆性煤上留下压痕，因而可以避免由于煤的不均一或脆性破裂引起的误差，并能直接测定各显微组分的硬度。

中国煤炭科学院煤化所对我国主要煤矿采样测定显微硬度，发现它与煤化程度之间的关系是“靠背椅”式的变化规律（图 2-3）。“椅脚”是褐煤，“椅面”是烟煤，“椅背”是无烟煤。在褐煤阶段，显微硬度随煤化程度增加而增大，碳含量 75%～80%时达到最大值；在烟煤阶段，显微硬度随煤化程度增加而降低，在碳含量 85%左右达到最小值；在无烟煤阶段，显微硬度随煤化程度增加几乎呈直线上升。

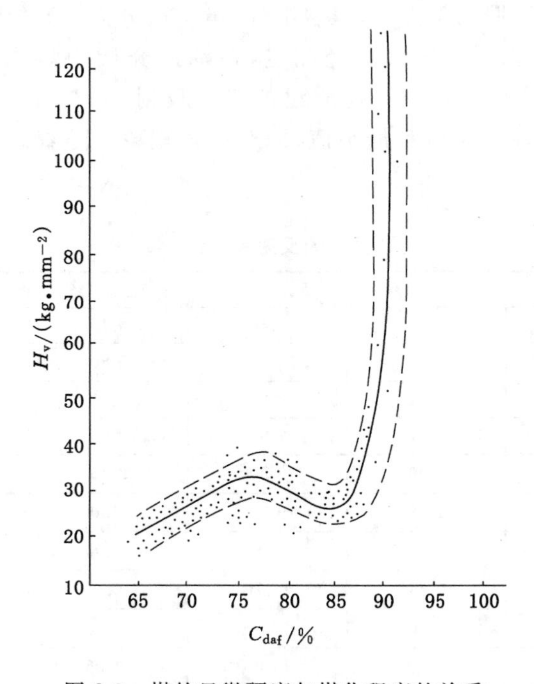

图 2-3 煤的显微硬度与煤化程度的关系

2. 抗磨硬度

煤的抗磨硬度指煤岩组分的抗磨强度，用煤在研磨抛光时的阻力大小来表示，表现为各显微组分凸起的高低。凸起是各种显微组分耐磨程度（硬度）不同引起的视觉现象，它是反射光下研究煤光片的一项重要指标，抗磨硬度较大的显微组分的凸起高；反之，凸起低或无凸起。测试煤的硬度时，应该排除煤体中的矿物杂质、裂隙和风氧化现象的影响。

思考与练习

1. 煤的显微研究的主要包含哪些内容？
2. 煤的有机显微组分和无机显微组分的区别是什么？

项目三　煤质及其评价

任务一　煤样的采集与制备

知识要点

煤样的采集;煤样的制备;煤质分析中常用基准和符号。

技能目标

能够独立制备空气干燥基试验煤样。

任务导入

煤质研究是煤炭资源勘查工作中的重要内容,是进行工作区远景评价和工业评价的重要依据。煤样的采集与制备是煤质研究的基础工作,为了正确评价煤质,通常先对大批量的煤进行采集和制备。

任务分析

煤样的采集是指从大量煤中采取具有代表性的一部分煤的过程,其目的是要获得一个组成和特性都能代表被采样批煤的试验煤样;煤样的制备是指使煤样达到分析或试验状态的过程,其目的是将大量的大粒度试样无偏倚地制备成较小质量和较小粒度的分析试样。

相关知识

对煤炭品质的了解需要通过化验的手段获得,而煤质化验只能针对一定量具有代表性的煤样进行。从大量煤中采取具有代表性的一部分煤的过程称为煤样的采集,它是煤样制备和化验的前提。

一、煤样的采集

1. 煤样采集中常用的基本概念

(1) 子样:指采样器具操作一次或截取一次煤流全横截断面所采取的一份样。

(2) 分样:由均匀分布于整个采样单元的若干初级子样组成的煤样。

(3) 总样:从一个采样单元取出的全部子样合并成的煤样。

(4) 批:指需要进行整体性质测定的一个独立煤量。

(5) 采样单元:指从一批煤中采取一个总样的煤样,一批煤可以是一个或多个采样单元。例如一海轮共有 8 个舱,其中 4 个舱装原煤共计 3 200 t,另 4 个舱运精煤共计 1 600 t,则此批煤就包括 3 200 t 原煤和 1 600 t 精煤两个采样单元,应该对它们分别进行采样。

(6) 系统采样:按相同的时间、空间或质量间隔采取子样,但第一个子样在第一间隔内随机采取,其余的子样按选定的间隔采取。

(7) 随机采样:采取子样时,对采样的部位或时间均不施加任何人为的意志,使任何部位的煤都有机会采出。

(8) 连续采样:从每一个采样单元采取一个总样,采样时,子样点以均匀的间隔分布。

(9) 间断采样:仅从某几个采样单元采取煤样。

(10) 标称最大粒度:与筛上累计质量分数最接近(但不大于)5%的筛子相应的筛孔尺寸。

(11) 精密度:在规定条件下所得的独立试验结果间的符合程度。

2. 煤样采集的基本过程和基本要求

(1) 基本过程

首先,按照规定的程序从分布于整个被采样批煤的许多不同部位各采取一份试样(即初级子样);其次,将各初级子样合并成为一个总样;最后,再按规定的制样程序(包括筛分、破碎、缩分和空气干燥)制成要求数目和类型的试验总样。

(2) 基本要求

被采样批煤的所有颗粒都可能进入采样设备,每一个颗粒都有相同的概率被采入试样中。

为满足采样的基本要求,最好用移动煤流机械化采样方法;在无条件的地方,也可用静止煤机械化采样方法。但无论采用哪种方法和哪种机械,都必须经试验证明其无实质性偏差、精密度符合要求。

煤样采集方案制订的基本程序根据《煤炭机械化采样 第 1 部分:采样方法》(GB/T 19494.1—2004):

① 确定被采样的煤源、批量和标称最大粒度;

② 确定欲测定的参数和需要的试样类型;

③ 决定用连续采样或是间断采样;

④ 确定或假定要求的精密度;

⑤ 决定将子样合并成总样的方法(直接合并或是缩分后合并)和制样方法;

⑥ 测定或假定煤的变异性(即初级子样方差、采样单元方差和制样、化验方差);

⑦ 确定采样单元数和个采样单元的子样数;

⑧ 根据标称最大粒度确定总样最小质量和子样的平均最小质量;

⑨ 确定采样方式(系统采样、随机采样或分层随机采样)、采样基(时间基采样或质量基采样)和采样间隔(min 或 t)。

二、煤样的制备

煤炭是一种化学组成和粒度组成都很不均匀的混合物,采样量一般较大,少则数十、数百千克,多则数吨、十几吨,而煤质化验需要的试样量一般只需几克到几百克。因此,将采集的大量煤样缩制成少量且其化学和物理特性还要能代表初始煤样,就必须按照一定的操作程序对煤样进行加工处理，否则所制成的分析试验煤样就失去了代表性，其化验结果也就不能准确地反映所采煤样的品质。

使煤样达到分析或试验状态的过程，称为煤样的制备，即制样。制样的目的是将大量的大粒度试样无偏倚地制备成较小质量和较小粒度的分析试样。煤样制备是规范性很强的操作过程，包括破碎、混合、缩分，有时还包括筛分和空气干燥。它可分为几个阶段进行。

1. 破碎

破碎是在制样过程中用机械或人工方法减小煤样粒度的过程，其目的是减小试样粒度，增加试样颗粒数，以减小缩分误差。破碎是保持煤样代表性并减少其质量的准备工作。

2. 混合

混合是把煤样混合均匀的过程。其目的是增加煤样中各颗粒的分散度，达到大小粒度分布均匀的目的，以减少下一步缩分误差。混合的方法可采用人工或机械方法。

3. 缩分

缩分是将混合均匀的煤样分成性质相同的几份，留下一份作为进一步制备所用的煤样或作为实验室煤样，舍弃其余部分的过程。其目的在于减少试样量，达到分析试验所需的煤样。缩分是制样最关键的程序，是产生误差的最主要环节。缩分的方法包括机械缩分和人工缩分，人工缩分又分为二分器法、棋盘法、条带截取法、堆锥四分法和九点取样法。为减少人为误差，应尽量使用机械方法缩分。

4. 筛分

筛分是用选定孔径的筛子从煤样中分选出不同粒级煤的过程。其目的是确保全部煤样破碎到必要的粒度，各不均匀物质达到一定的分散程度。筛子是筛分时使用的工具，孔径有25 mm、13 mm、6 mm、3 mm、1 mm 和 0.2 mm 及其他孔径的方孔筛，3 mm 的圆孔筛。

5. 空气干燥

空气干燥是指将煤样铺成均匀的薄层，在环境温度下使之与大气湿度达到平衡的过程。其目的是除去煤样中的部分水分，使之顺利通过破碎机、缩分机、二分器和筛子。在制备煤样过程中，遇到煤样太湿，无法进一步破碎缩分时，才有必要进行干燥，一般自然摊平干燥到空气干燥状态，也可加热，干燥温度一般不超过 50 ℃，但对高变质程度的煤可适当高些。

上述各步骤构成了一个完整制样阶段，其中 1～4 各步骤可重复多次，直到煤的数量和粒度大小符合实验要求为止。然而所有煤样并非都要经过这些步骤，视煤样状态和实验要求而定。例如煤样粒度已较细(符合缩分时要求的粒度)，且数量较多时，则可不必破碎而直接混合和缩分，又如煤样量尽管不多，但其粒度较大，超过缩分要求的粒度，则要先进行破碎再缩分，再如煤样较湿无法进行下一步制备作业，则需先进行干燥等。总之，煤样所处状态是多种多样的，其要求也各不相同。

三、煤炭分析试验的项目符号与基准

在煤炭资源勘查、采选、运销、贸易和加工利用过程中，煤的工业分析、元素分析及其他煤质分析项目的测定数据具有广泛用途。为了使用方便和统一标准，《煤炭分析试验方法一般规定》(GB/T 483—2007)和《煤质及煤分析有关术语》(GB/T 3715—2007)规定了煤炭分析试验有关的术语、定义、基准及符号。

1. 煤炭分析中常用符号

在《煤炭分析试验方法一般规定》中，采用各分析试验项目的英文名词的第一个字母或缩略字，以及各化学成分的元素符号或分子式作为它们的代表符号。表 3-1 是煤炭分析项目符号；对各分析试验项目是细项目化分符号，采用相应的英文词的第一个字母或缩略字，标在项目符号的右下角，表 3-2 是煤炭分析细项目代表符号。

表 3-1　　煤炭分析项目符号

分析类型	项目名称	代表符号
煤的工业分析	水分	M
	灰分	A
	挥发分	V
	固定碳	FC
煤的元素分析	碳	C
	氢	H
	氧	O
	氮	N
	硫	S
其他煤质分析	最高内在水分	MHC
	矿物质	MM
	视相对密度	ARD
	真相对密度	TRD
	发热量	Q
煤灰熔融性测定	(灰熔融性)变形温度	DT
	(灰熔融性)软化温度	ST
	(灰熔融性)半球温度	HT
	(灰熔融性)流动温度	FT
煤的工艺性质	收缩度	a
	膨胀度	b
	焦油产率	Tar
	半焦产率	CR
	热解水收率	Water
	罗加指数	R.I.
	黏结指数	G_R.I.
	坩埚膨胀序数	CSN
	最终收缩度	x
	胶质层最大厚度	Y
	最大流动度	MF
	最大流动温度	MFT
	苯萃取物产率	EB
	腐殖酸产率	HA

续表 3-1

分析类型	项目名称	代表符号
煤的工艺性质	二氧化碳转化率	α
	热稳定性	TS
	落下强度	SS
	结渣率	Clin
	透光率	PM

表 3-2　　煤炭分析细项目代表符号

细项目名称	代表符号	细项目名称	代表符号
外在或游离	f	弹筒	b
内在	inh	全	t
有机	o	恒压高位	gr,p
硫化铁	p	恒容高位	gr,v
硫酸盐	s	恒压低位	net,p

2. 煤质分析基准

(1) 常用煤质分析项目基准的含义和使用意义

煤质分析项目的基准即煤样的基准，是表示煤质分析化验结果是以什么状态下的煤样为基础而测得的。分析项目基准的符号是用各英文名称的小写字母表示的，把它下标于“煤质分析项目符号”的右下侧，并与“表示煤质分析项目存在状态或操作条件符号”之间用“逗号”隔开，如煤的收到基全水分用 $M_{t,ar}$ 表示、煤的空气干燥基弹筒发热量用 $Q_{b,ad}$ 表示等。常用煤质分析项目的基准见表 3-3。

表 3-3　　常见基准代表符号和定义

基准名称	代表符号	定义	使用意义
收到基	ar	以收到状态的煤为基准	用于销售煤，物料平衡、热平衡及热效率计算
空气干燥基	ad	以与空气湿度达到平衡状态的煤为基准	多用于实验室煤质分析项目测定的基础
干燥基	d	以假想无水状态的煤为基准	主要用于比较煤的质量，用于表示煤的灰分、硫分、磷分、发热量等
干燥无灰基	daf	以假想无水、无灰状态的煤为基准	主要用于了解和研究煤中的有机质
干燥无矿物质基	dmmf	以假想无水、无矿物质状态的煤为基准	主要用于高硫煤的有机质研究

(2) 各基准的关系

对于同一煤样，其化验结果若以不同的基准来表示则数值不同。因此，同类分析项目只有在相同基准的基础上才能进行比较。常用基准间的相互关系如图 3-1 所示，换算系数见表 3-4。

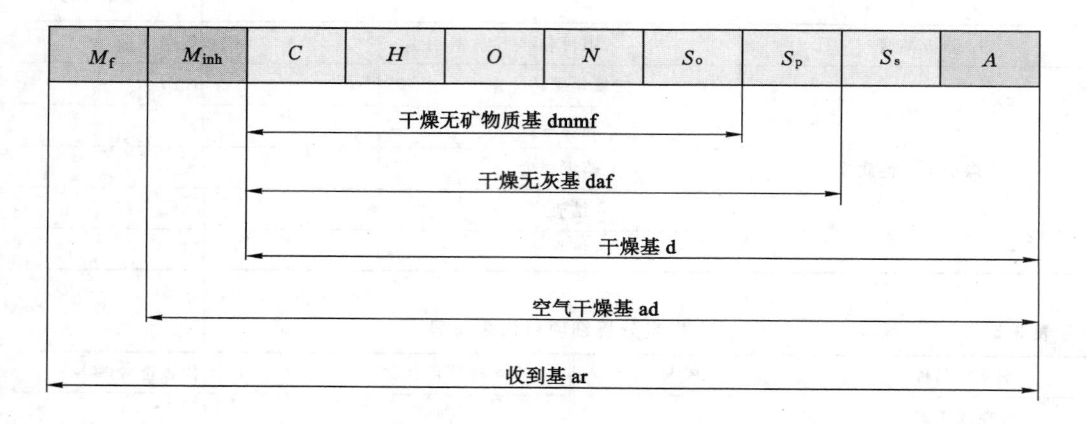

图 3-1 常用基准间的相互关系

表 3-4 不同基换算公式的系数

已知基	要求基				
	ad	ar	d	daf	dmmf
ad	—	$\frac{100-M_{ar}}{100-M_{ad}}$	$\frac{100}{100-M_{ad}}$	$\frac{100}{100-(M_{ad}+A_{ad})}$	$\frac{100}{100-(M_{ad}-MM_{ad})}$
ar	$\frac{100-M_{ad}}{100-M_{ar}}$	—	$\frac{100}{100-M_{ar}}$	$\frac{100}{100-(M_{ar}+A_{ar})}$	$\frac{100}{100-(M_{ar}+MM_{ar})}$
d	$\frac{100-M_{ad}}{100}$	$\frac{100-M_{ar}}{100}$	—	$\frac{100}{100-A_d}$	$\frac{100}{100-MM_d}$
daf	$\frac{100-(M_{ad}+A_{ad})}{100}$	$\frac{100-(M_{ar}+A_{ar})}{100}$	$\frac{100-A_d}{100}$	—	$\frac{100-A_d}{100-MM_d}$
dmmf	$\frac{100-(M_{ad}+MM_{ad})}{100}$	$\frac{100-(M_{ar}+MM_{ar})}{100}$	$\frac{100-MM_d}{100}$	$\frac{100-MM_d}{100-A_d}$	—

分析结果的基准换算公式：

$$Y=KX \tag{3-1}$$

式中 Y——新基准的某分析指标；

K——换算系数；

X——已知基准的某分析指标。

任务实施

煤炭分析试验煤样可分为以下几种：全水分煤样、一般分析试验煤样、全水分和一般分析试验共用煤样、粒度分析煤样、其他试验如哈氏可磨指数测定和二氧化碳化学反应性测定等煤样。

下面以全水分煤样的制备为例介绍煤样制备的方法。

测定全水分的煤样既可由水分专用煤样制备，也可在共用煤样制备过程中分取。

全水分测定煤样应满足《煤中全水分的测定方法》(GB/T 211—2017)要求，水分专用煤样的一般制备程序如图 3-2 所示。

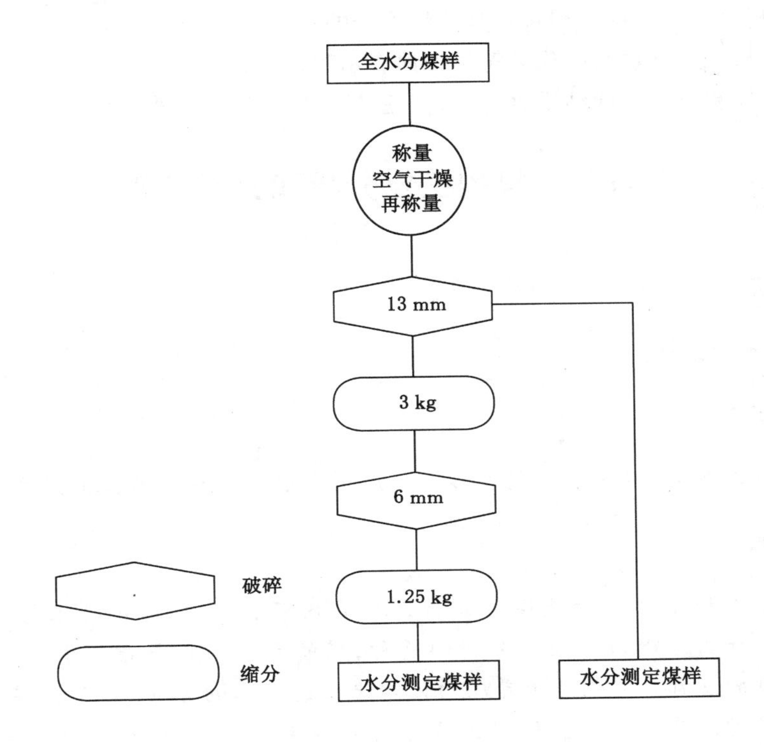

图 3-2　水分专用煤样一般制备程序

图 3-2 所示程序仅为示例，实际制样中可根据具体情况予以调整。当试样水分较低而且使用没有实质性偏倚的破碎缩分机械时，可一次破碎到 6 mm，然后用二分器缩分到 1.25 kg；当试样量和粒度过大时，也可在破碎到 13 mm 前，增加一个制样阶段。但各阶段的粒度和缩分后试样质量应符合要求。

制备完毕的全水分煤样应储存在不吸水、不透气的密封容器中（装样量不得超过容器容积的 3/4）并准确称量。煤样制备后应尽快进行全水分测定。制样设备和程序应根据《煤炭机械化采样 第 3 部分：精密度测定和偏倚试验》(GB/T 19494.3—2004)所述进行精密度和偏倚试验。

思考与练习

1. 何为煤样的采集？煤样采集的目的是什么？

2 采样方案制订的基本程序是什么？

3. 什么是煤样的制备？煤样制备包括哪些程序？

4. 什么是煤样的破碎？煤样破碎的目的是什么？

5. 什么是煤样的混合？煤样混合的目的是什么？
6. 什么是煤样的缩分？煤样缩分的目的是什么？
7. 什么是煤样的筛分？煤样筛分的目的是什么？
8. 简述全水分煤样的制备方法和程序。
9. 煤炭分析试验项目的专用符号是如何确定的？
10. 煤炭分析试验细项目的代表符号如何表示和标识？
11. 什么是煤炭分析试验结果表达中的“基准”？“基准”如何表示？

任务二　煤的工业分析和元素分析

知识要点

工业分析；元素分析。

技能目标

能运用煤的工业分析和元素分析指标初步判断煤的性质、种类和工业用途。

任务导入

煤的工业分析和元素分析是煤质分析是主要内容。其中，煤的工业分析是煤中水分、灰分、挥发分和固定碳四个项目分析的总称；煤的元素分析是指煤中碳、氢、氧、氮和硫五个分析项目的总称。它们是确定煤的化学组成最基本的方法，是了解煤质特性的主要指标和评价煤质的基本依据。根据工业分析的测定结果，可以初步判断煤的性质、种类和工业用途；元素分析主要用于了解煤的元素组成，利用元素分析数据并配合其他工艺性质试验，可以研究煤的成因、类型、结构和性质，确定加工利用途径，还可以作为煤分类的辅助指标等。

任务分析

煤的工业分析和元素分析是一种条件试验。工业分析中水分、灰分、挥发分都直接测定，固定碳不作直接测定，用差减法计算得到；元素分析中碳、氢、氮和硫元素都直接测定，氧不作直接测定，用差减法计算得到。

相关知识

一、煤的工业分析

（一）煤中的水分

1. 煤中水分的来源

煤中水分的来源是多方面的。首先，是在成煤过程中，成煤植物遗体堆积在沼泽或湖泊中，水因此进入煤中；其次，是煤层形成后，地下水进入煤层的裂隙中；再次，是在水力开采、洗选、储存和运输过程中，煤接触雨、雪或潮湿的空气时水分进入煤中。

2. 煤中水分的分类

(1) 游离水和化合水

煤中水分按其结合状态的不同分为游离水和化合水两大类。

游离水是指以物理状态吸附在煤粒内部和附着在煤粒表面的水分。在常压下于105～110 ℃时经短时间干燥即可全部蒸发掉。

化合水是指以化合的方式与煤中的矿物质结合的水，它是矿物晶格的一部分。如硫酸钙($CaSO_4 \cdot 2H_2O$)、高岭土($Al_2O_3 \cdot 2SiO_4 \cdot 2H_2O$)中的化合水。化合水通常要在200 ℃以上，有的甚至在500 ℃以上才能析出。

(2) 外在水分和内在水分

煤中水分按其赋存状态不同可分为外在水分和内在水分两种。

外在水分是指附着于煤颗粒表面以及直径大于10^{-5} cm毛细孔中的水分，也称自由水分或表面水分，项目符号为Mf。该水分的蒸汽压与纯水的蒸汽压相同，在常温下容易失去。

内在水分是指吸附或凝聚在煤粒内部直径小于10^{-5} cm毛细孔中的水分，项目符号为Minh。该水分的蒸汽压小于纯水的蒸汽压，较难蒸发，加热至105～110 ℃时才能蒸发。

煤的外在水分与内在水分的总和称为煤的全水分，项目符号为Mt。

此外，煤样在温度为30 ℃、相对湿度为96%下的条件下达到相对吸湿平衡时测得的内在水分称为最高内在水分，项目符号为MHC。这一指标反映了年轻煤的煤化程度，用于煤质研究和年轻煤的分类。

在煤的工业分析中，只测定游离水，一般不考虑化合水。煤有机质中的氢和氧在干馏或燃烧时生成的水称为热解水，不属于上述的水分范围，也不是工业分析的内容。

3. 煤中水分的测定

国标中规定了煤中全水分、一般分析试验煤样水分和最高内在水分的测定。以下简单介绍一般分析试验煤样水分的测定。

《煤的工业分析方法》(GB/T 212—2008)规定了一般分析试验煤样水分的三种测定方法是通氮干燥法、空气干燥法和微波干燥法。其中，通氮干燥法适用于所有煤种，空气干燥法适用于烟煤和无烟煤，微波干燥法适用于褐煤和烟煤水分的快速测定。

在仲裁分析中遇到有用一般分析试验煤样水分进行校正以及基的换算时，应用通氮干燥法测定一般分析试验煤样的水分。以下主要介绍空气干燥法。

称取一定量的一般分析试验煤样，置于105～110 ℃鼓风干燥箱内，于空气流中干燥到质量恒定。根据煤样的质量损失计算出水分的质量分数。按式(3-2)计算一般分析试验煤样的水分

$$M_{ad}=\frac{m_1}{m}\times 100\% \qquad (3\text{-}2)$$

式中 M_{ad}——一般分析试验煤样水分，%；

m——称取的一般分析试验煤样的质量，g；

m_1——煤样干燥后失去的质量，g。

【例 3-1】 对某一煤样测定一般分析试验煤样水分时，样品盘质量为 324.30 g，样品质量为 465.10 g，干燥后称重，样品盘及样品质量为 745.60 g，检查性干燥后称重为 745.80 g，则此煤样的一般分析试验煤样水分为多少？

解：因检查性干燥后，煤样质量有所增加，故采用第一次称量的质量 745.6 g 进行计算。

将试验数据代入式(3-2)，有

$$M_{ad}=\frac{324.30+465.10-745.60}{465.10}\times 100\%=9.4\%$$

4. 煤中水分与煤质的关系

煤中各种水分的多少在一定程度上反映了煤质状况。煤中的外在水分和内在水分都与煤质有关，煤的最高内在水分与煤化程度的关系基本与内在水分相同。

MHC 与 V_{daf} 的关系如图 3-3 所示。

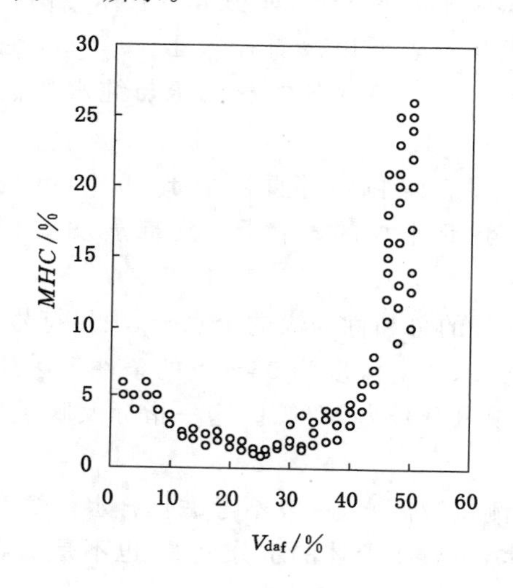

图 3-3 MHC 与 V_{daf} 的关系

5. 煤中全水分分级

煤中全水分分级按《煤的全水分分级》(MT/T 850—2000)分为 6 级，见表 3-5。中国煤以低水分煤和中等水分煤为主，二者共占 61.90%；特低水分煤次之，约占 22%；其他水分级别的煤所占比例很小。

表 3-5 煤的全水分分级

序号	级别分类	代号	全水分 M_t/%
1	特低全水分煤	SLM	≤6.00
2	低全水分煤	LM	>6.0～8.0
3	中等全水分煤	MM	>8.0～12.0
4	中高全水分煤	MHM	>12.0～20.0
5	高全水分煤	HM	>20.0～40.0
6	特高全水分煤	SHM	>40.0

（二）煤中矿物质和煤的灰分

1. 煤中矿物质

煤中矿物质是煤中除游离水分以外的所有无机物质的总称，项目符号 MM。主要包括高岭土、硫铁矿、方解石以及其他微量元素，矿物类型属碳酸盐、硫酸盐、硅酸盐、金属硫化物、氧化物等。

煤中矿物质按照来源不同可分为原生矿物质、次生矿物质和外来矿物质三类。

(1) 原生矿物质：是指存在于成煤植物中的矿物质，主要是碱金属和碱土金属的盐类，含量一般不超过 1%～2%。

(2) 次生矿物质：是指成煤过程中混入或与煤伴生的矿物质，如煤中的高岭土、方解石、黄铁矿、石英、长石、云母、石膏等，含量约在 10%以下。

(3) 外来矿物质：是指在采煤过程中混入煤层的顶板、底板岩石和夹矸层中的矸石。其数量随开采条件的不同而有较大的变化范围，一般在 5%～10%的区间波动，有时也可高达 20%以上。

煤中矿物质组成复杂，性质差异大，含量变化也较大，且与煤中有机质结合紧密，很难彻底分离，难以准确地测定其组成成分，因此煤中矿物质一般都不直接测定，通常利用它与煤的灰分之间的关系，采用以下经验公式近似地算出煤中矿物质的含量。

克雷姆公式
$$MM = 1.10A + 0.5Sp \tag{3-3}$$

派尔公式
$$MM = 1.08A + 0.55St \tag{3-4}$$

吉文公式
$$MM = 1.13A + 0.47Sp + 0.5Cl \tag{3-5}$$

费莱台公式
$$MM = 1.06A + 0.67St + 0.66CO_2 - 0.30 \tag{3-6}$$

式中　MM——煤中矿物质的含量，%；

A——煤的灰分，%；

St——全硫的含量，%；

Sp——煤中硫化铁硫的含量，%；

CO_2——碳酸盐二氧化碳含量，%；

0.30——经验系数；

Cl——煤中氯的含量，%。

2. 煤的灰分

煤的灰分是煤在规定条件下完全燃烧后的残留物，即煤中矿物质在一定温度下经过一系列分解、化合等复杂反应后剩下的残渣，项目符号 A。灰分全部来自矿物质，但组成和质量又不同于矿物质。

(1) 灰分的测定

《煤的工业分析方法》(GB/T 212—2008)规定，灰分测定分缓慢灰化法和快速灰化法两种，缓慢灰化法为仲裁法。以下主要介绍缓慢灰化法。

称取一定量的一般分析试验煤样，放入马弗炉中，以一定的速度加热到(815±10) ℃，灰化并灼烧到质量恒定。以残留物的质量占煤样质量的质量分数作为煤样的灰分。

空气干燥基灰分按式(3-7)计算，报告值修约至小数点后两位。

$$A_{ad} = \frac{m_1}{m} \times 100\% \tag{3-7}$$

式中　A_{ad}——空气干燥煤样灰分的质量分数，%；

m——称取的一般分析试验煤样的质量，g；

m_1——灼烧后残留物的质量，g。

(2) 灰分的分级

《煤炭质量分级 第1部分：灰分》(GB/T 15224.1—2018)根据煤的干燥基灰分产率(A_d,%)，规定了动力煤的灰分分为四级，见表3-6。

表3-6　动力煤的灰分分级

序号	级别名称	代号	灰分(A_d)范围/%
1	特低灰煤	SLA	≤10.00
2	低灰煤	LA	10.01～16.00
3	中灰煤	MA	16.01～29.00
4	高灰煤	HA	>29

(三) 挥发分和固定碳

1. 挥发分

挥发分是煤样在规定的条件下隔绝空气加热，并进行水分校正后的挥发物质产率，项目符号V。它主要由水分、碳氢的氧化物和碳氢化合物(以 CH_4 为主)组成，不包括煤中矿物质的吸附水和分解放出的 CO_2、SO_2 等。

挥发分的测定结果随加热温度、加热时间、加热速度及试验设备的形式、试样容器的形状、大小、材质不同而有所差异。因此，挥发分的测定是一个规范性很强的试验项目。只有采用合乎一定规范的条件进行分析测定，所得挥发分的数据才有可比性。

(1) 测定原理

称取一定量的试验煤样，放在带盖的瓷坩埚中，在(900±10) ℃下，隔绝空气加热7 min。以减少的质量占煤样质量的质量分数，减去该煤样的水分含量作为煤样的挥发分。

空气干燥基挥发分按式(3-8)计算，报告值修约至小数点后两位。

$$V_{ad}=\frac{m_1}{m}\times 100\% - M_{ad} \tag{3-8}$$

式中　V_{ad}——空气干燥煤样挥发分的质量分数，%；

m——一般分析试验煤样的质量，g；

m_1——煤样加热后减少的质量，g；

M_{ad}——一般分析试验煤样水分的质量分数，%。

(2) 与煤化程度的关系

煤的挥发分与煤化程度密切相关，根据挥发分可初步判断煤的煤化程度，估计煤的种类。我国和国际煤炭分类方案中都以挥发分作为第一分类指标；根据挥发分产率和焦渣特征，可确定煤的加工利用途径。利用挥发分根据经验公式可以计算煤的发热量；挥发分在环境保护中还是制定烟雾法令的依据之一。

(3) 煤炭挥发分分级

煤的干燥无灰基挥发分分级见表3-7，中国煤以中高挥发分煤居多，约占30%；其次为高挥发分煤，约占24%；其他挥发分级别的煤所占比例不大。

表3-7　　煤的干燥无灰基挥发分分级

序号	级别名称	代号	V_{daf}/%
1	特低挥发分煤	SLV	≤10.00
2	低挥发分煤	LV	10.01～20.00
3	中等挥发分煤	MV	20.01～28.00
4	中高挥发分煤	MHV	28.01～37.00
5	高挥发分煤	HV	37.01～50.00
6	特高挥发分煤	SHV	>50.00

2. 固定碳

从测定煤样挥发分后的焦渣中减去灰分后的残留物称为固定碳，项目符号FC。固定碳不是煤中的固有成分，实际上是煤中有机质在一定温度下热分解固体产物。在组成上，固定碳除含有碳元素外，还包含氢、氧、氮和硫等元素。因此，固定碳与煤中有机质的碳元素含量是两个不同的概念，一般煤中固定碳含量均小于碳元素含量，只在高煤化程度的煤中两者才比较接近。

煤的工业分析中，固定碳一般不直接测定，而是通过计算获得。在一般分析试验煤样测定水分、灰分和挥发分后，由式(3-9)计算空气干燥基固定碳：

$$FC_{ad}=100\%-(M_{ad}+A_{ad}+V_{ad}) \tag{3-9}$$

式中　FC_{ad}——空气干燥基固定碳的质量分数，%；

M_{ad}——一般分析试验煤样水分的质量分数，%；

A_{ad}——空气干燥基灰分的质量分数，%；

V_{ad}——空气干燥基挥发分的质量分数，%。

固定碳含量与煤变质程度有一定关系。煤中干燥无灰基固定碳含量随煤化程度的加深而逐渐增大。一般褐煤的$FC_{daf}\leqslant 60\%$，烟煤的FC_{daf}为50%～90%，无烟煤的$FC_{daf}>90\%$。

二、煤的元素分析

(一) 煤的元素组成特点

1. 碳(C)

碳是煤中有机质的主要组成元素，是构成煤分子骨架最重要的元素之一，主要存在于缩合芳香核上，部分分布在脂肪侧链上。碳是炼焦产品的主要物质基础，是发热量的主要来源。

煤中的碳含量随煤化程度的增高而有规律性增加。在我国的各种煤中，干燥无灰基碳含量：泥炭55%～62%，褐煤60%～77%，烟煤77%～93%，无烟煤88%～98%。在同一种煤中，在煤化程度相同的情况下，各种显微组分的碳氢含量也不一样。一般惰质组的干燥无灰基碳含量最高，镜质组次之，壳质组最低。

2. 煤中的氢(H)

氢元素是煤中第二重要元素。主要存在于煤分子侧链和官能团上，在有机质中的含量为2.0%～6.5%。与碳相比，氢原子具有更强的活性，单位质量燃烧热是碳的4倍。

煤中的氢含量随煤化程度的提高而逐渐下降。从低煤化程度到中等煤化程度阶段，氢元素的含量变化不十分明显，但在高变质的无烟煤阶段，氢元素的降低较为明显而且均匀，从年轻无烟煤的4%下降到年老无烟煤的2%左右，因此无烟煤分类采用氢元素作为指标。在煤化程度相同的煤中，煤岩组成中的氢含量：稳定组＞镜质组＞丝质组。

3. 煤中的氧(O)

氧是煤中第三个重要的组成元素。主要存在于煤中的含氧官能团上，主要包括羧基(—COOH)、羟基(—OH)、羰基(＞C ═ O)、甲氧基($—OCH_3$)和醚键(—O—)等。煤中的氧含量随煤化程度的升高而降低，干燥无灰基氧含量：泥炭27%～34%，褐煤15%～30%，烟煤2%～15%，无烟煤1%～3%。各种显微组分的氧含量也不相同。对于中等煤化程度的烟煤：镜质组＞惰质组＞壳质组；对于高煤化度的烟煤和无烟煤：镜质组＞壳质组＞惰质组。氧元素在煤燃烧时不产生热量，并约束本来可燃碳和氢；在煤液化时会消耗氢气而生成无用水。因而，对于煤的利用不利。

4. 煤中的氮(N)

氮是煤中唯一完全以有机状态存在的元素，含量较少，一般为0.5%～3.0%，主要存在于杂环和氨基上。煤中氮随着煤化程度的增高而减少，但其规律性到高变质烟煤阶段后才较为明显。

煤中氮在煤燃烧时不放热，通常以氮气的形式进入废气，也可转化为氮氧化物。

5. 煤中的硫(S)

硫是煤中的主要有害元素之一。在各种类型煤中都含有数量不等的硫分，少的在1%左右，高者可达10%以上。根据赋存状态的不同，煤中硫分为有机硫和无机硫两大类。有机硫是指与煤中有机质相结合的硫，一般含量较低，组成结构非常复杂，低煤化程度煤以低相对分子质量的脂肪族有机硫为主，高煤化程度的煤以高相对分子质量的环状有机硫为主，如噻吩等。

煤中无机硫主要来自矿物质中各种含硫化合物。主要有硫化物硫和硫酸盐硫两类，有时也有微量的元素硫。

由于煤中绝大多数的硫化物硫是以硫化铁硫(FeS_2)的形式存在，而以闪锌矿(ZnS)、方铅矿(PbS)和黄铜矿($Fe_2S_3 \cdot CuS$)等形式存在的硫化物硫很少，因此硫化铁硫是硫化物硫的主要形式。煤中硫化铁硫可从微量以至占全硫的绝大部分。当全硫大于1%时，主要是硫化铁硫。

煤中的硫酸盐硫含量一般不超过0.1%～0.2%，主要以石膏($CaSO_4 \cdot 2H_2O$)的形式存在，少量以绿矾($FeSO_4 \cdot 7H_2O$)的形式存在。煤层被氧化时，其中的硫铁矿 FeS_2 被氧化成 $FeSO_4$，从而使煤中的硫酸盐硫含量增高，据此可作为判断煤层被氧化的标志。

煤中各种形态硫的总和称为全硫。

(二) 煤的元素分析

1. 煤中碳氢的测定

《煤中碳和氢的测定方法》(GB/T 476—2008)规定了测定煤中的碳和氢的方法为三节炉和二节炉法。

一定量的煤样在氧气流中燃烧，生成的水和二氧化碳分别用吸水剂和二氧化碳吸收剂吸收，由吸收剂的增量计算煤中碳和氢的质量分数。煤样中的硫和氯对碳氢的测定干扰在三节炉中用铬酸铅和银丝卷消除，在二节炉中用高锰酸银热解产物消除，氮对碳氢测定的干扰用粒状二氧化锰消除。

一般分析煤样碳和氢质量分数分别按式(3-10)和式(3-11)计算：

$$C_{ad}=\frac{0.2729m_1}{m}\times 100\% \tag{3-10}$$

$$H_{ad}=\frac{0.1119(m_2-m_3)}{m}\times 100\%-0.1119M_{ad} \tag{3-11}$$

式中 C_{ad}——一般分析煤样中碳的质量分数，%；

H_{ad}——一般分析煤样中氢的质量分数，%；

m——一般分析煤样质量，g；

m_1——吸收二氧化碳U形管的增量，g；

m_2——吸水U形管的增量，g；

m_3——水分空白值，g；

M_{ad}——一般分析煤样水分的质量分数，%；

0.272 9——将二氧化碳折算成碳的系数；

0.111 9——将水折算成氢的系数。

2. 煤中氮的测定

测定煤中氮的标准方法有开氏法和蒸汽定氮法两种。其中以开氏法应用最为广泛，开氏法又分为常量法和半微量法。《煤中氮的测定方法》(GB/T 19227—2008)规定了是半微量开氏法和半微量蒸汽法。以下主要介绍开氏法中的半微量法。

称取一定量的空气干燥煤样，加入混合催化剂和硫酸，加热分解，氮转化为硫酸氢铵。加入过量的氢氧化钠溶液，把氨蒸出并吸收在硼酸溶液中。用硫酸标准溶液滴定，根据硫酸的用量，计算样品中氮的含量。

空气干燥煤样中氮的质量分数按式(3-12)所示计算：

$$N_{ad}=\frac{c\cdot(V_1-V_2)\times 0.014}{m}\times 100\% \tag{3-12}$$

式中 N_{ad}——空气干燥煤样中氮的质量分数，%；

c——硫酸标准溶液的浓度，$mol\cdot L^{-1}$；

m——分析样品质量，g；

V_1——样品试验时硫酸标准溶液的用量，mL；

V_2——空白试验时硫酸标准溶液的用量，mL；

0.014——氮的摩尔质量，$g\cdot mol^{-1}$。

3. 煤中硫的测定

煤中硫的测定，分为全硫和各种形态硫的测定两类。我国分别制定了国家标准，以下简单介绍煤中全硫的测定。

《煤中全硫的测定方法》(GB/T 214—2007)规定了煤中全硫的三种测定方法，分别为艾士卡法、库仑法和高温燃烧中和法。其中，艾士卡法是仲裁分析。以下主要介绍艾士卡法。

将空气干燥煤样与艾士卡试剂(2份质量的化学纯轻质氧化镁和1份质量的化学纯无水碳酸钠混匀并研细至粒度小于0.2 mm)混合灼烧，煤中的硫生成硫酸盐，然后使硫酸根离子生成硫酸钡沉淀，根据硫酸钡的质量计算出煤中的全硫含量。

测定结果按式(3-13)计算：

$$S_{t,ad}=\frac{(m_1-m_0)\times 0.1374}{m}\times 100\% \tag{3-13}$$

式中 $S_{t,ad}$——一般分析煤样中全硫质量分数,%；

m_1——硫酸钡质量,g；

m_2——空白试验硫酸钡的质量,g；

m——煤样的质量,g；

0.137 4——由硫酸钡换算为硫的系数。

根据煤的干燥基全硫质量分数(%),将煤分为六级[《煤炭质量分级 第 2 部分:硫分》(GB/T 15224.2—2010)],见表 3-8。

表 3-8 按煤的干燥基全硫(%)对煤的分级

级别名称	代号	硫分范围/%
特低硫煤	SLS	≤0.50
低硫分煤	LS	0.51～1.00
低中硫煤	LMS	1.01～1.50
中硫分煤	MS	1.51～2.00
中高硫煤	MHS	2.01～3.00
高硫分煤	HS	>3.00

4. 煤中氧的计算

煤中氧含量的测定方法是舒兹法,由于此法所用仪器和操作步骤都较为复杂,实际上较少使用。一般煤中氧含量是根据工业分析和元素分析的结果,用差减法按式(3-14)计算：

$$O_{ad}=100-M_{ad}-A_{ad}-C_{ad}-H_{ad}-N_{ad}-S_{t,ad}-(CO_2)_{ad} \tag{3-14}$$

式中 O_{ad}——空气干燥煤样中氧的质量分数,%；

M_{ad}——空气干燥煤样中水分的质量分数,%；

A_{ad}——空气干燥煤样中灰分的质量分数,%；

C_{ad}——空气干燥煤样中碳的质量分数,%；

H_{ad}——空气干燥煤样中氢的质量分数,%；

N_{ad}——空气干燥煤样中氮的质量分数,%；

$S_{t,ad}$——空气干燥煤样中全硫的质量分数,%；

$(CO_2)_{ad}$——空气干燥煤样中碳酸盐二氧化碳的质量分数,%。

思考与练习

1. 什么是煤的工业分析？通常包括哪些分析项目？
2. 简述煤中水分的来源。
3. 按照结合状态,煤中水分分为哪两类？它们有何区别？
4. 煤中水分与煤质有何关系？
5. 什么是煤的最高内在水分,最高内在水分与煤化程度有何关系？

6. 什么是煤中灰分？什么是煤中矿物质？二者之间有何联系和区别？

7. 为什么说挥发分的测定是一个规范性很强的试验项目？

8. 简述煤中固定碳和碳元素的关系。

9. 什么是煤的元素分析？煤中各元素的分布情况如何？

10. 碳氢测定中的干扰元素有哪些？如何去除？

11. 煤中全硫的测定方法有哪些？

12. 称取一般分析试验煤样 1.010 g，在 105～110 ℃条件下干燥至质量恒定，质量减少 0.056 g，求此煤样水分 M_{ad}。

13. 某煤样质量为 1.000 2 g，称得坩埚质量为 21.989 6 g，煤在 900 ℃受热后称得坩埚连同煤样的质量为 22.645 5 g，已知 $M_{ad}=1.56\%$，请问 V_{ad} 是多少？

任务三　煤的工艺性质

知识要点

黏结性；结焦性；发热量；化学反应性；热稳定性；可选性。

技能目标

结合煤的工业分析、元素分析指标，能运用煤的工艺性质指标对煤炭进行正确分类及评价。

任务导入

煤的工艺性质是指煤炭在一定的加工工艺条件下或某些转化过程中所呈现出的特性。正确评价煤质，合理使用煤炭资源并满足各种工业用煤的质量要求，必须了解煤的各种工艺性质。

任务分析

煤的工艺性质很多，主要有以下几类：

原煤的工艺性质——煤的粒度组成、煤的密度组成、原煤的可选性；

炼焦用煤的工艺性质——黏结性和结焦性；

气化和燃烧用煤的工艺性质——机械强度、热稳定性、煤灰熔融性、煤灰黏度、煤灰结渣性、煤灰反应性、煤的可磨性、煤的着火点等。

相关知识

下面介绍与煤的工业分类有关及煤质评价中常用的工艺性质。

一、煤的发热量

煤的发热量是指单位质量的煤燃烧后产生的热量，项目符号 Q，单位采用 $MJ \cdot kg^{-1}$ 或 $J \cdot g^{-1}$。

煤的发热量是煤质分析的重要指标之一。利用煤的发热量可以计算燃烧工艺过程中热平衡、耗煤量和热效率;用发热量可推测煤化程度以及和黏结性、结焦性等与煤化程度有关的工艺性质;在国际和中国煤炭分类中,发热量是低煤化度煤的分类指标之一;根据煤的发热量还可以估算锅炉燃烧时的理论空气量、理论干烟气量和湿烟气量,以及可达到的理论燃烧温度等。

1. 发热量的测定原理

《煤的发热量测定方法》(GB/T 213—2008)规定采用氧弹量热法测定煤的高位发热量。

把一定量的分析试样放入氧弹热量计中,在充有过量氧气的氧弹内燃烧,热量计的热容量通过在相近条件下燃烧一定量的基准量热物苯甲酸来确定,根据试样燃烧前后量热系统产生的温升,并对点火热等附加热进行校正后即可求得试样的弹筒发热量。

从弹筒发热量中扣除硝酸形成热和硫酸校正热(氧弹反应中形成的水合硫酸与气态二氧化硫的形成热之差)即得高位发热量。

2. 发热量的表示方法

在规定条件下测定弹筒发热量时,由于煤样是在高压氧气条件下燃烧,因此产生了在空气中燃烧时所不能产生的化学反应。煤在空气中燃烧时,煤中的硫形成 SO_2 气体逸出;而在氧弹中燃烧时,生成的 SO_2 又转化为 SO_3,SO_3 再与水作用生成 H_2SO_4,H_2SO_4 溶于水后生成稀硫酸,这一系列的变化过程都是放热的。煤在空气中燃烧时,煤中氮呈游离态的氮逸出;而煤在氧弹中燃烧时,部分氮生成了 NO_2 和 N_2O_5 等高价的氮氧化合物,这些氮氧化合物与水作用则生成硝酸,这一过程是放热的。煤在空气中燃烧时,煤中的水分呈气态逸出;而在氧弹中燃烧时,煤中的水由燃烧时的气态凝结成液态,这一过程是放热的。煤在氧弹中燃烧是恒容燃烧,在大气中是恒压燃烧,在恒压条件下燃烧时因为气体体积增大向环境做功,从而使释放的热量减少。在氧弹中燃烧则不存在向环境做功的问题,释放的热量就大。

由于上述原因,煤的氧弹发热量比煤在空气中燃烧产生的热量要高,因此必须对弹筒发热量进行校正,使发热量的数值接近生产和科研工作实际。

(1) 弹筒发热量

弹筒发热量是指单位质量的试样在充有过量氧气的弹筒内燃烧,其燃烧产物的组成为氧气、氮气、二氧化碳、硝酸和硫酸、液态水以及固态灰时所放出的热量。

使用恒温式热量计时,按照式(3-15)计算:

$$Q_{b,ad}=\frac{EH[(t_n+h_n)-(t_0+h_0)+C]-(q_1+q_2)}{m} \tag{3-15}$$

使用绝热式热量计时,按照式(3-16)计算:

$$Q_{b,ad}=\frac{EH[(t_n+h_n)-(t_0+h_0)]-(q_1+q_2)}{m} \tag{3-16}$$

式中 $Q_{b,ad}$——空气干燥煤样的弹筒发热量,$J\cdot g^{-1}$;

E——热量计的热容量,$J\cdot k^{-1}$;

q_1——点火热,J;

q_2——添加物如包纸等产生的总热量,J;

m——试样质量,g;

H——贝克曼温度计的平均分度值,使用数字显示温度计时,$H=1$;

h_0——t_0 时的温度计刻度修正值,使用数字显示温度计时,$h_0=0$;

h_n——t_n 时的温度计刻度修正值，使用数字显示温度计时，$h_n=0$。

(2) 恒容高位发热量

恒容高位发热量是指弹筒发热量减去硝酸生成热及硫酸与二氧化硫生成热后得到的发热量。计算公式如下：

$$Q_{gr,v,ad}=Q_{b,ad}-[94.1S_{b,ad}+\alpha Q_{b,ad}] \tag{3-17}$$

式中 $Q_{gr,v,ad}$——空气干燥煤样的恒容高位发热量，$J \cdot g^{-1}$；

$S_{b,ad}$——由弹筒洗液测得的含硫量，以质量分数表示，%，当全硫低于4.00%，或发热量大于14.60 $MJ \cdot kg^{-1}$时，可用全硫代替 $S_{b,ad}$；

94.1——空气干燥煤样中每1.00%硫的校正值，$J \cdot g^{-1}$；

α——硝酸形成热校正系数，当 $Q_{b,ad} \leqslant 16.70\ MJ \cdot kg^{-1}$ 时，$\alpha=0.001\ 0$；当 $16.70<Q_{b,ad} \leqslant 25.10\ MJ \cdot kg^{-1}$ 时，$\alpha=0.001\ 2$；当 $Q_{b,ad}>25.10\ MJ \cdot kg^{-1}$ 时，$\alpha=0.001\ 6$。

(3) 恒容低位发热量

恒容低位发热量是恒容高位发热量减去水(煤中原有的水和煤中氢生成的水)的汽化潜热后得到的发热量。计算公式如下：

$$Q_{net,v,M}=(Q_{gr,v,ad}-206H_{ad}) \times \frac{100\%-M}{100\%-M_{ad}}-23M \tag{3-18}$$

式中 $Q_{net,v,M}$——各种基的恒容低位发热量，$J \cdot g^{-1}$。

H_{ad}——空气干燥基氢的质量分数，%。

M_{ad}——空气干燥基水分，%。

M——欲计算基的水分，%，对于干燥基，$M=0$；对于空气干燥基，$M=M_{ad}$；对于收到基，$M=M_t$(全水)。

206——对应于一般试验煤样中每1%氢的汽化潜热校正值(恒容)，$J \cdot g^{-1}$。

23——对应于收到基煤中每1%水分的汽化潜热校正值(恒容)，$J \cdot g^{-1}$。

(4) 恒压低位发热量

恒压低位发热量是指恒压高位发热量减去水的气化潜热(恒压)后得到的发热量，而恒压高位发热量为恒容高位发热量减去体积膨胀功所得的热量。计算公式如下：

$$Q_{net,p,ar}=[Q_{gr,v,ad}-212H_{ad}-0.8(O_{ad}+N_{ad})] \times \frac{100\%-M_t}{100\%-M_{ad}}-24.4M_t \tag{3-19}$$

式中 $Q_{net,p,ar}$——收到基恒压低位发热量，$J \cdot g^{-1}$；

O_{ad}——空气干燥煤样中氧的质量分数，%；

N_{ad}——空气干燥煤样中氮的质量分数，%；

212——对应于空气干燥煤样中每1%氢的汽化潜热校正值(恒压)，$J \cdot g^{-1}$；

0.8——对应于空气干燥煤样中每1%氧和氮的汽化潜热校正值(恒压)，$J \cdot g^{-1}$；

24.4——对应于收到基煤中每1%水分的汽化潜热校正值(恒压)，$J \cdot g^{-1}$。

【例3-2】 测得某煤样的 $M_{ad}=2.50\%$，$M_t=6.18\%$，$S_t=1.47\%$，$Q_{b,ad}=29\ 364\ J \cdot g^{-1}$，$H_{ad}=3.56\%$，$A_{ad}=19.83\%$，$C_{ad}=63.65\%$，求该煤样的空气干燥基恒容高位发热量 $Q_{gr,v,ad}$、干燥基恒容高位发热量 $Q_{gr,v,d}$ 和收到基恒容低位发热量 $Q_{net,v,ar}$。

解：$Q_{gr,v,ad}=Q_{b,ad}-[94.1S_{b,ad}+\alpha Q_{b,ad}]$

$$=29\ 364-(94.1\times1.47+0.001\ 6\times29\ 364)$$
$$=29\ 179\ (\text{J/g})$$
$$=29.18\ (\text{MJ/g})$$

$$Q_{gr,v,d}=Q_{gr,v,ad}\times\frac{100\%}{100\%-M_{ad}}$$
$$=29.93\ (\text{MJ/g})$$

$$Q_{net,v,ar}=(Q_{gr,v,ad}-206H_{ad})\times\frac{100\%-M_{ar}}{100\%-M_{ad}}-23M_{ar}$$
$$=(29\ 179-206\times3.56)\times\frac{100\%-6.18}{100\%-2.5}-23\times6.18$$
$$=27\ 230\ (\text{J/kg})$$
$$=27.32\ (\text{MJ/kg})$$

3. 发热量的计算

煤的发热量除了用氧弹量热法直接测定外，也可根据煤的工业分析和元素分析数据进行近似计算。需要说明的是，用经验公式估算的发热量只可用于实验室结果审查，生产（加工利用）厂矿质量控制，不能用于商业结算和其他要求较高准确度的场合。下面简要介绍几种常用的计算公式。

（1）利用工业分析结果估算煤的发热量

从工业分析看，煤中的挥发分、固定碳是煤的可燃和生热成分，是发热量的主要来源；水分在煤燃烧过程中会吸热变成水蒸气逸出；煤中的矿物质（常以灰分表示）除硫铁矿在燃烧时产生少量的热量外，其余绝大多数不仅燃烧时不产生热量，反而需要吸收热量进行分解。因此，可根据煤的挥发分、固定碳、水分和灰分含量近似地估算各种煤的发热量。

计算烟煤发热量（$Q_{net,ad}$）的经验公式见式（3-20）：

$$Q_{net,ad}=35\ 860-73.7V_{ad}-395.7A_{ad}-702.0M_{ad}+173.6CRC \tag{3-20}$$

式中 $Q_{net,ad}$——空气干燥基低位发热量，J·g^{-1}；

V_{ad}——空气干燥基挥发分，%；

A_{ad}——空气干燥基灰分，%；

M_{ad}——空气干燥基水分，%；

CRC——测定挥发分时的焦渣特征，取值1～8。

计算无烟煤发热量（$Q_{net,ad}$）的经验公式：

$$Q_{net,ad}=32\ 347-161.5V_{ad}-345.8A_{ad}-360.3M_{ad}+1\ 042.3H_{ad} \tag{3-21}$$

式中 H_{ad}——空气干燥基氢含量，%；

其余符号意义同前。

计算褐煤发热量（$Q_{net,ad}$）的经验公式：

$$Q_{net,ad}=31\ 733-70.5V_{ad}-321.6A_{ad}-388.4M_{ad} \tag{3-22}$$

（2）根据元素分析结果估算发热量的公式

从元素分析看，碳和氢是煤有机质的主要组成元素，是煤发热量的主要来源，氧在煤的燃烧过程中不参与燃烧，但对碳、氢起约束作用。因此，利用元素分析结果求算出的发热量的精度更高，有时还可用来审核实测发热量结果是否出现了较大的偏差。各种煤的发热量的估算公式：

$$Q_{net,ad}=0.2659C_{ad}+0.9935H_{ad}+0.0478S_{t,ad}-0.1719O_{ad}-0.1055M_{ad}-0.0842A_{ad}+7.144 \quad (3-23)$$

式中　$Q_{net,ad}$——煤的空气干燥基低位发热量，$MJ\cdot kg^{-1}$；

C_{ad}——煤的空气干燥基碳含量，%；

H_{ad}——煤的空气干燥基氢含量，%；

$S_{t,ad}$——煤的空气干燥基全硫含量，%；

O_{ad}——煤的空气干燥基氧含量，%；

M_{ad}——煤的空气干燥基水分，%；

A_{ad}——煤的空气干燥基灰分，%。

4. 发热量与煤质的关系

煤的发热量是煤炭特性的综合指标，煤的成因类型、煤化程度、显微组分、煤中的水分和矿物质、风化作用等对煤的发热量高低都有直接影响。在煤化程度相同时，腐泥煤和残植煤的发热量比腐殖煤高。在腐殖煤中，发热量和煤化程度之间呈现规律性的变化关系，从褐煤到焦煤阶段，随着煤化程度的加深，煤的发热量增加，在焦煤阶段达到了最大值，而从焦煤到高变质的无烟煤，随着煤化程度的加深，发热量又逐步降低，只是变化量较小。在不同的煤岩组分组中，壳质组的发热量最高，镜质组次之，惰质组最低。但是对于低煤化度的煤，其惰质组的发热量可能高于镜质组。随着煤化程度的提高，这种差别逐步减小，到无烟煤阶段，就几乎没有差别了。煤中的水分在煤燃烧时要吸收热量而蒸发，因而煤中水分的存在降低了煤的发热量。煤中的矿物在煤燃烧时变化比较复杂，有的放热，有的吸热，但矿物的分解放热量不如煤的热值高，总的趋势是煤的矿物含量增大，发热量降低。煤风化以后，碳、氢含量降低，氧含量增加，发热量显著降低。常见煤种的发热量见表 3-9。

表 3-9　　常见煤种的发热量

煤种	$Q_{gr,v,daf}$/ $MJ\cdot kg^{-1}$	煤种	$Q_{gr,v,daf}$/ $MJ\cdot kg^{-1}$	煤种	$Q_{gr,v,daf}$/ $MJ\cdot kg^{-1}$
泥炭	20～24	气煤	32.2～35.6	贫煤	34.8～36.4
年轻褐煤	24～28	肥煤	34.3～36.8	年轻无烟煤	34.8～36.2
年老褐煤	28～30.6	焦煤	35.2～37.1	典型无烟煤	34.3～35.2
长焰煤	30～33.5	瘦煤	35～36.6	年老无烟煤	32.2～34.3

5. 发热量分级

依据《煤炭质量分级 第 3 部分：发热量》(GB/T 15224.3—2010)，按收到基低位发热量将煤炭分为 6 个级别，见表 3-10。

表 3-10　　发热量分级标准

序号	级别名称	代号	发热量 $Q_{net,ar}$/ $MJ\cdot kg^{-1}$	序号	级别名称	代号	发热量 $Q_{net,ar}$/ $MJ\cdot kg^{-1}$
1	低热值煤	LQ	2.50～12.50	4	中高热值煤	MHQ	21.01～24.00
2	中低热值煤	MLQ	12.51～17.00	5	高热值煤	HQ	24.01～27.00
3	中热值煤	MQ	17.01～21.00	6	特高热值煤	SHQ	>27.00

二、煤的黏结性和结焦性

（一）煤的热解

煤的热解是指煤在隔绝空气的条件下加热时，在不同温度下发生一系列物理变化和化学反应的复杂过程，亦称热分解或干馏。

在煤的热解过程中，当温度升至 300 ℃，煤开始分解并有气体产物析出；随着温度的不断上升，有焦油析出；在 350～420 ℃时，煤粒的表面上出现了含有气泡的液相膜，如图 3-4(a)所示，此时煤粒开始软化，每个煤粒都有液相形成，许多煤粒的液相膜汇合在一起，形成了气、液、固三相为一体的黏稠混合物，这种混合物称为胶质体。当温度继续升高至 500～550 ℃时，液体膜外层开始固化形成硬壳（半焦），中间仍为胶质体，内部则为尚未变化的煤粒，如图 3-4(b)所示。这种状态只能维持很短时间，很快就在半焦壳上出现裂纹，胶质体从裂纹中流出。这些胶质体又重新形成半焦层，直到煤粒全部热解，形成胶质体并转变为半焦，如图 3-4(c)所示。

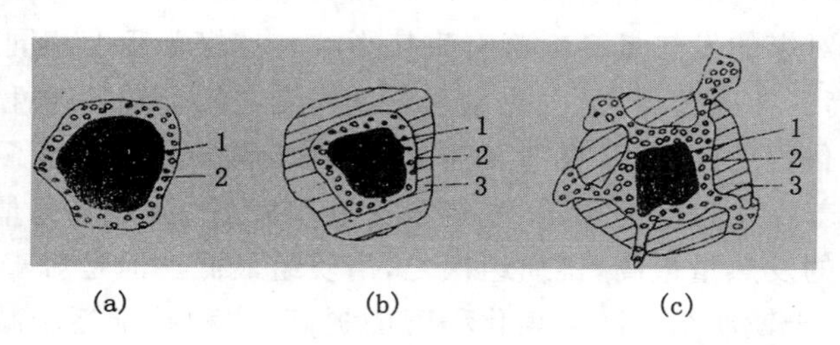

图 3-4　胶质体的生成及转化示意图

(a) 转化开始阶段；(b) 开始形成半焦阶段；(c) 煤粒强烈软化和半焦破裂阶段

1——煤；2——胶质体；3——半焦

将半焦继续加热时，半焦继续进行热分解和缩聚，放出气体，质量减轻，体积收缩形成焦炭。

煤在热解过程中形成的胶质体是煤炭黏结成焦的前提，胶质体液相的数量和质量是影响焦炭质量的关键。在相同的加热条件下，一般煤所产生的液体量越多，形成的胶质体的量也就越多，黏结性也就越好。

（二）煤的黏结性和结焦性

煤的黏结性是指在隔绝空气条件下加热，形成具有可塑性的胶质体，黏结本身或外加惰性物质的能力；而煤的结焦性是指煤在工业焦炉中结成焦炭的能力。黏结性好是结焦性好的必要条件，但不是充分条件。

测定煤的黏结性和结焦性的方法很多，测定方法可归纳为以下三类：

(1) 根据胶质体的数量和性质，如胶质层厚度、基氏流动度、奥亚膨胀度等。

(2) 根据焦块外形，如自由膨胀序数、葛金焦型、坩埚黏结特征等。

(3) 根据煤黏结惰性物料能力的强弱进行测定，如罗加指数法、黏结指数等。

下面介绍几种与煤工业分类有关的表示煤的黏结性和结焦性指标的测定方法和原理。

1. 胶质层指数

胶质层指数是由萨波日尼科夫于 1932 年提出的一种表征煤塑性的指标，主要测定胶质层最大厚度（Y 值）、最终收缩度（X 值）及体积曲线类型 3 种指标。

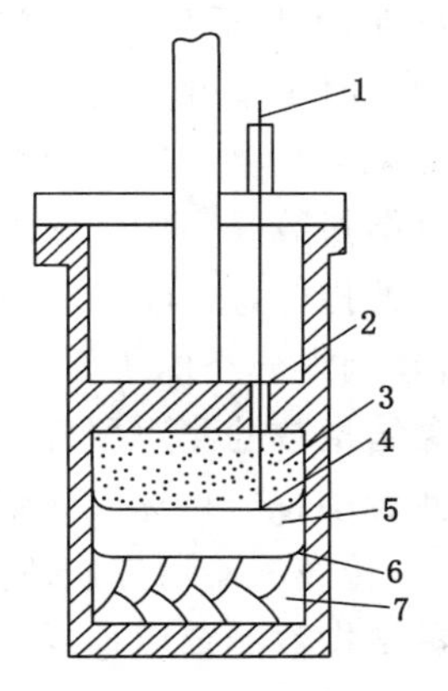

图 3-5　煤杯中煤样结焦过程示意图

1——测胶质层厚度的探针；2——压力盘；3——煤样；4——胶质层上层面；5——胶质层；6——胶质层下层面；7——半焦

其中胶质层最大厚度 Y 值是我国煤炭分类和评价炼焦煤及炼焦配煤的主要指标。对体积曲线类型以及煤杯中焦炭的观察和描述，可以得到焦炭技术特征等一些辅助性的参数。

胶质层指数测定原理：按规定将煤样装入煤杯中，煤杯放在特制的电炉内以规定的升温速度进行单侧加热，煤样则相应形成半焦层、胶质层和未软化的煤样层三个等温层面。用探针测量出胶质体的最大厚度 Y，从试验的体积曲线测得最终收缩度 X。如图 3-5 所示。

胶质层指数测定简单，重现性好，Y 值对中等黏结性的煤区分能力强；多种煤的 Y 值具有可加性，这是其他黏结性指标所不具备的，利用其可加性从单煤 Y 值计算配煤 Y 值，可用于指导配煤炼焦。不足之处在于，胶质层厚度只能反映胶质体的数量，不能反映胶质体的质量；测定过程受主观因素影响较大，仪器的的规范性很强；对弱黏煤，一般 Y 值在 7～5 以下时，不易测准，有时根本测不出来；测定时所需煤样量大也是缺点。胶质层指数法较适合于中等黏结性的煤。

2. 罗加指数(R.I.)

罗加指数是波兰煤化学家罗加 1949 年提出的一种测定煤的黏结性的方法。测定原理基于有黏结能力的烟煤在炼焦过程中具有黏结惰性物质(如无烟煤)的能力。罗加指数是国际硬煤分类中表示黏结性的指标。

罗加指数测定原理：将 1 g 烟煤试样和 5 g 罗加指数专用煤样充分混合，在规定的条件下焦化，所得焦渣在特定的转鼓中进行转鼓试验，根据试验结果计算出罗加指数。罗加指数按式(3-24)计算：

$$R.I. = \frac{\frac{m_0 + m_3}{2} + m_1 + m_2}{3m} \times 100\% \tag{3-24}$$

式中　m——焦化后焦渣的总质量，g；

m_0——第一次转鼓试验前筛上的焦炭焦渣质量，g；

m_1——第一次转鼓试验后筛上的焦渣质量，g；

m_2——第二次转鼓试验后筛上的焦渣质量，g；

m_3——第三次转鼓试验后筛上的焦渣质量，g。

计算结果取到小数点后一位，取两次重复测定结果的平均值，按《煤炭分析试验方法一般规定》(GB/T 483—2007)的规定修约到整数位报出。

罗加指数直接反映煤对惰性物料的黏结能力，在一定程度上反映了焦炭的强度。所用设备简单，方法简便，试验迅速，易于推广。对中等黏结性煤具有较好的区分能力，对弱黏结性煤和中等黏结性煤的区分能力较强。罗加指数法不足之处在于，无论煤的黏结能力的大小，都以 1∶5 的比例将煤样和标准无烟煤混合；而且标准无烟煤的粒度较大(在 0.3～0.4 mm)，容易与粒度小于 0.2 mm 的煤样离析。对于强黏结性的煤来说，无法显示它们的

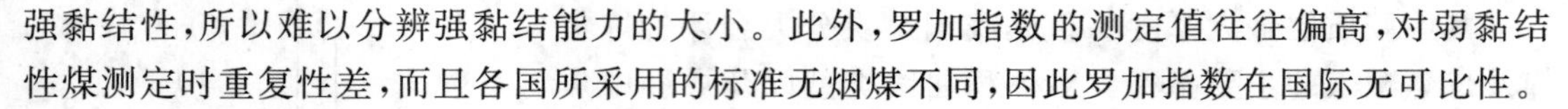

强黏结性，所以难以分辨强黏结能力的大小。此外，罗加指数的测定值往往偏高，对弱黏结性煤测定时重复性差，而且各国所采用的标准无烟煤不同，因此罗加指数在国际无可比性。

3. 黏结指数

黏结指数是中国煤炭科学研究院北京煤化学研究所参照了罗加指数法提出的表征烟煤黏结性的指标，用($G_{R.I.}$)表示，可简写为G。黏结指数是判别煤的黏结性和结焦性的关键性指标，是烟煤分类的主要工艺指标，2006年列为国际标准。

黏结指数的测定原理和罗加指数法相同，也是通过测定焦块的耐磨强度来评定烟煤的黏结性大小。但将标准无烟煤的粒度改为0.1～0.2 mm，与空气干燥基煤样的比例做了灵活变动，转鼓试验由三次改为两次。

黏结指数测定原理：将一定质量的试验煤样和专用无烟煤煤样，在规定的条件下混合后快速加热成焦，所得焦块使用转鼓进行强度检验，计算其黏结指数，以表示试验煤样的黏结能力。

黏结指数用下列公式进行计算：

专用无烟煤和试验煤样的比例为5：1时，黏结指数按式(3-25)计算：

$$G_{R.I.}=10+\frac{30m_1+70m_2}{m} \tag{3-25}$$

式中 m_1——第一次转鼓试验后筛上物的质量，g；

m_2——第二次转鼓试验后筛上物的质量，g；

m——焦化处理后焦渣总质量，g。

专用无烟煤和试验煤样的比例为3：3时，黏结指数按式(3-26)计算：

$$G_{R.I.}=\frac{30m_1+70m_2}{5m} \tag{3-26}$$

计算结果取到小数点后一位，取两次重复测定结果的平均值，按《煤炭分析试验方法一般规定》的规定修约到整数位报出。

黏结指数是判别煤的黏结性和结焦性的关键性指标。对于强黏结性和弱黏结性的煤的区分能力有所提高，而且黏结指数的测定结果重现性好。与罗加指数的测定相比，黏结指数的测定比较简便。

4. 奥亚膨胀度

奥亚膨胀度试验是1926年由法国的奥迪贝尔首先提出，1932年由阿尼改进的表征煤的膨胀性和塑性的指标。1953年被列为国际煤炭分类的重要指标。目前，烟煤奥亚膨胀计试验的b值是我国新的煤炭分类国家标准中区分肥煤与其他煤类的重要指标之一。

奥亚膨胀度试验测定原理：将试验煤样按规定方法制成一定规格的煤笔，放在一根标准口径的管子(膨胀管)内，其上放置一根能在管内自由滑动的钢杆(膨胀杆)，将上述装置放在专用的电炉内，以规定的升温速度加热，记录膨胀杆的位移曲线。根据位移曲线得出膨胀度(b)、最大收缩度(a)。图3-6所示为一种典型的体积膨胀曲线。

根据测定时的记录曲线可以得出五个基本参数：软化温度T_1、开始膨胀温度T_2、固化温度T_3、最大收缩度a和膨胀度b。

奥亚膨胀度试验是直接测定烟煤黏结性的，不需添加任何惰性物质，在区分中等以上黏

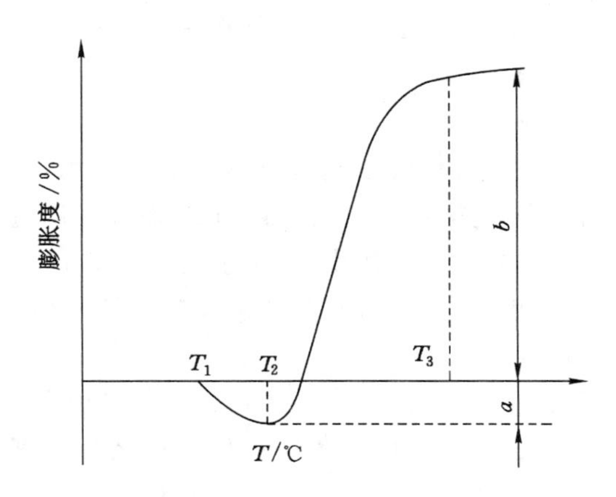

图 3-6　典型的体积膨胀曲线

T_1——软化温度，即膨胀杆下降 0.5 mm 时的温度，℃；

T_2——始膨温度，膨胀杆下降到最低点后开始上升时的温度，℃；T_3：固化温度，膨胀杆停止移动时的温度，℃；

a——最大收缩度，%；b——煤的膨胀度，%

结性煤特别是强黏结性煤方面具有其他指标不可比拟的优点。不足之处是对弱黏结煤的区别能力较差。

三、其他工艺性质

1. 煤的反应性

(1) 概念

煤的反应性又称煤的化学活性，是指在一定温度条件下煤与不同气体介质(二氧化碳、氧气、水蒸气等)发生化学反应的能力。煤的反应性表示的方法很多，目前我国采用的是煤对二氧化碳的反应性，以二氧化碳的还原率来表示煤的反应性。煤对二氧化碳还原率越高，煤的反应性越强。反应性强的煤在气化和燃烧过程中的反应速率快，效率高。反应性的强弱影响炉子的耗煤量、耗氧量和煤气中的有效成分等。因此，煤的反应性是评价气化和燃烧用煤一项重要指标。

(2) 测定原理

先将煤样干馏，除去挥发物(如试样为焦炭就不需要干馏处理)。冷却后将其筛分并选取一定粒度的焦渣装入反应管中加热；加热到一定温度后，以一定的流量通入二氧化碳与试样反应，测定反应后气体中二氧化碳的含量。以被还原成一氧化碳的二氧化碳量占原通入的二氧化碳量的质量分数，即二氧化碳还原率 α(%)作为煤或焦炭对二氧化碳化学反应性的指标。

根据式(3-27)绘制二氧化碳还原率与反应后气体中二氧化碳含量的关系曲线：

$$\alpha=\frac{100\times(100-a-V)}{(100-a)(100+V)}\times 100\% \tag{3-27}$$

式中　α——二氧化碳还原率，%；

a——钢瓶二氧化碳气体中杂质气体含量，%；

V——反应后气体中二氧化碳含量，%。

煤的反应性与煤化程度、煤中的矿物质等因素有关。煤化程度高，煤的反应性低；煤灰中钾、钠、钙等含量高，由于它们对反应过程有催化作用，煤的反应性就高。

2. 煤的热稳定性（TS）

（1）概念

煤的热稳定性是指块煤在高温燃烧或气化过程中对热的稳定程度，也就是块煤在高温作用下保持其原来粒度的性质。热稳定性好的煤，在燃烧或气化过程中能保持原来的粒度而不碎成小块，或破碎较少；热稳定性差的煤在燃烧或气化过程中会迅速裂成小块或煤粉。阻碍气流的畅通，降低气化和燃烧效率。因此，要求煤有足够的热稳定性。

（2）测定原理

量取的 6～13 mm 粒度的煤样，在（850±15）℃的马弗炉中隔绝空气加热 30 min；称量，筛分，以粒度大于 6 mm 的残焦质量占各级残焦质量之和的百分数作为热稳定性指标 TS_{+6}，以 3～6 mm 和小于 3 mm 的残焦质量占各级残焦质量之和的百分数作为热稳定性辅助指标 TS_{3-6}、TS_{-3}。

（3）煤的热稳定性分级

《煤的热稳定性分级》(MT/T 560—2008)规定了煤的热稳定性分级，见表 3-11。

表 3-11　煤的热稳定性分级

级别名称	代号	TS_{+6}/%
低热稳定性煤	LTS	≤60
中热稳定性煤	MTS	>60～70
中高热稳定性煤	MHTS	>70～80
高热稳定性煤	HTS	>80

煤的热稳定性与煤种有关，烟煤的热稳定性好，褐煤和无烟煤的热稳定性差。此外，煤的热稳定性也与煤中矿物有关，也和煤中矿物质的组成及其化学成分有关。例如含碳酸盐类矿物多的煤，受热后碳酸盐分解放出大量二氧化碳而使煤块破裂。孔隙度较大、含水分较多的煤，由于剧烈升温而使其水分突然析出，也会使块煤破裂而降低煤的热稳定性。

3. 煤灰熔融性（ST）

（1）概念

煤灰熔融性是指在规定条件下得到的随加热温度而改变的煤灰变形、软化、呈半球和流动特征的物理状态。

众所周知，煤灰是由硅、铝、铁、钙、镁等多种元素的氧化物及它们间化合物构成的复杂混合物，它没有固定的熔点，只有一个熔化温度的范围。煤灰受热到一定温度时，首先产生局部熔融；随着温度升高，熔融部分逐渐增多；当温度升高到某一点时全部熔融。这种逐渐熔融作用，使煤灰试样产生变形、软化和流动等物理状态，煤灰的熔融性就是指出现这四种物理状态时的温度范围。煤灰熔融性是动力用煤高温特性的重要测定项目之一，是动力用煤的重要指标，反映了煤中矿物质在锅炉中燃烧时的变化动态。

（2）测定原理

通常，煤灰熔融性采用角锥法进行测定，即将煤灰制成一定尺寸的三角锥，在一定的气体介质中，以一定的升温速度加热，观察灰锥在受热过程中的形态变化。观察并记录它的四个特征熔融温度:变形温度、软化温度、半球温度和流动温度。如图 3-7 所示。

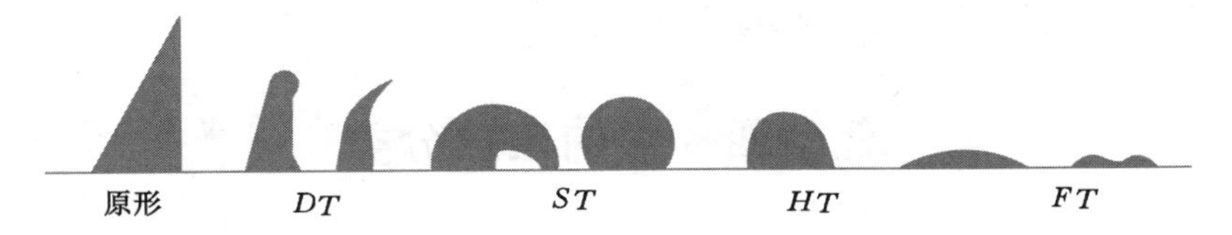

图 3-7　灰锥熔融特征示意

变形温度(*DT*)——灰锥尖端或棱开始变圆或弯曲时的温度(如果灰锥尖保持原形,锥体收缩和倾斜不算变形温度)。

软化温度(*ST*)——灰锥弯曲至锥尖触及托板或灰锥变成圆球时的温度。

半球温度(*HT*)——灰锥形变至近似半球形,即高约等于底长的一半时的温度。

流动温度(*FT*)——灰锥熔化展开成高度在 1.5 mm 以下的薄层时的温度。

(3) 煤灰的熔融性分级

工业上常以软化温度来衡量煤灰的熔融性,并根据国标把煤灰的熔融性分为五个等级,见表 3-12。

表 3-12　　煤灰熔融性分级

序号	级别名称	代号	煤灰软化温度/℃
1	低软化温度灰	LST	≤1 100
2	较低软化温度灰	RLST	>1 100～1 250
3	中等软化温度灰	MST	>1 250～1 350
4	较高软化温度灰	RHST	>1 350～1 500
5	高软化温度灰	HST	>1 500

我国煤灰熔融性软化温度相对较高,*ST* 大于 1 500 ℃的高软化温度灰约占 44%,*ST* 小于或等于 1 100 ℃的低软化温度灰约占 2%左右,其他温度级如 *ST* 为 1 100～1 250 ℃的煤灰一般各占 15%～20%。

思考与练习

1. 什么是煤的发热量? 测定煤的发热量有何意义?
2. 煤在氧弹中燃烧与在大气中燃烧有何区别?
3. 什么是煤的热解反应?
4. 什么是煤的黏结性和结焦性? 它们有何区别和联系?
5. 胶质层指数用哪些指标来描述? 测定原理是什么?
6. 什么是罗加指数? 测定原理是什么? 如何表示和计算?
7. 什么是黏结指数? 测定原理是什么? 如何表示和计算?
8. 什么是奥亚膨胀度? 测定原理是什么?
9. 什么是煤的热稳定性? 测定原理是什么? 测定煤的热稳定性有何意义?

10. 什么是煤对二氧化碳的反应性？测定原理是什么？

11. 什么是煤灰熔融性？测定原理是什么？

任务四　煤的工业分类

知识要点

中国煤炭分类参数；中国煤炭分类体系表。

技能目标

能运用中国煤炭分类方案对煤炭进行分类。

任务导入

煤的工业分类是按煤的不同工艺性质和利用途径进行的分类。它是指导煤炭资源合理开发利用的基本法规，是统计资源储量和评价煤炭资源利用合理性的根本依据，也是反映国家在煤炭加工利用方面的科学技术水平指南。对煤进行工业分类有利于煤炭资源的合理开发、利用和满足用户的生产要求。

任务分析

我国现行的煤的工业分类方案是《中国煤炭分类》(GB/T 5751—2009)。中国煤炭分类采用煤化程度和工艺性质两类分类参数对煤炭进行分类，将煤分为十二大类、十七小类。其中，按照干燥无灰基挥发分 V_{daf} 将煤分为无烟煤、烟煤和褐煤三大类；按照干燥无灰基挥发分 V_{daf} 和干燥无灰基氢含量 H_{daf} 将无烟煤分为三小类；按照干燥无灰基挥发分 V_{daf}、黏结指数 $G_{R.I.}$(简记为 G)、胶质层最大厚度 Y 及奥亚膨胀度 b 将烟煤分为十二类别；按照低煤阶煤透光率 PM 将褐煤分为两小类。

相关知识

一、中国煤炭分类方案

1. 分类参数

中国煤炭分类依据煤的煤化程度和工艺性质两类参数进行分类。用于表征煤化程度的参数有干燥无灰基挥发分 V_{daf}、干燥无灰基氢含量 H_{daf}、恒湿无灰基高位发热量 $Q_{gr,maf}$ 及低煤阶煤透光率 P_m 四个指标；用于表征煤工艺性质的参数有黏结指数 $G_{R.I.}$(简记为 G)、胶质层最大厚度 Y 及奥亚膨胀度 b 三个指标。

中国煤炭分类包括五个表：无烟煤、烟煤及褐煤分类表，无烟煤亚类的划分表，烟煤的分类表，褐煤亚类的划分表和中国煤炭分类简表。并有一个附图：中国煤炭分类图，该图表明各煤种的相互关系及它们在中国煤炭分类图中的位置。

2. 中国煤炭分类的几点说明

(1) 煤类的代号。各类煤的代号由煤炭名称前两个汉字的汉语拼音首字母组成。如褐煤的汉语拼音为 He Mei，则代表符号为“HM”；不黏煤的汉语拼音为 Bu Nian Mei，则代表符号为“BN”。

（2）煤类的编码。各类煤用两位阿拉伯数码表示。十位数系按煤的挥发分分组，无烟煤为 0（$V_{daf}\leqslant10\%$），烟煤为 1～4（即 $V_{daf}>10.0\%\sim20.0\%$，$>20.0\%\sim28.0\%$，$>28.0\sim37.0\%$ 和 $>37.0\%$），褐煤为 5（$V_{daf}>37.0\%$）。个位数无烟煤类为 1～3，表示煤化程度；烟煤类为 1～6，表示黏结性；褐煤类为 1～2，表示煤化程度。

（3）分类用煤样的灰分。如果原煤灰分 $A_d\leqslant10\%$，不需减灰；$A_d>10\%$ 的煤样，需按《煤样的制备方法》（GB 474—2008）中附录 D（煤样的浮选方法）对煤样进行减灰，才能用于分类使用。对易泥化的低煤化度褐煤，可采用灰分尽量低的原煤。

3. 中国煤炭分类体系表

（1）无烟煤、烟煤及褐煤分类表

采用表征煤化程度参数（主要是干燥无灰基挥发分 V_{daf}）可将煤划分为无烟煤、烟煤和褐煤三大类。详见表 3-13。

表 3-13　无烟煤、烟煤及褐煤分类表

类别	代号	编码	分类指标	
			$V_{daf}/\%$	$P_m/\%$
无烟煤	WY	01,02,03	≤10.0	—
烟煤	YM	11,12,13,14,15,16 21,22,23,24,25,26 31,32,33,34,35,36 41,42,43,44,45,46	>10.0～20.0 >20.0～28.0 >28.0～37.0 >37.0	—
褐煤	HM	51,52	>37.0①	≤50②

注：① 代表凡 $V_{daf}>37.0\%$，$G\leqslant5$，再用透光率 P_m 来区分烟煤和褐煤（在地质勘查中，$V_{daf}>37.0\%$，在不压饼的条件下测定的焦渣特征为 1～2 号的煤，再用 P_m 来区分烟煤和褐煤）。

② 代表凡 $V_{daf}>37.0\%$，$P_m>50\%$ 的煤为烟煤；$30\%<P_m\leqslant50\%$ 的煤，如恒湿无灰基高位发热量 $Q_{gr,maf}>24$ MJ·kg^{-1}，则为长焰煤，否则为褐煤。

恒湿无灰基高位发热量 $Q_{gr,maf}$ 的计算方法见下式：

$$Q_{gr,maf}=Q_{gr,ad}\times\frac{100\%\times(100-MHC)}{100\%\times(100-M_{ad})-A_{ad}(100-MHC)}$$

式中　$Q_{gr,daf}$——煤样的恒湿无灰基高位发热量，J·g^{-1}；

$Q_{gr,ad}$——一般分析试验煤样的恒容高位发热量[测试方法见《煤的发热量测定方法》（GB/T 213—2008）]，J·g^{-1}；

M_{ad}——一般分析试验煤样水分的质量分数[测试方法见《煤的工业分析方法》（GB/T 212—2008）]，%；

MHC——煤样最高内在水分的质量分数[测试方法见《煤的最高内在水分测定方法》（GB/T 4632—2008）]，%。

（2）无烟煤亚类的划分

采用表征煤化程度参数中的干燥无灰基挥发分 V_{daf} 和干燥无灰基氢含量 H_{daf} 作为指

标，将无烟煤分为01、02、03三个小类。当V_{daf}划分的亚类与H_{daf}划分的亚类出现矛盾时，以H_{daf}划分的为准。详见表3-14。

表3-14　无烟煤亚类的划分

类别	代号	编码	分类指标	
			V_{daf}/%	H_{daf}/%a
无烟煤一号	WY1	01	≤3.5	≤2.0
无烟煤二号	WY2	02	>3.5～6.5	>2.0～3.0
无烟煤三号	WY3	03	>6.5～10.0	>3.0

注：在已确定无烟煤小类的生产矿、厂的日常工作中，可以只按V_{daf}进行分类；在地质勘探中，为新区确定亚类或生产矿、厂和其他单位需要重新核定亚类时，应同时测定V_{daf}和H_{daf}，按表中数据分亚类。如两种结果有矛盾，以按H_{daf}划亚类的结果为准。

（3）烟煤的分类

采用表征煤化程度参数和工艺性质参数（主要是黏结性）将烟煤分为十二大类。烟煤煤化程度的参数采用干燥无灰基挥发分V_{daf}作为指标；烟煤黏结性参数以黏结指数G为主要指标，并以胶质层最大厚度Y（或奥亚膨胀度b）作为辅助指标，当两者出现矛盾时，以胶质层最大厚度的划分法类别为准。详见表3-15。

表3-15　烟煤的分类

类别	代号	编码	分类指标			
			V_{daf}/%	G	Y/mm	b/%②
贫煤	PM	11	>10.0～20.0	≤5		
贫瘦煤	PS	12	>10.0～20.0	>5～20		
瘦煤	SM	13	>10.0～20.0	>20～50		
		14	>10.0～20.0	>50～65		
焦煤	JM	15	>10.0～20.0	>65①	≤25.0	≤150
		24	>20.0～28.0	>50～65		
		25	>20.0～28.0	>65①	≤25.0	≤150
肥煤	FM	16	>10.0～20.0	(>85)①	>25.0	>150
		26	>20.0～28.0	(>85)①	>25.0	>150
		36	>28.0～37.0	(>85)①	>25.0	>220
1/3焦煤	1/3JM	35	>28.0～37.0	>65①	≤25.0	≤220
气肥煤	QF	46	>37.0	(>85)①	>25.0	>220
气煤	QM	34	>28.0～37.0	>50～65	≤25.0	≤220
		43	>37.0	>35～50		
		44	>37.0	>50～65		
		45	>37.0	>65①		
1/2中黏煤	1/2ZN	23	>20.0～28.0	>30～50		
		33	>28.0～37.0	>30～50		

续表 3-15

类别	代号	编码	分类指标			
			$V_{daf}/\%$	G	Y/mm	$b/\%$②
弱黏煤	RN	22 32	>20.0～28.0 >28.0～37.0	>5～30 >5～30		
不黏煤	BN	21 31	>20.0～28.0 >28.0～37.0	≤5 ≤5		
长焰煤	CY	41 42	>37.0 >37.0	≤5 >5～35		

注：① 表示当烟煤的黏结指数测值 $G\leqslant85$ 时，用干燥无灰基挥发分 V_{daf} 和黏结指数 G 来划分煤类。当黏结指数测值 $G>85$ 时，则用干燥无灰基挥发分 V_{daf} 和胶质层最大厚度 Y，或用干燥无灰基挥发分 V_{daf} 和奥亚膨胀度 b 来划分煤类。在 $G>85$ 的情况下，当 $Y>25.00$ mm 时，根据 V_{daf} 的大小可划分为肥煤或气肥煤；当 $Y\leqslant25.00$ mm 时，则根据 V_{daf} 的大小可划分为焦煤、1/3 焦煤或气煤。

② 表示当 $G>85$ 时，用 Y 和 b 并列作为分类指标。当 $V_{daf}\leqslant28.0\%$ 时，$b>150\%$ 的为肥煤；当 $V_{daf}>28.0\%$ 时，$b>220\%$ 的为肥煤或气肥煤。如按 b 值和 Y 值划分的类别有矛盾时，以 Y 值划分的类别为准。

对于烟煤的划分，首先是根据 V_{daf} 划分为低挥发分烟煤（$V_{daf}>10.0\%\sim20.0\%$）、中挥发分烟煤（$V_{daf}>20.0\%\sim28.0\%$）、中高挥发分烟煤（$V_{daf}>28.0\%\sim37.0\%$）和高挥发分烟煤（$V_{daf}>37.0\%$）四组，分别用 1～4 的数码来表示，数码越大，煤化程度越低。其次，根据 G 值划分为不黏结或微黏结煤（$G\leqslant5$）、弱黏结煤（$G>5\sim20$）、中等偏弱黏结煤（$G>20\sim50$）、中等偏强黏结煤（$G>50\sim65$）和强黏结煤（$G>65$）六组，分别用 1～6 的数码来表示，数码越大，煤的黏结性越强。可见，根据 V_{daf}、G、Y 和 b 可将烟煤划分成 24 个单元（根据 V_{daf} 分成 4 个，根据 G 分成 6 个），每个单元都对应有一个两位数的数码，该数码就是烟煤分类表中“编码”一栏的数值，其中十位上的数值（1～4）表示煤化程度，个位上的数值（1～6）表示黏结性。

在 24 个单元中，按照同类煤的性质基本相似、不同类煤的性质有较大差异的原则进行归类，共分成 12 个类别，这 12 个类别就是烟煤的 12 个大类。即贫煤、贫瘦煤、瘦煤、焦煤、肥煤、1/3 焦煤、气肥煤、气煤、1/2 中黏煤、弱黏煤、不黏煤、长焰煤。在对 12 个大类命名时，考虑到新、旧分类的延续性和习惯叫法，仍保留了长焰煤、不黏煤、弱黏煤、气煤、肥煤、焦煤、瘦煤、贫煤 8 个煤类，同时又增加了 1/2 中黏煤、气肥煤、1/3 焦煤、贫瘦煤 4 个过渡性煤类，这样就能使同一类煤的性质基本相似。如 1/2 中黏煤就是由原分类中一部分黏结性较好的弱黏煤和一部分黏结性较差的肥焦煤和肥气煤组成。气肥煤在原分类中属肥煤大类，但是它的结焦性比典型肥煤差得多，所以，将它拿出来单独列为一类，这就克服了原分类中同类煤性质差异较大的缺陷，使分类更趋合理。1/3 焦煤是由原分类中一部分黏结性较好的肥气煤和肥焦煤组成，结焦性较好。贫瘦煤是指黏结性较差的瘦煤，可以和典型瘦煤加以区别。

（4）褐煤亚类的划分

采用表征煤化程度指标 P_m 将褐煤分为两小类并采用恒湿无灰基高位发热量 $Q_{gr,maf}$ 作为辅助指标区分烟煤（长焰煤）和褐煤，详见表 3-16。

表 3-16　　褐煤亚类的划分

类别	代号	编码	分类指标	
			P_m/%	$Q_{gr,maf}$/MJ·kg^{-1}①
褐煤一号	HM1	51	≤30	—
褐煤二号	HM2	52	>30～50	≤24

注:① 代表凡 V_{daf}>37.0%,P_m>30%～50%的煤,如恒湿无灰基高位发热量 $Q_{gr,maf}$>24 MJ·kg^{-1},则划为长焰煤。

（5）中国煤炭分类简表

为便于简易快速地确定煤的大类别,根据表 3-8、表 3-9 和表 3-10 的分类,归纳成表 3-17 中国煤炭分类简表。

表 3-17　　中国煤炭分类简表

类别	代号	编码	分类指标					
			V_{daf}/%	G	Y/mm	b/%	PM/%②	$Q^{③}_{gr,maf}$/MJ·kg^{-1}
无烟煤	WY	01,02,03	≤10.0					
贫煤	PM	11	>10.0～20.0	≤5				
贫瘦煤	PS	12	>10.0～20.0	>5～20				
瘦煤	SM	13,14	>10.0～20.0	>20～65				
焦煤	JM	24	>20.0～28.0	>50～65				
		15,25	>10.0～28.0	>65①	≤25.0	≤150		
肥煤	FM	16,26,36	>10.0～37.0	(>85)①	>25.0			
1/3 焦煤	1/3JM	35	>28.0～37.0	>65①	≤25.0	≤220		
气肥煤	QF	46	>37.0	(>85)①	>25.0	>220		
气煤	QM	34	>28.0～37.0	>50～65	≤25.0	≤220		
		42,44,45	>37.0	>35				
1/2 中黏煤	1/2ZN	23,33	>20.0～37.0	>30～50				
弱黏煤	RN	22,32	>20.0～37.0	>5～30				
不黏煤	BN	21,31	>20.0～37.0	≤5				
长焰煤	CY	41,42	>37.0	≤35			>50	
褐煤	HM	51	>37.0				≤30	≤24
		52	>37.0				>30～50	

注:① 表示在 G>85 的情况下,用 Y 值或 b 值来区分肥煤、气肥煤与其他煤类。当 Y>25.00 mm 时,根据 V_{daf}的大小可划分为肥煤或气肥煤;当 Y≤25.00 mm 时,则根据 V_{daf}的大小可划分为焦煤、1/3 焦煤或气煤。按 b 值划分类别时,V_{daf}≤28.0%,b>150%的煤为肥煤;V_{daf}>28.0%,b>220%的煤为肥煤或气肥煤。若按 b 值和 Y 值划分的类别有矛盾时,以 Y 值划分的类别为准。

② 表示对 V_{daf}>37.0%,G≤5 的煤,再以透光率 P_m 来区分其为长焰煤或褐煤。

③ 表示对 V_{daf}>37.0%,P_m>30%～50%的煤,再测 $Q_{gr,maf}$,如其值为大于 24 MJ·kg^{-1},应划为长焰煤,否则为褐煤。

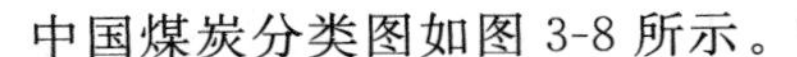

中国煤炭分类图如图 3-8 所示。

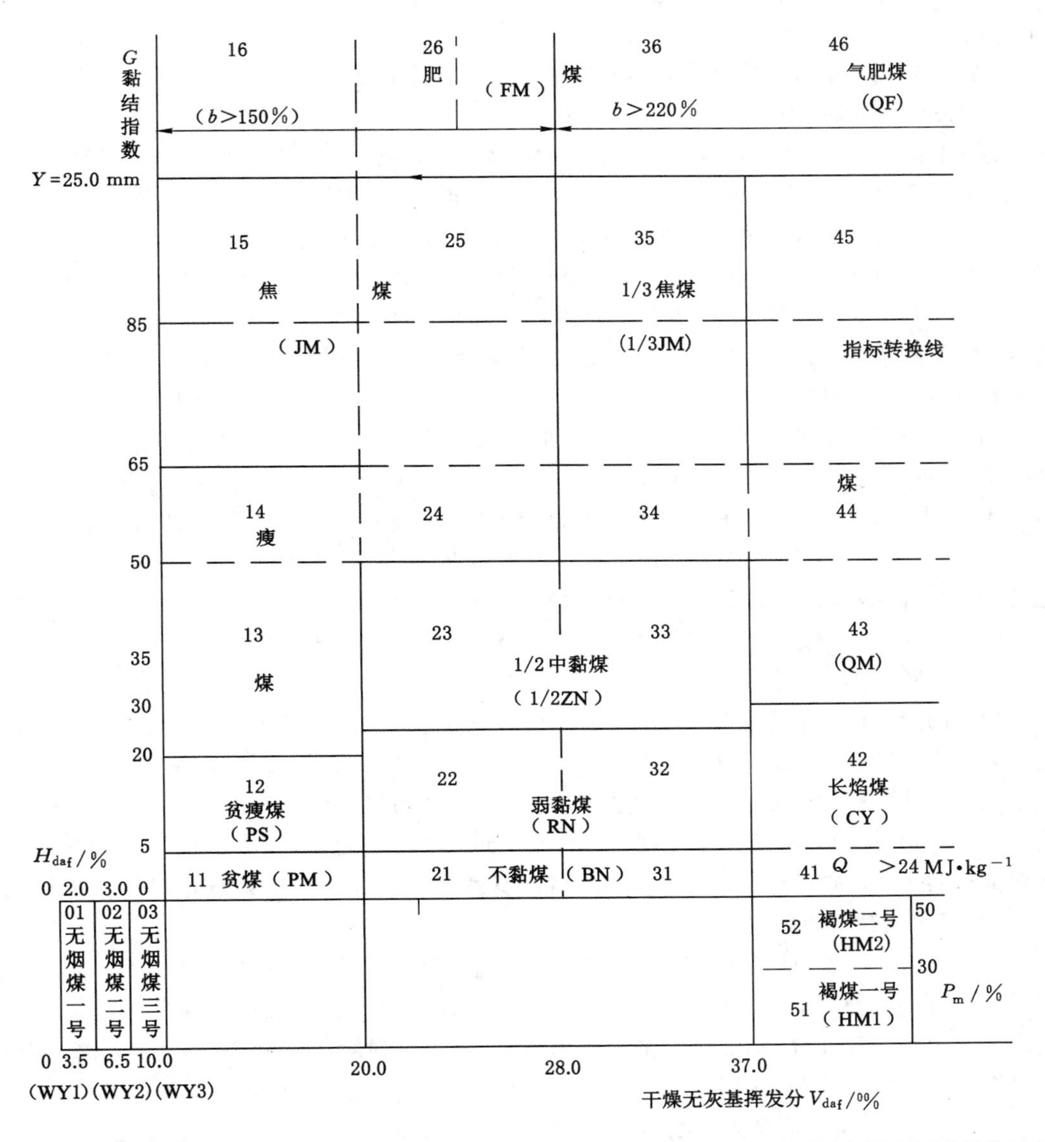

① 分类有煤样的干燥基灰分产率应小于或等于 10%，干燥基灰分产率大于 10% 的煤样应采用重液方法进行减灰后再分类；对易泥化的低煤化度褐煤，可采用灰分尽可能低的原煤。

② G=85 为指标转换线，当 G>85 时，用 Y 值和 b 值并列作为分类指标，以划分肥煤或气肥煤与其他煤类的指标。Y>25.00 mm 的煤，划分为肥煤或气肥煤；当 V_{daf}≤28.0% 时，b>150% 的煤为肥煤；当 V_{daf}>28.0% 时，b>220% 的煤为肥煤或气肥煤。如按 b 值和 Y 值的划分有矛盾时，以 Y 值划分的类别为准。

③ 无烟煤划分亚类按 V_{daf} 和 H_{daf} 划分结果有矛盾时，以 H_{daf} 划分的亚类为准。

④ V_{daf}> 37.0% 时，P_m>50% 的煤为烟煤，P_m≤30% 的煤为褐煤，P_m>30%～50% 时，以 $Q_{gr,maf}$ 值>24 MJ·kg⁻¹ 的煤为长焰煤；否则为褐煤。

图 3-8 中国煤炭分类图

综上所述，中国煤炭分类标准将煤共分成十四大类、十七小类。十四大类包括：烟煤的十二个煤类、无烟煤和褐煤。十七小类是：烟煤的十二个煤类、无烟煤的三个小类和褐煤的两个小类。

【例 3-3】 某煤样用密度 1.70 kg/L 的氯化锌重液分选后，其浮煤挥发分 V_{daf} 为 4.59%，H_{daf} 为 1.54%，试确定其煤质牌号。

解： 根据 V_{daf} 为 4.59%，应将煤样划分为 02 号无烟煤；根据 H_{daf} 为 1.54%，应将煤样划分为 01 号无烟煤，两者矛盾时应以氢含量划分为准，最终确定为 01 号无烟煤。

【例 3-4】 某烟煤在密度 1.4 kg/L 的氯化锌重液中分选出的浮煤 V_{daf} 为 27.5%，黏结指数 G 为 89，胶质层最大厚度 Y 为 26.5 mm，奥亚膨胀度 b 为 135%，试确定煤质牌号。

解： 因为 $G>85$，应用 Y 或 b 作为辅助分类指标。根据 $Y>25$ mm，V_{daf} 为 27.5%，应划分为 26 号肥煤；$b<150\%$，V_{daf} 为 27.5%，应划分为 25 号焦煤，两者矛盾时应以 Y 值为准，最终确定为 26 号肥煤。

【例 3-5】 某年轻煤在密度 1.4 kg/L 的重液中分选后，其浮煤挥发分 V_{daf} 为 45.52%，G 值为 0，目视比色透光率 P_m 为 42.5%，$Q_{gr,maf}$ 为 27.01 MJ · kg^{-1}，试确定煤质牌号。

解： 根据 $V_{daf}>37\%$，G 值为 0，可初步确定该煤为长焰煤 41 号或褐煤，此时可根据 P_m 划分。$P_m>50\%$ 一定是长焰煤，$P_m\leqslant30\%$，一定是褐煤，而 $P_m>30\%\sim50\%$ 时，可能是长焰煤，也可能是褐煤，该煤即为这种情况。这时应根据 $Q_{gr,maf}$ 进行划分，$Q_{gr,maf}\leqslant24$ MJ · kg^{-1} 为褐煤，$Q_{gr,maf}>24$ MJ · kg^{-1} 为长焰煤，所以最终确定为 41 号长焰煤。

二、各种煤的特性及用途

(1) 褐煤(HM)煤化程度最低，外观呈褐色到黑色，光泽暗淡或呈沥青光泽，不具黏结性。其特点是水分大、发热量低、挥发分高、密度小，含有腐殖酸，氧含量常达 15%～30%，化学反应性强，热稳定性差。根据透光率分为成年老褐煤($P_m>30\%\sim50\%$)和年轻褐煤($P_m\leqslant30\%$)。褐煤多作为发电厂锅炉的燃料，也可作为气化原料，有的褐煤可用来制造磺化煤或活性炭，有的可作为苯萃取物的原料，腐殖酸含量高的年轻褐煤也可用于提取腐殖酸，生产腐殖酸铵等有机肥料。

(2) 长焰煤(CY)是煤化程度最低、挥发分最高($V_{daf}>37\%$)、黏结性很弱($G<35$)的烟煤。长焰煤的燃点低，纯煤热值也不高，储存时易风化碎裂，煤化程度较高的长焰煤加热时能产生一定量的胶质体，结成细小的长条形焦炭，但焦炭强度甚差，粉碎率也相当高。因此，长焰煤一般不用于炼焦，多用作电厂、机车燃料及工业窑炉燃料，也可用作气化用煤。

(3) 不黏煤(BN)是煤化程度较低、挥发范围较宽($V_{daf}>37\%$)、无黏结性或 $G<5$ 的烟煤。煤中水分含量大，含氧量有的高达 10%以上。不黏煤主要作气化和发电用煤，也可以用作动力和民用燃料。

(4) 弱黏煤(RN)是煤化程度较低、挥发范围较宽($V_{daf}>20\%\sim37\%$)、黏结性较弱($G>5\sim30$)的烟煤。炼焦时有的能结成强度差的小块焦，有的只有少部分能凝结成碎屑焦，粉焦率高。一般多适用于气化原料和电厂、机车及锅炉的燃料。

(5) 1/2 中黏煤(1/2ZN)目前在我国的资源量很少。它是煤化程度较低、挥发范围较宽($V_{daf}>20\%\sim37\%$)、黏结性微弱($G>30\sim50$)的烟煤。这种煤有一部分在单独煤焦时能结成一定强度的焦炭，可用于配煤炼焦。另一部分黏结性较弱，单独炼焦时焦炭强度差，粉焦率高。1/2 中黏煤主要用于气化原料或动力用煤的燃料，炼焦时也可适量配入。

(6) 气煤(QM)是煤化程度较低、挥发分较高的烟煤。气煤分为两组:第一组为 $V_{daf}>37\%$、$G>35$、$Y\leqslant25$ mm,其特点是挥发分特别高,而黏结性强弱不等;第二组为 $V_{daf}>28\%\sim37\%$、$G>50\sim65$,其特点是黏结性中等而挥发分高。气煤单独炼焦时产生的焦炭细长、易碎,同时有较多纵向裂纹,焦炭强度和耐磨性均较差。多数作配煤用于炼焦,也可以高温干馏制造城市煤气。

(7) 气肥煤(QF)是煤化程度与气煤接近,挥发分高($V_{daf}>37\%$)、黏结性强($Y>25$ mm)的烟煤。单独炼焦时能产生大量的煤气和胶质体,但因其气体析出过多,不能生成强度高的焦炭。气肥煤最适宜高温干馏制煤气,用于配煤炼焦可增加化学产品的回收率。

(8) 1/3 焦煤(1/3JM)是煤化程度中等、挥发分中等偏高的强黏结性($V_{daf}>28\%\sim37\%$、$G>65$、$Y\leqslant25$ mm)烟煤,其性质介于焦煤、肥煤与气煤之间,属于过渡煤类。单独炼焦时能生成熔融性良好、强度较高的焦炭。炼焦时这种煤的配入量可在较宽范围内波动,都能获得强度较高的焦炭。1/3 焦煤也可作为炼焦配煤。

(9) 肥煤(FM)是煤化程度中等($V_{daf}>10\%\sim37\%$、$Y>25$ mm)的烟煤。加热时能产生大量的胶质体,有较强的黏结性,可黏结煤中的一些惰性物质。肥煤单独炼焦时,能生成熔融性好、强度高的焦炭,因而是炼焦配煤中的基础煤。但单独炼焦时,焦炭上有较多的横向裂纹,而且焦根部分常有蜂焦。

(10) 焦煤(JM)是煤化程度中等或偏高、结焦性较强的烟煤。焦煤分为两组:第一组为 $V_{daf}>10\%\sim28\%$、$G>65$、$Y\leqslant25$ mm,其特点是结焦性特别好,可单独炼出合格的冶金焦;第二组为 $V_{daf}>20\%\sim28\%$、$G>50\sim65$,其特点是结焦性比第一组差。单独炼焦时能产生热稳定性很高的胶质体。所得焦炭块度大、裂缝少、抗碎强度高,耐磨强度也很高。但单独炼焦时,膨胀压力大,出焦困难。这种煤是配煤炼焦的重要成分。

(11) 瘦煤(SM)是煤化程度较高、挥发分较低($V_{daf}>10\%\sim20\%$、$G>20\sim65$)的烟煤。炼焦过程中能产生相当数量的胶质体。单独炼焦时能得到块度大、裂纹少、落下强度较好的焦炭。但耐磨强度较差,主要用于配煤炼焦使用。

(12) 贫瘦煤(PS)是煤化程度较高、挥发分较低、黏结性差($V_{daf}>10\%\sim20\%$、$G>5\sim20$)的烟煤。加热后只产生少量胶质体。单独炼焦时,生成的粉焦多,配煤炼焦时配入较少比例就能起到瘦化作用。这种煤主要用于动力或民用燃料,少量用于制造煤气燃料。

(13) 贫煤(PM)是烟煤中煤化程度最高、挥发分最低($V_{daf}>10\%\sim20\%$、$G\leqslant5$)而接近无烟煤的一类煤,国外也称之为半无烟煤。燃烧时火焰短、燃点高、热值高、不黏结或弱黏结,加热后不产生胶质体。主要用作动力或民用燃料。

(14) 无烟煤(WY)是煤化程度最高的一类煤,挥发分产低($V_{daf}\leqslant10\%$),碳含量高,光泽强,硬度高且密度大,燃点高,无黏结性,燃烧时不冒烟。这类煤按其干燥无灰基挥发分分为无烟煤一号(年老无烟煤)、无烟煤二号(典型无烟煤)和无烟煤三号(年轻无烟煤)。无烟煤主要是民用和制造合成氨的造气原料,低灰、低硫和可磨性好的无烟煤不仅可以作为高炉喷吹及烧结铁矿石用的燃料,还可以制造各种碳素材料,如碳电极、阳极糊和活性炭的原料,某些优质无烟煤制成的航空用型煤可作为飞机发动机和车辆马达的保温材料。

思考与练习

1.《中国煤炭分类》使用了哪些分类指标?将煤分为哪些大类?

2. 褐煤、烟煤、无烟煤的数码编号分别代表什么意义？

3. 根据煤质化验数据，判定下列煤的类别：

(1) $V_{daf}=5.53\%$，$H_{daf}=2.98\%$；

(2) $V_{daf}=14.52\%$，$G_{R.I.}=12$；

(3) $V_{daf}=25.85\%$，$G_{R.I.}=87$，$Y=28$ mm；

(4) $V_{daf}=23.45\%$，$G_{R.I.}=10$；

(5) $V_{daf}=42.36\%$，$G_{R.I.}=4$，$PM=42.3\%$，$Q_{gr,maf}=27.15$ MJ · kg^{-1}。

任务五　煤 质 评 价

知识要点

煤质评价的阶段与任务；煤质评价的内容；煤质评价的方法。

技能目标

能初步运用煤的工业分析、元素分析及工艺性质指标对煤质进行评价。

任务导入

煤质评价是指根据煤质化验结果，正确地评定煤炭质量及其在工业上的利用价值。它是煤田地质勘查中一项的重要工作内容，也是不可缺少的一个重要环节。在煤田地质勘查阶段，对煤质进行有效研究和合理评价，不仅能够保证勘察工作的准确性，为煤炭资源开采和利用提供重要保障，而且可避免有害元素的危害，提升煤炭资源的利用价值，促进经济发展。

任务分析

煤质评价包括煤质评价的阶段与任务、煤质评价内容、煤质评价方法等方面的知识。

相关知识

一、煤质评价的阶段与任务

根据煤炭勘查、开采及加工利用的全过程，将煤质评价分为煤质初步评价、详细评价和最终评价三个阶段。

1. 煤质初步评价阶段

煤质初步评价阶段相当于煤田普查时期对煤质进行的研究和评价。这一阶段主要研究煤的成因类型、煤岩组成、煤的物理性质、化学性质和工艺性质。测定的指标主要有：工业分析、元素分析、发热量、黏结性指数、胶质层指数、奥亚膨胀度等黏结性和结焦性指标、煤的抗碎强度、煤的密度透光率等物理性质。通过对这些指标的分析研究，了解可采煤层的煤质特征，初步确定煤的种类，对煤的加工利用方向提出初步评价。

2. 煤质详细评价阶段

煤质详细评价阶段相当于煤田地质详查和精查阶段对煤质的研究和评价。该阶段煤质化验的项目较为全面，除了煤质初步评价阶段所测的各项指标外，还需测定煤的热稳定性、反应性、可磨性、可选性、低温干馏试验、200 kg 焦炉试验等工艺性质。该阶段的煤质工作重点是全面研究勘查区内可采煤层的煤质特征、变化规律，煤的变质因素和煤类分布规律，对可采煤层做出加工利用评价和确定矸石与煤灰渣的综合利用方向。

3. 煤质最终评价阶段

煤质的最终评价阶段相当于煤炭开采和加工利用阶段对煤质的研究和评价。在此阶段，煤的加工利用方向及加工利用工艺流程已经确定，所以煤质研究工作主要是根据开采和加工利用的需要，对某些指标进行定期或随机测定，了解煤质的变化，检查煤的质量是否符合要求。

二、煤质评价内容

煤质评价的内容包括地质、工艺技术和经济与环保评价三个方面。

1. 地质评价

地质评价一般是在煤质初步评价阶段和煤质详细评价阶段由地质工作者进行。在煤炭普查和勘查时期，通过对煤层煤质的化验分析研究，阐明煤质变化规律，并了解成煤原始物质、聚集环境、煤化作用、风化及氧化等地质因素对煤田的影响及其变化规律。

2. 工艺技术评价

工艺技术评价包括两个方面：一是根据测得的工艺性质，结合各种工业部门对煤质的要求，确定煤的加工利用方向；二是在已知煤质特征和加工利用方式的条件下，进一步研究采用何种工艺措施，如煤的洗选、配煤、成型或改变工艺操作条件(改变炉型、加工方式)等改善煤的性质，达到最好的利用效果，提高煤的使用价值。

3. 经济与环保评价

经济评价是从经济的角度研究如何最合理地利用煤炭，最大限度地提高产品的附加值，取得最好的经济效益。这方面包括煤炭开采、产销、运输方面的经济评价；煤的综合利用途径的研究，如煤灰的利用、稀有元素(锗、镓、铀、钒等)的提取及高硫煤中硫的回收；研究煤炭加工利用方式是否最经济、最合理。环保方面重点研究煤炭开采和综合利用要符合国家在环保方面的要求，尽最大可能减少环境污染。

三、煤质评价方法

由于煤本身的复杂性、多样性、不均一性，所以煤质评价的方法较多。常用的方法有化学评价方法、煤岩评价方法、工艺评价方法三种。

1. 化学评价方法

化学评价方法是最常用的评价方法，从化学角度出发研究煤的组成、化学性质和工艺性质，即利用工业分析和元素分析的方法对煤质进行评价。但此方法以煤的平均煤样作为分析基础，没有考虑煤岩成分的影响。

2. 煤岩评价方法

煤岩评价方法是通过对煤岩组成和性质的分析及显微煤岩定量的统计来评定煤的化学性质和工艺性质。这种评定方法不破坏煤的原始结构，可弥补化学评价方法的不足。

3. 工艺评价方法

工艺评价方法是通过对煤进行工艺加工的研究来确定煤的利用方向。该法要求模拟工业加工利用的条件，如煤的粒度、加热方式、加热最终温度、加热速度等，使结果更具有实用价值。

4. 物理及物理化学评价方法

物理及物理化学评价方法是通过研究煤的密度、力学性质、热学性质、电性质和磁性质等物理性质和煤的润湿性、表面积、孔隙率等物理化学性质对煤质进行评价的方法。

要对煤质进行正确的评价，需要进行大量的煤质化验工作，掌握全面的数据，结合地质情况确定煤的种类，了解各种工业用煤对煤质的要求，然后分析煤质特性及其变化规律，提出煤的加工利用方向。

四、煤质评价举例

【例 3-6】 某煤层煤质分析结果见表 3-18。试对该煤层煤质进行评价。

表 3-18　　某煤层煤质分析结果　　%

M_{ad}	A_d	V_{daf}	$S_{t,d}$	C_{daf}	H_{daf}	N_{daf}	ST/℃	Y/mm	$Q_{gr,d}$/MJ·kg^{-1}
5.5	26.5	15.0	0.4	87.5	4.87	1.38	1 500	9	28

解：根据化验结果 $V_{daf}=15.0\%$，$Y=9$ mm，查中国煤炭分类表，可判定该煤层为瘦煤。由于 Y 值不大，其黏结性较差；根据 $S_{t,d}=0.4\%$，确定为特低硫煤，根据 $A_d=26.5\%$可知灰分超过炼焦煤的要求，因此该煤应经过洗选降低其灰分，然后作为炼焦配煤，或用作气化原料煤。另外，该煤的发热量不太高，但软化温度高，可与挥发分较高、发热量较大的煤混合作为机车燃料。

【例 3-7】 某煤层煤样分析结果见表 3-19。

表 3-19　　某煤层煤样分析结果　　%

M_{ad}	A_d	V_{daf}	$S_{t,d}$	焦渣特征
1.2	24.32	26.40	0.42	7

经 1.4 kg/L 重液分选后，精煤回收率为 42%，精煤化验结果见表 3-20。

表 3-20　　精煤化验结果　　%

M_{ad}	A_d	V_{daf}	$S_{t,d}$	$G_{R.I.}$
1.5	7.6	24.45	0.48	78

经 1.5 kg/L 重液分选后，精煤回收率为 69.8%，干燥基灰分 $A_d=10.22\%$，试对该煤样进行煤质评价。

解：根据化验结果 $V_{daf}=26.40\%$（或 $V_{daf}=24.45\%$），$G_{R.I.}=78$，查中国煤炭分类表，可判定该煤样为焦煤。

根据 $G_{R.I.}=78$，焦渣特征为 7，可知该煤黏结性、结焦性好。

原煤灰分高，经 1.4 g/cm^3 重液洗选后，灰分降低到 7.6%，但精煤回收率太低。如用

1.5 g/cm³ 重液分选，其精煤回收率为 69.8%，灰分为 10.22%。故该煤精煤灰分低，结焦性强，为优质炼焦煤，可以和结焦性差、灰分低的煤配合炼焦。

思考与练习

1. 什么是煤质评价？煤质评价分为哪几个阶段？煤质评价的方法有哪些？

2. 某矿煤层的宏观特征以光亮型煤为主，也有半暗型煤，似金属光泽，呈灰黑色，密度大，硬度大，块状。

化验分析结果见表 3-21。

表 3-21　　某矿煤层煤质化验分析结果　　%

M_a	A_d	V_{daf}	$S_{t,d}$	TS_{+6}	抗碎强度	$Q_{gr,d}$/MJ·kg^{-1}
2.86	18.14	5.25	0.58	87.2	85	34

洗选后其精煤煤质指标见表 3-22，试对该矿煤质进行评价。

表 3-22　　精煤煤质指标　　%

C_{daf}	H_{daf}	A_d	ST/℃
94.17	1.05	5.87	1 401

项目四 含煤沉积

任务一 分析含煤沉积形成的控制因素

知识要点

含煤沉积;非含煤沉积;含煤沉积的控制因素。

技能目标

掌握含煤沉积和非含煤沉积的概念;掌握含煤沉积的控制因素。

任务导入

地史上从古生代开始直到第三纪,各个地质时期都有含煤沉积的形成(第四纪也有泥炭层发育);在空间分布上,各大洲都有含煤沉积。但各个含煤沉积之间的差别是很大的。含煤沉积的分布范围可由几平方千米至几十万平方千米;含煤沉积厚度可由几米至上万米;含煤层数可由一层至数百层;单层煤层厚度可由几十厘米至几百米。含煤沉积的形成、分布特征是多种地质因素综合作用的结果,这些因素中含煤沉积形成的控制因素,主要包括古植物、古气候、古地理、古构造等。其中古构造因素最为重要,它对其他几个因素的发展、变化有直接的影响。

任务分析

能够根据已有的地质资料,分析含煤沉积的控制因素,例如古植物的种类,古气候状况,古地理环境类型和主要的构造样式等。要从时间和空间方面分析含煤沉积形成的各种控制因素,必须掌握如下知识。

(1) 含煤沉积的概念;

(2) 非含煤沉积的概念;

(3) 含煤沉积的控制因素。

相关知识

一、含煤沉积、非含煤沉积及其界限

含煤沉积是指在一定的古植物、古气候、古地理、古构造因素的控制下,在煤盆地中形成

的一套含有煤层且具有成因联系的多相组合沉积岩系。无论是陆相、海陆交互相、浅海相的沉积岩系，只要在其沉积过程中出现了泥炭层得以发育和保存的条件，就可以形成含煤沉积。含煤沉积也称为含煤建造、含煤地层、含煤岩系，简称为煤系。这些术语无实质性区别，只不过是各自强调的方面有所不同。含煤建造强调含煤沉积的建造与改造；含煤地层强调含煤沉积的时间和空间特征；含煤岩系强调含煤沉积的沉积物；煤系常作岩石地层单位使用，往往是指区域内含有煤层的组或段，如龙潭煤系、香溪煤系等，这一术语在实际工作中使用较多。本教材中主要采用含煤沉积和煤系两个术语。

由于含煤沉积是一定的古植物、古气候、古地理、古构造因素相互配合的产物，因此，在地质历史上，随着上述条件中任一因素向不利于成煤的方向转化，含煤沉积就会在横向上和纵向上过渡为非含煤沉积。

含煤沉积与非含煤沉积的界限主要是根据沉积岩系中是否含有达到最低可采厚度的煤层作为标准。若某个沉积岩系在大区域内含有大于或等于最低可采厚度的煤层，可作为含煤沉积看待；若某个沉积岩系在大区域内所含的都是低于最低可采厚度的煤线或不含煤层、煤线，即为非含煤沉积。含煤沉积不是区域性的地层单位，其上、下界限不一定和地层划分相吻合，有些含煤沉积是跨时代的，如华北石炭-二叠纪含煤沉积，它跨越了两个地质时代，包括中、上石炭统的本溪组、太原组和下二叠统的山西组、下石盒子组。含煤沉积的上、下界限的确定还应考虑地层沉积的连续性，如华北地区的本溪组虽然不含煤层，但它与太原组之间为连续沉积，而与中奥陶统之间有明显的沉积间断，故应将本溪组划分在含煤沉积中。再者，由于含煤沉积与非含煤沉积之间经常有过渡带，故严格确定含煤沉积的上、下界线及其在横向上的界线是较为困难的。

含煤沉积常以地区名称加上含煤沉积形成的时代命名，如华南二叠纪含煤沉积、东北侏罗纪含煤沉积。也可以按古地理环境进行命名，如内陆型含煤沉积、近海型含煤沉积、浅海型含煤沉积等。

二、含煤沉积形成的控制因素

地史上从古生代开始直到第三纪，各个地质时期都有含煤沉积的形成(第四纪也有泥炭层发育)；在空间分布上，世界各大洲都有含煤沉积。但各个含煤沉积之间的差别是很大的。含煤沉积的分布范围可由几平方千米至几十万平方千米；含煤沉积厚度可由几米至上万米；含煤层数可由一层至一、二百层；单层煤层厚度可由几十厘米至几百米。含煤沉积的形成、分布特征是多种地质因素综合作用的结果，这些因素即含煤沉积形成的控制因素，主要包括古植物、古气候、古地理、古构造等。其中古构造因素最为重要，它对其他几个因素的发展、变化有直接的影响。

含煤沉积的形成要求适宜的气候以利于成煤原始物质即植物的大量繁殖和泥炭沼泽的广泛发育。气候因素在这里主要是指空气的温度和湿度，普遍认为湿度因素更为重要，只要有足够的湿度，热带、亚热带、温带和寒带都可以发育泥炭层。温度对含煤沉积的形成的影响是两方面的，它既影响植物的繁殖速度也影响植物的分解速度。如在热带地区，植物繁殖的速度很快，为生成泥炭提供了大量的原始物质，但高温又促使植物遗体较快分解，不利于泥炭的大量堆积，除非植物遗体能得到迅速埋藏。目前倾向认为，温暖的气候条件比炎热、寒冷的气候条件对成煤较为有利。但这只是一个总的估计，应结合植物界的演化具体分析。地质学家 A.И.叶戈罗夫在《地球的聚煤带和含油气带》一书中指出，在每个地质时期中皆存在类似于现代的气候分带，即两个干旱带和被它们所分隔开的三个潮湿气候带，所有已知煤盆地都分布在该时期的潮湿气候带中。他还认为，在不同时期的植物组合中，居主导地位种属的生理特点对赤道和温带地区植物的富集程度有很大的影响。泥盆纪晚期和石炭纪以蕨类为主的植物组合由于不适应地面环境，多集中在湿、热的滨海地区，这一时期赤道潮湿带的聚煤量相对较大。古生代末期出现了适应性较强的种属，而到了中生代的下半叶，成煤物质的主要来源已是适应内陆环境的耐寒植物种属了，所以温暖潮湿带甚至是更高纬度地区的相对聚煤量显著增大。与此同时也出现了聚煤作用由滨海地区逐渐向大陆纵深发展的趋势。研究含煤沉积的形成，除了要了解全球气候对聚煤作用的影响，更要注意区域构造及古地理条件的变化对一个具体地区气候变化和聚煤作用的影响。

含煤沉积作为一个整体是在比较持续存在的总的沉积环境（地貌景观）中形成的，这种总的沉积环境即为聚煤的古地理环境。其内容至少应包括以下几个方面：侵蚀区的地形特点，煤盆地距离侵蚀区的远近，煤盆地距离海岸线的远近，煤盆地本身的地形特点，煤盆地中的水动力条件，介质的化学特征及生物群落等。聚煤古地理环境决定了含煤沉积在岩性组合、沉积相的类型等方面的基本面貌及它们在纵向和横向上的展布特点和变化趋势。它还决定了煤层发育的一般地段和最有利地段。为此，应通过岩性组合与沉积相的分析、综合，再现聚煤时的古地理环境。

含煤沉积的形成、分异受地壳运动和古地理环境等因素的影响，不论在时间和空间方面都与一定古构造因素及其演变具有密切联系。古构造因素的重要性在于为含煤沉积的形成提供了堆积场所——聚煤坳陷。坳陷的性质、大小、形状和沉降的幅度、速度以及各个坳陷之间的组合规律等，对含煤沉积的原始分布范围、厚度、含煤性、古地理类型等起着直接的控制作用。古构造控制作用的另一重要表现是坳陷内部的次级隆起以及所导致的沉积作用分异。同沉积构造反映了含煤沉积的岩性、沉积相、厚度及含煤性在同沉积断裂的两盘、在同沉积褶皱的翼部和核部所出现的差别，近年来逐渐引起人们的重视，也逐渐地被人们所认识。

任务实施

本任务要求写出含煤沉积和非含煤沉积的主要不同点，并说明含煤沉积和非含煤沉积是否可以相互转化。总结写出含煤沉积的控制因素有哪些，并找出最重要的因素。

思考与练习

1. 查找资料，找到具有代表性的含煤沉积和非含煤沉积的地层柱状图。
2. 查找资料，找到一个地区或者煤矿的实例，解释其成煤的控制因素。

任务二　分析含煤沉积的特征和含煤性

知识要点

含煤沉积的一般特征；含煤性的概念；含煤系数的概念；含煤性的研究方法。

技能目标

掌握含煤沉积的一般特征；掌握含煤性的概念；掌握含煤系数的概念；了解含煤性的研究方法。

任务导入

含煤沉积是在一定构造因素控制下，在特定的古地理环境和古气候条件下形成的，其在与下伏和上覆非含煤沉积的接触关系、厚度、岩性、沉积相、旋回结构、含煤性等方面均可表现出一定的特征。从平面上看，煤层形成于一定的沉积环境，与一定的相带对应，显示一定的展布方向和横向变化规律。可以通过对煤系从剖面、平面上进行含煤性分析的方法研究含煤性的变化规律。

任务分析

能够根据已有的地质资料，分析含煤沉积的一般特征，知道含煤性的研究方法，计算含煤系数。必须掌握如下知识。

(1) 含煤性的概念；

(2) 含煤系数的概念和含煤性的研究方法；

(3) 计算含煤系数。

相关知识

一、含煤沉积的一般特征

(一) 含煤沉积与下伏、上覆非含煤沉积的接触关系

含煤沉积的下伏非含煤沉积是煤盆地的基底地层。受基底先存构造的影响，原始沉积盆地中的已有沉积岩系发生沉积分异，在古气候因素的配合下，比较持续存在的总沉积环境中的有利地貌单元逐渐沼泽化形成含煤沉积，而原有沉积岩系就成为含煤沉积的基底地层。含煤沉积与下伏非含煤沉积的接触关系在基底先存构造、古气候等因素的影响下，可表现为整合接触或假整合接触或不整合接触关系。

含煤沉积的上覆非含煤沉积是含煤沉积的盖层沉积岩系。受含煤沉积后期构造的影响，古植物、古气候、古地理因素向不利于成煤的方向转化后，在横向上和纵向上过渡形成的不含煤沉积岩系。含煤沉积与上覆非含煤沉积也可表现为整合接触或假整合接触或不整合接触关系。

(二) 含煤沉积的厚度

含煤沉积的厚度是下伏非含煤沉积的顶界面与上覆非含煤沉积的底界面之间的垂直距离。自然界中，任何含煤沉积都具有一定的厚度。只不过受煤盆地同沉积构造及古植物、古气候、古地理等因素配合的影响，含煤沉积的厚度存在很大的差异，厚度可由几米至上万米。

(三) 含煤沉积的岩石性质

含煤沉积一般是在潮湿气候环境中形成，沉积岩的颜色主要呈灰色、灰黑色、黑色和灰绿色；少数情况下，当古气候由潮湿转化为干燥时，在含煤沉积中也会出现一些杂色的岩石，如带红、紫、绿斑块的泥质岩和粉砂岩等。我国豫西的上石盒子组就是由灰黑色含煤层段与杂色岩石层段多次交替组成。

含煤沉积中的岩石，主要是以各种粒度的碎屑岩、黏土岩和煤层组成，并夹有石灰岩、燧石层等，其中碎屑岩的矿物成分决定于聚煤期供应碎屑物陆源区的岩性成分和构造条件。最常见的碎屑岩是石英砂岩、长石石英砂岩、长石砂岩和岩屑砂岩以及粉砂岩和砾岩。不同沉积条件下形成的碎屑岩在成分和结构上差别很大，内陆条件下形成的含煤沉积以一些过渡性的砂岩较多，如长石石英砂岩和岩屑石英砂岩等；砾岩和粗砂岩常形成于离侵蚀区较近的地带；黏土岩在含煤沉积中也占相当比重，但往往含粉砂质较多；也有含煤沉积主要由石灰岩和煤层组成，如广西上二叠统的合山组、重庆上二叠统的吴家坪组等。此外，在含煤沉积中还经常发现铝土矿、耐火黏土、油页岩、菱铁矿、黄铁矿等；还含有各种碳酸盐结核和泥质、粉砂质以及菱铁矿等包体。含煤沉积形成过程中，如果附近有岩浆活动或火山喷发，就会有相应的火山岩及火山碎屑岩的分布。

组成含煤沉积的沉积岩，另一个特点是非水平类型层理构造、层面构造、冲刷充填构造和侵蚀面构造等流动成因构造比较发育。并常含有丰富的植物化石，有的含煤沉积中也富含动物化石。

不同时代、不同地区的含煤沉积，其岩性组合差别很大（图 4-1）。有的以中、细碎屑岩为主；有的则以粗碎屑岩为主，巨厚的砂砾岩带在剖面中多次出现；有的不含石灰岩；有的则含多层石灰岩甚至以石灰岩为主。即使是同一含煤沉积，其岩性组合在纵向和横向上也可以有显著变化。考察这些变化，通过编制岩比图及砂体图等找出其变化规律，能够再现聚煤期的古地理环境和为寻找成煤的有利地段提供重要线索。

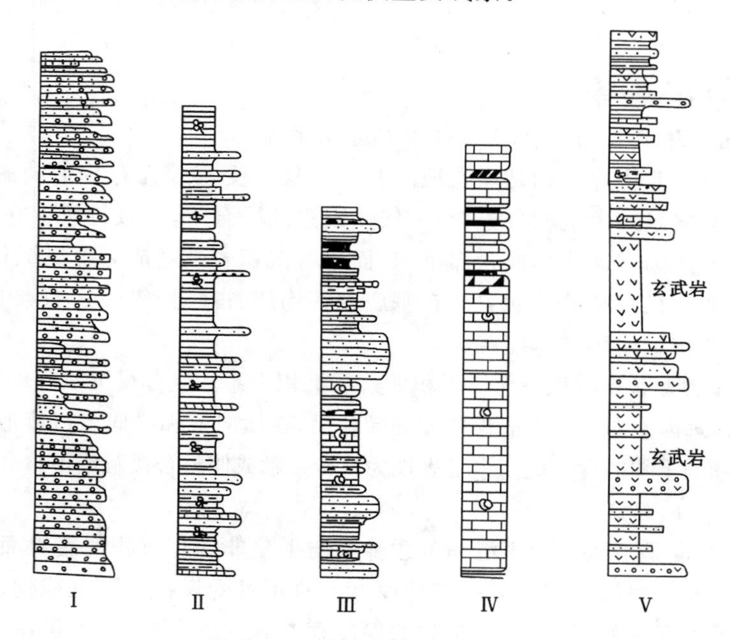

图 4-1 含煤沉积岩性组合特征

Ⅰ——以粗碎屑岩为主 吉林蛟河晚侏罗世煤系，厚约 250 m；Ⅱ——以细碎屑岩为主，河南禹县上石盒子组，厚约 500 m；Ⅲ——以细碎屑岩为主夹多层石灰岩，山西太原月门沟太原组和山西组，厚约 130 m；Ⅳ——以石灰岩为主 广西柳花岭合山组，厚约 150 m；Ⅴ——以火山碎屑岩为主（有玄武岩）黑龙江大杨树九峰山组，厚约 500 m

二、含煤沉积的含煤性

含煤性是对同一煤盆地内、同一时代的煤系中煤层层数、厚度、结构、稳定性及煤质优劣的综合评价。它是反映含煤沉积中含煤丰富程度的指标,通常用含煤系数表示。含煤系数又分为总含煤系数和可采含煤系数。总含煤系数是指煤系中所有煤层的总厚度占煤系厚度的百分数。可采含煤系数是指煤系中所有可采煤层的总厚度占煤系厚度的百分数。

煤盆地内各地段含煤性是不一样的,这是因为煤层只在一定的范围内发育,且各地段所含煤层的层数、厚度、结构和形态等不同。如果某一地段煤层层数多、厚度大、发育稳定,则含煤性好,反之则含煤性差。

含煤性在不同的煤系中差别很大,其变化主要受古地理和古构造因素的控制。煤系中的煤层不是孤立的,从垂直剖面上看,出现于剖面的一定部位,与煤系的岩性、沉积相组合、旋回结构等在剖面上的变化有一定的依存关系;从平面上看,煤层形成于一定的沉积环境,与一定的相带对应,显示一定的展布方向和横向变化规律。可以通过对煤系从剖面、平面上进行含煤性分析的方法研究含煤性的变化规律。

剖面上研究含煤性的变化,可以通过编制岩性-相柱状图和岩性-相剖面图等方法进行,研究发现岩性、沉积相组合、旋回结构与煤层发育的依存关系。海陆交互相煤系中,含煤系数与冲积相、过渡相砂岩的发育成正比;而与海相灰岩的发育成反比(表 4-1);区域上旋回厚度与煤层厚度的峰值常一致;海退部分占优势的不对称旋回含煤性较好;冲积相-过渡相组合的旋回含煤性较好。陆相煤系中,河流发育晚期的河漫滩相和深水湖盆早期的湖滨相有利于泥炭沼泽的发育;冲积相-湖泊相组合的旋回含煤性较好。

表 4-1　　华北地区太原组石灰岩发育情况与含煤系数的关系

西部				东部			
地区	灰岩层数	含灰岩系数/%	含煤系数/%	地区	灰岩层数	含灰岩系数/%	含煤系数/%
大同	0	0	37	兴隆	0	0	10
宁武	1	3.7	18	开平	3	3.7	8
井陉	2	7.5	8.8	鲁西南	4～10	4～39	3.5
峰峰	7	17.6	7.8	淮南	12	62	1.6
平顶山	5	20	4.4				

平面上研究含煤性的变化,可以通过编制相图和古地理图及煤系、煤层等厚线图等方法进行,反映总的成煤古地理景观和占主要地位的相或相组合的变化,并分析含煤性变化与相区(带)之间的关系。如黔西晚二叠世早期煤系形成于三角洲发育的整个过程中。最早沉积的是富源一带滨海三角洲砾质沉积,六枝、盘县、水城三角地带的砂泥质沉积。这个时期以河流推进占主导地位,砂体形态呈指状,水下部分延伸很远,岸线曲折,以海湾环境为主,成煤条件较差。中期河流携带大量泥砂推进,形成广阔的三角洲平原,同时由于海水动力条件增强,陆源碎屑被海流搬运,沿北东向出现广阔滨海平原,聚煤作用强,形成北东向富煤带,但仍以三角洲平原煤层最为富集,并有厚煤层出现(图 4-2)。

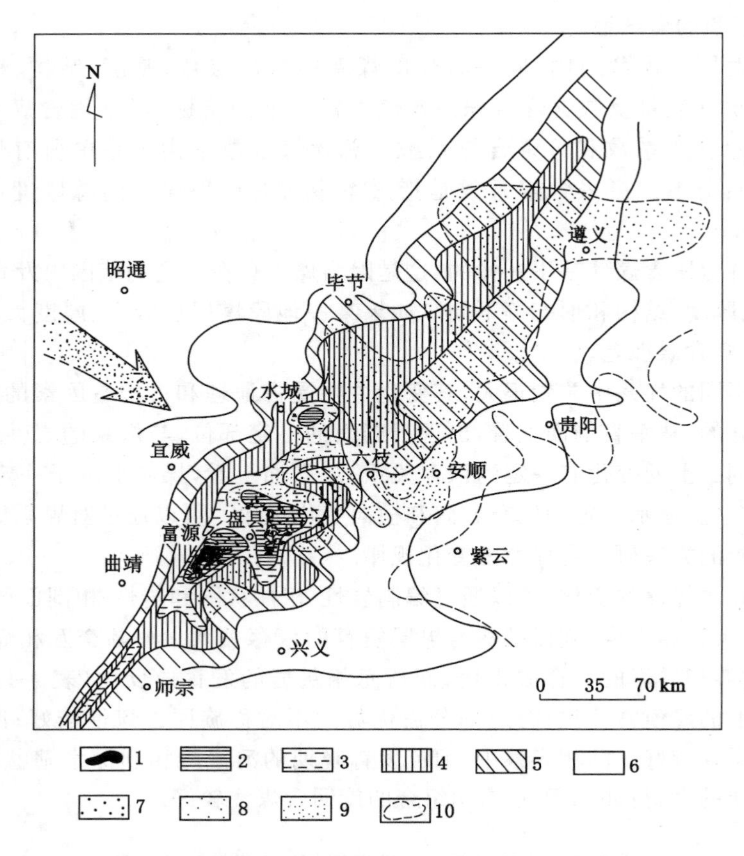

图 4-2 黔西晚二叠世龙潭组上段砂体及含煤性变化图

1～6——煤层总厚度级(厚→薄)；7——砂体总厚大于 150 m；

8——砂体总厚 150～100 m；9——砂体总厚为 100～50 m；10——砂体总厚小于 50 m

又如粤北曲仁早石炭世测水煤系分上、下两个含煤段。上含煤段煤厚小于 0.4 m 的分布区与浅海相范围基本一致，而煤厚大于 0.4 m 的分布区几乎全部在潟湖相区内；下含煤段含煤性的变化与相分布的关系更为显著，煤厚大于 1 m 的分布区全部在湖沼相区内，且含煤性随湖沼相所占的比例增高而愈来愈好(图 4-3)。

任务实施

含煤系数用来表示一定地区内含煤的丰富程度。由于同一地区内含煤岩系总厚度和煤层总厚度多不一致，所以含煤系数只能近似地反映含煤性。含煤系数又可分为总含煤系数和可采含煤系数。

总含煤系数是煤系中所有煤层的总厚度与含煤岩系总厚度的百分比。用下式表示：

$$K=\frac{m}{M}\times 100\%$$

式中 K——总含煤系数，%；

m——煤层总厚度，m；

M——含煤岩系总厚度，m。

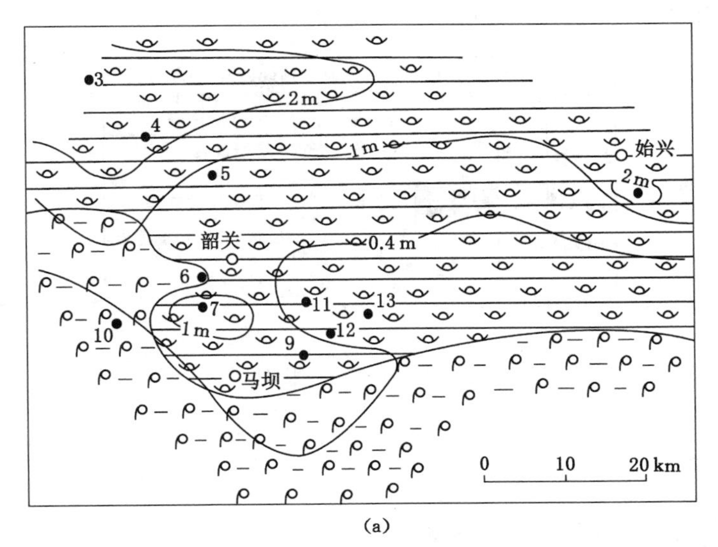

(a)

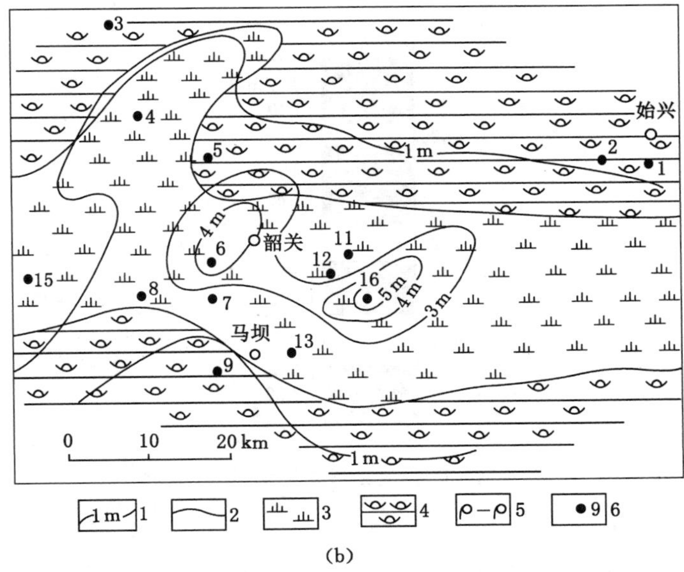

1 m 1　2　3　4　5　9 6

(b)

图 4-3　粤北曲仁早石炭世测水煤系古地理与含煤性关系图

(a) 上含煤段；(b) 下含煤段

1——煤层等厚线；2——相区分界线；3——湖沼相；4——潟湖相；5——浅海相；6——资料点及编号

可采含煤系数指一定地区内可采煤层总厚度与含煤岩系总厚度之比，用%表示。可采含煤系数=(可采煤层总厚度 / 含煤岩系总厚度)×100%

$$K_k = \frac{m_k}{M} \times 100\%$$

式中　K_k——可采含煤系数，%；

m_k——可采煤层总厚度，m；

M——含煤岩系总厚度，m。

根据上面的概念，计算图 4-4 的可采含煤系数。

细砂岩	14.9	……… …… ………	$3_上$层煤基本顶细砂岩，中厚层状岩石较硬，局部有相变为中砂岩和粉砂岩情况，与下部过渡接触
粉砂岩	3.46	————	灰黑色，块状，致密性脆，局部变薄
$3_上$煤	5.1	■	黑色半亮型煤，顶煤松软破碎
细砂岩	4.25	———— ———	灰-灰白色，斜层状，局部相变泥岩，由上至下渐粗
中砂岩	9.63	……… ……	灰白色，块状结构，以石英为主，岩石坚硬

图 4-4　含煤层柱状图

思考与练习

计算图 4-5 的总含煤系数和可采含煤系数。

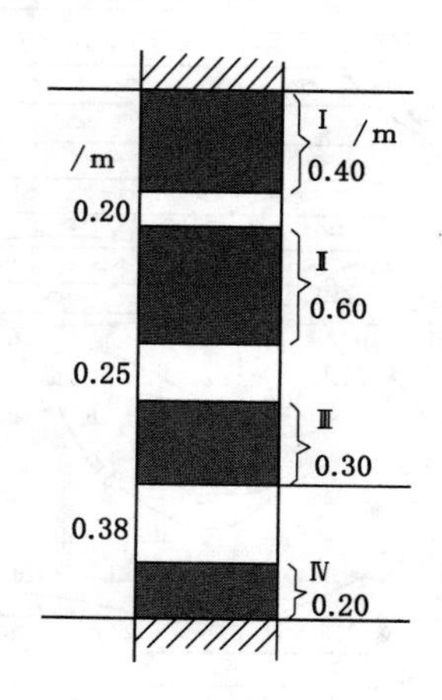

图 4-5　复杂煤层柱状图

任务三　划分含煤沉积中的沉积相

知识要点

沉积相的一般概念；沉积相的成因标志；含煤沉积中常见的沉积相及其特征。

技能目标

掌握沉积相的概念和成因标志；掌握含煤沉积中常见的沉积相及其鉴定特征。

任务导入

沉积相是指沉积环境的“古代产物”，也专指环境的“物质表现”。一定的沉积环境有其特定的物质表现，沉积相揭示了目的层段的沉积环境、煤层成因及其分布规律。通过沉积相的研究，揭示了沉积相和煤层及其物性的控制关系，合理推测煤层的赋存范围及验证孔位提供可靠的地质依据，从而帮助工程师建立地质概念模型，了解该地区的沉积环境指导下步地质工作。因此，沉积相的研究对煤田勘探具有重要意义。

任务分析

能够根据已有的地质资料，分析沉积地层的基本特征，寻找判断沉积相的成因标志，例如地层的岩石及岩性组合、沉积构造、地层叠置方式和空间展布等。要从时间和空间方面识别和划分沉积地层，识别沉积相，必须掌握如下知识。

(1) 沉积相的一般概念；

(2) 沉积相的成因标志；

(3) 常见的沉积相类型及其特征。

相关知识

一、沉积相的一般概念

沉积相简称“相”。各国地质学者给“相”下过各种各样的定义，也进行过不少争论，但直到目前为止，并未得出比较一致的意见。综合起来，有以下几种认识：

(1)“相”是沉积物生成条件及其物质成分、特征的统一体，如河流相、湖泊相等；

(2)“相”是某一地区内岩性上相同的部分，是岩石相，即“岩相”，如砂岩相、泥质岩相；

(3)“相”是指沉积岩石的成因，即岩石形成作用的过程，如浊流相；

(4)“相”作为构造变动产物反映构造特征，如磨拉石相。本教程中所指的“相”侧重于它的生成条件，即形成一种岩石或一套混合岩石的环境，代表这一环境下形成的一套产物。“相”就是“利用岩石成因标志来恢复的同一自然地理环境中形成的一种或几种岩石的地质体”。

二、沉积相的成因标志

任何一种沉积相都有自己独特的沉积环境所决定的成因标志组合。沉积相的成因标志主要包括岩性、古生物及地球化学等特征。这些特征是物理的、生物的和化学的三个方面。物理特征是地层最直观的岩石学标志，主要指沉积岩的物质成分、结构和构造，它反映沉积盆地的形状、范围等古地貌特征及水动力条件，是相分析时的重要标志；生物特征就是古生物标志，主要指各种古生物遗骸和遗迹，主要有实体化石、痕迹化石、生物遗迹等，它是一种比较可靠的成因标志；化学特征反映沉积水体的水化学和地球化学条件，主要有沉积物中元素和化合物的含量、同位素和自生矿物特征等。实践证明，我们必须对岩性、古生物和地球化学等标志进行综合研究，才能较好地判断岩石的沉积环境。另外，沉积砂体的几何形态特征对确定沉积环境也可提供重要依据。

由于自然界沉积相多种多样，单纯依靠成因标志来确定沉积相是不够的，在作相解释时必须注意相组合和相序。相组合是指一组一起产出的相，这些相在成因或环境上密切相关。相互过渡的各种相在垂直方向上的顺序，称为相序，相序是一系列相自然组合的特征。在垂直层序中呈整合关系产出的相，是由横向上相邻的环境侧向移动形成的。

因此,相的垂直序列反映了环境的横向并列情况。只有在地理上彼此有横向关系的那些环境,才能在垂向层序上有共生关系,即那些在地理上互相邻接的环境,在垂直剖面上也是连接的。所以,往往根据一些已确定的沉积相来推断平面上或垂直分布上相邻的其他岩层的沉积相。在实际运用这个方法时必须搞清是海进相序或是海退相序。从彼此层序关系也可看出,同一时期有不同的岩相即"同期异相"。地层上的时代界线往往横跨各种不同的岩相(图 4-6)。阐明"同期异相"的观点对划分和对比地层,恢复古地理环境具有重要指导意义。

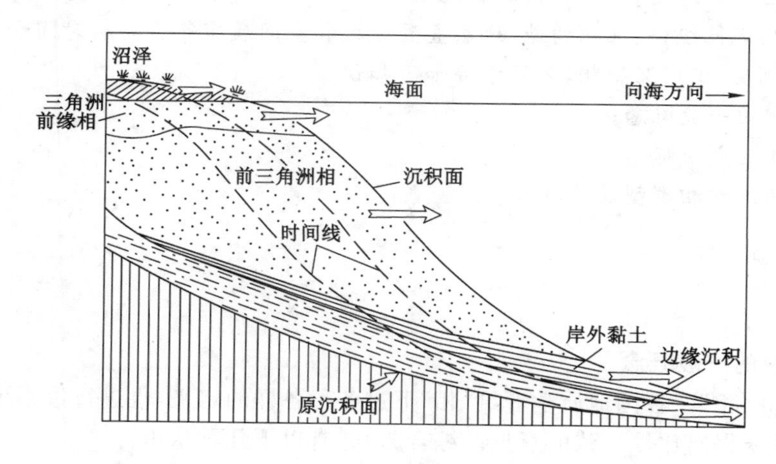

图 4-6　同时沉积横跨不同的岩相

三、含煤沉积中常见的沉积相及其特征

陆相、海陆过渡相、海相三大相类在含煤沉积中均能见到。陆相含煤沉积中常见的有冲积扇相、河流相、湖泊相;海陆过渡相含煤沉积中常见的有三角洲相、陆源碎屑滨岸相。

(一) 冲积扇相

1. 冲积扇概述

冲积扇发育在从山地峡谷向开阔平原转化地带,见图 4-7,主要由暂时性的洪水水流形成的一种山麓河流冲积沉积体。

单个冲积扇的平面形态近似"锥"的一部分,呈扇形体。半径从数百米到几十千米甚至可达百千米以上。冲积扇的厚度变化很大,从几米到几百米甚至上千米。如果山区和平原之间以断裂相接,冲积扇的厚度可以很大(图 4-8)。

冲积扇在垂直辐射方向的剖面上是上凸的,而在平行辐射的方向的横剖面上则是下凹的。扇顶陡,愈靠扇尾处愈缓。扇面的倾角很少超过 10°,一般为 3°～6°,以泥岩为主的陡一些,以砂岩为主的缓一些。

冲积扇在干旱或半干旱地区最发育,称为干扇;在地势适当的潮湿气候区,也有较多冲积扇发育,称为湿扇。煤系中的冲积扇多属湿扇类型。当冲积扇直接与大陆上的湖泊水体或海水接壤时,称这类冲积扇为扇三角洲。扇三角洲煤系是在这种环境中形成的。

2. 湿地冲积扇和扇三角洲的沉积特征

(1) 湿地冲积扇

湿地冲积扇最明显的特征是终年泄水,气候潮湿,季节性的大洪水往往控制冲积扇的形

图 4-7 冲积扇航拍遥感图

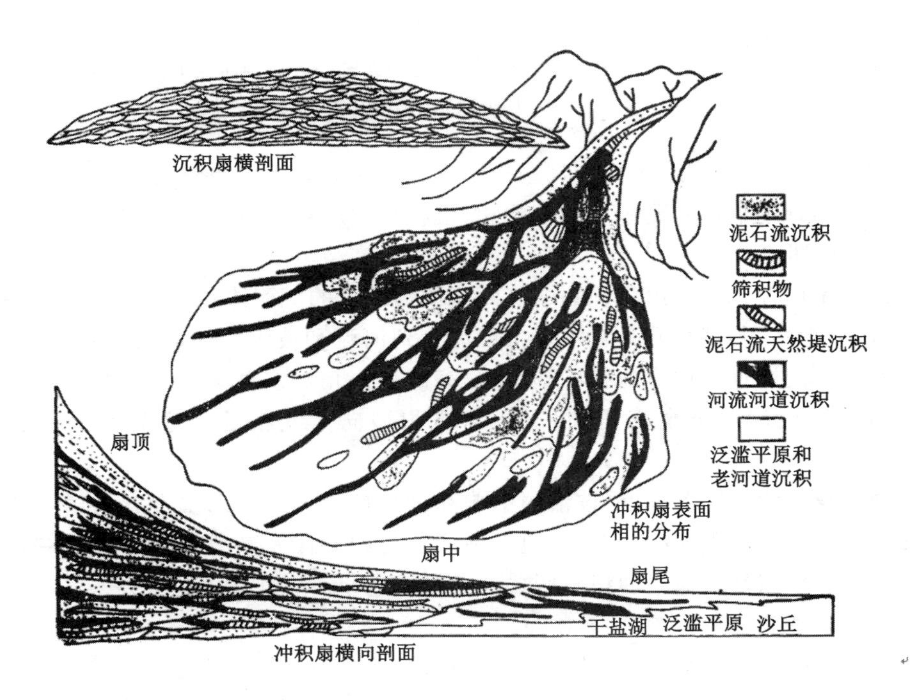

图 4-8 一个理想冲积扇的沉积物分布和地貌剖面

1——泥石流沉积；2——筛积物；3——泥石流天然堤沉积；4——河流河道沉积；5——泛滥平原和老河道沉积

成和发育。整个扇面有时是干扇的几百倍，扇面的坡度一般较小，河流作用常常控制着湿地冲积扇的整个面积（图 4-9）。

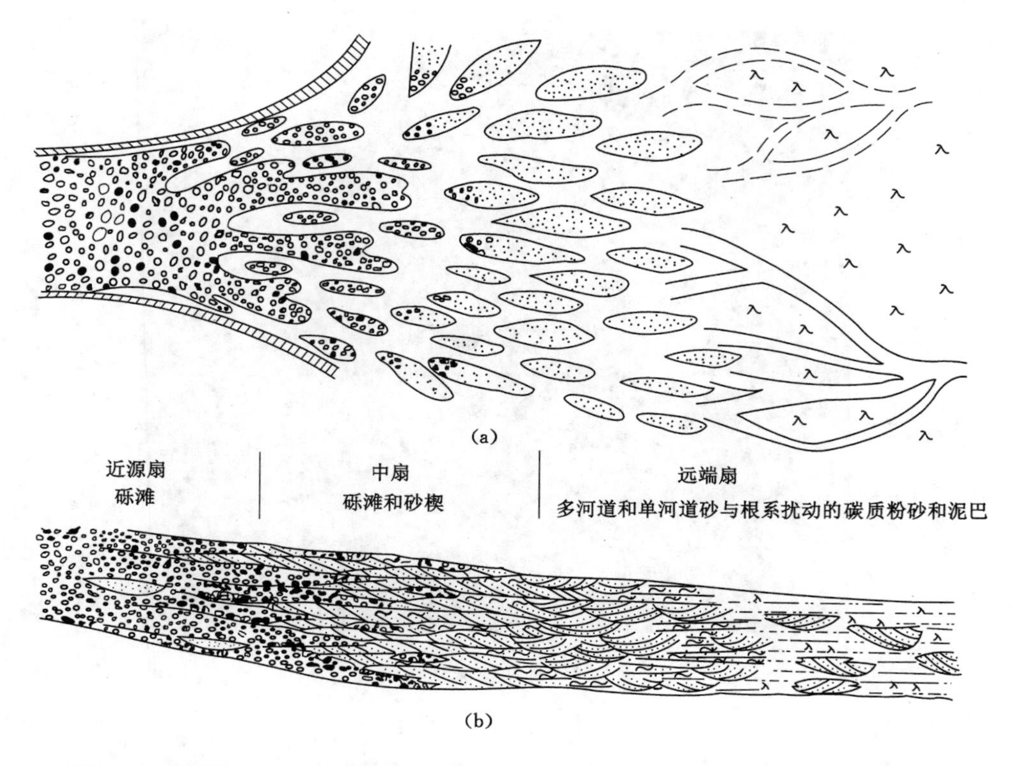

图 4-9　美国第三纪瓦萨茨组金兹勃瑞与蒙克利夫段(垂向、侧向及平面)相模式图

(a) 平面图;(b) 剖面图

完整的冲积扇分成扇顶、中扇和尾扇三个区段。它们的沉积物分别称为近源相、中段相和远端相。自扇顶的近源相到扇尾的远端相,沉积物的颗粒逐渐变细,且相互过渡。

(2) 扇三角洲

扇三角洲是由冲积扇供给沉积物的滨海或湖泊地带的沉积体系。这种沉积体系一部分在陆上,大部分在水下,甚至几乎在水下。扇体受到河流和波浪之间复杂多变的相互作用,使不同气候和不同能量条件下的各种滨湖、滨海的扇三角洲多种多样。通常由三角洲的前缘和前三角洲组成的水下扇三角洲平原,以进积型向上变粗的粒序为特征。如图 4-10 所示。

湖泊扇三角洲的前缘沉积,受波浪的影响和破坏比较弱。在海滨发育的扇三角洲前缘沉积则常受到海水不同程度的改造,出现多种滨岸沉积砂体及潮滩等。这种扇三角洲水下部分受到的改造作用是陆地湿冲积扇所缺少的特征之一。

3. 冲积扇的垂向层序和侧向变化

冲积扇的垂向层序是由不同成因类型沉积物在垂向上的规律性交替构成的。可以从不同角度分析和认识冲积扇的垂向层序,将其划分为层序、大层序和盆地充填层序三个级别。层序厚几米至几十米,由单个的层或一组共生的层组成;大层序几十米至几百米,由共生的层和层序组成;盆地充填层序厚几百米至几千米,由一系列层序和大层序组成。冲积扇的层序和大层序可划分为向上变粗和向上变细两种类型。盆地充填层序由若干个大层序组成,大都具有自下而上变细的总趋势。如图 4-11 所示。

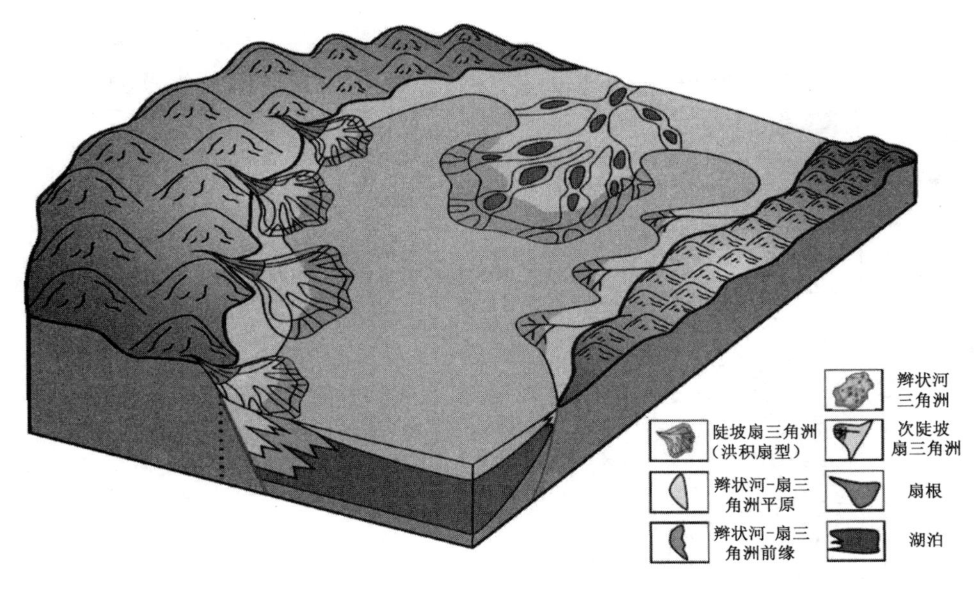

图 4-10 内蒙古查干凹陷巴二段扇三角洲沉积

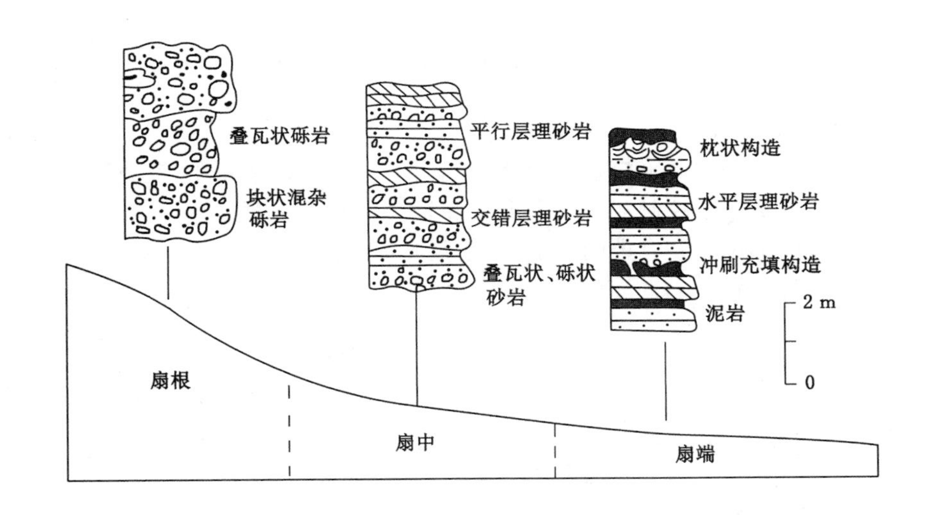

图 4-11 冲积扇各亚相环境的沉积序列

一个完整的冲积扇层序组合在垂直方向上，由下向上依次为：巨厚泥石流沉积，夹中-厚层凸镜状砾岩(A)；厚层泥石流和漫流砂体(B)；薄至中厚层状漫流沉积夹少量泥石流沉积(C)；浅水重力流、漫流砂体与粉砂岩、煤层互层(D)；厚煤层或浅水湖相岩层、粉砂岩(E)。大多数冲积扇层序发育不完全。侧向逐渐变为垂向层序不同的沉积组合，从盆缘向盆地内部呈 A→B→C→D→E 的有序分布。在平面上环绕冲积扇呈带状分布，各种沉积组合之间是渐变的过程关系。有时规模较大的洪水和泥石流沉积体插入上部(远端)的沉积组合，使沉积组合的平面和剖面的过渡关系复杂化，但仍保持着带状有序配置的总格局。如图 4-12 所示。

剖面	岩相	环境解释
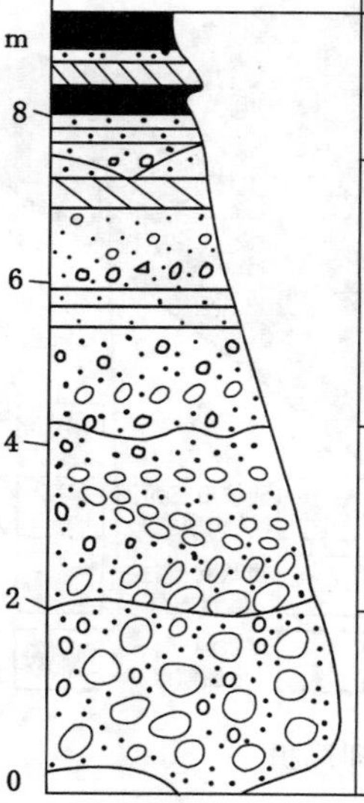	砂岩和含栎砂岩中夹粉砂岩和泥岩，具平行层理、交错层理、水平层理和冲刷－充填构造，偶见干裂雨痕	扇端
	砂岩和含砾砂岩，具叠瓦状构造、不明显平行层理、交错层理和冲刷－充填构造，与下伏层呈冲刷接触	扇中
	叠瓦状砾岩和块状砂岩，有时可见不明显的平行层理和大型板状交错层理	扇根
	块状混杂砾岩，底部具冲刷面	

图 4-12　冲积扇沉积的正旋回沉积序列

4. 冲积扇的成煤作用

许多古生代、中生代的断陷煤盆地伴有冲积扇的煤系。冲积扇的成煤作用往往集中于特定的部分，这主要决定于控制泥炭沼泽形成和发育的自然地理条件。在冲积扇分布的范围内，有利于成煤的部位主要有扇间洼地、中扇朵叶体间洼地、扇尾地带和扇前缘外侧与河、湖、海环境过渡地带(图 4-13)。

图 4-13　冲积扇沉积有利成煤部位示意图

1——扇间洼地；2——中扇朵体间洼地；3——扇尾地带；4，5——扇前缘外侧与河湖海的过渡地带

冲积扇远端可过渡为洪泛洼地和洪泛平原。洪泛洼地指的是在冲积扇、扇三角洲对水体快速充填的基础上形成的网状河道发育的低洼湿地，是大面积沼泽化的有利地带；洪泛平原则发育纵向河道，蜿蜒于扇前或扇间地区，河道两侧的洪泛平原上易发生沼泽化，废弃的河道可形成较大面积的泥炭沼泽。我国东北地区晚白垩世断陷盆地成煤模式中有许多都是在上述条件下成煤的。如图 4-14 所示。

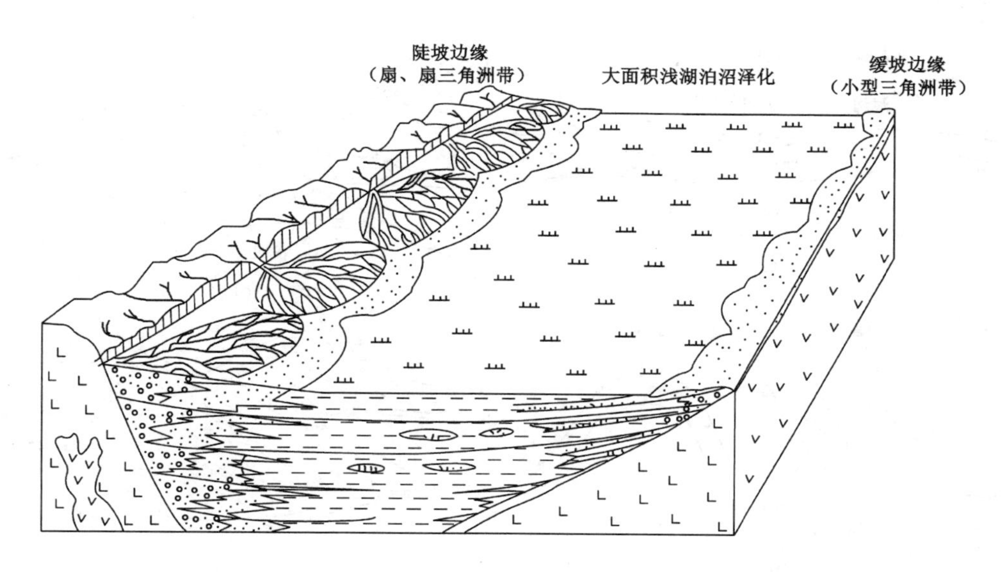

图 4-14 扇前和扇间浅水湖盆聚煤模式

（二）河流相

1. 河流概述

河流是地表剥蚀、搬运、沉积的主要地质营力。河流的沉积作用以垂向加积为主，在特定的环境中可出现局部进积和侧向加积。河流作用一方面作为一种建造性的地质营力，为煤的聚集创造着成煤的场所和条件；另一方面作为一种改造性的地质营力，侵蚀和破坏着泥炭层或煤层。

河道是河流沉积的主要场所。河道的几何形态反映了河流多种参数的变化，如河流的坡降、横截面特征、流量、沉积负载的特征及流速等。依据河道的平面形态将河流分为顺直河、曲流河、辫状河、网状河（图 4-15）。

（1）曲流河的特征：河床坡降较小，河身较稳定。

由于侧向迁移作用，河流弯曲度大，因而易出现截弯取直的袭夺现象，形成牛轭湖、废弃河道，其最主要的特征是边滩发育，沉积物搬运量较为稳定，这种河大多出现于河系的中下游地带。

（2）网状河的特征：河道交织呈网状，分支河道之间为湿地和植被极为发育的地带，受到这种植物的保护作用，往往使河道位置稳定，不易迁移。

2. 河流沉积的主要类型

河流沉积由多种类型和成因镶嵌而成，主要包括河道充填沉积、河道边缘和泛滥盆地等沉积。其中，河道充填沉积是河流沉积的主体，是认识和鉴定河流沉积的关键。现以曲流河沉积为例加以说明。

（1）河道充填沉积

曲流河道沉积包括垂向加积和侧向加积。垂向加积指河道底沉积，侧向加积指曲流沙坝沉积。河道底沉积是由移动的水下沙丘所形成的砂质积物，以中、大型槽状交错层理为特征；河道底沉积的最下部分为河道滞流沉积物，是堆积于侵蚀面上的砂、砾、泥砾等碎屑，一

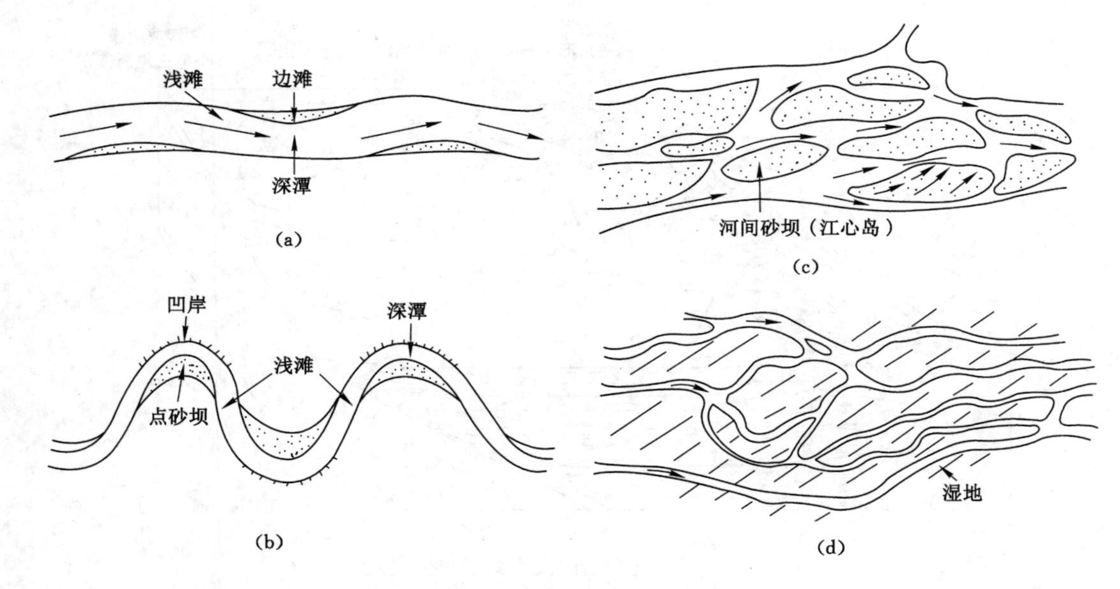

图 4-15 四类河道的形态

(a) 顺直河；(b) 曲流河；(c) 辫状河；(d) 网状河

般呈不规则的透镜体。曲流沙坝是曲流河最主要组成部分，是由曲流河凸岸处沉积物侧向加积而形成。

(2) 河道边缘沉积

曲流河道边缘沉积包括天然堤和决口扇。天然堤分布于河道两侧，是洪水携带的沉积物在河道两岸堆积形成的。随着河流侧向迁移，天然堤沉积可覆盖在曲流沙坝沉积之上。决口扇是洪水期天然决口形成的扇状堆积体，扇面上发育辫状河或片流，决口扇堆积过程既有进积作用，也有垂向加积作用。决口扇通常宽几十米，有的达数百米，面积可达几平方千米，沿主河道决口扇可连接成扇裙(图 4-16)。

(3) 泛滥盆地沉积

与曲流河共生的泛滥盆地，通常由泛滥平原、岸后沼泽和湖泊组成。泛滥盆地是河流沉积中最细的沉积组合，以细粉砂和黏土岩为主，在湖相沉积中水平层理发育。泛滥盆地中的湖泊易于淤浅沼泽化，与岸后沼泽连为一体，可形成比较广泛的成煤地带。

3. 河流沉积的垂向层序和侧向变化

曲流河层序模式如图 4-17 所示。自下而上为：底部有一冲刷面，向上是具水平层状或大型交错层状的粗砂或砾状的河道底沉积和边滩下部沉积，再向上渐变为边滩顶部的小型交错层状细砂，最上部被垂向加积的泛滥平原所覆盖。这种垂向变化是一个典型的向上变细的层序。

河道边缘沉积过程和分带如图 4-18 所示。当洪水漫过河堤时，细砂、粉砂和黏土开始沉积，出现了堤的垂向增长。反复的泛滥和伴随的沉积作用造成了地势高于泛滥盆地的河道和天然堤，并在堤外侧发生分带沉积。

4. 河流的成煤作用

在曲流河的冲积平原上，河道边缘沼泽和废弃河道充填沼泽是成煤的重要场所，其中河

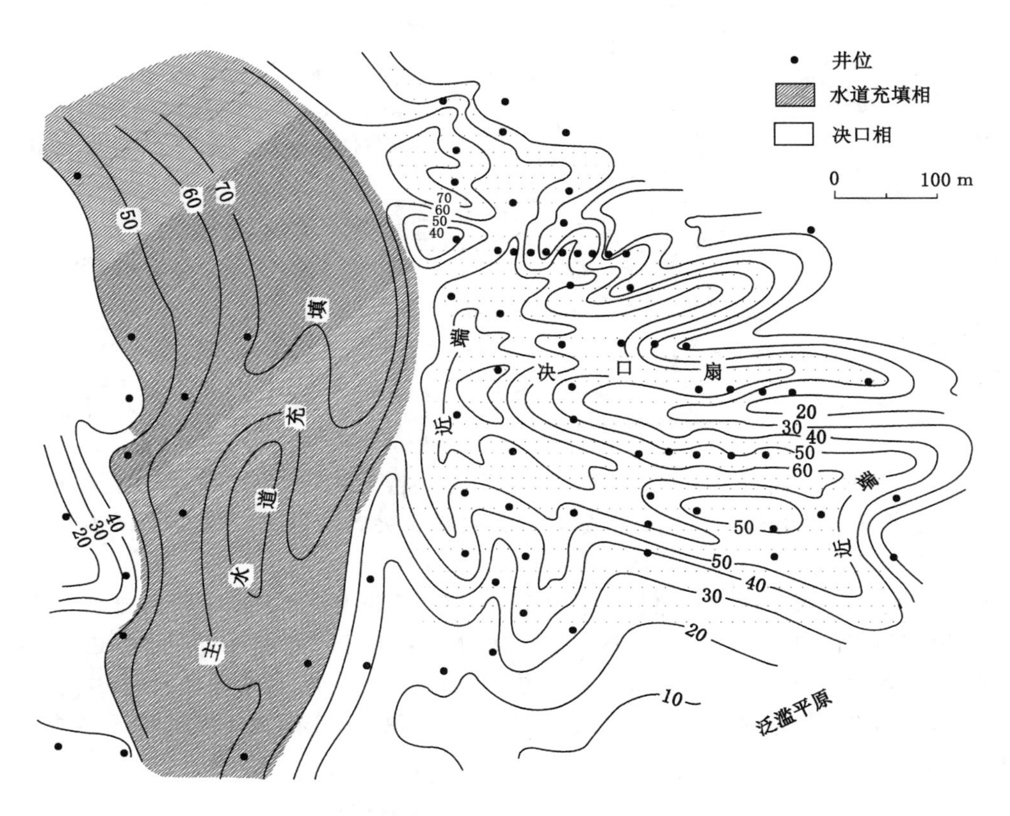

图 4-16 墨西哥新生代河流沉积地层中河道和决口扇充填砂体等厚线图

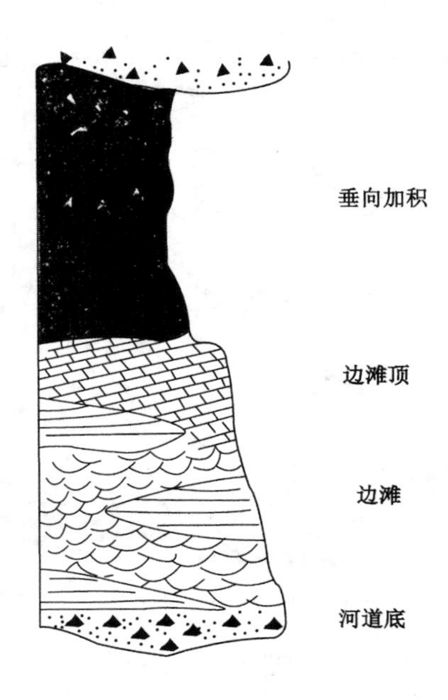

图 4-17 曲流河沉积的垂直层序

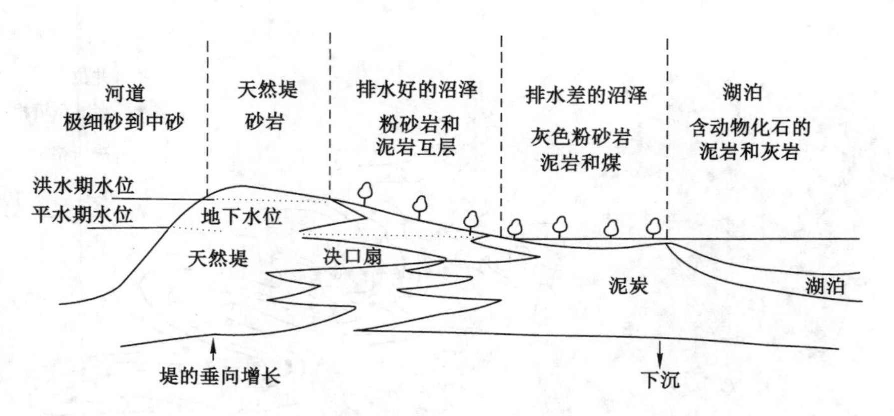

图 4-18 河道边缘的沉积分带(剖面图)

道边缘沼泽有利于形成厚煤层,因为那里洪泛反复发生导致天然堤增高,对洪泛盆地和河道边缘泥炭沼泽起屏蔽和保护作用。但随着洪泛加剧和决口扇侵入成煤地区,会干扰或破坏已形成的泥炭堆积。

河道边缘地带的沼泽化,按照与地下水位的关系,可分为排水好的沼泽及排水差的沼泽,它们往往沿河道外侧成带分布(图 4-19)。排水好的沼泽位于洪泛盆地近河道的边侧,地势略高,通畅的排水会使沼泽容易产生氧化分解的环境,对成煤不利。排水条件差的沼泽位于洪泛盆地的低洼处,离河道远些,不易受决口扇影响,易长期积水而形成泥炭沼泽,有利成煤。

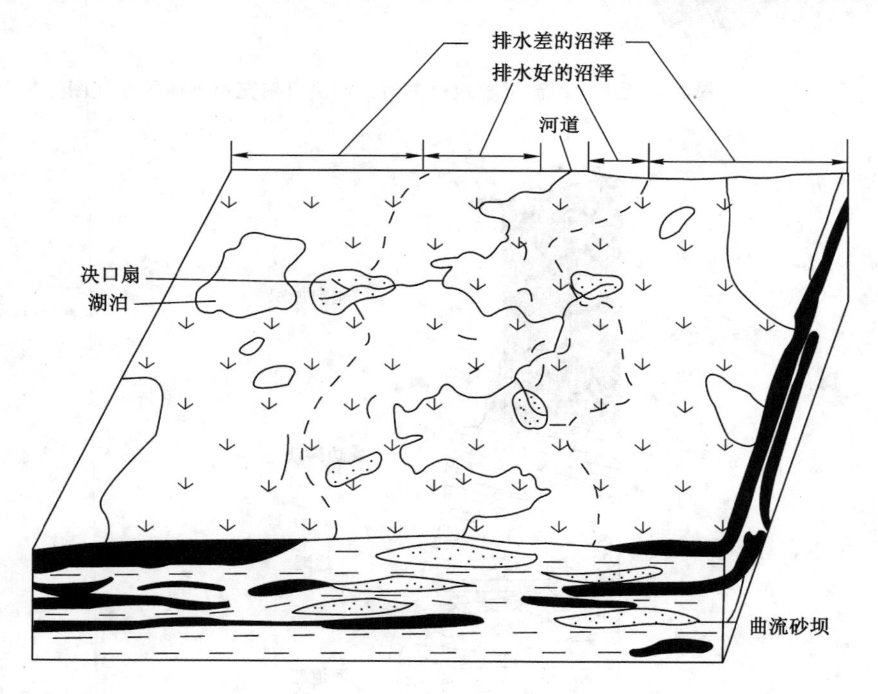

图 4-19 河道边缘的沉积分带

辫状河沉积过程对成煤作用不利,一般难以形成有工业价值的煤层。但在废弃的辫状河沉积上发育的泥炭沼泽,有可能形成具有工业价值的煤层。

网状河由于有低的河道坡度和多变的河道弯度，导致频繁的溢岸泛滥和湿地中粉砂、黏土的堆积。由于容易被水覆盖和有利植物的繁殖生长，所以是成煤的重要环境。如图 4-20 所示。

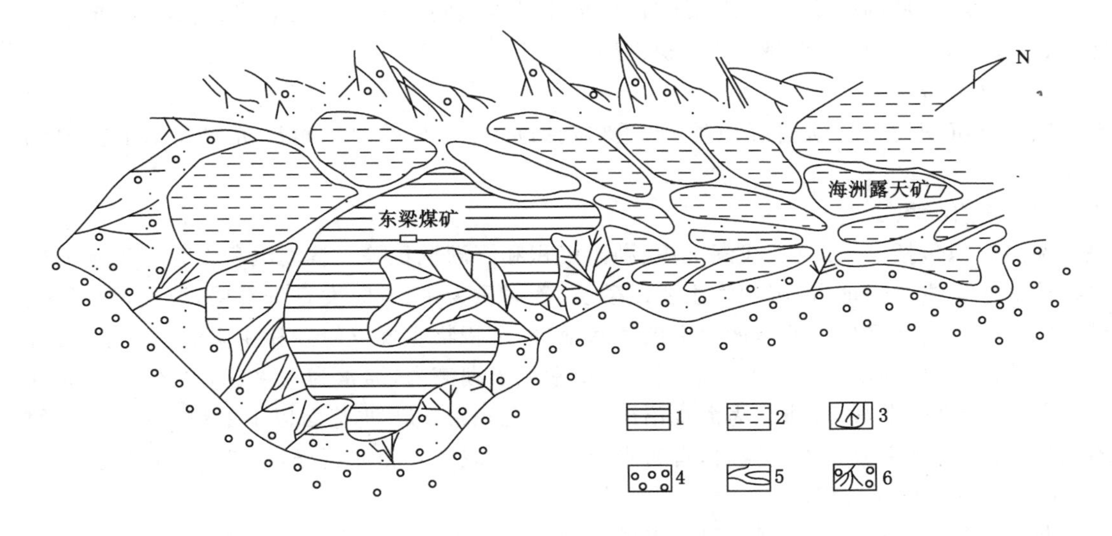

图 4-20 阜新盆地海州组中间层段的网结河沉积体系古环境图

1——浅湖；2——湿地；3——扇三角洲；4——冲积；5——河道；6——辫状河

废弃的河道亦可演化为沼泽，有时可形成巨厚的煤层。如我国甘肃靖远-会宁煤盆地，早-中侏罗世含煤地层窑街组底部分为河道相砾岩、砂砾岩；中上部由砂岩、粉砂岩、泥岩和煤层组成，对下伏岩层有冲刷现象；上部为湖泊沼泽沉积，含主要可采煤层。窑街组底部煤层与北西向古河流岸后沼泽有密切关系，富煤带分布于主河道的两侧和河道与支流汇合地带。盆地充填晚期，山间河流向湖泊转化，在废弃的河道、冲积谷上形成了面积较广的巨厚煤层，最后被厚层湖泊相泥岩覆盖和保存(图 4-21)。

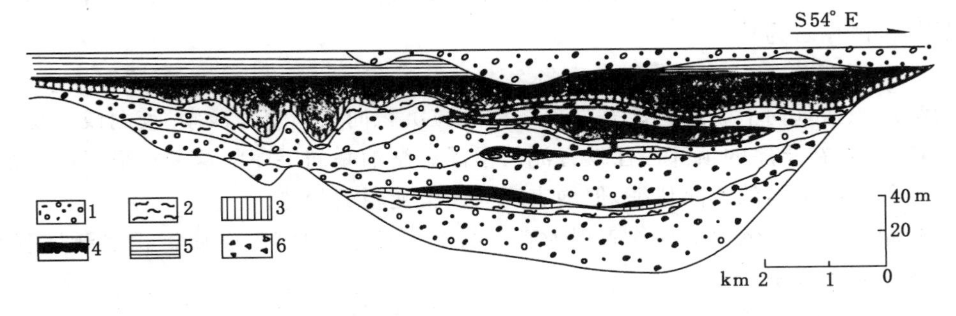

图 4-21 甘肃靖远宝积山矿区早-中侏罗世窑街组岩相剖面图

1——河床相；2——河漫相；3——沼泽相；4——泥炭沼泽相；5——湖泊相；6——洪积相

(三) 湖泊相

1. 湖泊概述

湖泊是一种陆地内部闭合的大型水体，周围的陆源碎屑物质大都将搬运到湖泊中。湖泊的类型多种多样，规模大小不一，所处的地理位置和自然环境也千差万别。

湖泊沉积过程是一个复杂多变的过程，气候条件和陆源物质供应是控制此过程的两个重要因素。注入湖泊的河流是大量陆源碎屑供应的营力，河流的负载类型和搬运能力取决于气候条件和流域的性质。在滨湖地带，可形成进积滨湖三角洲。地形的起伏、气候的干湿冷热、水位的高低变化都使湖泊的沉积作用发生相应的改变和交替。

2. 湖泊沉积类型

以碎屑沉积为主的湖泊沉积类型主要包括湖泊沉积、湖泊三角洲沉积和水下重力流沉积。

（1）湖泊沉积

湖泊沉积包括滨湖沉积、浅湖沉积、湖湾沉积和深湖沉积等。滨湖沉积发育于洪水期岸线与枯水期岸线之间地带；沉积物主要以砂质、砂泥质为主，有时发育砾石层，波痕及小型交错层理发育。浅湖沉积于波基面以上的浅水地带，沉积物主要以粉砂和泥质沉积为主，常有细砂透镜体，不规则水平层理发育。湖湾沉积常见于湖湾内，通常为浅水、静水区，以泥质沉积为主，植物碎屑丰富，可演化为泥炭沼泽。深湖沉积形成于波基面以下的静水区，是一种还原环境；沉积物主要为深色泥岩，有时夹淡水灰岩、泥灰岩和油页岩，有机质含量高。

（2）湖泊三角洲沉积

湖泊三角洲沉积一般表现为厚的碎屑岩带。在比较稳定的湖泊沉积中，下部以泥质、粉砂质为主，水平层理发育；中部在波浪作用不强烈时，以砂、粉砂为主，常呈向上变粗的趋势，具交错层理，可含泥砾、植物树干、泥炭碎屑等；上部为水平的河流沉积在三角洲上的伸展，河道沉积多为粗碎屑，河间地带为细粒沉积物，沼泽及泥炭沼泽沉积发育。当湖泊不稳定时，上述三层结构遭到破坏。

在断陷型湖盆地中，小型三角洲沉积较发育。由于近源搬运，沉积物颗粒较粗，分选性较差，一般以中粗砂岩为主，上部常为砾岩。

（3）水下重力流沉积

水下重力流沉积主要是由于冲积扇、扇三角洲、三角洲或其他湖岸沉积物在外力作用下发生滑动或滑塌，并经再搬运和再沉积而形成的。重力流砂质碎屑体呈扇形或舌形，以浊流岩、混积岩、滑塌岩为特征。

3. 湖泊沉积的垂向层序和侧向变化

湖泊沉积在垂向上表现为波基面以下的细粒沉积向上渐变为浅湖、滨湖或三角洲、河流的较粗粒沉积，在层序的顶部往往发育泥炭沼泽。湖泊垂向层序的这种特征可以重复出现，而在不同部位有不同的垂向特征，但均表现为向上变粗的趋势。

碎屑湖泊沉积在侧向上往往表现为有序的沉积相带，由滨湖砂质沉积逐渐过渡到湖盆中部的深湖泥质沉积。

4. 湖泊的成煤作用

湖泊三角洲地带和滨湖地带都是成煤的良好场所，煤层向盆地边缘和湖心方向双向变薄或分岔尖灭。我国西北地区早-中侏罗世鄂尔多斯盆地是一个大型内陆含煤沉积盆地。盆地中东部是湖盆持续发育区，仅有煤线形成；成煤作用主要发生于盆地的北部、西部和南部滨湖三角洲和冲积平原，注入湖盆的河流是成煤作用的主要控制因素。盆地北部榆林、神木、东胜一带持续为浅湖三角洲沉积环境，形成的煤层多达20余层，主要煤层厚达6～7 m，为低灰、低硫、高发热量的优质煤。稳定的厚煤层形成于废弃的三角洲朵叶体及近岸湖湾区，向远岸湖湾和湖岸方向双向分岔变薄。如3号煤，在三角洲朵叶体支流河道活动带，有宽约7～8 km、长90 km煤层分岔变薄带，其两侧三角洲平原近岸湖湾为合并煤层分布区，形成煤层汇合带，最大厚度可达11.81 m(图4-22)。

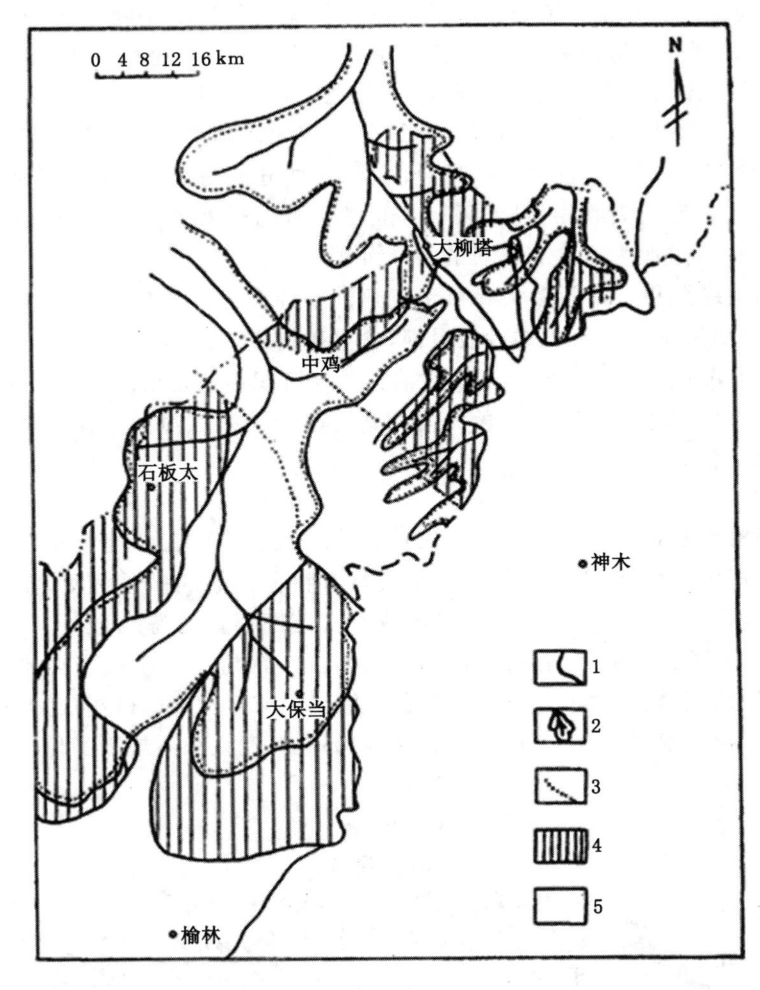

图4-22 3号煤层成煤前后古环境与富煤带关系图

1——煤层露头线；2——三角洲朵叶体；3——冲蚀区；4——富煤带；5——煤层分岔带

(四) 三角洲相

1. 三角洲概述

通常将河流入海的许多分道中，第一个分支以下的河流沉积地带称为三角洲，包括陆面和水下相连的沉积体。三角洲的沉积体具有进积特征，沉积物来源于河流的物源区，堆积于永久性水体的边缘，分流河道沉积构成三角洲沉积体的骨架。

三角洲的形成过程受多种因素的控制，其中，海洋与河流作用有重要影响。

2. 三角洲沉积类型

(1) 河控三角洲

河控三角洲是以河流作用为主。当河流注入物的数量和速率超过海水改造和再搬运的能量时会出现朝海方向的快速沉积。河控三角洲由三角洲平原、三角洲前缘和前三角洲沉积组合构成。在三角洲朵体之间，可有间湾沉积组合。

① 三角洲平原沉积。三角洲平原是广阔的滨海低地，由分流河道、天然堤、决口扇和泛滥盆地等亚环境组成。其中分流河道沉积组成与河道沉积基本相同，所形成的砂体组成了三角洲的骨架，在剖面上呈透镜状，在平面上呈分支状。天然堤是由洪水漫溢在近河道外侧形成的沉积。决口扇沉积在河控三角洲较发育，决口扇呈朵状楔体由决口处向外侧低地延伸，厚度逐渐加大，而砂含量和粒度逐渐降低，面积较大。湖泊、沼泽、泥炭沼泽沉积广泛分布分于河道间地带，占据三角洲平原大部分面积，这种分流河道之间的洪泛平原，发育在滨海地带，在冲积层内有时夹海相薄层沉积，一般以泥质沉积为主。当三角洲向海推进时，由于间湾淤浅，向上可过渡为富含有机质的沼泽沉积。

② 三角洲前缘沉积。呈环带状展布于三角洲平原向海一侧的水下部分。这里是河流与海洋作用最活跃的地带。沉积的砂质最纯，含重矿物最多。

③ 前三角洲沉积和三角洲间湾沉积。前三角洲沉积主要是由暗色泥质沉积物组成，为均一连续的沉积体，具水平层理。三角洲间湾是指位于大型三角洲朵体之间的半咸水至咸水的水域，以泥质沉积为主，局部有碳酸盐沉积。

(2) 浪控三角洲

浪控三角洲沉积由三角洲平原沉积、三角洲前缘沉积和前三角洲沉积组成。浪控三角洲在海岸地带，海浪不仅能直接搬运泥沙，形成具有特征形态的砂质沉积，而且能对河流带来的泥砂进行改造和再分配。三角洲前缘形成侧向范围很宽的海滩脊并且平行岸线分布，构成平滑的弓形或尖头状的三角洲前缘(图 4-23)，可与河流控三角洲相类比。而三角洲前缘沉积是识别浪控三角洲的关键标志，其沉积由沿岸上滩脊和障壁砂组成，并构成浪控三角洲沉积的主要沉积骨架，砂体沿沉积走向延伸，局部走向变化和不规则的外部轮廓反映河流注入的影响。

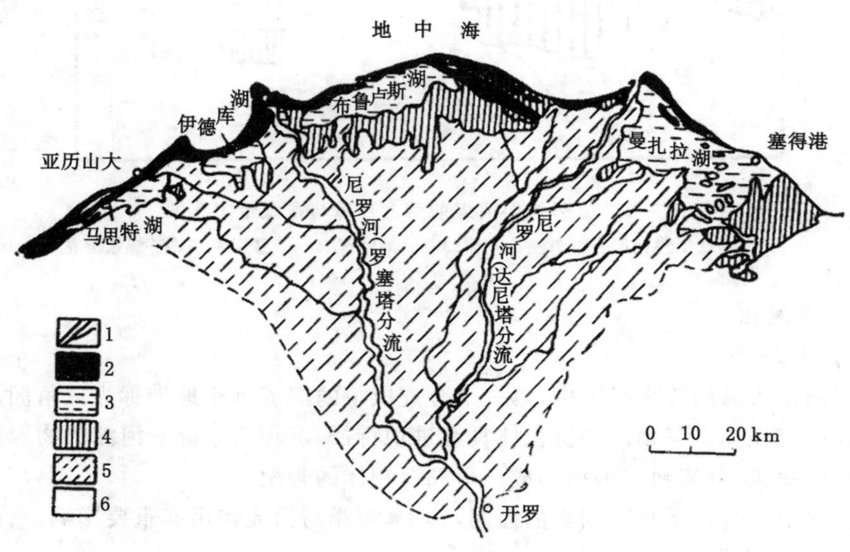

图 4-23 尼罗河浪控三角洲主要沉积环境

1——分流河道；2——海岸沙坝与滨海平原；3——湖沼；4——海岸低地(盐碱滩)；5——三角洲平原；6——陆架和前三角洲

（3）潮控三角洲

潮控三角洲平原沉积，由潮汐影响和控制的分流河道和分流间沉积组成。河口河道的砂质充填和潮砂脊为潮控三角洲的主要沉积体；分流间地带包括潟湖、复杂潮沟和潮间滩，以泥质、粉砂质和细砂沉积为主。

3．三角洲沉积的垂向层序和侧向变化

河控三角洲在发育过程中不断向海进积，造成三角洲陆上到水下各种环境沉积物的依序叠覆，从下而上由细变粗再变细，形成三角洲沉积过程中的垂向沉积层序（图 4-24、图 4-25）。

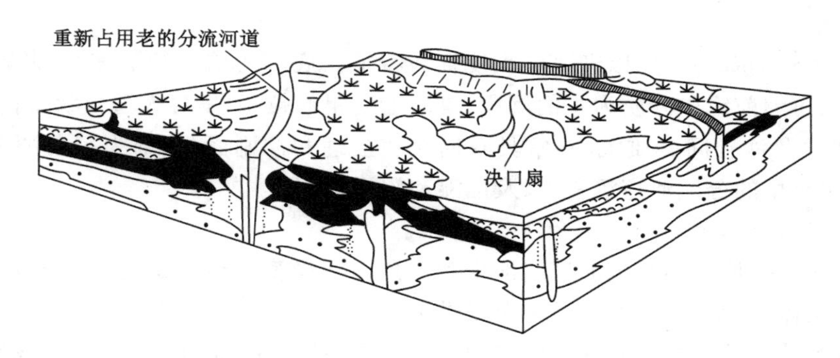

图 4-24　废弃河控三角洲朵叶的成煤作用

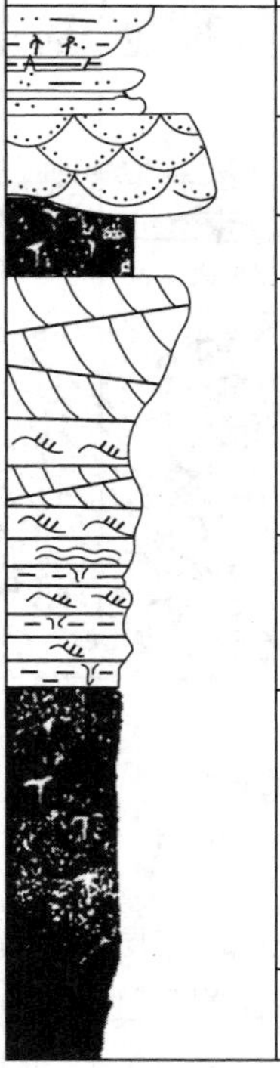

剖　面	相	环境解释	
	夹碳质泥岩或煤层的砂泥岩互层	沼泽	三角洲平原
	槽状或板状交错层理砂岩	分流河道	
	含半咸水生物化石和介壳碎屑泥岩	分流间湾	
	楔形交错层理和波状交错层理纯净砂岩	河口砂坝	三角洲前缘
	水平纹理和波状交错层理砂岩和泥岩互层	远砂坝	
	暗色块状均匀层理和水平纹理泥岩	前三角洲	
	含海生生物化石块状泥岩	正常浅海	

图 4-25　河控三角洲沉积的垂向层序

在河控三角洲进积层序中,河口沙坝和分流河道沉积是沉积的主要部分,河口砂体在侧向上很快变薄,相变为分流间砂质、粉砂质和泥质沉积。在平面上,砂体的形成反映了三角洲形态的指状砂复合体。河控的深水三角洲有较厚的前三角洲沉积,河控的浅水三角洲有很薄的前三角洲沉积,因而自下而上变粗的层序也极不明显。

浪控三角洲的进积过程中的垂向层序是以海滩-障壁沙坝沉积发育为特征,层序的底部为泥质或粉砂质的前三角洲沉积,向上逐渐过渡为海滩-障壁沙坝远端部分的泥质、粉砂质和砂质沉积互层,再向上过渡为以砂质为主的海滩-障壁坝主体部分,层序的顶部一般是三角洲平原的沼泽沉积。

潮控三角洲的垂向层序以潮滩沉积发育为特征。底部为前三角洲泥质、粉砂质沉积互层;其上为三角洲前缘以砂质为主的沉积,具向上变粗的粒序,发育大型板状交错层理;再向上为潮汐沙脊及沙脊间砂质沉积,常具双向交错层理和冲刷面;顶部为三角洲平原沉积组合,包括砂质充填的分流河道沉积,以及潮滩和沼泽沉积。

4. 三角洲成煤作用

河控三角洲平原上的分流河道间地带和三角洲前缘滨岸地带是泥炭沼泽发育场所,废弃的三角洲朵体则为泥炭层的广泛分布提供了有利条件。

美国阿巴拉契亚煤盆地研究所建立的河控三角洲模式已得到广泛应用。该模式将河控三角洲平原进一步划分为上三角洲平原、下三角洲平原和过渡带(图 4-26、图 4-27)。

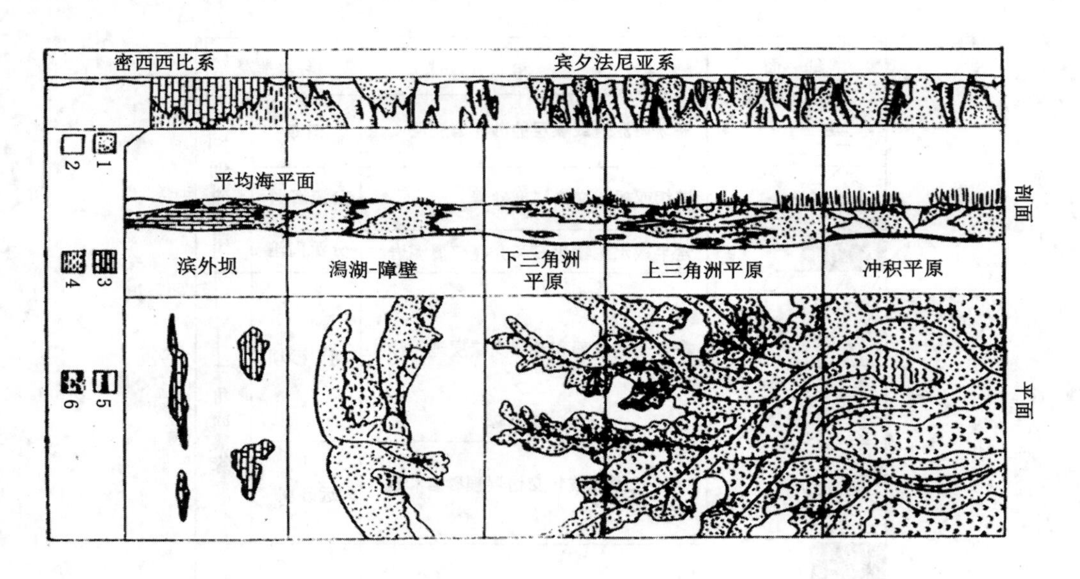

图 4-26 肯塔基东北部石炭系沉积环境解释

1——砂岩;2——粉砂岩、页岩;3——灰岩;4——红、绿色页岩;5,6——煤和根土岩

下三角洲平原泥炭沼泽或泥炭坪主要沿分流河道两侧分布,煤层沿沉积方向连续伸延,向两侧被河流沉积或间湾沉积取代(图 4-28);上三角洲平原泥炭层主要形成于网状河堤后沼泽,最有利于成煤的部位是漫滩地带(图 4-29),煤层较厚,约达 10 m,但厚度变化大;上、下三角洲平原过渡为泥炭发育的有利地带,可形成厚度大、分布广的煤层。

废弃的三角洲朵体,可以发生大范围的沼泽化,形成分布广泛的煤层。这种条件反复出

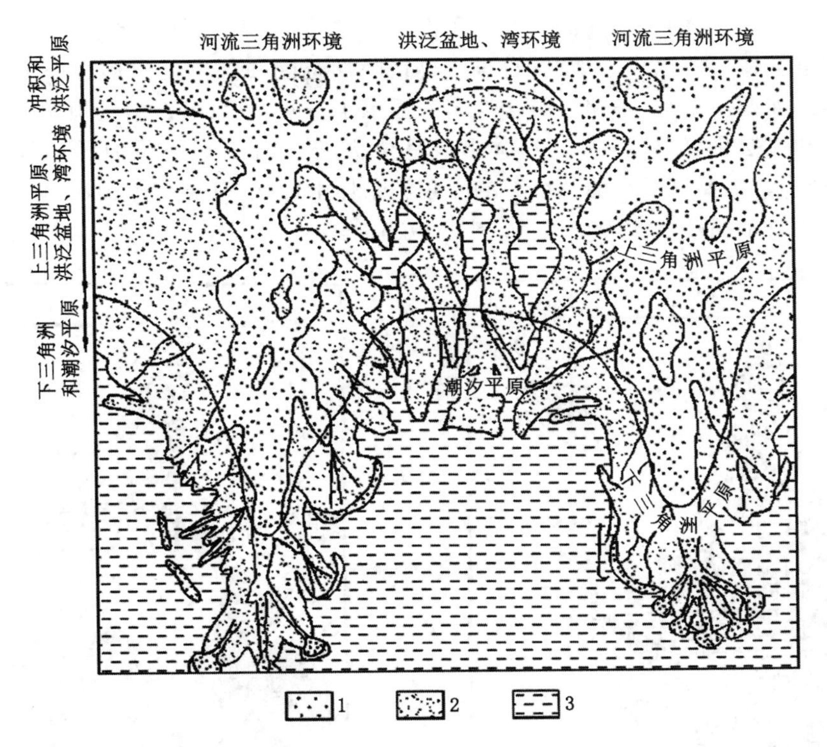

图 4-27 河流-三角洲及洪泛盆地、湾的沉积环境

1——河道砂、天然堤砂、决口扇砂、海侵砂岛、砂坝、砂嘴、砂滩；2——泥炭堆积；3——海水湾及湖泊

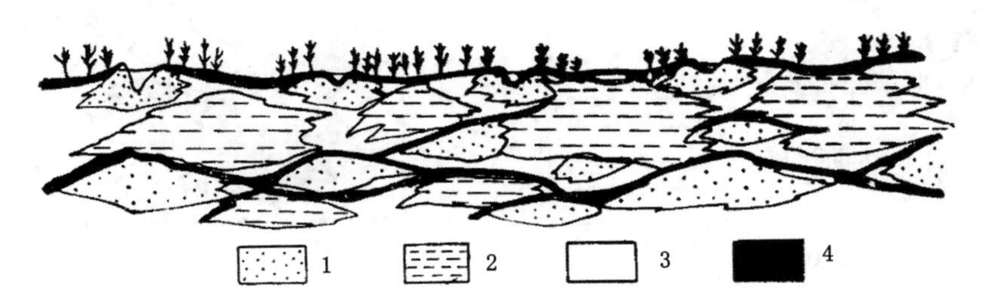

图 4-28 下三角洲树枝状河道体系聚煤模式

1——分流河道砂岩；2——分流间湾泥岩；3——漫滩泥岩；4——煤

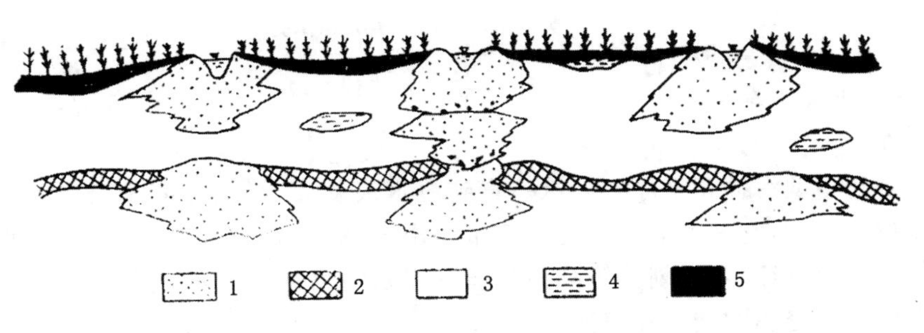

图 4-29 上三角洲网状河道体系聚煤模式

1——河道砂岩；2——泥岩；3——漫滩沼岩；4——漫湖沼岩；5——煤

现,可以形成若干含煤的沉积旋回。在三角洲朵体的废弃、转移和重建过程中,形成煤层和砂体的朵状复合体。我国华南地区,自早二叠世晚期至晚二叠世逐步形成一个大型复杂含煤沉积盆地。如湖南耒阳、郴州一带含煤岩系显示了三角洲沉积层序,其顶积层、分流河道、河口坝砂体和煤层叠复出现三次。砂体形成呈朵状,显示了三角洲平原砂体骨架的基本轮廓[图 4-30(a)]。主要煤层可能在废弃的三角洲朵体上形成,其分布范围广,似层状,厚度变化大,一般 1～3 m,最大可达 32.40 m[图 4-30(b)]。

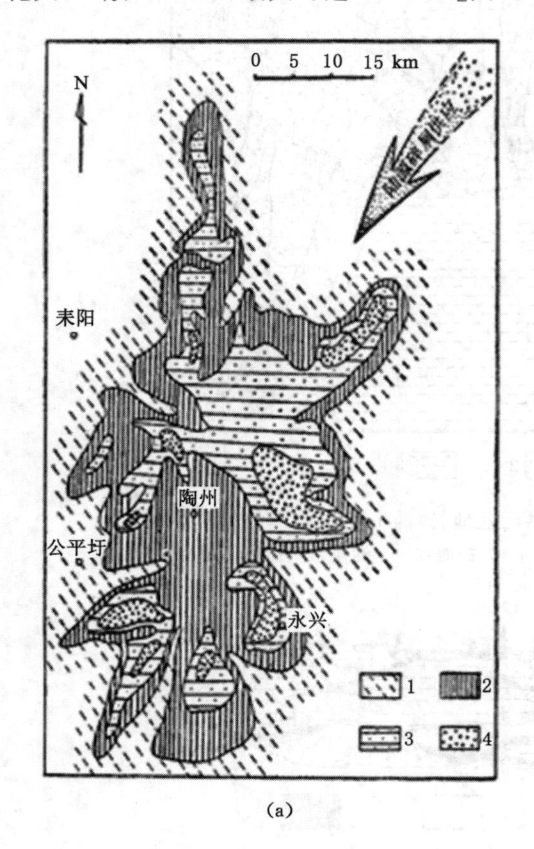

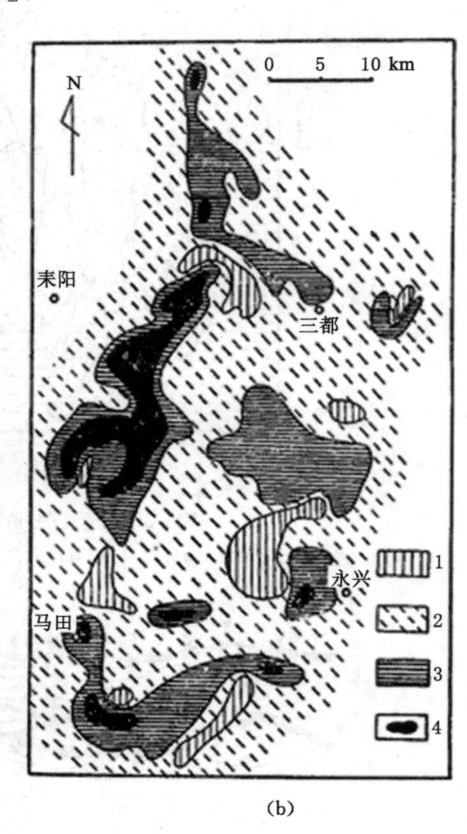

图 4-30 湖南永耒矿区晚二叠世龙潭组疏松砂岩和 61 煤层厚度变化图

(a) 疏松砂岩的砂体形态图;(b) 61 煤层厚度变化图

1——砂体厚度小于 10 m;2——砂体厚度 10～30 m;3——砂体厚度 30～50 m;4——砂体厚度大于 50 m

1——煤层厚 0 m;2,3,4——煤层由薄变厚

(五) 陆源碎屑滨岸相

1. 滨岸概述

滨岸通常是指滨海冲积平原的外缘一直到海水浪基面(平均深度 10 m)以上地带的狭长海水高能量的地带,它是海陆交互的过渡带。由于岸线的迁移,可形成广泛的滨岸沉积。根据沉积物的来源特征,可以划分为陆源碎屑滨岸及海盆地内源的碳酸盐海岸。这里主要介绍与成煤作用较密切的陆源碎屑滨岸。

陆源碎屑滨岸的沉积物主要来自沿岸流搬运的远方河流沉积物、向陆搬运的大陆架沉积物、局部的陆岬侵蚀产物,以及小的滨岸水系携带的沉积物等。滨岸带的特征主要是由海水的波浪能与潮汐能的大小决定的，这两者都与潮差相关，波浪的效应与潮差大小成反比关系。滨岸带各种地貌也与潮差密切相关：小潮差(0～2 m)滨岸以波浪作用为主，发育长条状障壁岛和相关的涨潮三角洲和冲越扇，障壁岛后为潟湖环境；中潮差(2～4 m)滨岸为波浪和潮汐混合能量作用，发育小型断续障壁岛和广布的潮滩或沼泽；大潮差(4～6 m)滨岸以潮汐作用为主，发育具线状沙脊的喇叭形河口湾，靠陆地方向有广布的潮滩(图 4-31)。

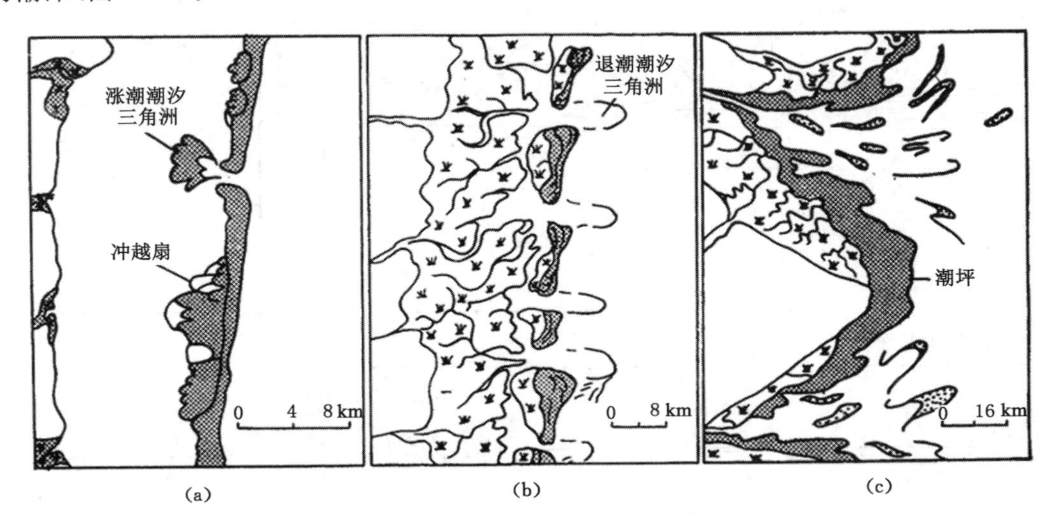

图 4-31 海岸砂体几何形态随不同潮差的变化

(a) 小潮差海岸发育窄长形障壁岛；(b) 中潮差海岸具有短小的障壁岛；

(c) 大潮差河湾出现垂直于海岸的线状潮成沙脊

碎屑滨岸中的各亚环境，如海滩、障壁岛、潟湖、潮滩、河口湾等，可以组合在一起构成多种岸线类型，沿着滨岸可由浪控三角洲、障壁岛和滨海平原组成的一个系列。其中，障壁岛-潟湖组合和湖滩岸线是与成煤作用较密切的环境。如图 4-32 所示。

2. 碎屑滨岸沉积类型

碎屑滨岸沉积中，不同沉积类型沉积物之间呈明显的过渡和超覆关系，各沉积类型的走向与沉积走向相平行，形成许多平行岸线的沉积体。碎屑滨岸的沉积类型包括海滩面沉积、潮滩沉积、潟湖-障壁岛沉积、河口湾沉积等。

(1) 海滩面沉积

海滩面由陆向海依次有风成沙丘、后滨、前滨、临滨并逐渐过渡为陆棚区。

风成沙丘沉积是指位于后滨带以上经风的作用改造而成的低丘堆积，以分选好的细-中粒砂为特征。后滨沉积位于平均高潮线以上，只有特大风暴或异常高潮才会受到浪波作用，沉积物以具水平纹层的砂为主。高潮线附近通常发育海滩脊，主要由砂、砾组成，高数米、宽数十米，长数千米。前滨沉积形成于平均高潮线与平均低潮线之间，是海滩的主要组成部分，前滨带以波浪的冲洗作用为特征，主要沉积物由纯净的砂组成。临滨是指从平均低潮线至波基面之间的地带，这个地带的中部受到较强波浪和岸流的影响，沉积物比较多样。

(2) 潮滩沉积

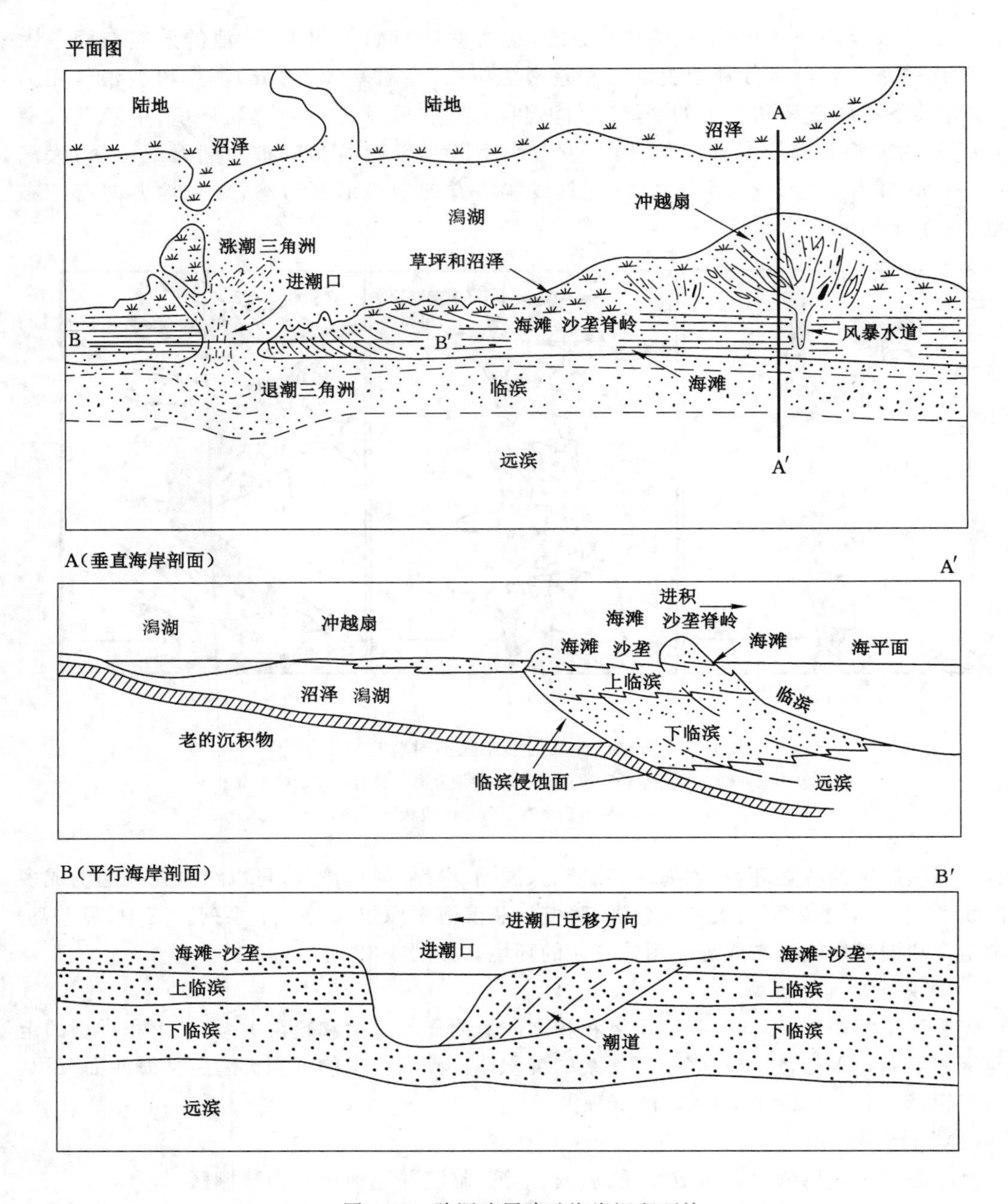

图 4-32　陆源碎屑障壁海岸沉积环境

潮滩沉积形成于波能低的中潮和大潮差滨岸地区或潟湖、河口湾、潮控三角洲的沿岸地带，包括潮滩沉积和共生的潮道沉积。

潮道沉积的底部较粗，向上为砂泥质沉积物。潮道砂质沉积一般有双向交错层理。

潮滩沉积可区分为潮上滩、潮间滩和潮下滩，位于平均高潮线和平均低潮线之间的潮间滩是潮滩沉积的主体。潮下滩主要由潮道的砂坝和浅滩砂质组成。潮间滩由陆向海可进一步划分为泥滩、混合滩、砂滩。砂滩位于低潮线附近，以砂质为主；混合滩由薄层砂、泥互层组成;泥滩位于高潮线附近,主要为泥质、粉砂质沉积。潮上滩位于高潮线以上,主要为咸水沼泽沉积与粉砂、黏土的互层。

(3) 潟湖-障壁岛沉积

潟湖-障壁岛沉积中主要有带状展布的砂质障壁岛沉积、位于障壁之后的封闭、半封闭水体(潟湖)及其沿岸的湖坪沉积,障壁岛之间与广海相连通入潮口及其两侧的潮汐三角洲(图 4-33)。

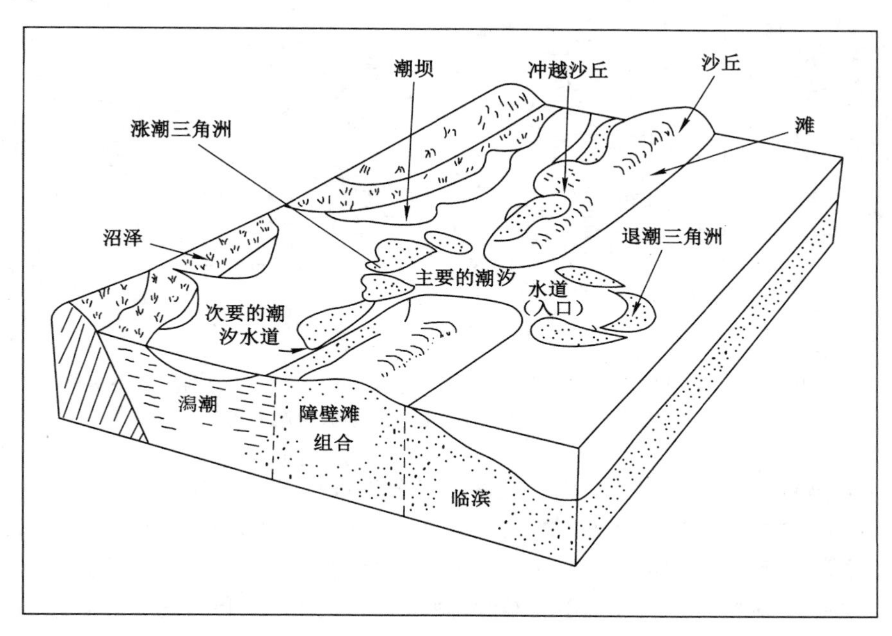

图 4-33 障壁岛—潟湖环境中的各种次一级环境

潟湖沉积多以泥及粉砂为主,常含钙质成分,可有透镜状或薄层石灰岩,多具细的水平层理、菱铁矿及黄铁矿结核。

(4) 河口湾沉积

河口湾位于大潮差滨岸带,受潮汐控制的曲流河向外海展宽,形成漏斗状复杂岸线。线形潮沙脊是河口湾的主要沉积体,砂体延伸方向大体垂直于岸线,沙脊高数米至 10～20 m,宽百米,长可达数千米。

(5) 混合的碎屑-碳酸盐海岸沉积

混合的碎屑-碳酸盐海岸沉积是一种陆表海中浅水区的沉积,被认为是在毗邻平均低潮线的潮下带甚至是在潮间带环境中形成的,发育硅质碎屑和碳酸盐层序。

3. 碎屑海岸沉积的垂向层序

在此只阐述与成煤作用关系较密切的潮滩和潟湖-障壁两种沉积。

(1) 潮滩沉积的垂向层序。一般自下而上依次为:潮下带砂质沉积;潮间带砂坪、混合坪、泥坪沉积;潮上带泥质沉积。这种垂向层序总体上呈向上变细的进积层序。研究成果表明,我国华北石炭-二叠纪煤系太原组存在分布广泛的这种沉积(图 4-34),它是在分布在潮下带灰岩的基础上形成的。是一种海退型碳酸盐-碎屑岩复合潮滩层序。

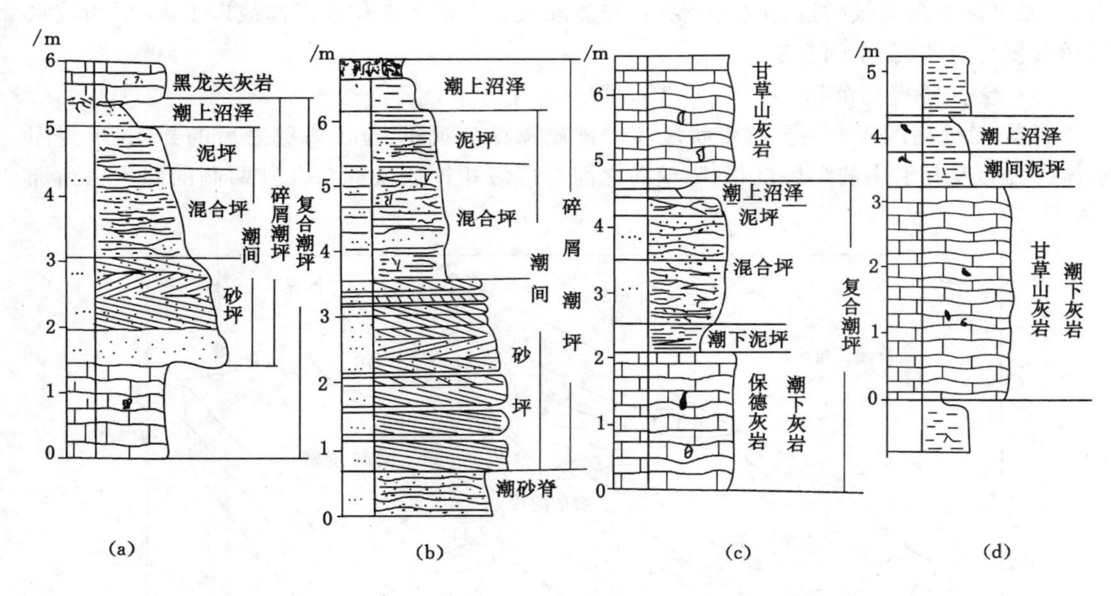

图 4-34　山西河东煤田南部乡宁矿区太原组中几种常见的潮滩层序

(a) 船窝剖面；(b) 平剖面；(c) 甘草山剖面；(d) 163 号孔

(2) 潟湖-障壁岛沉积层序。其垂向层序可区分为进积(海退)型和退积(海进)型两种。

进积型层序主体部分是向上变粗的粒级组合，自下而上为粉砂、细砂至中砂，席状的砂质沉积覆盖在浅海沉积上；再向上粒级变细，出现潟湖、潮滩沉积。

退积型层序是障壁岛沉积覆盖在潮滩、潟湖沉积物之上，其上又被远滨沉积物所覆盖。如图 4-35 所示。

4. 碎屑滨岸成煤作用

碎屑滨岸是成煤作用的重要场所之一，其中潟湖-障壁环境是十分活跃的滨海煤系的形成地带。

海滩面环境、河口湾环境都不利于泥炭沼泽广泛发育。

潮滩是滨岸沉积体系中最重要的成煤场所之一，所形成的煤层厚度稳定、面积广阔，岸线呈宽带状分布，向海方向逐渐变薄。但煤的硫含量一般较高。潮滩可以形成分布广泛的泥炭层，它直接覆于泥坪沉积之上，可称为泥炭坪。

潟湖-障壁岛是有利于成煤的环境，一般称为障壁后成煤模式。

我国川南地区晚二叠世晚期(长兴期)含煤段形成于川滇古隆起东翼平缓的斜坡上，自西向东依次发育了滨海冲积平原、潟湖-障壁、碳酸盐台地沉积。其中完整的潟湖-障壁体系宽约 80～100 km，在平面上呈南北向条带，与岸线大体平行。

(六) 陆表海碳酸盐台地相

1. 陆表海碳酸盐台地概述

陆表海是在研究碳酸盐岩主要沉积场所时提出的。碳酸盐岩在地壳中的分布仅次于黏土岩和碎屑岩，约占沉积岩总量的 20%，占我国沉积岩面积的 55%。许多煤系中也有大量碳酸盐，而且有些煤系，如广西合山组和四川、贵州、湖北等地的吴家坪组及长兴组直接为碳酸盐型煤系，成为煤系的一种重要类型。近年来，对碳酸盐的形成、分类、沉积作用、成岩作

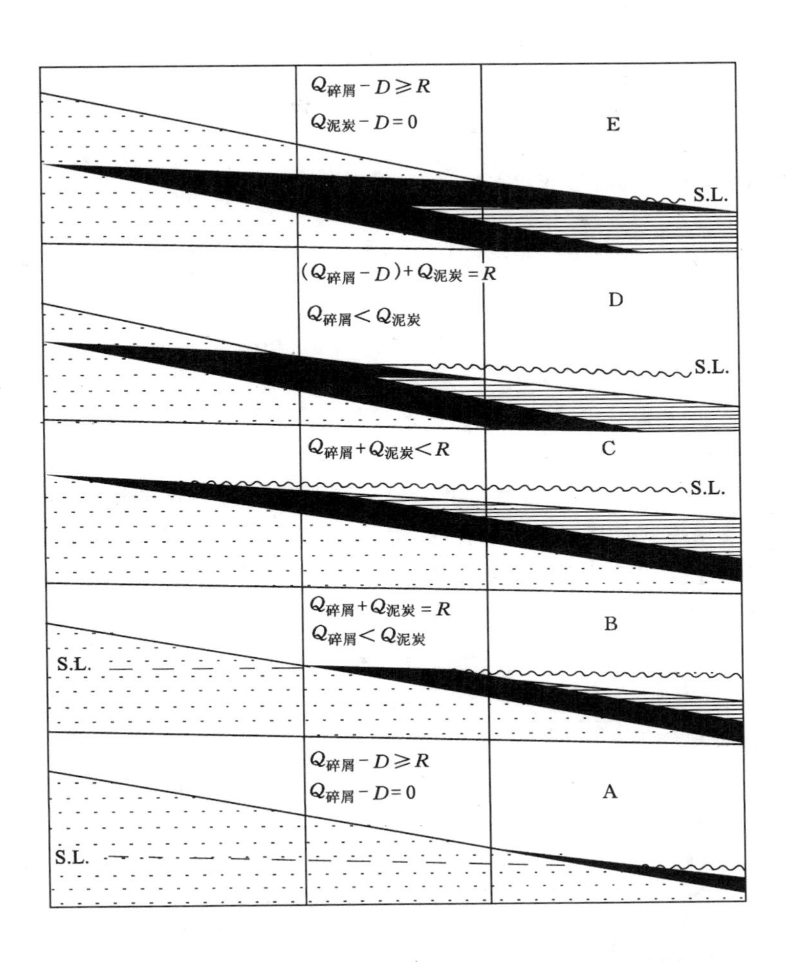

图 4-35 海进、海退条件下煤层形成的不同阶段示意图

用、成矿作用等获得新知。早在 20 世纪 60 年代，就把碳酸盐主要沉积场所划分为陆表海和陆缘海。陆表海又称为内陆海、陆内海、大陆海等，是位于大陆内部或陆棚内部的低坡度（小于 1°，常小于 0.5°）、范围广阔且水深数十米的浅海；陆缘海又称大陆边缘海，是位于大陆或陆棚边缘坡度较大的（一般 3°～6°），宽度小（约 100～500 km）且水深达 200～250 m 的浅海。在地质历史中，沉积碳酸盐的浅海大多为陆表海，但现代的浅海大多为陆缘海。

陆表海由于海底平坦广阔、水深很小，所以海平面的微弱变化会引起大范围的海水进退，而代表海水进退的潮滩沉积会在广大范围内发育。威尔逊（1974，1975）认为，在陆架浅海缓坡上，由于各处沉积速度不同，某些深度特别适宜生物发育，碳酸盐沉积速度快，沉积厚度大，高于周围地区，向陆一侧连接形成一个浅水平台，称为碳酸盐台地。台地前面为一坡度较大的斜坡，连接着沉积缓慢的较深水盆地。但是，人们通常使用的“碳酸盐台地”一词是一个广义的概念，一般泛指非常广阔的、宽可达 100～10 000 km，而又非常平坦且为浅海所覆盖的沉积碳酸盐的克拉通地区，即通常所说的沉积碳酸盐的浅海环境。

2. 碳酸盐台地的威尔逊沉积模式

威尔逊根据海底地形、海水能量、海水充氧情况、气候条件及其他因素，提出了包括三个沉积相区和九个相带的著名的碳酸盐台地沉积模式(图 4-36)。

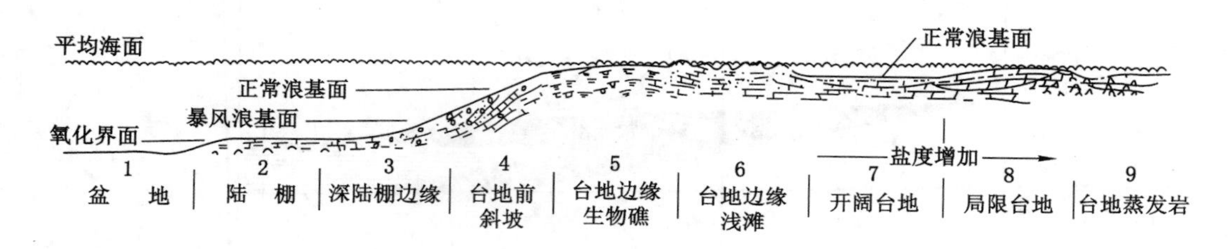

图 4-36　碳酸盐岩的理想沉积模式

3. 碳酸盐台地的类型

碳酸盐台地类型的划分是基于对台地边缘性质不同划分为碳酸盐缓坡、镶边陆棚、镶边陆棚内部盆地、孤立台地、沉没台地等类型。每一种类型都有一定的沉积相组合和沉积剖面特点。碳酸盐缓坡相模式如图 4-37 所示;镶边陆棚是指浅水台地的外缘有明显坡折,沿陆棚边缘有连续或半连续的镶边障壁;镶边陆棚上的陆棚内盆地是镶边陆棚在镶边后面发育的盆地,即在广阔台地上也有一些深水的盆地。

盆地	碳酸盐缓坡		潮缘碳酸盐台地	
	深缓坡	浅缓坡		
正常天气浪基面（FWB）以下		波浪作用为主	局限	暴露
页岩和远洋石灰岩	薄层石灰岩	障壁岛组合鲕粒砂浅滩点礁	潟湖-潮滩碳酸盐	潮上碳酸盐和蒸发盐

海平面
FWB
SWB

图 4-37　碳酸盐缓坡相模式

4. 陆表海碳酸盐台地成煤作用

陆表海碳酸盐台地的成煤作用可概括为三种类型。

(1) 由开阔台地总体变浅成煤

桂中合山组是研究比较详细的碳酸盐岩型煤系。该组含有四个煤层,煤层结构复杂,其顶、底板由石灰岩或硅质岩组成,碳酸盐约占合山组的 90%以上。合山组的碳酸盐岩沉积带主要有浅海盆地、生物礁、开阔台地、潮滩等,沉积模式如图 4-38 所示。

(2) 由开阔台地台内滩丘变浅成煤

黔东南吴家坪组和长兴组是碳酸盐岩型煤系,其沉积模式如图 4-39 所示。

(3) 台地边缘浅滩变浅成煤

图 4-40 为上述三种的模式的示意图。其中,台地总体变浅形成的煤系分布范围广,煤层厚度也大;由台内滩丘变浅和台地边缘浅滩变浅形成的煤系分布范围小且时间短,煤系变化也大,常有"鸡窝状"煤层。

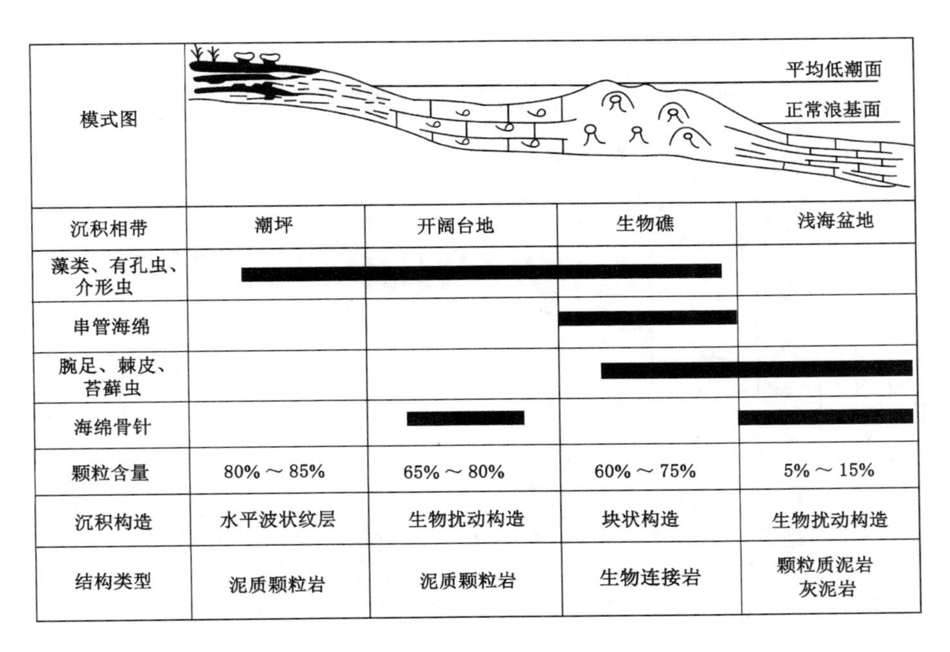

沉积相带	潮坪	开阔台地	生物礁	浅海盆地
藻类、有孔虫、介形虫				
串管海绵				
腕足、棘皮、苔藓虫				
海绵骨针				
颗粒含量	80% ～ 85%	65% ～ 80%	60% ～ 75%	5% ～ 15%
沉积构造	水平波状纹层	生物扰动构造	块状构造	生物扰动构造
结构类型	泥质颗粒岩	泥质颗粒岩	生物连接岩	颗粒质泥岩 灰泥岩

图 4-38 广西合山地区合山组沉积模式

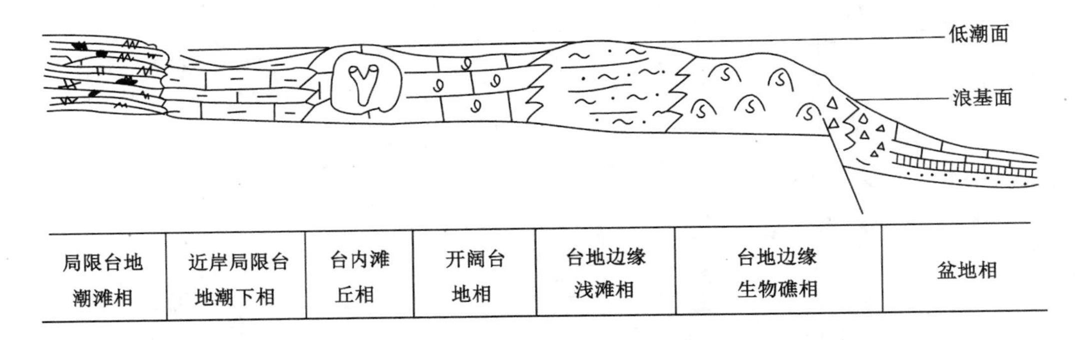

图 4-39 黔东南上二叠纪吴家坪组和长兴组碳酸盐岩沉积模式

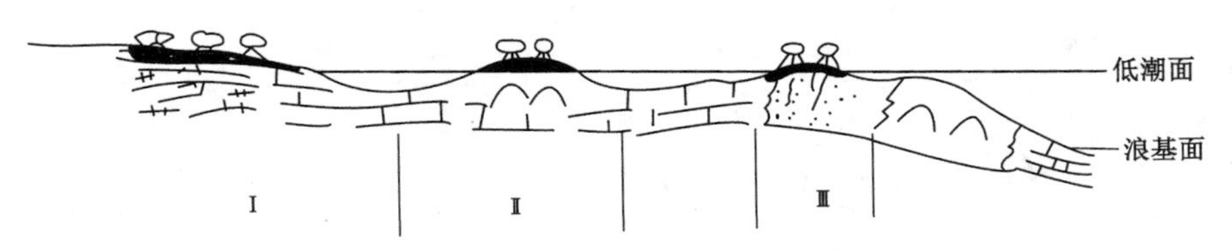

图 4-40 碳酸盐台地体系成煤模式

Ⅰ——台地总体变浅成煤；Ⅱ——台内滩丘变浅成煤；Ⅲ——台地边缘浅滩变浅成煤

任务实施

根据已学知识，分析图 4-41。研究岩性及岩性变化和可识别的沉积构造，分析沉积相解释。

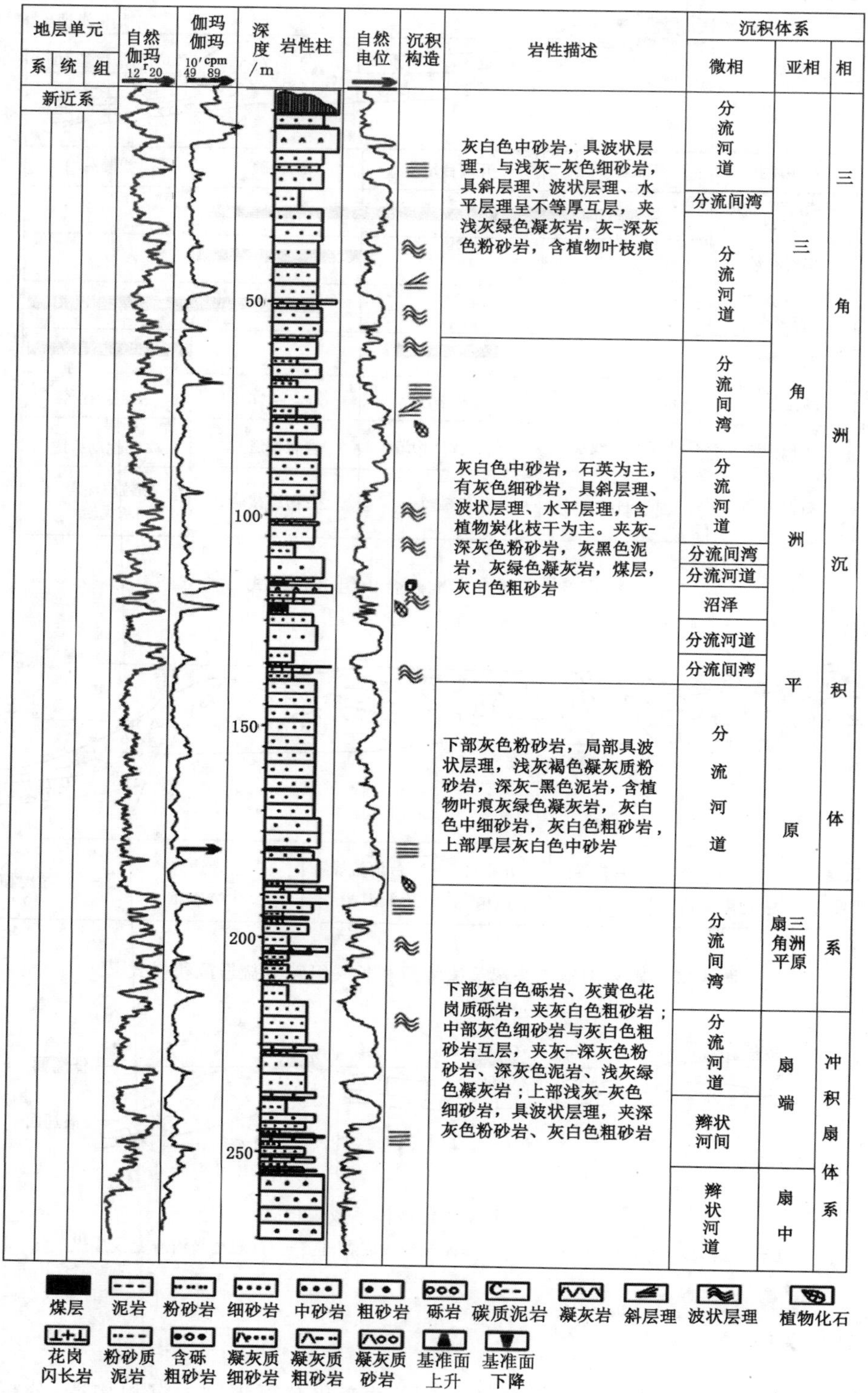

地层单元（系 统 组）	自然伽玛 12 20	伽玛伽玛 10'cpm 49 89	深度/m	岩性柱	自然电位	沉积构造	岩性描述	微相	亚相	相
新近系										
			50				灰白色中砂岩，具波状层理，与浅灰-灰色细砂岩，具斜层理、波状层理、水平层理呈不等厚互层，夹浅灰绿色凝灰岩，灰-深灰色粉砂岩，含植物叶枝痕	分流河道 分流间湾 分流河道	三角洲平原	三角洲沉积体系
			100				灰白色中砂岩，石英为主，有灰色细砂岩，具斜层理、波状层理、水平层理，含植物炭化枝干为主。夹灰-深灰色粉砂岩，灰黑色泥岩，灰绿色凝灰岩，煤层，灰白色粗砂岩	分流间湾 分流河道 分流间湾 分流河道 沼泽 分流河道 分流间湾		
			150				下部灰色粉砂岩，局部具波状层理，浅灰褐色凝灰质粉砂岩，深灰-黑色泥岩，含植物叶痕灰绿色凝灰岩，灰白色中细砂岩，灰白色粗砂岩，上部厚层灰白色中砂岩	分流河道		
			200 250				下部灰白色砾岩、灰黄色花岗质砾岩，夹灰白色粗砂岩；中部灰色细砂岩与灰白色粗砂岩互层，夹灰-深灰色粉砂岩、深灰色泥岩、浅灰绿色凝灰岩；上部浅灰-灰色细砂岩，具波状层理，夹深灰色粉砂岩、灰白色粗砂岩	分流间湾 分流河道 辫状河间 辫状河道	扇三角洲平原 扇端 扇中	系 冲积扇体系

图例：煤层、泥岩、粉砂岩、细砂岩、中砂岩、粗砂岩、砾岩、碳质泥岩、凝灰岩、斜层理、波状层理、植物化石、花岗闪长岩、粉砂质泥岩、含砾粗砂岩、凝灰质细砂岩、凝灰质粗砂岩、凝灰质砂岩、基准面上升、基准面下降

图 4-41　地层综合柱状图

思考与练习

某实测剖面，自下而上各层特征如下：

1. 灰绿色泥岩，含介形虫化石。厚 8 m。
2. 灰绿色泥岩与粉砂岩薄互层，生物扰动发育，水平虫孔常见。厚 9 m。
3. 灰色中层粉砂岩，发育小型槽状交错层理。厚 3 m。
4. 灰色厚层细砂岩，发育槽状交错层理。厚 6 m。
5. 灰绿色泥岩，含腹足类化石。厚 2 m。
6. 灰色中层粉砂岩，发育小型槽状交错层理。厚 2 m。
7. 灰色厚层细砂岩，发育槽状交错层理。厚 5 m。
8. 灰色泥岩，含瓣腮类化石。厚 9 m。
9. 灰色厚层细砂岩，交错层理发育，底面具有冲刷面，向上逐渐变细。厚 5 m。
10. 灰色粉砂岩与泥岩薄互层，单层厚度数毫米至 2 cm，见植物根迹。厚 1 m。
11. 灰色厚层细砂岩，交错层理发育，底面具有冲刷面，向上逐渐变细。厚 4 m。
12. 灰黑色碳质泥岩，植物化石丰富。厚 5 m。
13. 煤层。厚 2 m。

要求：

(1) 选择合适比例尺，编制该剖面的柱状图；

(2) 解释各层沉积环境；

(3) 建立该剖面的相模式。

任务四　识别煤系旋回结构

知识要点

旋回结构的概念；相旋回的概念；旋回的分类和命名；旋回的划分。

技能目标

掌握旋回的概念；识别并划分旋回。

任务导入

地层记录代表的是地表发生的各种作用过程和事件的历史，由于地层记录具有四大特性——复杂性、不完整性、非渐变性及旋回性，因而旋回性地层记录的研究，即“不同级别旋回地层及其有序叠加形式”的研究，是从复杂而不完整的地层记录中获取更多的规律性的有效途径之一。

任务分析

能够根据已有的地质资料，识别沉积地层的基本特征，在划分岩石及岩性组合的基础上，从时间和空间上识别旋回结构。必须掌握如下知识：

(1) 旋回结构和相旋回的概念；

(2) 旋回的分类和命名；

(3) 识别并划分旋回的方法。

相关知识

一、旋回结构的形成

旋回结构是指沉积序列中的垂直剖面上一套有共生关系的岩性和岩相规律性组合与交替现象。它是含煤沉积中最常见的特征。旋回结构研究中，以岩性的规律性组合和交替为对象的，称为岩性旋回；以沉积相的规律性组合和交替为对象的，称为相旋回。它反映煤系在形成过程中一系列控制因素(如地壳运动、古地理、古气候等)的周期性变化。

旋回结构主要反映地壳运动一定的规律性，它是在聚煤时期地壳总的沉降过程中，由于地壳的振荡运动、海面升降以及其他因素等引起的规律性变化。关于旋回结构形成的原因，目前仍属于有待深入研究的问题。大量资料表明，旋回结构的形成是有多种原因的，它包括地壳运动、气候变化、冰川活动、搬运和沉积以及河流迁移等，其中地壳运动直接或间接地起到了重要的控制作用。现分述如下。

(一) 由于地壳运动形成旋回结构

在煤系形成过程中，由于升降运动或由水平运动派生的升降运动，使聚煤坳陷的基底不断发生变化，从而形成旋回结构。但是除了升降运动以外，其他原因的地壳运动也同样可解释旋回结构的成因。

1. 地壳小振荡运动形成旋回结构

小振荡运动又称脉状振荡运动，是在地壳总的下降趋势中伴随着幅度不大、周期较短的升降运动(图 4-42)。由于小振荡运动引起海岸线的变迁和海水进退，导致了岩相带在空间的多次迁移。这种迁移反映在剖面上就形成了煤系岩相有规律的交替，即旋回结构。煤系中一个完整的沉积旋回的形成过程，是与一次小振荡运动的升降过程相吻合的。图 4-43 是反映一次小振荡运动与旋回的海退，海进部分及岩相组合关系的理想示意图。可以看出，在小型振荡运动的上升时期，引起海退，形成旋回海退部分的沉积；在下降期中，引起海进，形成旋回海进部分的沉积。在上升与下降的转折期，即海退之末、海进之初，地壳运动比较稳定，是沼泽化最有利的时期，从而堆积了泥炭层。这个示意图带有很大的综合性，实际上，在一定的地区和一定的时间内，形成的沉积旋回，常因古地理条件的影响以及地壳运动的速度等原因而缺少一种或数种沉积环境的沉积。这种由于地壳小振荡运动而形成的旋回，在一些近海型煤系中表现比较清楚，如我国晚古生代一些煤系中旋回结构常具有此特点。

2. 地壳间歇性沉降形成的旋回

不均衡沉降也称间歇性沉降，或称脉状沉降运动。是一种显著的沉降阶段与相对稳定阶段交替出现的沉降运动(图 4-44)。在沉降阶段内，聚煤坳陷的基底强烈下沉，形成覆水较深的沉积环境，或者引起海进；在相对稳定阶段，由于沉积物的不断堆积，覆水不断变浅，最后发生沼泽化，形成泥炭层。在泥炭堆积之后，再一次发生强烈的沉降，之后又处于一个新的相对稳定阶段。如此反复交替，也会形成煤系的旋回结构。

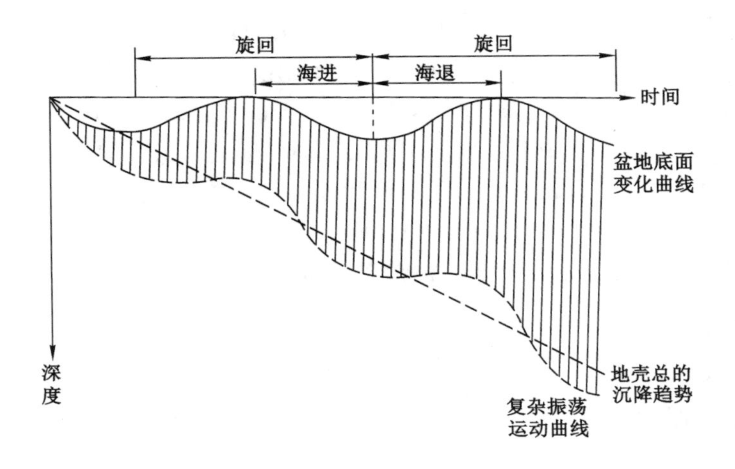

图 4-42　小振荡运动曲线

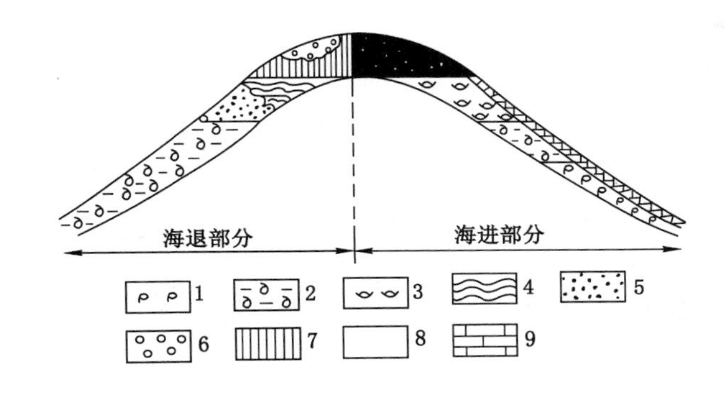

图 4-43　旋回海进及海退部分岩相组合

1——海相泥质岩；2——海相粉砂岩；3——潟湖海湾相；4——潟湖海湾波浪带相；
5——砂洲砂坝相；6——冲积相；7——闭流沼泽相；8——泥炭沼泽相；9——海相灰岩

不均衡沉降过程中，有利于泥炭层堆积阶段，也是发生在构造运动相对稳定的转折时期。这种运动形成的近海型煤系往往缺失某些冲积相沉积，海相、潟湖相等沉积较发育。我国一些近海型煤系可能是由于这种运动而形成的旋回结构，如西北一些地区的石炭二叠纪煤系，赣中一带晚二叠世龙潭组等。这两种性质的地壳运动都促使海面发生变化，产生海进和海退，造成相带的迁移而使煤系显现旋回结构。

（二）由于气候原因形成的旋回结构

1. 由于冰川作用和冰消作用交替而影响海面升降

突出例子是第四纪的冰期和间冰期。如我国珠江三角洲在冰川影响下的海面变化使其北部围田地区形成两套与河道沉积有关的古三角洲沉积（图 4-44）。它的形成是因在间冰期，海面迅速上升，河口后退，在河流回水和受回水影响范围内形成分流河道沉积，在海面停滞（或轻微下降）阶段，则形成包含泥炭层的三角洲平原沉积；后间冰期海面又上升以及海面又趋于稳定而形成类似的沉积。这样海面变化的结果，形成了两个三角洲型的沉积旋回。

2. 局部性气候因素也可形成旋回结构

湖泊沉积受气候影响较大，在地质历史上，湖泊面积常有变化，有扩张期和收缩期。引起扩张和收缩的原因主要是气候的周期性变化。湖泊的扩张和收缩使湖面发生的升降直接影响流域的侵蚀和堆积过程。湖面降低时，湖泊周围的河流下切侵蚀其河谷，把陆源碎屑物质带入湖中，湖泊逐渐变浅，这是湖泊的充填时期。湖面上升时，河流下游坡度变小，河流侵蚀作用减弱，泥沙大部在河谷中沉积而充填河谷，带入湖中的泥沙量大大减少，湖心沉积碳酸盐类或有机淤泥，浅水处由于水动力强可沉积鲕粒。这样，随着湖泊的涨、缩就形成了一套湖侵-湖退的沉积旋回（图 4-45）。在沉积剖面上，从下向上，沉积物由细变粗，代表湖泊收缩充填期；沉积物由粗变细，则代表湖泊扩张变深期。

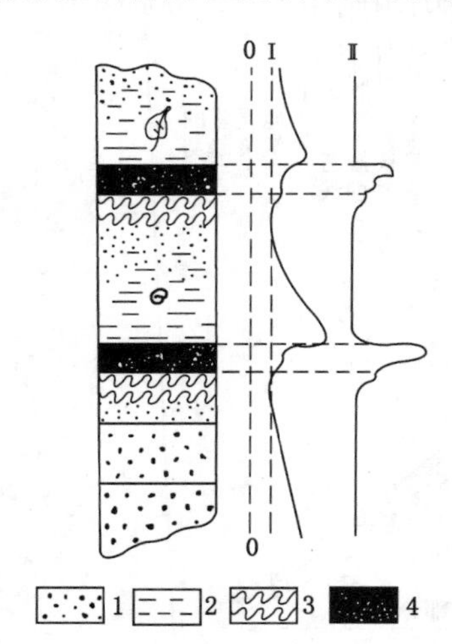

图 4-44 间歇性沉降示意图

1——砂岩；2——泥岩；

3——根土岩；4——煤层；0—0——盆地水平面；

Ⅰ——水深变化曲线；Ⅱ——地壳沉降曲线

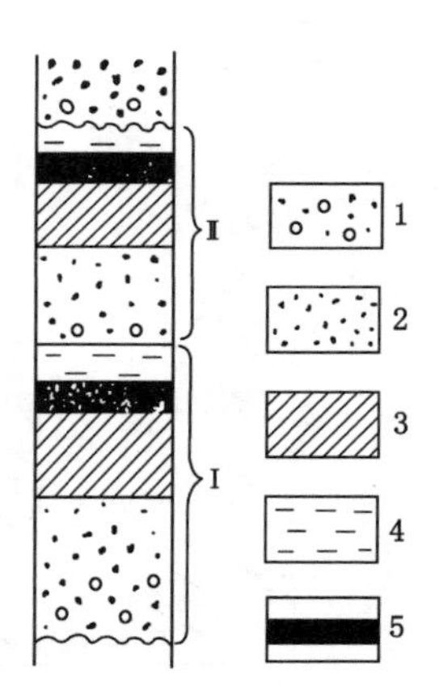

图 4-45 珠江三角洲的古三角洲沉积

1——砂砾；2——砂；3——砂质黏土；

4——淤泥；5——泥炭

（三）其他一些非构造原因也可形成旋回结构

河流相旋回的形成固然与地壳运动有关，但其他一些非构造因素也可引发旋回结构的形成。如河道的反复横向迁移（图 4-46）；三角洲的成长和废弃引起海岸线局部不规则的前进和后退。沉积速率的变化也可形成旋回结构，如沉积速率大时往往形成海退相序，而沉积速率小时又可形成海进相序。

二、旋回的分类和命名

一个沉积剖面上不同时期形成的旋回是不相同的，有必要根据某些特征或标志对煤系旋回进行分类和命名。以岩石的粒度为特征的，称粒度旋回；以岩性的规律性组合和交替为特征的，称岩性旋回；以岩层的厚度、层理类型为特征的，称层序旋回等。根据沉积相共生组合关系反映出旋回特征的，称为沉积相旋回。另外，根据煤系形成的古地理环境，将旋回分为陆相旋回结构和海陆交替相旋回结构，其中陆相旋回结构又可分为河流（冲积）型旋回和湖泊型旋回；海陆交替相旋回结构又可分为三角洲相旋回、滨海相旋回等。根据旋回起始相和终点相进行分类和命名，如冲积-湖相旋回、砂洲砂坝相-浅海相旋回。根据旋回含煤情况，分为含煤或不含煤旋回。根据旋回中岩相组合完整性，分为完整或不完整旋回。根据旋回的复杂程度，分为复杂旋回或简单旋回。按旋回的大小，分为大型、中型、小型旋回等。

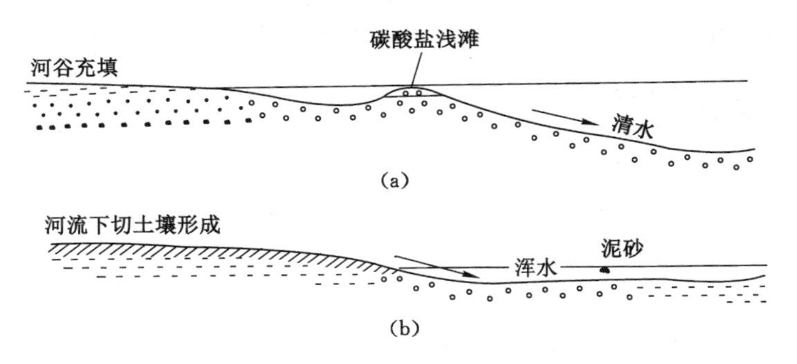

图 4-46 湖泊扩张和收缩期沉积

(a) 湖面上升；(b) 湖面下降

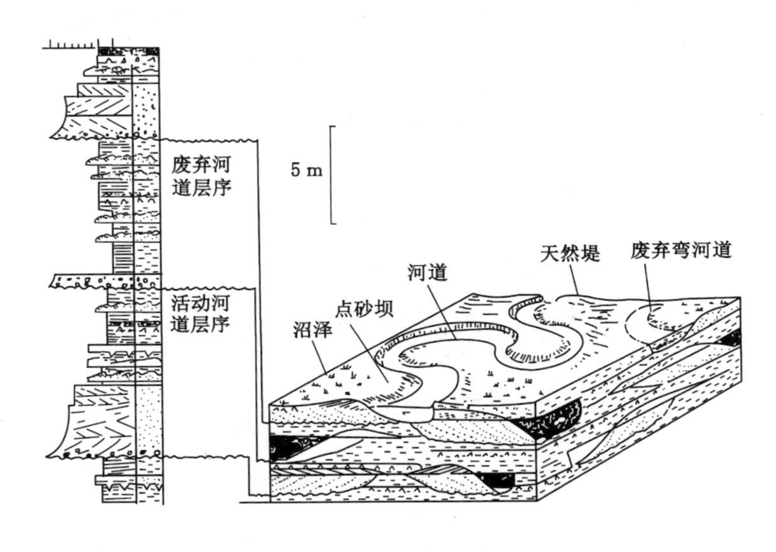

图 4-47 河流侧向迁移形成的旋回

三、旋回的划分

每一个煤系在垂向上都可以根据沉积相的有规律交替划分出若干个旋回，但每一个旋回都不是简单的重复。由于煤系的形成条件随时间而不断发生变化，所以不同旋回的相组成、岩性、厚度等均有差异。

我国划分旋回的方法是：陆相煤系旋回以煤层为界，将旋回分为上、下两个部分。下部为水动力条件较强的沉积相，上部为水动力条件较弱的沉积相。也就是说，陆相旋回由水动力条件较强的沉积相开始到水动力条件较弱的沉积相结束。一个完整的陆相煤系旋回常以河床相开始作为旋回的起点，向上为河漫滩相、湖滨三角洲相、湖滨相、浅湖相、沼泽相、泥炭沼泽相、湖泊相。根据陆相煤系旋回的下部岩相组成，将其进一步分为河流型旋回和湖泊型旋回。海陆交替相煤系旋回以煤层为界，将旋回分为上、下两个部分。下部为海退部分，上部为海侵部分。海退部分岩相复杂，岩性较粗，厚度大；海侵部分岩相简单，岩性较细，厚度小。一般来说，海退时，沉积相序列的变化是从浅海相到砂坝相、潟湖海湾相、潟湖波浪带相、滨海三角洲相、滨海湖泊相、沼泽相、泥炭沼泽相。这样划分的优点在于煤层位于旋回的中部，有利于在一个旋回中对煤层上下部分的沉积特点进行细致研究，能深入了解煤层的形成过程和煤层对比。

四、煤系旋回的特征

在不同古地理条件下形成的旋回结构，在岩性、相组合以及水平方向的变化上都反映了一定的特征。

（一）陆相煤系旋回结构

1. 河流型旋回

河流型旋回在陆相煤系中常见（图 4-48）。其特点是：旋回常由河床相或山麓相开始，向上逐渐过渡为河漫相、湖泊相和沼泽相等。河漫相是河床相层序的二元结构的顶层（底层是河床相），这样的二元结构也就是河流相的旋回，它是由地壳运动或河流多次往复迁移而形成的。底部较厚的冲积层往往具有多阶性。每阶的下部是颗粒最粗的砂岩或砾岩，覆盖在下伏的冲刷面上，其上为具有斜层理的河床相砂岩，继之斜层理倾角逐渐平缓，层系间的

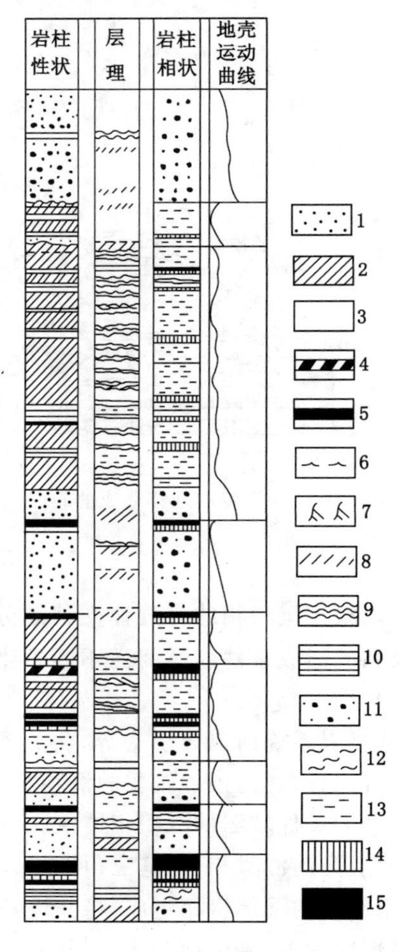

图 4-48　河流相旋回的岩相组成

1——砂岩；2——粉砂岩；3——泥岩；4——碳质泥岩；5——煤层；6——植物叶部化石；7——植物根部化石；8——斜层理；9——波状层理；10——水平层理；11——河床相；12——河漫相；13——湖泊相；14——闭流沼泽相；15——泥炭沼泽相

缝合线不十分明显;再往上斜层理消失,出现水平层理或波状层理等河漫相的标志。完整的河流相旋回反映了一定时期河流环境中各亚环境沉积物的平面组合。这种岩相有规律的变化和地形由高差悬殊到逐渐夷平的过程是相关联的。而每一新旋回开始与地壳运动、海面变化和河流迁移有着密切的关系,每一旋回结束,则与地形夷平相适应。江西某中生代煤系的旋回结构如图 4-49 所示。

2. 湖泊相旋回

湖泊相旋回开始往往是较粗粒的冲积相沉积,其上为滨湖相、浅湖相或沼泽相,最后是深湖相的油页岩或泥灰岩沉积。它反映了湖盆的收缩和扩张过程,呈现出湖面先是下降,接受陆源碎屑等沉积,滨湖环境发育沼泽接受泥炭堆积;之后湖面上升,湖水变深,继有深湖相沉积,这是湖泊相一个较完整旋回的岩相组合。但由于古地理条件不同,各地旋回岩相组合有一定差别,如有时缺失深湖相沉积,或是浅湖和滨湖的频繁交替等。因此湖相旋回岩相变化较大。甘肃窑街煤田窑街组旋回的岩相组成代表湖泊相旋回的特点如图 4-50 所示。

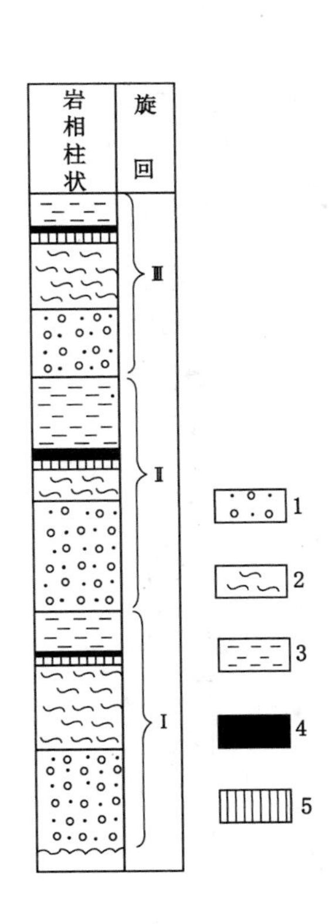

图 4-49 江西某中生代煤系的旋回结构

1——河床相;2——河漫相;3——湖泊相;4——泥炭沼泽相;5——闭流沼泽相

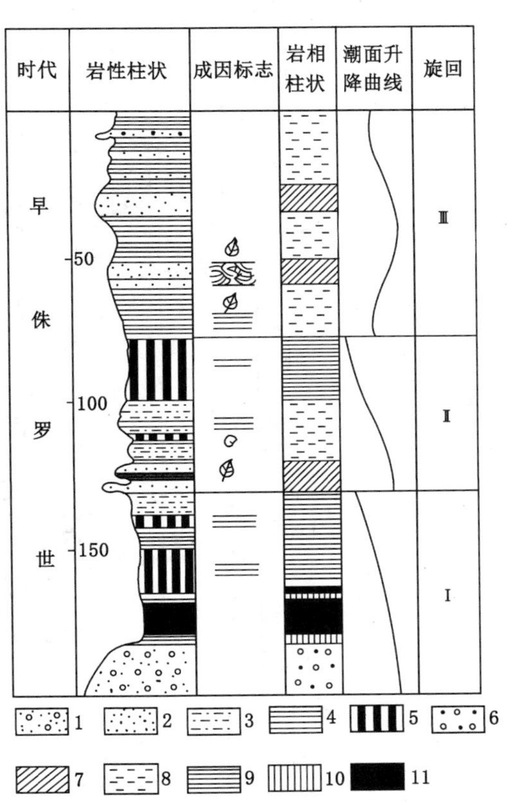

图 4-50 甘肃窑街煤田窑街组的旋回结构

1——含砾砂岩;2——砂岩;3——砂质页岩;4——黏土岩;5——油页岩;6——冲积相;7——潟湖相;8——浅湖相;9——深湖相;10——沼泽相;11——泥炭沼泽相

（二）海陆交替相煤系旋回结构

1. 滨海型旋回

滨海型煤系的旋回结构多由陆相、过渡相和浅海相组成(图 4-51)。以煤层为准，可以把旋回分为煤层下的海退部分和煤层以上的海进部分。一般旋回的海退部分岩性、岩相组合比较复杂，各种岩相都可能出现，特别是澙湖相和滨海相比较发育，但稳定性差，厚度变化也较大。而海侵部分的岩性、岩相比较简单，多为澙湖相或浅海相等，大面积内岩性、岩相稳定，是煤层

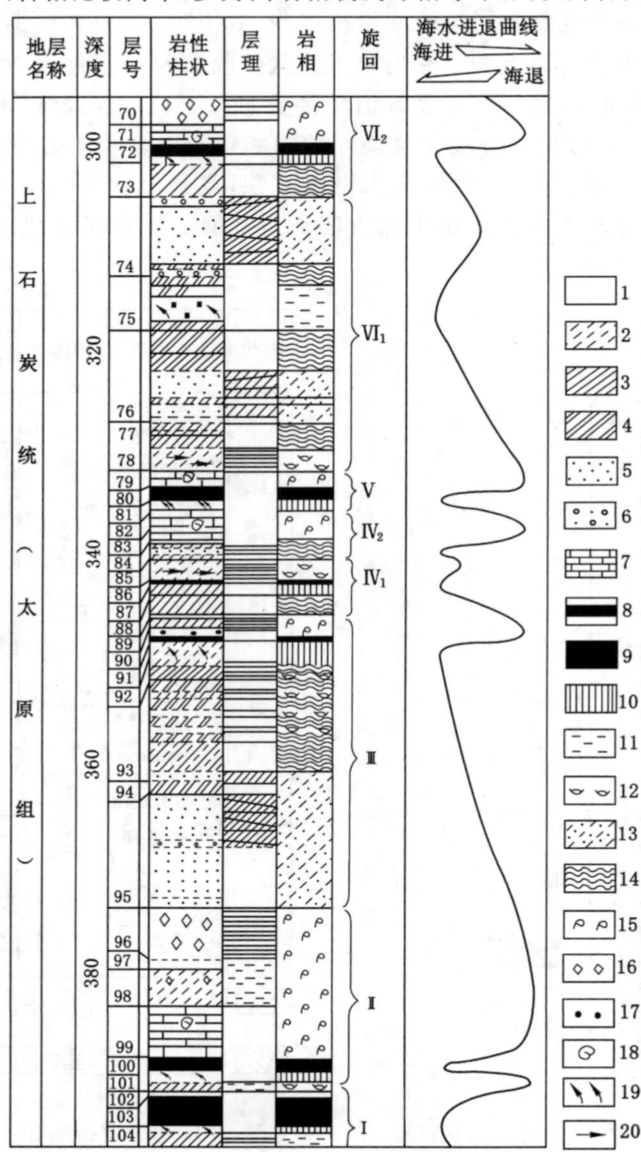

图 4-51　太行山东麓滨海型含煤沉积旋回的岩相组成

1——泥质岩；2——粉砂质泥岩；3——细粉砂岩；4——粗粉砂岩；5——细砂岩；6——粗砂岩；7——灰岩；8——煤层；9——泥炭沼泽相；10——沼泽相；11——湖泊相；12——澙湖海湾相；13——砂嘴砂坝相；14——澙湖海湾波浪带相；15——浅海；16——菱铁矿；17——黄铁矿；18——动物化石；19——根部化石；20——叶部化石

对比的重要标志。海退部分岩性岩相比较复杂的原因，在于海退过程中，海面下降，广大地区出露水面，河流广泛发育，大量碎屑物质搬运海中，形成各种不同的沉积。而海侵时，由于已长期侵蚀夷平，地形平坦，海面上升使水系衰退，搬运到海洋的碎屑物质很少，开阔环境下形成潟湖或浅海沉积，岩相组成比较简单。在滨海条件下形成的煤系由于古地理条件及构造背景的不同，旋回结构有不少差别。

2. 三角洲型旋回

三角洲型旋回是煤层以下的层序，从前三角洲的粉砂质黏土开始，往上为较粗粒的、交错层理发育的三角洲前缘砂、粉砂及黏土质粉砂沉积，而近煤层处为三角洲平原的黏土和粉砂沉积；紧靠煤层以上也为三角洲平原沉积；再往上则为海相或潟湖相沉积(图 4-52)。这种旋回结构不对称，煤层位于旋回上部，煤层以下的一套沉积岩相和岩性组合复杂，厚度大，变化也大；而煤层以上沉积厚度小，但比较稳定。由于地壳运动、海面变化等因素的影响，这种旋回结构往往表现出不完整性，甚至经常出现各岩相组合频繁变化而形成次一级旋回结构。淮南煤田下二叠统下石盒子组和湘南郴耒煤田上二叠统龙潭组都具有这种类型的旋回结构(图 4-53)。

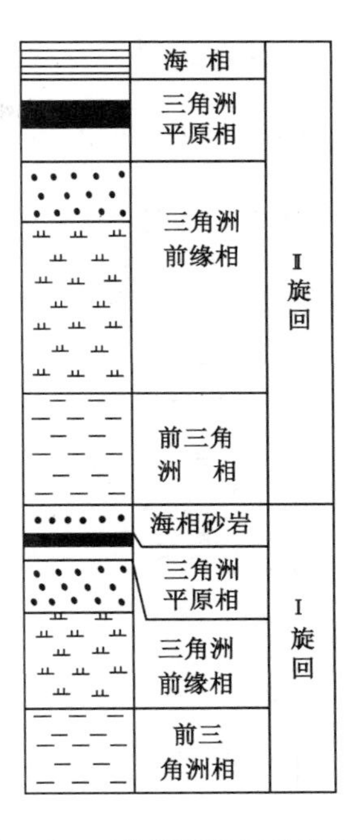

图 4-52 三角洲相旋回的岩相组成

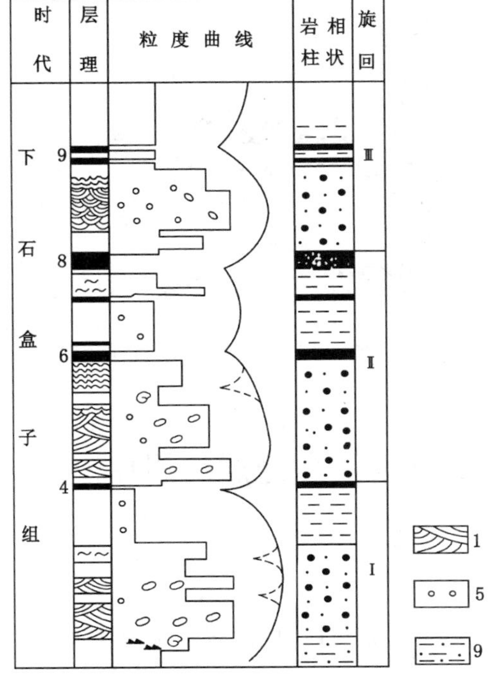

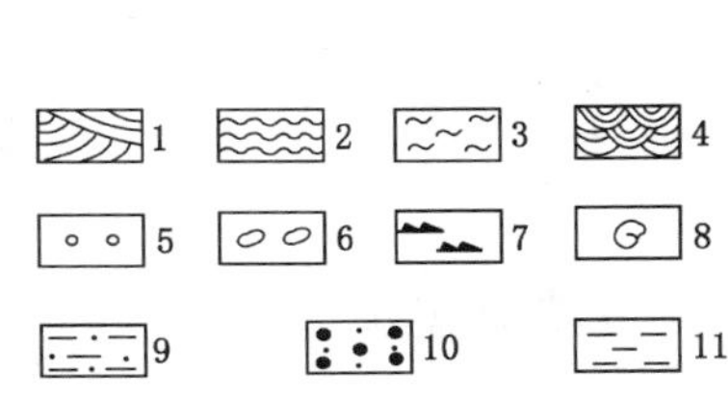

图 4-53 淮南下二叠统下石盒子组岩相柱状图

1——楔形斜层理；2——波状层理；3——断续波状层理；4——交错斜层理；5——鲕状菱铁矿；6——包体；7——植物碎片；8——动物化石；9——前三角洲相；10——三角洲前缘相；11——三角洲平原相

任务实施

识别图 4-54 的岩石地层柱状图，划分地层旋回，并解释旋回的成因特征。

思考与练习

仔细阅读图 4-55，识别旋回结构，划分旋回。

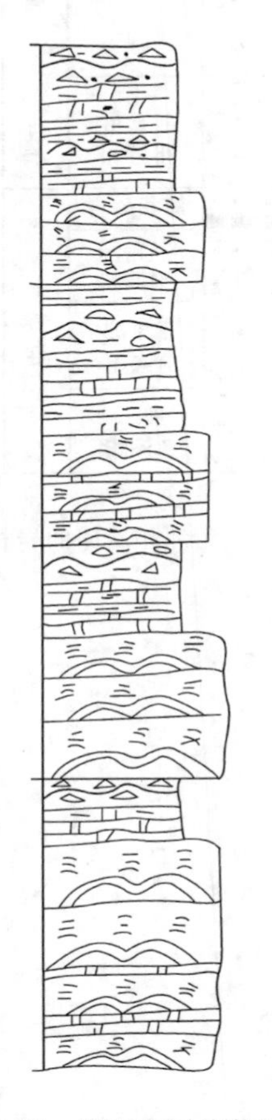

图 4-54　岩石地层柱状图

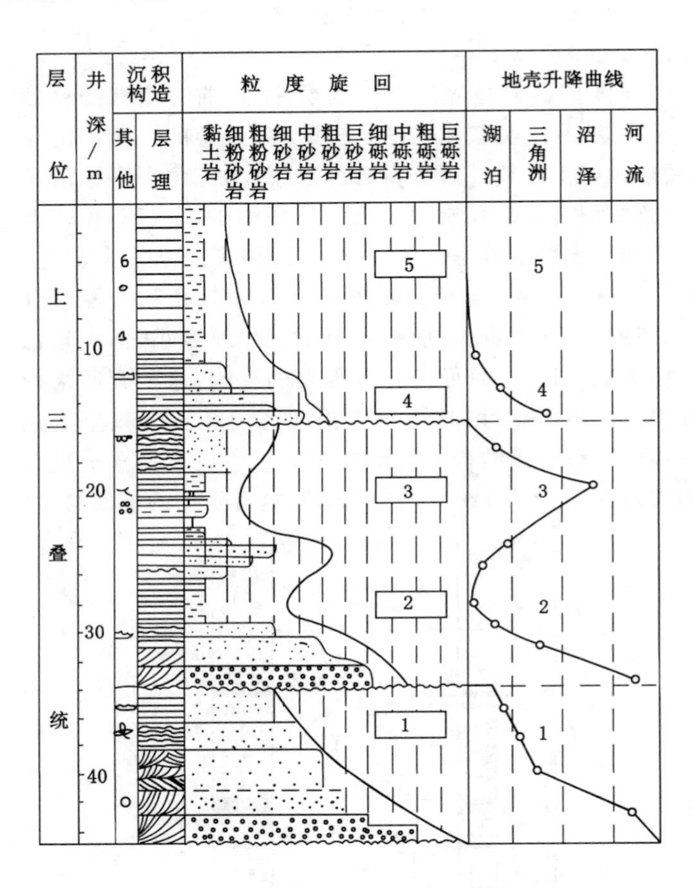

图 4-55　沉积地层综合柱状图

任务五　划分含煤沉积地层的层序

知识要点

层序的概念；层序的级别；层序的类型；体系域的概念；体系域的类型。

技能目标

掌握层序的概念；识别层序的级别；划分地层层序；识别体系域。

任务导入

用层序地层学的理论和方法分析研究煤系是当今煤资源地质学中研究的重点。层序地层学的基本原理是构造运动、全球绝对海平面的变化和沉积物质供应速度综合作用的结合，由此产生了地层记录，即地层信号。这些信号反映上述诸作用的规模、强弱、持续时间和影响范围。其中，构造作用与海平面变化的结合，引起全球性相对海平面变化，它控制了沉积物形成的潜在空间；构造作用与气候变化的结合，控制了沉积物的类型和沉积数量及可容纳空间中被沉积物充填的比例。而河流和海洋环境中的沉积作用，又由于水流、地形和水深之间的相互影响而引起不同的岩相分布。这样，层序地层学把海(湖)面升降的周期性变化同沉积作用密切联系起来，海(湖)面的周期性变化导致沉积实体也发生相应的周期性变化。一个相对海平面上升-下降周期，对应一个相应的层序。两者是统一的，是同一事物的两方面。海(湖)面的升降周期性变化是分级别的，有大小快慢之分，因而沉积实体也发生相似的变化。

层序地层学主要依靠海(湖)面的周期性及沉积实体的时空配置关系实现地层对比，建立起由周期性海(湖)面所形成的地层实体(即层序)的界面包络的“等时”地层框架，进而预测某些应有的地质实体(层序中的体系域)的展布方向、范围、可能的岩相及其分布、矿产资源的种类和存储场所。

在野外的实际工作和理论研究中，层序地层学通过不同级别的不整合面和与之相对应的整合面划分出不同等级的层序地层单元。认为这些地层单元的几何形态和岩性，是受盆地构造沉降、海平面波动、沉积物供给和气候四大因素控制。构造沉降提供沉积物的沉积空间；海平面波动决定了地层和相的叠置形式；沉积物供给量和速度决定了沉积物的充填情况和古水深；气候条件则决定了沉积物类型；前三种因素控制了沉积体的几何形态，构造沉降幅度和海平面变化速度综合起来控制沉积物的可容空间。根据这种观点，层序地层可以将突发性瞬时事件作为地层划分对比的依据，在过去被认为连续沉积的地层中识别出物理特征明显的层序界面(SB)、初始海泛面(FFS)或海侵面(TS)及最大海泛面(MFS)等沉积间断面，区分出海平面不同变化阶段的产物即沉积体系域，进而划分出不同类型的沉积层序。根据海平面变化的旋回性及沉积体系、体系域而建立的地层单元界面一般都表现为自然界面，而且在理论上都是严格等时的。因此，层序地层学在沉积相—沉积相组合—沉积体系—沉积体系域—层序分析中，可将不同相区的沉积体置于同一个有机的时空格架中综合分析，解决不同沉积地区相变沉积体之间的时空对应关系，使得地层对比第一次有可能达到高精度和高分辨率的要求，从而精确标定地层单元界线并进行跨相区大范围甚至全球性高精度的地层对比。层序地层学的理论思想被认为是地层学和沉积学的革命。自20世纪90年代以来，其概念体系已日臻完善，并在全球范围内推广，在我国地质调查中也得到广泛应用。

任务分析

能够根据已有的地质资料，分析沉积地层的基本结构，划分层序及层序类型，识别并划分关键体系域。要从时间和空间方面识别和划分沉积层序，必须掌握如下知识。

(1) 层序的概念；

(2) 划分层序的标准；

(3) 划分体系域的特征。

相关知识

一、层序地层学基本概念

层序地层学是根据地震、钻孔和露头资料对地层形式做出综合解释，其中心思想在于建立沉积盆地的等时地层格架。

（一）层序

层序是一套相对整一的、成因上有联系的地层，其顶和底以不整合和可以与之对比的整合为界。层序是层序地层分析中的基本单位，它由一套体系域组成。

层序地层学核心问题是要认识不同级别的地层单元，确定它们垂向上和横向上的变化规律。不同类型的盆地内部均可划分出不同级别的层序地层单元。一级和二级层序被认为受全球性和区域性构造因素控制，其界面划分常是区域性的不整合面。三级层序是层序地层单元中基本层序。

1. 巨层序

巨层序的形成受控于全球板块运动的最高级别的周期性，即古大陆汇聚和离散的周期。其持续时间可跨越不同的地质时代。根据地球历史的记录分析，其大致时限为 60～120 Ma。

2. 超层序和超层序组

超层序的形成受控于构造演化的周期性。超层序的界面常是较明显的区域性不整合间断面。持续时间为 9～10 Ma。

超层序组是成因上相关的几个超层序的组合。是巨层序与超层序之间的层序单元。约为 10～100 Ma，一般为 27～40 Ma。20 世纪 90 年代，学者发现此级别的层序具有大范围的可对比性并与天文周期相吻合。现已了解太阳系穿越银河系的银道面的半周期可能是较稳定的天文周期，其时限约为 32～38 Ma，对地球系统的演化可能产生重大影响，对应于一定级别的层序地层单元——超层序组。

3. 层序(或称三级层序)

层序是层序地层分析中最基本的单元，是指由一套相对整合的、成因上有联系的地层，其顶底以不整合面或与之对应的整合面为界。一个层序具有年代地层学意义，因为层序中的所有岩层是在层序界面所限定的地质时代间隔中形成的，它的年龄是由变成整合面处的沉积层的顶、底界面时间间隔所决定的，称作层序年龄。在一个层序内中，沉积基本上是连续的，仅有一些小的间断面。一个层序的时限一般在 0.5～5 Ma。每一个层序常由多个体系域组成，如果被侵蚀或不发育则可以由两个体系域构成一个层序。

在地表露头、钻井和测井曲线上可分辨的层序厚度可达到数米至数十米。三级层序的成因迄今尚无明确共识，有人推断是气候周期导致基准面变化控制三级层序的形成。

4. 四级层序

四级层序具有三级层序的基本特征，但时限很短，约为 0.1～0.15 Ma。

5. 五级层序地层单元

五级层序由海泛面或其对应面限定的有成因联系的层的组合。时限为 0.03～0.08 Ma。准层序被定义为由海泛面或与之相对应的面所限定的、有成因联系的一组相对整合的层或层系。准层序均以海泛面为界，海泛面是海水加深时在沉积物表面的界面，常伴有微弱的海底侵蚀作用及无沉积期。代表着海平面的相对上升，是在沉积物供应速率小于可容空间增长速率时形成的。准层序可以在湖相、海岸平原、三角洲、海滩及陆架等环境中识别出来，但在海平面以下很深地带形成的准层序难以辨认。准层序是地层垂向序列中所能识别并可划分的最小旋回，相当于沉积相序列，有时又称为副层序，可再分为层组、层、纹层组和纹层。

多个成因上相关的准层序如果以一定叠置样式（进积、退积、加积）组合在一起会构成另一更大的地层单位，称为准层序组，（图 4-56）。准层序组的时限短，在海相地层中约为 10～15 Ma。

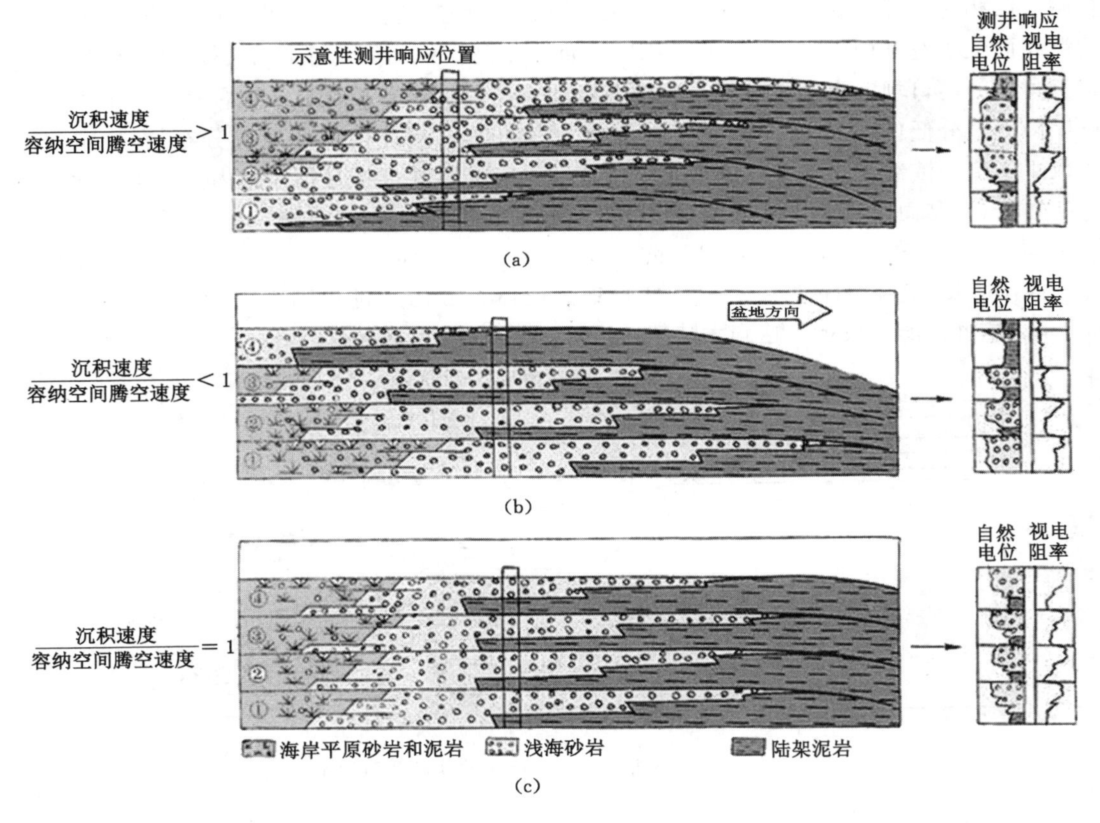

图 4-56 准层序组中准层序的叠置样式在横剖面和测井曲线中的表现

(a) 前积式准层序组；(b) 退积式准层序组；(c) 加积式准层序组

上述不同级别的层序都可以使旋回交替发生和有序叠加，反映地球发展不同级别的自然节律，是“等时”的地层框架。其实，旋回地层学在地质学中早已存在，层序地层学与旋回地层学最大的区别是对古间断面和其他关键性的物理界面加以重视，并以这些实际存在界面作为划分不同级别的层序地层单元的界限。在成因上层序地层中各级地层单元是海（湖）面变化的结果。海平面一级周期性的变化与大陆板块的聚合、解体呼应，海平面上升与大陆解体的时间吻合，海平面下降与大陆聚合的时间吻合。地层记录表示显生宙有两个大陆聚散周期，一个始于元古代末期、终于二叠纪末期，另一个始于三叠纪初期并持续至今。一级全球海平面周期性变化以数百万年计；二级海平面周期性变化是构造海平面升降引起的，时限达 5～50 Ma；三级、四级、五级海平面的周期变化可表现为层序、体系域、准层序，三级的时限为 1～5 Ma；四级的时限为数十万年；五级的时限为数万年。这些周期的变化被认为是冰川变化引起的。

（二）层序的类型

根据层序边界之间沉积体系域内地层三维空间配置关系和不整合的类型，可将层序划分为Ⅰ、Ⅱ两种层序。

1. Ⅰ型层序

Ⅰ型层序形成于大陆架上沉积滨线坡折处，海平面下降速率超过盆地沉积速率，总体上是海平面相对下降情况。所谓沉积滨线坡折是位于大陆架地形发生坡折的地方，其向陆一侧沉积面位于基准面（通常即海平面）附近；向海一侧沉积面则低于海平面。这一位置大致与三角洲的河口坝向海进积的终点或海滩环境上的临滨位置相符合。这种环境形成的Ⅰ型层序内可区分低位、海侵和高位三个体系域（图 4-57）。层序内体系域的分布，在一定程度上取决于沉积滨线坡折和大陆架坡折之间的关系。大陆架坡折是指盆地内大陆架与大陆坡之间转折处，其向陆一侧大陆架的坡度小于 1/1 000，约小于 0.5°；向海一侧大陆架的坡度小于 1/40，约 3°～6°。当海平面相对下降时，许多盆地位于沉积滨线坡折在从大陆架坡折向陆一侧 160 km 左右的位置上。另一些盆地高位体系域已经进积到大陆架坡折处，当海平面下降时，沉积滨线坡折可达到大陆架坡折处。如图 4-58、图 4-59 所示。

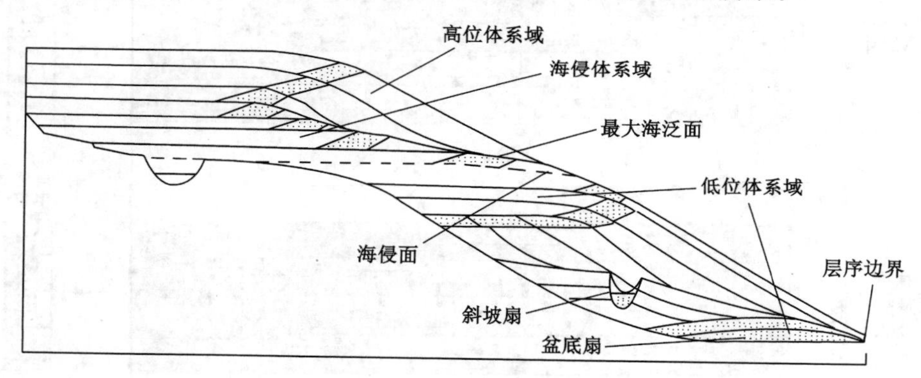

图 4-57　陆棚坡折边缘Ⅰ型层序的地层几何形态

五个分开的沉积组合，传统上划分为三个体系域：低位体系域、海侵体系域和高位体系域。

2. Ⅱ型层序

Ⅱ型层序形成于沉积滨线坡折处，海平面下降速度率略小于或等于盆地沉降速度，即沉积滨线坡折处无明显的海平面相对下降的情况。

Ⅰ、Ⅱ两种类型层序的区别在于：Ⅰ型层序海平面相对下降明显，存在低位体系域，以地表长期暴露及河流回春作用和沉积相向盆地方向的迁移为特征；Ⅱ型层序形成于陆架范围内，在沉积滨线坡折上无海平面相对下降、无地表剥蚀与河流回春作用和沉积相向盆地方向的迁移，层序剖面由陆架边缘体系域、海侵体系域和高位体系域组成，缺低位体系域（图 4-60）。其中，图 4-61 归纳了用以识别第一类层序边界和海水洪泛面的沉积环境、地层终止和其他识别准则。

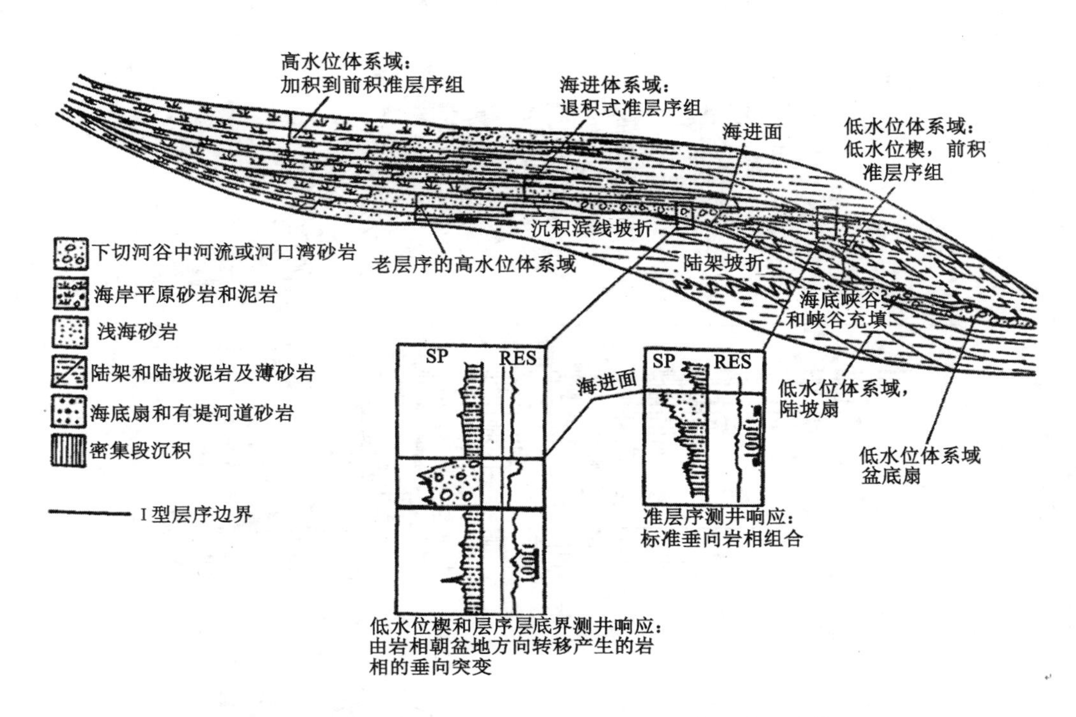

图 4-58　具有陆架坡折的盆地内沉积的Ⅰ类层序的体系域构成

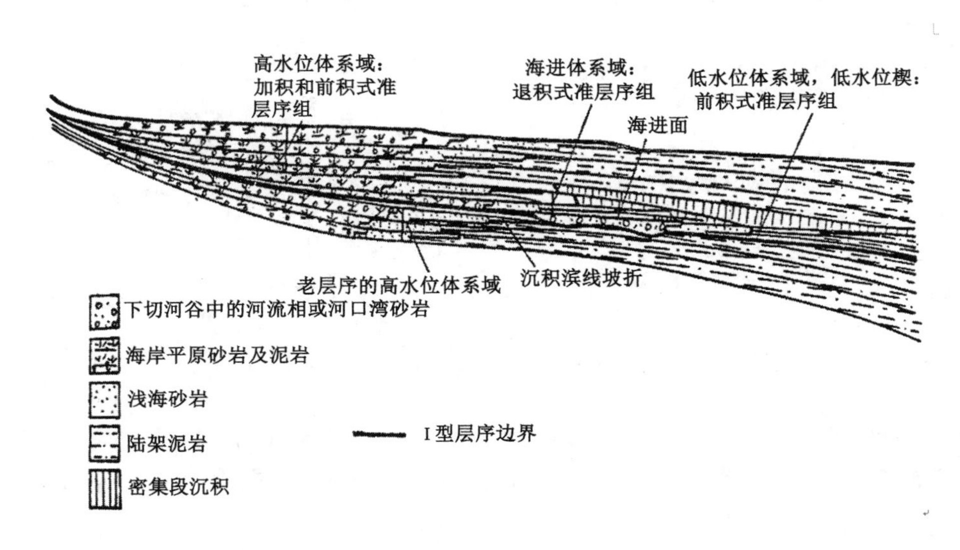

图 4-59　具有缓坡边缘的盆地内沉积的Ⅰ类层序的体系域构成

（三）体系域

体系域是同一时期内（即一个等时地层单位内）具有成因联系的沉积体系组合（Town 和 Fisher，1977）。通常有 3 种体系域：低位体系域、海侵体系域及高位体系域。低位和高位为描述性的术语，是指在层序内的位置。在层序地层分析中，体系域作为层序的构造单元，每个体系域都能解释与海平面升降曲线的某一段相呼应：在大陆边缘盆地中，低位体系域代

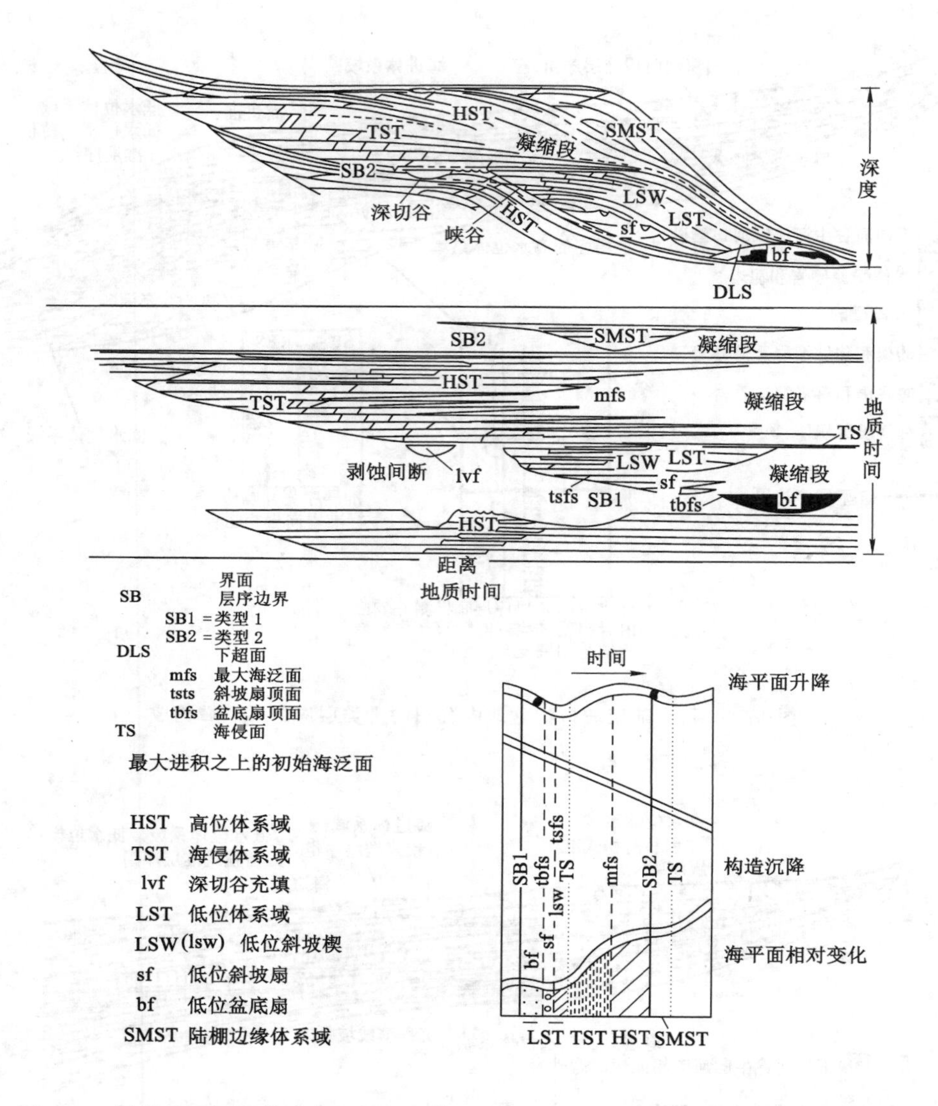

图 4-60 层序地层沉积模式表现的面和体系域，展示了Ⅰ型和Ⅱ型层序中一次旋回深度

表全球海平面下降期的产物；低位体系域的斜坡扇代表全球海水面下降晚期或全球海平面上升早期的产物；海侵体系域代表全球海平面的快速上升时期的产物；高位体系域代表全球海平面上升晚期、海平面不升不降或下降的早期。

沉积层序由多个体系域组成，每个体系域以一物理界面为界，该物理界面为沉积相转换面。三级层序内部的体系域的界限是初始泛海面和最大海泛面。在内陆湖盆地充填序列中划分三种体系域的界是初始湖泛面或最大湖泛面。每个体系域又往往由多个准层序组构成。

1. 低位体系域

Ⅰ型沉积层序中最下面(地层上最老的)体系域称为低位体系域，它沉积在退覆坡折处相对海平面下降、继而缓慢上升的阶段。陆棚坡折边缘上退覆坡折处的相对海平面下降，对

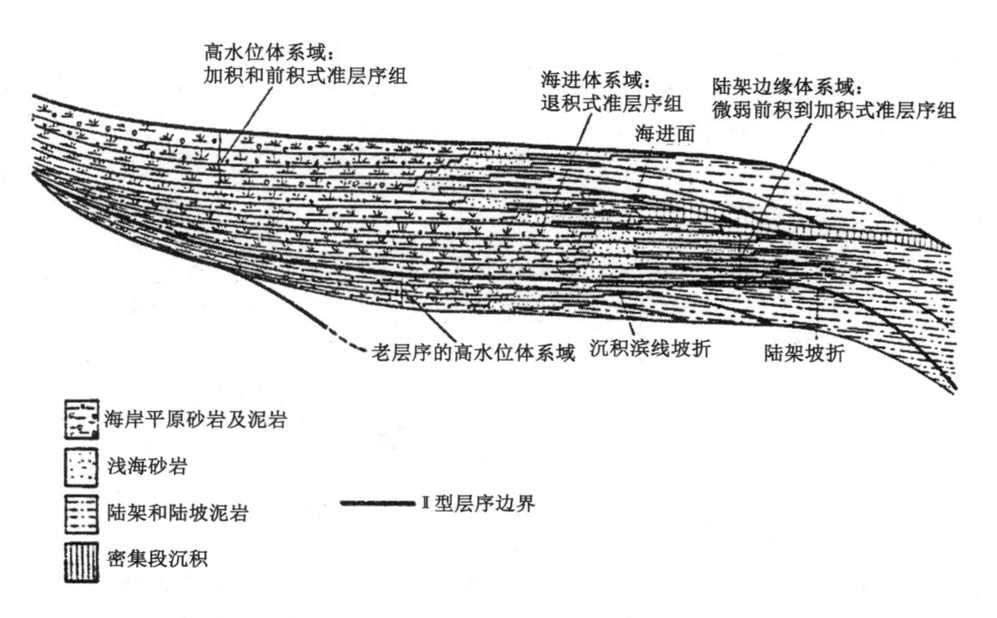

图 4-61 Ⅱ类层序的体系域构成

河流体系有极大的影响。在相对海平面下降之前，河流一般都维持一种相对均衡的剖面，并且上游侵蚀、下游沉积（冲积平原和海岸平原）。当退覆坡折处的相对海平面下降时，河流剖面必须调整到变低的基准面，河流切入早先沉积的顶积层，即前一层序的冲积平原、海岸平原和（或）陆棚沉积中。这些再旋回沉积物和从内陆河流输送来的沉积物，一起被直接输送到先期高位体系域的倾斜斜坡上。因为河流不能随意改道，所以沉积物集中在斜坡上某一点。这是一种天生的不稳定状态，这时沉积作用主要为大规模的斜坡断裂作用，导致沉积物路过陆棚斜坡而在盆地内沉积海底扇。在相对海平面不断下降和河流体系集中切割时，这些作用在沉积中继续占据着主导地位。

在相对海平面低点，河流剖面重新稳定下来，一个前积的顶积层-斜积层体系开始发育。这个体系中的第一个顶积层将上超在前期退覆坡折面之下。这就是退覆坡折面之下海岸上超的向下迁移，并表示一个Ⅰ型层序边界。起初，相对海平面上升的速率很慢，并与前积体系有限的顶积层面积相结合，便以很低的速率产生顶积层可容空间。沉积物供给超过可容空间的生成，因此形成前积体系。但是可容空间体积的增生速率最终会超过沉积物供给速率，就产生了前积到加积到退积的变化，并开始下一个（海侵）体系域。

因此低位体系域由两部分组成：相对海平面下降期形成的一套海底扇；一个顶积-斜积体系，它开始是前积，后来变成加积，沉积于相对海平面缓慢上升期。因为海底扇和顶积层-斜积层体系不需要沉积的连续性，因此，它们能够被视为分开的、独立的体系域。二者在传统上被划分在一个单独的低位体系域中，依据是两者之间的边界面可能是逐渐过渡的而不是突变的，并在低位楔的大部分斜坡部位形成海底扇（Poamentier 和 Vail，1988）。如图 4-62 所示。

2. 海侵体系域

海侵体系域是Ⅰ型和Ⅱ型层序的中间体系域（图 4-63），它发育于相对海平面上升阶段，此时顶积层可容空间体积的增加快于沉积物供给速率。海侵体系域主要包括顶积层和

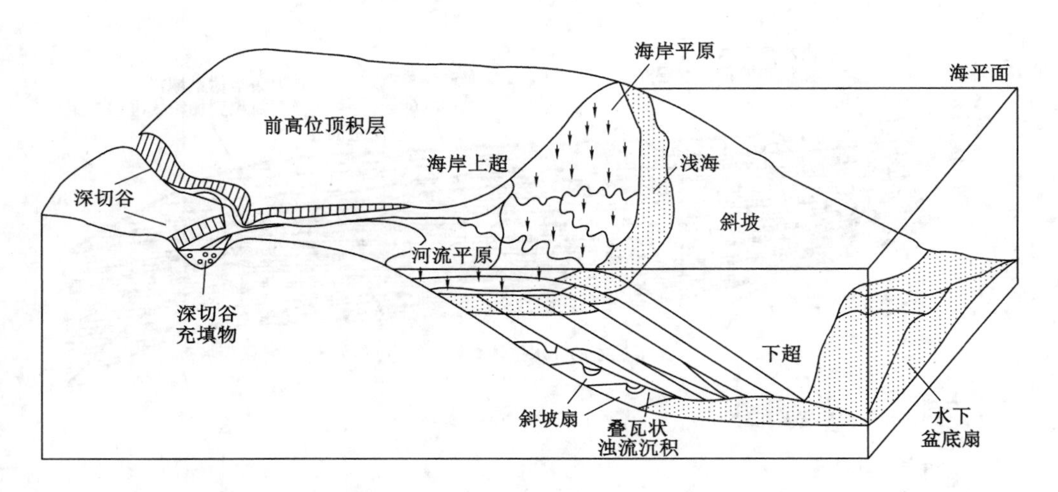

图 4-62　陆棚坡折边缘低位体系域的组成

少量伴生的斜积层，是完全退积的。活跃的沉积体系是顶积层体系，包括河流、近海、滨海平原和陆棚沉积体系，三角洲都是陆棚三角洲，这些体系显示了沉积物供给不足，并富含煤、越岸沉积、潟湖或湖泊沉积。泄流系统可能被淹没形成河口湾。宽广的陆棚区是海侵体系域的特征，并且潮汐影响可能是广泛的。海侵体系域向远端过渡为凝缩段，具有极低的沉积速率并发育凝缩相，如海绿石、富含有机质和(或)含磷页岩或远洋碳酸盐岩。

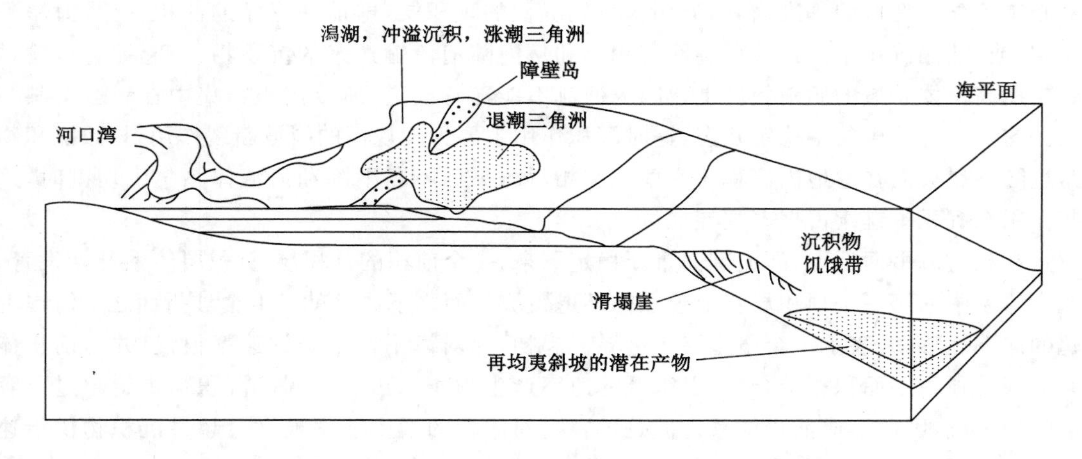

图 4-63　海侵体系域的组成

这些都是顶积层体系，表现出明显的潮汐作用影响，这是由于淹没的低位顶积层具有广阔的陆棚区，沉积包括河口湾、潟湖、障壁岛和潮滩沉积体系。

最大相对海平面上升速率发生在海侵体系域内的某一时刻，该体系域的结束发生在当顶积层可容空间体积增加速率降低到与沉积物供给速率刚好相等时，此时前积作用再度开始，这一点就是最大海泛面。海侵体系域顶积层的砂岩百分比会低于其他体系域的顶积层，因为只有少量的泥级物质能路过顶积层。海侵体系域常起到顶积层储层的盖层作用，有时也可以成为烃源岩。

覆盖全球广大范围的沉积体系是海侵体系域。宽阔的陆棚是很普遍的(其中许多是最新低位体系域的海泛顶积层)。大多数重要的三角洲是陆棚三角洲,并且大多数重要体是不活跃的。河口湾和潮汐海在西北欧附近很常见,而在美国东海岸主要是后退的障壁海岸和潟湖,深海沉积一般为罕见的浊流沉积,来自大陆坡的退积坍塌。

3. 高位体系域

高位体系域是Ⅰ型或Ⅱ型层序中最年轻的体系域,它是最大海侵后沉积的前积顶积层-斜积层体系,并位于一个层序界面之下,这时可容空间的增加速率小于沉积物供给速率(图 4-64)。高位体系域的特征是相对海平面上升速率随时间逐渐变小,形成开始为加积、后来是前积的结构特征。沉积体系在最初可能与海侵体系域中的相似,但陆棚区由前积作用充填,并且相对海平面上升速率减小,导致高位体系域潮汐作用影响减少,煤的含量、越岸沉积、潟湖或湖相页岩减少。河道砂体将更发育、更连通。

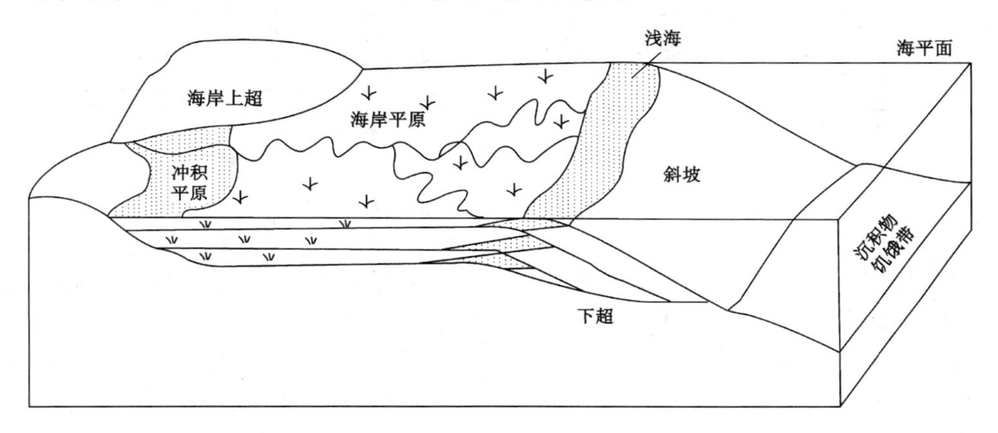

图 4-64 陆棚坡折边缘高位体系域的组成

二、含煤沉积层序地层分析

沉积层序的概念是在地震地层学分析中发展起来的,是地震层序分析所认识的时间地层单位。地震层序是沉积层序在地震剖面上的反映,地震层序分析首先依据反射的终止现象和不连续面确定地震的层序及其边界,反射界面上下的不整合关系是认识地震层序界面的基本标志(图 4-65)。

顶部的不整合关系包括削蚀和顶超。削蚀是指沉积物沿着一个不整合面被侵蚀掉的现象,是地震层序的最可靠的顶部不整合标志;顶超是指地层以很小的角度逐步收敛而与上覆地层相接触,代表一种由无沉积作用(沉积间断)或只有轻微侵蚀造成的上覆界面的反射终止现象,一般以顶超为特征的沉积界面分布范围有限,难以进行区域性对比。底部不整合关系包括上超和下超。其中,上超是一种层面关系,是指原始近水平地层对一个原始倾斜表面逐步终止的现象,或原始倾斜的地层对一个斜度更大的界面向上倾方向逐步终止的现象;下超也是一种层面关系,是指原始倾斜的地层对一个原始倾斜或水平界面顺倾向向下终止的现象。当后期形变使上超和下超难以区分时,则统称为底超。由这些界面所限定的地震层序的三维沉积体代表一个沉积层序,有其特有的域分布、几何形态、厚度分布和形变历史。

煤系层序地层学重要内容之一是在煤系剖面的露头上识别和分析三种不同级别的界面:层序界面、体系域界面和准层序界面。按层序界面进行高分辨年代地层对比。在层序分析中,

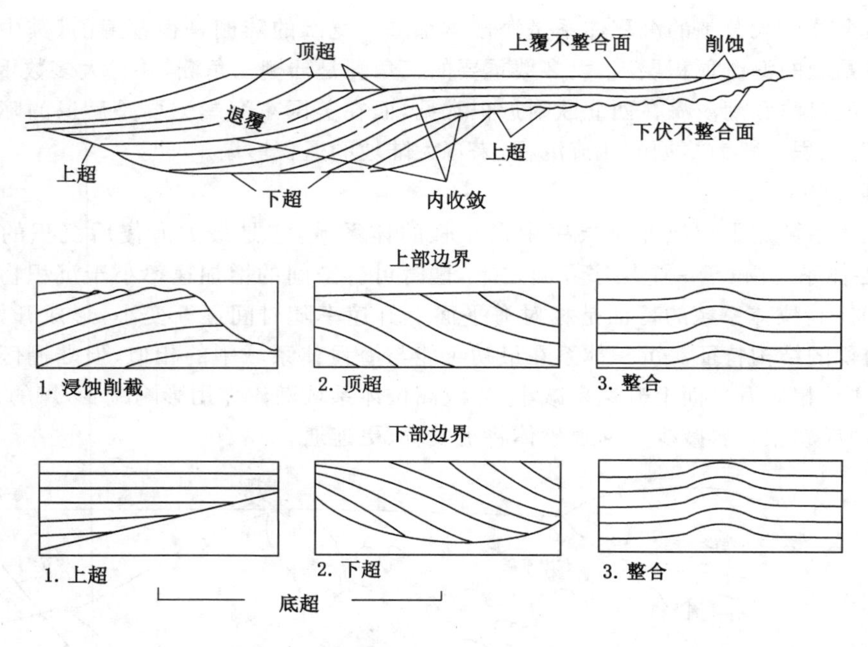

图 4-65　地震层序边界的反射终止标志

大至层序、小至纹层都是沉积岩系的基本构成单位,它们组成了不同级别的地层单元。除纹层外,每个地层单元都是由明显的年代地层界面所限定、有成因联系的地层剖面。这些界面是以识别不整合面为基础的,包括区域性侵蚀不整合面、区域性上超面、区域性顶超面(沉积基准面与沉积作用表面基本一致,沉积物过路不留或轻微冲刷的存在,是沉积间断面)、水下风暴浪蚀面、海侵冲刷面、火山喷发地层界面等。它们可对测井曲线、钻孔岩芯和地表露头进行对比,得出一个高分辨的年代地层格架。层序界面上、下的岩层之间不存在成因联系。

煤系、煤层在层序中的分布受海平面相对升降变化的控制,海平面的变化也控制着富煤带的形成和迁移。从我国的聚煤作用与全球海平面变化的关系看,聚煤作用总体上发生在海平面的下降期。对华北、华南晚古生代煤系的层序地层学研究表明,聚煤作用与海平面升降的Ⅲ级周期相当的Ⅲ级层序有关,高位体系域最有利于成煤,海进体系域次之,低位体系域要弱得多,体系域的转换期有重要的煤层形成。因为在海平面上升过程中,地下水潜水面缓慢上升,有利于形成厚煤层,且陆源碎屑物输入量少,易形成低灰分、以凝胶化物质为主的光亮型、半亮型煤;反之,在相对海平面下降过程中,沼泽覆水程度逐渐减少,陆源碎屑输入量多,不利于泥炭层的持续堆积。

任务实施

分析图 4-66 的综合柱状图,分析沉积相划分的方法,掌握层序划分的准则,掌握旋回划分的方法及其代表的意义。

思考与练习

根据已学知识,仔细阅读分析图 4-67,划分层序,识别体系域。

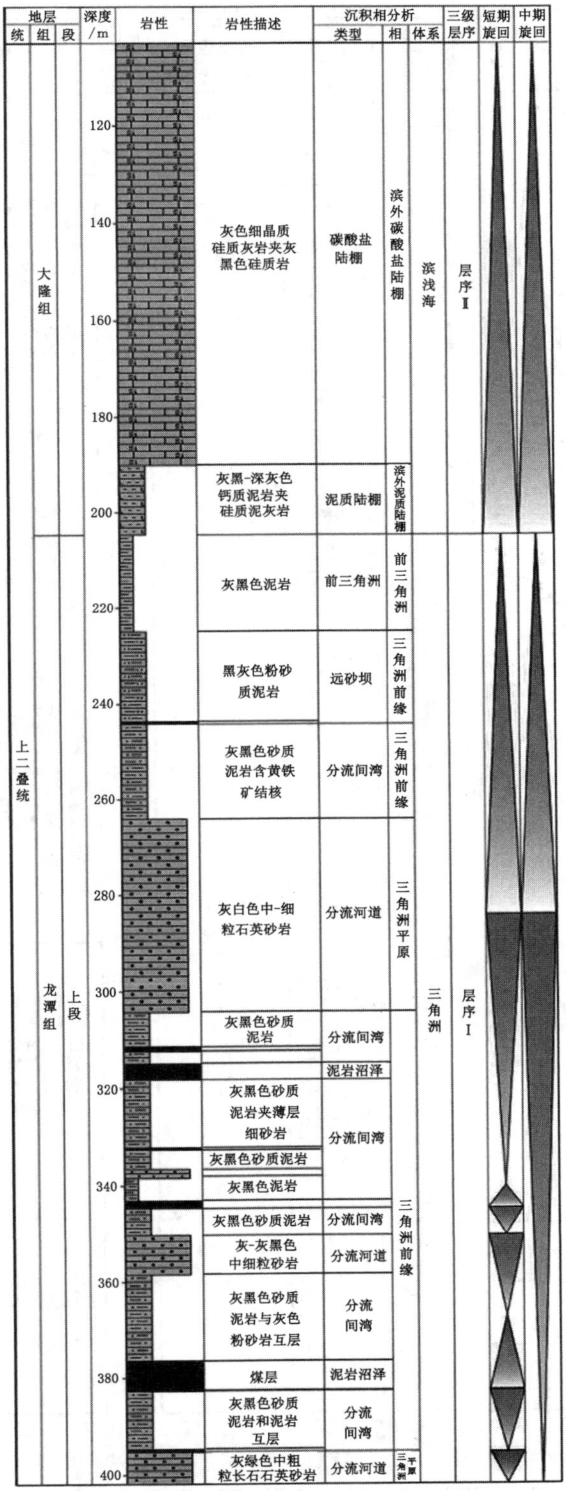

地层 统	地层 组	地层 段	深度/m	岩性	岩性描述	沉积相分析 类型	沉积相分析 相	沉积相分析 体系	三级层序	短期旋回	中期旋回
上二叠统	大隆组		120 140 160 180		灰色细晶质硅质灰岩夹灰黑色硅质岩	碳酸盐陆棚	滨外碳酸盐陆棚	滨浅海	层序Ⅱ		
			200		灰黑-深灰色钙质泥岩夹硅质泥灰岩	泥质陆棚	滨外泥质陆棚				
	龙潭组	上段	220		灰黑色泥岩	前三角洲	前三角洲	三角洲	层序Ⅰ		
			240		黑灰色粉砂质泥岩	远砂坝	三角洲前缘				
			260		灰黑色砂质泥岩含黄铁矿结核	分流间湾	三角洲前缘				
			280 300		灰白色中-细粒石英砂岩	分流河道	三角洲平原				
					灰黑色砂质泥岩	分流间湾	三角洲前缘				
						泥岩沼泽					
			320		灰黑色砂质泥岩夹薄层细砂岩	分流间湾					
					灰黑色砂质泥岩						
			340		灰黑色泥岩						
					灰黑色砂质泥岩	分流间湾					
					灰-灰黑色中细粒砂岩	分流河道					
			360		灰黑色砂质泥岩与灰色粉砂岩互层	分流间湾					
			380		煤层	泥岩沼泽					
					灰黑色砂质泥岩和泥岩互层	分流间湾					
			400		灰绿色中粗粒长石石英砂岩	分流河道	三角洲平原				

图 4-66　地层综合柱状图(一)

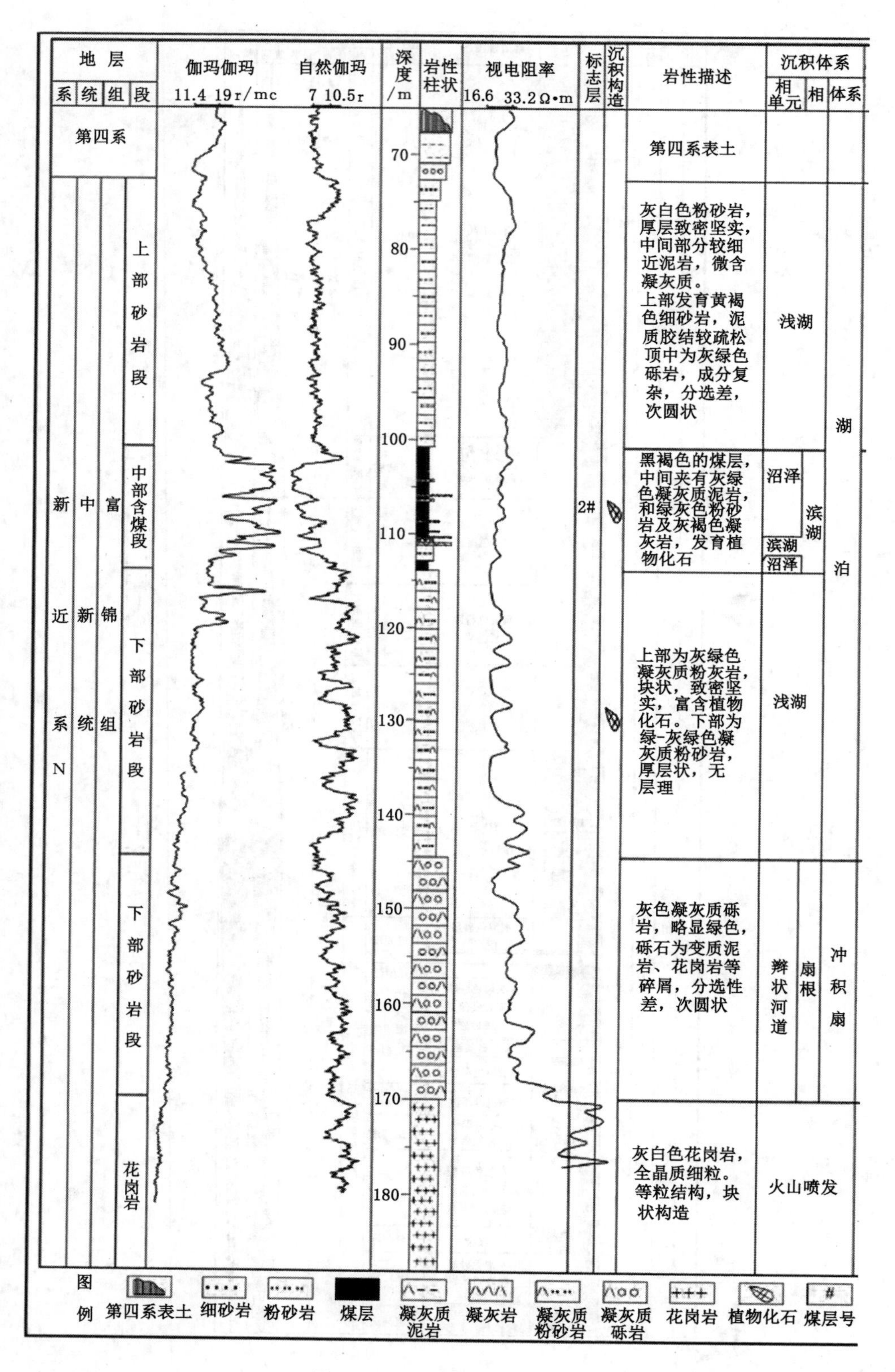

图 4-67 地层综合柱状图(二)

项目五　煤层勘查和煤层对比

任务一　认 识 煤 层

知识要点

煤层基本形态；煤层结构；煤层顶；底板。

任务导入

煤层是位于煤系的一定部位，夹在顶、底板岩石之间，由有机物质和混入的矿物质组成的地质体。煤层的层位、层数、厚度、结构、赋存状态及其变化，不仅决定着煤田的经济价值，而且对矿区开发规划的制定和矿井设计等方面产生重要影响，同时也是影响煤矿正常生产过程的重要地质因素。

任务分析

掌握煤层形成机理及一般特征；掌握煤层厚度变化原因；掌握煤层对比方法。

相关知识

一、煤层基本形态

（一）煤层的厚度

煤层厚度是指煤层顶、底板岩层之间的垂直距离。为便于煤炭地质勘查和煤矿生产的应用，依据煤层的结构，可将煤层厚度划分为总厚度、有益厚度和可采厚度。

（1）煤层总厚度是指煤层顶、底板之间各煤分层厚度和夹石层厚度的总和[图 5-1(a)]。

（2）可采厚度是指在现代经济技术条件下可以开采的煤层的厚度或煤分层的厚度总和[图 5-1(b)]。

最低可采厚度是指在现代经济技术条件下适于开采的煤层厚度。即按照国家目前有关技术政策，依据煤种、产状、开采方式和不同地区的资源条件所规定的可采厚度的下限标准。表 5-1 是我国一般地区的最低可采厚度标准，煤炭资源贫缺地区的煤层最低可采厚度标准由省（区）煤炭工业主管部门制定。最低可采厚度是煤炭地质勘查和煤矿设计、开采的一项重要经济技术指标，达到和超过最低可采厚度的煤层称为可采煤层。

(3) 有益厚度是指煤层顶、底板之间各煤分层厚度的总和[图 5-1(c)]。

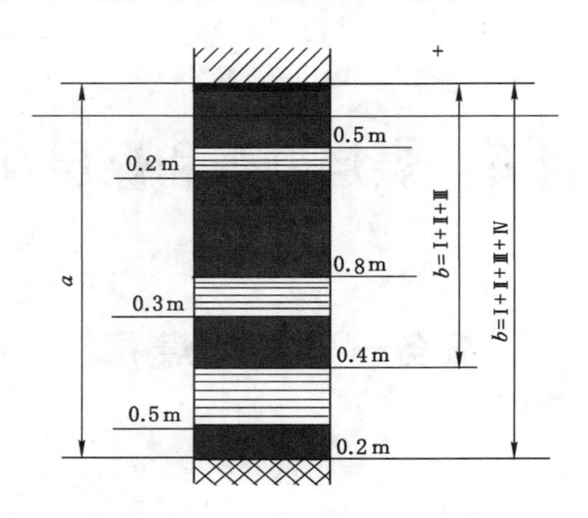

图 5-1　煤层的厚度

(a) 煤层总厚度;(b) 可采厚度;(c) 有益厚度

表 5-1　　我国一般地区煤的最低可采厚度

<table>
<tr><th colspan="3">煤类</th><th>炼焦用煤</th><th>长焰煤、不黏煤、弱黏煤、贫煤</th><th>无烟煤</th><th>褐煤</th></tr>
<tr><td rowspan="4">煤层厚度/m</td><td rowspan="3">井采</td><td>倾角<25°</td><td>≥0.7</td><td colspan="2">≥0.8</td><td>≥1.5</td></tr>
<tr><td>倾角 25°～45°</td><td>≥0.6</td><td colspan="2">≥0.7</td><td>≥1.4</td></tr>
<tr><td>倾角>45°</td><td>≥0.5</td><td colspan="2">≥0.6</td><td>≥1.3</td></tr>
<tr><td colspan="2">露天开采</td><td colspan="3">≥1.0</td><td>≥1.5</td></tr>
</table>

煤层的厚度相差很大,薄者仅几厘米,称作“煤线”,厚者可达百米以上,为适应不同开采方法对煤层厚度的要求,又将可采煤层划分为以下几个厚度级别。

极薄煤层:煤厚 0.3～0.5 m;

薄煤层:煤厚 0.51～1.30 m;

中厚煤层:煤厚 1.31～3.50 m;

厚煤层:煤厚 3.51～8.0 m;

巨厚煤层:煤厚大于 8.0 m。

(二) 煤层的基本形态

煤层形态是指煤层在空间展布的各种形状特征,煤层厚度变化的大小和规律可以从煤层形态上直接表现出来。

根据煤层形状在一个井田范围内成层的连续程度和可采面积与不可采面积之比,将煤层的基本形态分为层状、似层状、不规则状和马尾状四种(表 5-2)。

表 5-2　　煤层的基本形态

煤层形态		基本特征	图示
层状		煤层在一个井田范围是连续的，厚度变化不大，全部或部分可采	
似层状	藕节状	煤层不完全连续或大致连续，而厚度变化较大；煤层的可采面积大于不可采面积	
	串珠状	煤层不完全连续或大致连续，而厚度变化较大，煤层形似捻珠；可采面积和不可采面积大致相当	
不规则状	鸡窝状	煤层断断续续，形状不规则，呈鸡窝状，其中煤层的可采面积多少于不可采面积；有的鸡窝状煤层的煤包较大，常具可采价值	
	透镜状	煤层断断续续，形状不规则，呈透镜状；煤层的可采面积多小于不可采面积	
	扁豆状	煤层断断续续，形状不规则，呈扁豆状；煤层的可采煤体规模较小，一般不具单独开采价值	
马尾状		煤层基本连续，总体由厚到薄，至完全消失，它是由厚煤层分岔、尖灭形成的；煤层的可采面积与不可采面积变化较大	

二、煤层结构

煤层结构是指煤层中是否含有呈层状且比较稳定的岩石夹层（俗称夹矸）及其在煤层中不同的位置而显示出的总体特征。根据煤层中有无岩石夹层分布，煤层可分为简单结构和复杂结构两种类型。其中，煤层中不含较稳定的层状岩石夹层的称为简单结构煤层；含有数目不等的层状岩石夹层的称为复杂结构煤层（图 5-2）。简单结构煤层反映泥炭沼泽持续发育，泥炭层连续堆积的过程；复杂结构则反映成煤过程中，泥炭物质堆积曾有间歇或泥炭沼泽环境的多次转换。

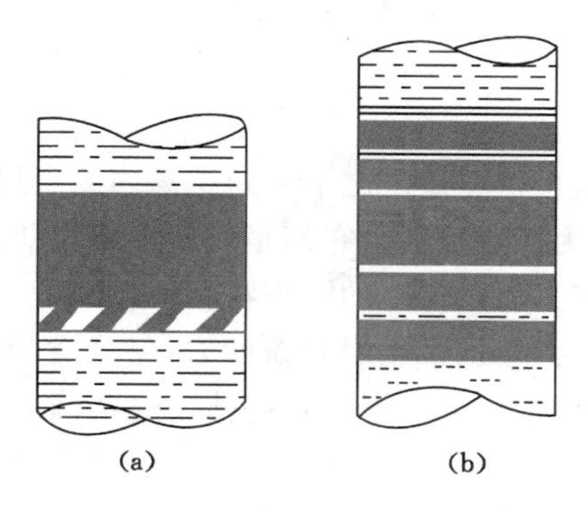

图 5-2　煤层的结构

(a) 简单结构煤层；(b) 复杂结构煤层

自然界多数煤层都含有夹石层，少则几层，多则几十层甚至几百层。一般来说，煤层厚度大，岩石夹层的数目就多，厚煤层和巨厚煤层尤其是这样。因此，在实际工作中常根据在一定厚度的煤层中岩石夹层的相对多少，并考虑其在煤层中出现的部位及对开采的影响等，采用较简单、较复杂、复杂、极复杂等类别来描述煤层结构。如在安徽淮北地区的煤炭勘查中，将中厚～厚煤层中含有0～2层夹矸的称为简单结构煤层；含有2～5层夹矸的称为较简单结构煤层；含有5～8层夹矸的称为较复杂结构煤层；含有9～10层夹矸的称为复杂结构煤层；含有10层以上夹矸的称为极复杂结构煤层。对煤层结构进行观察描述时，在考虑岩石夹层层数的同时，还应考虑煤层厚度，如厚度为2 m和8 m的两层煤，都含有4层夹矸，就不能笼统地以夹矸数目将其分作相同的结构类别；同时，对煤层结构进行描述时还应尽量与采矿技术和开采分层要求相结合，与资源/储量计算要求相结合。考虑夹矸在煤层中的出现部位和是密集集中分布还是均匀间隔分布，这些都影响到对煤层结构的正确评判。

煤层中所含夹矸，其形状比较复杂，有层状、似层状、透镜状和其他不规则状等。从资源/储量估算和开采要求考虑，夹矸应理解为煤层中大于5 cm，小于所规定的煤层最低可采厚度的岩石夹层。

煤层夹矸的岩性是多种多样的，组成煤系的各种类型岩石都有可能以夹层的形式出现在煤层中。常见的是碳质泥岩、黏土岩和粉砂岩，有时也有石灰岩、硅质岩、油页岩、砂岩、砾岩。

煤层夹矸的物质来源，主要取决于泥炭沼泽所处沉积环境。与河流毗邻的泥炭沼泽，夹矸主要是越岸沉积物，有从悬浮物质沉积下来的黏土、粉砂，也有底负载的砂砾堆积；滨海泥炭沼泽，由于风暴、潮汐作用可能遭受海水内侵，形成碳酸盐或硅质岩夹矸，常沿一定层位呈透镜状产出；由于地下水位的波动，泥炭沼泽和覆水沼泽阶段性转换，覆水条件下形成的黏土岩、油页岩夹矸是与煤共生的有益沉积矿产；泥炭沼泽外围有火山活动时，火山喷发物可形成煤层的夹矸。

煤层中的夹矸是一种有害的成分，夹矸层的增多，对采煤方法、采煤机械的选择和原煤质量都有一定影响。但当厚煤层中的矸石层较稳定，出现部位恰在分层位置时，可作为分层开采的假顶使用。薄而稳定、岩性特殊的夹矸层，可作为煤层对比的良好标志。有时煤层中的黏土岩夹矸达工业品位，即可作为耐火材料或陶瓷原料。陕西渭北煤田5号煤层有厚度为0.2 m和0.5 m的两层稳定夹矸，除构成煤层本身特征用于煤层识别与对比外，还可作优质陶瓷原料和耐火材料。

三、煤层的顶、底板特征

在正常层序的煤系中，直接伏于煤层之下一定距离内的岩层称为煤层底板，直接覆于煤层之上一定距离内的岩层称为煤层顶板。它们是煤层形成时期沼泽中承受泥炭层堆积和泥炭层形成后覆盖泥炭层，并使其得以保存的沉积物。

煤层底板多见的岩性多为泥岩、黏土岩和粉砂岩，常富含植物根茎及痕木化石，呈团块状，俗称“根土岩”，是煤层原地生成的依据。在内陆型煤系剖面中，常见的煤层底板为砂岩，但在煤层与砂岩之间往往有薄层泥岩或黏土岩。在个别情况下，煤层底板为砾岩。在近海型煤系中，也有煤层底板为灰岩的，如广东、广西等晚二叠世煤系中的某些煤层。以粗碎屑岩或灰岩为煤层底板的岩层，不具有沼泽相特征，通常被认为是成煤物质异地或微异地堆积的标志。这些底板类型之上的煤层一般都不稳定，且煤质也差。

煤层顶板的岩性也是多种多样的。近海型煤田的煤层顶板常为潟湖海湾相，滨海湖泊相泥质岩、粉砂岩及浅海相灰岩。华北石炭二叠纪太原组是海进型充填序列，成煤的环境主要为潟湖-障壁岛体系，泥炭堆积之后迅速被陆表深海-浅海相石灰岩所覆盖；而华北山西组是海退型充填序列，成煤的环境主要为三角洲和河流体系，煤层顶板为源相泥岩、粉砂岩或冲积相砂岩。内陆型煤系中，煤层顶板以内陆湖泊相泥质岩、粉砂岩、细砂岩最为常见，有时也为冲积相砂岩、砂砾岩或砾岩，是洪积扇和高坡度河流的堆积物，往往使下部煤层遭受冲刷。

煤层与其顶、底板的接触关系是反映煤层形成前后沉积环境及其演变情况的直接标志，有过渡接触、明显接触和冲刷接触三种情况。过渡接触表现为煤层与顶、底板之间界线不清，两者之间或夹有薄层碳质泥岩、泥质岩或夹有泥质岩、碳质泥岩、薄煤层及煤线的频繁互层，反映了沉积环境的渐变、过渡；明显接触是指煤层与顶、底板界线分明，接触面平整而易观察，如石灰岩顶板或中粗砂岩底板与煤层的直接接触，说明沉积环境的迅速变化；冲刷接触表现为煤层顶板岩性出现粗碎屑岩甚至砾岩，接触面不平整，与明显接触最大区别在于其对煤层的冲蚀造成煤层形态的变化，这种接触关系标志清楚，容易识别。

有的煤层顶、底板岩层本身就是有用矿产，那些分布广泛、特征明显的可作为煤岩层对比的标志。同时，由于煤层顶、底板的岩石成分、厚度、透水性、稳定性、裂隙发育情况，以及顶板力学性质、机械强度等对采煤设备的使用、开采方法的选择、顶板管理、巷道支护、地下水处理、估计煤和瓦斯突出等方面有重要的实际意义，因此在煤炭地质勘查过程中，应加强煤层顶、底板的岩石力学性质的研究，并对其做出正确评价。

四、煤层中的结核、包体和化石

煤层中除含有岩石夹层外，还可见各种不同矿物成分的结核、包体和化石，它们也是煤层特征之一。

煤层中常含有黄铁矿质、白铁矿质、方解石质、白云石质、菱铁矿质及硅质等结核。结核中心多为泥质和粉砂质，外表形状多呈透镜状、串珠状、瘤状、豆状及鲕状等，常按一定层位断续分布在煤层中，有时也呈散状分布。

结核成分与泥炭沼泽环境及介质化学条件有关。如方解石质、白云石质结核通常是在近海条件下的泥炭沼泽中形成；黄铁矿质、菱铁矿质结核的形成则与较强还原环境有关，多形成于闭塞滞水盆地演化而成的泥类沼泽中。详细研究煤层中的结核，不仅可以了解成煤环境，还可作为煤层对比和含煤性分析的依据。

煤核主要是由方解石、白云石或硅质等包裹、充填、交代植物或动物残体的一种特殊结核。煤核外表常附一层煤皮，煤核的形态和大小不一，基质成分也各不相同。通常在煤核中钙质含量高时，植物组织保存的程度较好；黄铁矿含量高时，植物组织保存程度则差。贵州汪家寨矿晚二叠世汪家寨组煤层中发现的煤核，基质为钙质，其中心主要为石松纲及科达树的残骸，植物组织结构保存十分完整、清晰，可见初生木质部、次生木质部、管胞及树皮等。太原西山、徐州贾汪等煤田也有过煤核的发现。我国南部第三纪聚煤盆地中还发现有硫酸盐-碳酸盐以及硅质-碳酸盐的煤核。详细研究具有植物结构的煤核，对于对比煤层、认识成煤植物及其演化特点、了解泥炭聚积环境及古气候特征等都具有重要意义。

煤层中的包体，也称漂砾，是指煤层中所包含的大小不等，外形呈球状、椭球状的各种岩石块体，它们是煤层中的外来砾石。如本溪煤田就曾发现过若干漂砾，其外形呈橄榄球状，表面光滑无棱角，长轴直径达 30 cm，表面附煤皮，形似结核。包体岩性为石英岩，推测是震旦亚界的石英岩经磨蚀、搬运进入泥炭沼泽而成。阜新煤田下层群的煤层中也发现过花岗岩漂砾。

除结核和包体外，煤层中还发现有动物化石。例如，山西太原西山煤田太原组、浙江长广煤田龙潭组煤层中都发现了珊瑚、腕足类和有孔虫化石，是海水短时内侵泥炭沼泽的结果。

五、煤的风化与自燃

（一）煤的风化

按地球动力系统区分，产生于地表的各种地质营力统归属于外动力地质作用。它们在聚煤期以后的发展过程中，绝大部分对煤起破坏作用，如煤的风化即为一例。

1. 煤的风化与风化煤

煤的风化是指煤系形成后，受后期构造影响使煤层暴露于地表或埋藏于地表浅处，在氧、二氧化碳、水、温度、湿度及生物活动等外动力地质作用影响下，使煤的物理、化学性质和工艺性能发生一系列变化的过程。煤发生风化以后，会降低甚至完全丧失工业利用价值。

煤的风化与岩石风化相似，可分为物理风化、化学风化、生物风化等三种作用方式。不同的风化作用方式对煤的破坏不尽相同。物理风化是大气通过温度、湿度和水的体态等变化，改变煤的物理性质和结构状态。这种单纯以物理方式所造成的风化作用，对煤的破坏并不很大，只在干燥气候条件下占主要地位，一般影响深度也有限。影响最大的是大气以化学反应方式所进行的化学风化作用，这是因为大气中含有氧、二氧化碳等多种活性气体，也包含大量水汽，各种活性气体大量溶于水而形成各种不同程度的酸、碱溶液，在水和水溶液的参与下促进煤发生化学变化，它不仅改变煤的物理性质，而且主要改变煤的化学组成，并使许多重要的工艺性质也遭到破坏。化学风化向地下影响的深度也要大得多，在潮湿气候环境中尤其突出。自然界煤的风化作用是以物理和化学两种方式同时进行，煤受风化影响最显著的是在开始阶段，此时煤的物理性质、化学成分及工艺性能发生巨大变化，随后由于化学作用渐趋平衡和向地下波及阻力加大而减缓发展速度，最后到一定深度时可达暂时稳定状态，故风化作用是有一定范围深度限制的。生物风化是次要的，往往伴随物理风化和化学风化进行。

风化煤是地表煤层露头遭受风化作用后的产物。煤遭受风化后，颜色变浅，光泽暗淡，硬度和强度降低，结构松散，吸湿性加强，原始构造不清，以致成为碎块或粉末。同时在化学工艺性质方面也发生一系列变化（表 5-3）。

表 5-3　风化煤的成分和性质变化

煤的成分和性质的指标	变化情况
氧含量	增高
碳含量	降低
氢含量	降低
湿度	增高
灰分	一般是增加，但有例外
挥发分	在高变质煤中增加，在中、低变质煤中风化作用开始时减少，然后增加

续表 5-3

煤的成分和性质的指标	变化情况
发热量	降低
黏结性	降低以至完全消失
胶质层厚度	降低以至完全消失
可选性	降低
在碱溶液中溶解度	增加
焦油产率	降低
燃烧温度	降低

由表 5-3 可知，煤的风化作用与变质作用过程的变化相反。风化煤的挥发分产率增加，黏结性减弱，胶质层厚度减少，焦油产率降低等变化是显著的。风化煤不能用作炼焦和干馏，经济价值大大降低。但风化煤中的次生腐殖酸可制成农业生产需要的腐肥。

煤风化后，其中的有机质大部分变为气体逸去，部分被水溶解流失，故煤的厚度显著变薄，甚至以煤线形态存在或转化为煤华和煤垩。煤华和煤垩是寻找煤层露头的良好标志。

不同变质程度的煤遭受风化后，对表 5-3 中所列各项指标反映的灵敏度是不同的。对不黏结的低变质煤，最灵敏的测定指标是湿度；中变质煤是黏结性和胶质层厚度；高变质煤则为碳、氢含量和挥发分。

2. 煤层的风化带和氧化带

风化作用对煤质产生破坏，使风化煤和未风化煤在应用上有很大差别，因而在煤炭地质勘查中，要求在浅部煤层中圈定出风化带和氧化带，以便分别计算储量和利用。

通常，把煤层露头及地表浅处煤的物理性质、化学性质及工艺性质都变化了的地带称为风化带；把距地表较深处煤的物理性质变化不大，而化学性质和工艺性质发生变化的地带称为次风化带(图 5-3)。鉴于氧化作用在煤的风化中占主导地位，故有人将煤层风化带和次风化带合称为氧化带。

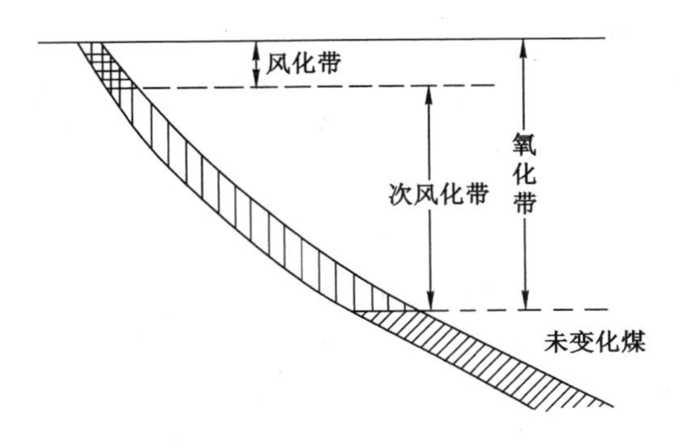

图 5-3　倾斜煤层风、氧化带分带

风化带和氧化带的深度一般沿煤层斜深来推算。风、氧化带的深度与埋藏条件、侵蚀速度、气候及煤的成分和性质有关。

煤层的埋深条件是决定煤层遭受风化影响的决定因素。其埋藏状态又包括了产状、构造裂隙发育程度、围岩的成分与性质、煤层中的夹矸与性质，以及上覆岩层的性质与厚度等多方面，这些条件直接影响氧、水等介质与煤的接触。如构造裂隙发育，围岩透水性强，缓倾斜煤层的风、氧化带就深；上覆盖层致密、厚度大，煤的夹矸多、质地硬，陡斜产状的煤层的风、氧化带就浅。如果煤层埋覆较深，但接近古剥蚀面，煤层有受古风化作用的可能，因而正确确定主要风化作用时期是必要的。

风、氧化作用过程是缓慢的，当侵蚀速度快、地形切割陡，风化带和氧化带就浅；反之，则深。在强烈冲刷的河岸和谷底等地，常可找到风化很浅的煤。

气候条件可影响潜水面的高低、大气降水和渗透水的含量及性质，以及自由氧的含量和生物化学作用强弱等。如温湿性气候有利于化学风化进行，形成的氧化带就深；干燥性气候有利于物理风化进行，形成的氧化带就浅等。

煤的变质程度低，抵抗风化的能力就差。因此，低变质的煤比高变质煤更易风化，腐殖煤比残殖煤更易风化。在腐殖煤中，镜煤和光亮型煤又较丝炭和暗淡型煤更易风化。

受以上各因素综合影响，煤层风化带和氧化带的深度即使在同一煤田、煤产地也会有很大变化。因此，无论是风化带还是氧化带，都很难找出平整的界面。

3. 风化煤的鉴定标志

风化煤是指在风、氧化带中煤的总称。确定煤层的风、氧化带深度界线，一般是沿煤层由浅入深取样，并按化学分析和工艺性质测定的方法进行测定。但这种方法费时多、成本高，实际工作中只要利用风化煤较明显的肉眼煤岩特征与镜下鉴定标志，即可简便而迅速地确定煤层风、氧化带的深度，所得结果往往与实际相差不大。风化煤的肉眼特征主要是裂隙面次生矿物的存在及其性质，以及裂隙面与新鲜断面上煤的光泽差别等（表 5-4）；同时，氢氧化铁的存在和性质是一个较好而又容易辨识的标志。

表 5-4　　氧化煤肉眼鉴定标志

煤岩特征 / 氧化带	光泽	结构、构造	内生裂隙	机械强度	在裂隙内最普遍的矿物
上部（风化带的强烈氧化煤）	无论是在内生裂隙面上还是在新鲜断面上光泽皆比非氧化煤弱甚至暗淡无光	在个别小块中发现有轻微破坏	被风化裂隙所掩盖	松软，稍稔即碎成粉末状	多数情况下，没有氢氧化铁，有很多的泥质的风化产物，有时胶结了个别的煤块
中部（次风化带上部的中期氧化煤）	在内生裂隙面上比非氧化煤弱，在新鲜断面上与非氧化煤同	与非氧化的煤相同	由于风化，内生裂隙很明显，具有与非氧化煤相同的常见度	上部的煤机械强度弱，往往渐增可达到与非氧化带煤相同	有大量的褐色的氢氧化铁充填在煤的裂隙中。碳酸盐薄膜常受溶蚀。也可发现大量的晕彩状的氢氧化铁
下部（次风化带下部的初期氧化煤）	在新鲜断面上与非氧化煤相似；在裂隙面上有时与非氧化煤相似，有时较弱	与非氧化煤相同	常比非氧化煤表现更明显，裂隙的常见度与非氧化相同	在大多数情况下与非氧化煤的强度相同	可见新鲜的碳酸盐薄膜，小量晕彩状的氢氧化铁。有时也可发现尚有少量未氧化的黄铁矿薄膜存在

风化煤在镜下鉴定标志比较明显，主要有以下几项内容。

(1) 风化裂隙的形成

风化裂隙是中等或强烈风化煤的特征之一。它是煤中某些物质受风化后从煤中消失而形成的，一般呈楔形。风化裂隙多发育在凝胶化基质与丝炭接触的部位，而镜煤和丝炭本身并不发育。在风化程度相同的情况下，中变质烟煤中的楔形风化裂隙发育。

(2) 凝胶化基质突起降低

煤在风化过程中，由于煤炭物质各部分结合力的减弱，使氧化带中煤的凝胶化基质的突起降低和反射率减弱，特别是在风化裂隙发育的部位，突起明显降低。

(3) 淋蚀孔隙的出现

大小不等的淋蚀孔隙是煤中有机质或矿物质的易溶物质在风化过程中被地下水溶解带走而形成的。一般在低变质煤中常见，镜质组中发育，造成表面的不平坦。

(4) 煤的崩解产生

风化裂隙和溶蚀孔隙的发育，使煤变成碎块称为煤的崩解。风化煤中变质烟煤易崩解，高变质煤较难。因此，在中变质烟煤的风化带上部常有较厚的质地松软的煤。

(5) 反射率降低

镜质组在氧化初期，反射率仅围绕风化裂隙降低，形成花边状。这种现象在中变质烟煤中明显，并随氧化程度的增高而向内不断扩大。丝质组的反射率仅在煤受强烈氧化时稍作降低，而稳定组分的反射率不受风化影响。

(6) 镜煤的不均匀氧化结构

强烈氧化煤的镜煤中，常出现不均匀氧化结构，其特征和人工氧化剂侵蚀镜煤所产生的结构相似。

(二) 煤层的自燃

煤层因自然氧化而升温以致自行燃烧的现象称为煤层自燃。煤层的自燃对煤炭资源破坏很大，给矿井生产带来危害，也严重影响煤的赋存状态。

在自然状态下，煤系中的煤层发生自燃是常见现象。我国的内蒙古、华北北部及西北地区的中、新生代煤田都有大片煤层自燃，使煤层露头和一定深度范围的煤遭到破坏。新疆是我国煤炭资源最丰富的省区，自燃火区多达 42 处，燃烧总面积达 102 km^2。燃烧的火焰有的高达两米以上，火烧深度有的约达 290 m。据记载，新疆一些煤田的自燃火灾已延续了 1 500多年。

我国生产矿井煤层自燃的例子很多，如辽宁抚顺、山西大同、甘肃华亭等地都发生过煤层自燃。煤层自燃不仅引起井下火灾，影响生产，使资源受损，而且产生有毒气体威胁井下人员的生命安全。在有瓦斯或煤尘爆炸危险的矿井中，还可能导致瓦斯或煤尘爆炸，危害更为严重。因此，在煤田地质勘探和煤矿生产中，对煤层的自燃要给以高度重视。

一般认为引起煤层自燃有以下因素。

1. 与煤炭物质本身有关

与煤炭物质本身有关的因素包括煤的风化、煤岩组分、煤的裂隙、结构及粒度等。

煤层自燃是煤层经受风化作用，特别是物理风化作用后的进一步发展。煤在风化初期，若机械破坏方式占主导地位时，则主要使煤破碎，此时煤的物理、化学性质尚无大的改变。破碎后的煤块和煤颗粒增大了与空气接触的表面积，再加上煤中原有的内生裂隙，于是便为煤的迅速氧化而自燃奠定了基础。如果煤在风化初期未发生自燃，经风化过程遭到彻底破坏，煤就不易自燃。一般来说，煤的风化程度越深，其自燃趋势越低。

煤的物质组成是引发煤自燃的条件之一。各种成因类型煤中，腐殖煤是易自燃的煤类，其自燃倾向随煤化程度的升高而降低，这与煤化过程中煤内部分子结构和化学成分的变化有关。在煤岩组分中，镜煤和丝炭是易燃成分，特别是未矿化的丝炭，虽然它较难氧化，但孔隙率高，与氧接触表面积大，吸附氧的能力强，吸附氧时放出的热量也多。因此，煤中丝炭物质常常是煤发生自燃的“火源”。同理，裂隙多、结构破碎、粒度大小不均，以及由于构造和开采扰动而松动、破碎的煤，由于氧化作用强，自燃的倾向性大。此外，煤层厚度大、结构单一，也是容易发生自燃的因素之一。

2. 与煤中某些矿物质氧化、热流通条件和气候有关

近海型煤系中的煤多含有黄铁矿，当其与氧发生反应时，有 Fe_2O_3 和 SO_3 生成并放出热量。煤是不良导热体，与外部热交换条件差，热量的不断聚积会导致煤体温度升高并崩解。若同时有水参与作用，Fe_2O_3 和 SO_3 可进一步生成硫酸亚铁和硫酸。这种强氧化剂可加速煤的氧化，进而释放出更多的热量，最终引起自燃。已发生氧化而发热的煤体，被水淋滤湿润所增高的热量称为湿润热，湿润热有助于煤的自燃。采出后堆放在地面的大体积煤堆，最容易在雨后及雪融时迅速升温而发生自燃。此外，承受过大压力、通风不良、热交换易受阻的煤柱，自燃的倾向性也大。

在干燥气候和高气温环境中煤最易发生自燃。在干燥气候条件下，大气的年温差和日温差都很大，在高温季节的白昼气温可达数十摄氏度，因煤极易吸热，而散热缓慢，故易发生热聚集而引起自燃。

此外，煤层因构造运动带来的地热高温亦可引起火灾，称为构造式自燃。因小煤窑乱采乱掘，使煤层特别是被弃的末煤与空气中的氧接触，经氧化作用使其增温积热，引起的燃烧更为常见，称为开拓式自燃。

引起煤自燃的因素较多，但其根本原因是空气中的氧与煤物质发生化学作用的结果。研究证明，煤的氧化在低于 80～85 ℃的低温情况下，首先由煤中大分子结构单元上侧链的各种活性基团与氧吸附，然后形成煤氧络合物。当煤中产生热聚集后，在温度超过 80～85 ℃时，可使已形成的煤氧络合物迅速分解，并放出 CO_2、CO 和水汽，同时也放出热量，使煤继续增温和加速氧化。在后续氧化过程中，煤还要继续发生热解和排放气体，这些煤中的气体产物都易燃烧，一旦温度超过燃点或有氧气充分供给和风力帮助时，煤即可迅速发生自燃。

煤的自燃，有的可将煤完全烧尽，仅在煤层层位上留下灰烬；有的只部分燃烧留有部分煤体。无论那种情况，由于煤中的有机质或部分矿物质转化成气体逸散，将使原有煤层厚度骤减，造成上覆岩层塌落。此外，煤燃烧时，上覆岩层被强烈增温会不断崩裂，甚至熔融，变成各种烧变岩，受到扰动。上覆岩层的不断崩裂、塌落，使较深处的煤层直接与空气沟通，地下水也易渗入，由于空气促使煤燃烧，一定量的水分又能助燃，于是使煤火继续向深部推进，焚毁大片煤层。当煤自燃到一定深度时，由于缺氧而自熄。但当煤层内聚集的温度仍然很高时，一旦外部条件改变或受到新的扰动，已熄火的煤层又可恢复自燃。

根据陕西神府煤田煤层上覆岩层烧变特点，将煤层自燃分为强烈自燃、中等自燃、微弱自燃三个烈度，分别表示自露头向一定深度燃烧的程度及方式，这对自燃区煤的勘探工作有

普遍意义。煤自燃时,邻近自燃部位的煤也因受到一定热力烘烤而使煤质变化。这种热力烘烤只有当燃烧的煤位于其下时,才对上部煤层影响较大;反之,对燃烧层的下伏煤层的影响十分有限。

思考与练习

1. 煤层的基本形态及其对应的基本特征。
2. 引起煤自燃的因素。

任务二 煤层的形成

知识要点

煤层形成机理;补偿关系;煤层分岔。

任务导入

煤层是由泥炭层转化而来,泥炭沼泽可以发育于各种环境,泥炭沼泽形成的煤层也就赋存在各种不同的沉积序列中。泥炭沼泽中植物大量繁殖、死亡和堆积是泥炭形成的物质基础,而成煤植物在沼泽中繁殖及其遗体堆积、埋藏的整个过程都与沼泽水体有密切关系。若沼泽覆水过深,成煤植物则逐渐衰退,泥炭堆积速度就会减慢以至终止;若沼泽水体过浅,就不可能有植物的大量繁殖生长,一旦水面下降使原来低洼积水地带相对上升,还会使已形成的植物遗体堆积层因缺乏保存条件而迅速氧化分解。

任务分析

掌握煤层形成机理及一般特征。

相关知识

一、煤层的形成机理

影响泥炭沼泽水位升降的因素很多,降水量和蒸发量的变化、潜水面的上升和下降、海水自身运动所导致的海平面升降,都会波及沼泽水体变化。对局部地区的具体环境而言,泥炭沼泽的水位主要取决于泥炭层堆积界面增高的速度和沼泽水面抬升两者之间的关系,并表现为以下三种情况。

(1) 泥炭沼泽水面上升的速度与泥炭层的堆积速度大体一致,即处于均衡补偿状态时,沼泽环境稳定,泥炭堆积持续进行,厚度不断增加。均衡补偿持续的时间愈长,形成的泥炭层就愈厚[图 5-4(a)]。

(2) 泥炭沼泽水面的上升速度大于泥炭层的堆积速度时,由于植物遗体供应不足,就处于欠补偿状态。沼泽的不断充水,使水位不断提高,进而演变为湖沼等深覆水环境,不利高等植物繁殖生长。因而泥炭堆积过程中断,代之以泥、砂沉积,形成煤层顶板或岩石夹层

[图 5-4(b)]。这种情况下形成的泥炭层厚度一般不大,但能得到及时覆盖而有利保存。如果这种状态阶段性交替出现,就可以形成含有多层夹矸的复杂结构煤层[图 5-4(c)]。

(3)泥炭沼泽水面上升速度小于泥炭层堆积加厚速度,则会出现植物遗体过度补偿状态。过度补偿的持续,导致泥炭沼泽供水困难,泥炭田就会由低位沼泽逐渐转化为凸起沼泽,并使已堆积的植物遗体和已形成的泥炭层遭到氧化分解或风化剥蚀而破坏,难以形成或保存较厚泥炭层[图 5-4(d)]、[图 5-4(e)]。

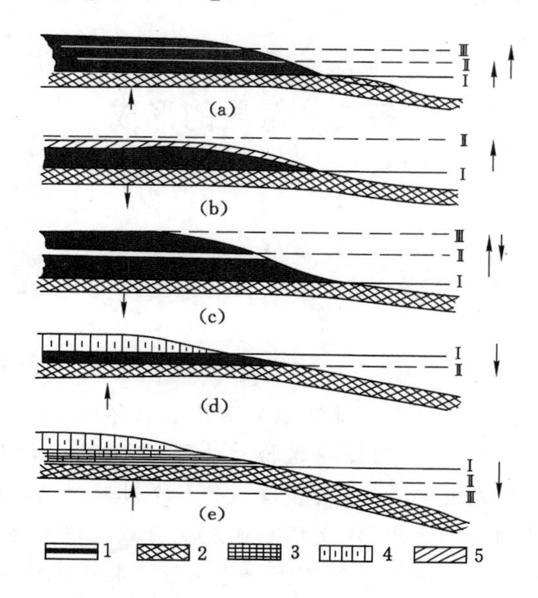

图 5-4　沼泽覆水升降与植物遗体堆积关系

(a) 沼泽水面上升速度等于植物遗体堆积速度;(b) 沼泽水面上升速度大于植物遗体堆积速度;
(c) 煤层中矸石层的形成;(d) 沼泽水面上升速度小于植物遗体堆积速度;
(e) 由于沼泽水面再度下降,已形成的泥炭层遭受剥蚀影响
1——煤层;2——煤层底板;3——风、氧化煤;4——残积物;5——矸石层
Ⅰ——未变动时潜水面;Ⅱ——第一次变动后潜水面;Ⅲ——第二次变动后潜水面

由于各种地质因素的影响,沼泽水面抬升和泥炭层堆积加厚间的相互平衡总是相对的,有条件的和暂时的,均衡补偿状态在发展中或迟或早总要过渡到第二种和第三种情况,所以泥炭层堆积的整个过程往往是不同补偿方式的反复交替,因而形成不同的煤层形态和煤层结构。

我国不少煤盆地中常赋存几米乃至百米以上的煤层。例如,辽宁抚顺第三纪煤盆地中,主煤层平均厚 50 m,最厚可达 130 m;云南寻甸先锋盆地褐煤厚 265.95 m;内蒙古锡林浩特附近胜利煤盆地晚中生代单层褐煤可达 190 m。现代泥炭堆积资料反映,泥炭层堆积增长的速度是很缓慢的,加之泥炭转变为褐煤、烟煤、无烟煤的过程中,其体积分别要缩减 2～2.5 倍、4～4.5 倍、5～7 倍。说明在聚煤期泥炭层堆积不仅厚度大,且持续的时间也相当长。

厚煤层的形成主要取决于沉积构造条件。断陷型聚煤盆地中常发育厚煤层和巨厚煤层,由于分场的形成和演化往往受盆沿主断裂和盆地基底断裂组的控制,且有间歇、单向沉降的特征,在盆地由快速断裂向盆地范围沉降的过渡阶段,湖盆填积淤浅并沼泽化,可以形成煤层聚集带和厚煤层。在大气降水转化为稳定的地下水源，并不断补给盆地时，沼泽水面随泥炭层加厚而不断抬升，从而形成巨厚的单一结构煤层。

地史时期形成的泥炭层只有一部分保存了下来，并转化为煤层。煤层的形成不但必须具备泥炭堆积的条件，同时还要具备泥炭层保存的条件。即在泥炭层堆积之后，只有在地壳沉降的构造背景下，泥炭层才会被上覆沉积物掩盖而得以保存。

二、煤层分岔的成因及类型

煤层分岔是指单一煤层在横向上分为若干个煤分层或独立煤层的现象，煤层的简单分岔通常是泥炭沼泽中同沉积期河流或湖泊发育的结果；复杂结构煤层的煤分岔和夹石层常通过煤层分岔和离散点延续至相应的煤分层或分煤层。煤层分岔与聚煤期古构造、古地理环境、古植物堆积情况，以及成煤后遭受的构造变动等有关。如聚煤盆地中，有些地段沉降速度缓慢，基本上与植物遗体的堆积速度和覆水程度保持平衡，泥炭层持续堆积便可形成厚煤层；在另一些地段，地壳沉降速度较快，且带有间歇性，于是在快速沉降期可引起该地段水体加深，植物生存困难，造成欠补偿状态，使泥炭堆积中断，并被其他沉积物堆积过程取代。在地壳下沉相对稳定时期，由于砂、泥物质的不断充填使水体变浅，在下沉速度与植物遗体堆积速度相对均衡的情况下，又可以形成泥炭堆积层。这样反复作用的结果，是在另一地段形成的单一厚煤层，在一定距离内向本地段分岔为几个、几十个甚至上百个薄煤层，并且各分岔煤层的间距朝分岔方向显著增大。习惯上把这种煤层形态称为马尾状。有些厚煤层与其他岩层呈锯齿状交错，但岩层的间距无大的变化，这是局部因素引起频繁相变的结果。

Г.А.伊万诺夫提出了煤层分岔类型(图5-5)。其中，马尾状分岔、超覆式和退覆式分岔都是比较常见的。超覆式煤层分岔是在地壳沉降不均一性逐渐加强的情况下形成的；退覆式是在地壳沉降不均一性逐渐减弱的情况下形成的；Z字形分岔是由河流或湖泊中沉积的楔形碎屑岩体造成的，分岔的侧向距离是包容的河道宽度的函数。由于沉积-压实过程的继续，便形成了一个超覆式或雁列式河道充填序列，夹在连续的泥炭层之间，在压实作用完成后，便形成了Z字形分岔样式。

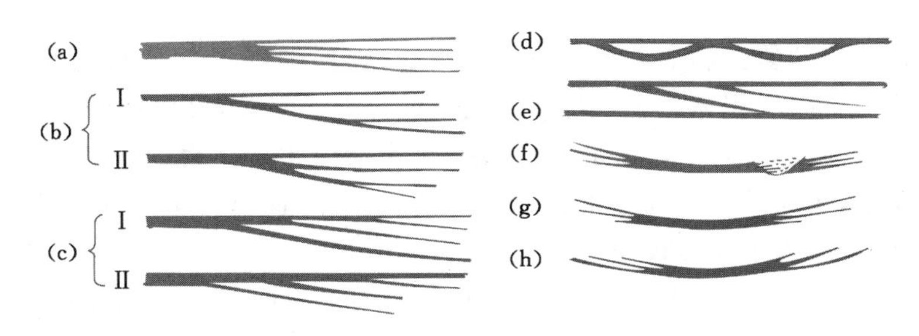

图5-5　煤层分岔类型

(a) 马尾状；(b) 超覆式(Ⅰ——主煤层在下；Ⅱ——主煤层在上)；
(c) 退覆式(Ⅰ——主煤层在下；Ⅱ——主煤层在上)；(d) 分枝(分岔与合并)式；(e) Z字形或反Z字形分岔；
(f) 向上散射束；(g) 聚煤面积不断扩大的分岔类型；(h) 聚煤不断缩小的分岔类型

思考与练习

试分析厚煤层、巨厚煤层形成的条件。

任务三　煤层厚度变化分析

知识要点

煤层厚度;原生变化;后生变化。

任务导入

煤层厚度是影响煤矿开采的主要地质因素之一。煤层发生的分岔、变形、尖灭等厚度变化,直接影响煤炭储量的平衡和煤矿正常生产。因此,对煤层厚度变化的研究是煤层赋存规律研究的一项重要内容。

任务分析

掌握煤层厚度变化原因。

相关知识

煤层形态和厚度变化的原因是多方面的,习惯上根据引起煤厚变化的地质因素,分为原生变化和后生变化两大类。

一、煤层厚度和形态的原生变化

煤层厚度的原生变化是指在煤层顶板岩层形成之前的泥炭堆积过程中,由于各种地质作用而使煤层形态和厚度发生的变化。影响原生变化的地质因素主要为沉积环境和古地形、聚煤期构造,以及河流、海水的同生冲蚀等。

1. 沉积环境变化

聚煤沉积环境的研究和成煤模式的建立表明,煤层的许多参数取决于泥炭层的沉积环境。沉积环境的不同沉积体系不仅控制了煤层的分布,还影响其厚度和形态的变化。

冲积扇体系往往是聚煤盆地的边缘环境,泥炭沼泽主要发育在扇前、扇间洼地、扇三角洲和废弃扇体上,煤层的延伸与盆地轴向相一致,表现为向盆缘方向急剧尖灭,向盆地方向分岔变薄,常沿远端扇形成厚煤层。

河流体系的曲流河环境下,泥炭沼泽主要发育在堤后(河漫滩)、河道间泛滥盆地和废弃河道充填的最后阶段,其中堤后沼泽是主要聚煤场所。煤层呈透镜状,延伸方向大体平行同期沉积的河道砂体(图 5-6),沿此方向厚度稳定,向两侧接近河道、越岸-决口扇沉积则急剧分岔和尖灭。辫状河河道不稳定,砂体分布范围大,一般仅在支流间地区形成透镜状煤体,多无工业价值。网状河是一种稳定且大面积的沉积环境,河道间的泥炭沼泽、岸后沼泽和洪水湖等湿地环境占河流体系的绝大部分,十分有利于厚层泥炭的堆积。砂体依河流发育特征而堆积,呈透镜状、鞋带状,有些包容在煤层之中,造成煤层形态和厚度的变化。

湖泊体系是沼泽化的一种重要途径,煤层的形成与湖泊环境有密切关系。一般情况下,湖泊三角洲及湖泊滨岸地带是聚煤作用最有利的场所。煤层朝湖心方向分岔,并逐渐尖灭

图 5-6　河谷沼泽形成透镜状煤层示意图

被深水湖泊沉积物所替代;朝陆地方向,由于地下水位较低及泥炭堆积层的较快氧化,煤层变薄。盆缘河流体系的碎屑注入,促成了煤层的分岔。

三角洲体系是由各种亚环境组成的复合体,泥炭沼泽发育于支流间泛滥盆地、间湾、废弃的分流河道和叶体上。由于泥炭堆积环境差异甚大,造成煤层厚度多变。一般煤层延伸方向与沉积倾向平行。下三角洲平原的煤层侧向较稳定,但成层较薄;河流-上三角洲平原的煤层侧向不稳定,局部可出现厚煤层;最厚最稳定的煤层一般赋存于下三角洲平原和上三角洲平原的过渡带。我国山东滕县煤田山西组 3 号煤层沉积期,为进积浅水三角洲平原环境。由西而东泥炭堆积环境发生了明显分异:西部泥炭沼泽持续发育,形成了厚达 10 m 以上的复杂结构煤层;向东,泥炭沼泽一度被以砂岩为主的碎屑沉积物所代替,其厚度达20～30 m(图 5-7),这个楔形砂质沉积体是由邻近泥炭沼泽的支流河道形成的决口扇或子三角洲朵体。3 号煤层分岔为 $3_{下}$ 和 $3_{上}$ 两层,$3_{下}$ 煤层比较稳定。

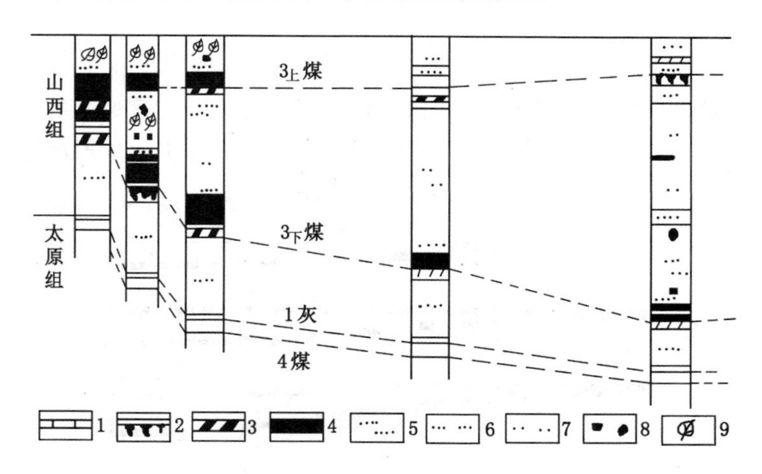

图 5-7　山东滕县煤田煤层分岔示意图

1——灰岩;2——泥质及根土岩;3——碳质泥岩;4——煤层;5——粉砂岩;6——细砂岩;7——中砂岩;8——黄铁矿、菱铁矿结核;9——植物化石

潟湖-障壁岛体系中,泥炭沼泽发育在障壁后的潮滩、潮汐三角洲和潟湖填积的后期。煤层一般与岸线走向平行,厚度不大,在潟湖填积基础上可形成较厚煤层。

不同沉积环境可以引起煤层形状和厚度的变化,且厚度变化大多有一定的方向性和分带性,并与煤层围岩的沉积相和岩性变化有关。

2. 古地形起伏

这里所指的古地形与同沉积构造、差异压实等作用无关，纯属沉积-侵蚀本身所产生的地形差异，通常称为沼泽基底不平。

沼泽基底不平引起的煤层增厚、变薄和尖灭是较为常见的地质现象。当泥炭沼泽发育在古侵蚀基准面上时，泥炭物质首先在彼此隔离的低洼地带堆积，随洼地不断被填平补齐，泥炭田面积日益扩大，相互隔离的泥炭形成层逐渐连成一片。因此，煤层厚度的变化可以最直接地反映先期沉积地形的轮廓。较厚煤层出现在地形低洼处，较薄煤层出现在隆起高地。我国湖北一些地区早二叠世梁山组沉积基底为中石炭世黄龙灰岩，经长期沉积间断和风化溶蚀，形成凹凸不平的岩溶地形。梁山组底部一煤沉积期，泥炭首先堆积在溶蚀洼地，随填平补齐并在泥炭层形成藕节状煤层，有时可能由微异地搬运在溶蚀洼地或溶洞内填充泥炭，形成不规则煤包(图 5-8)。

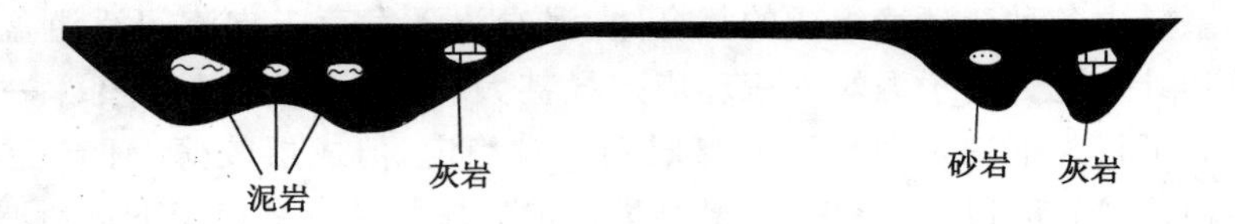

图 5-8　湖北早二叠世栖霞组梁山段煤层形态

沼泽基底不平引起煤厚变化的特点是：煤层厚度变化急剧且不规则，常位于煤系剖面底部或下部；煤层顶板较平整，底板或基岩界面呈不规则起伏，而即“顶平底不平”；基底古地形低洼处煤层厚度大，向凸起部位变薄或尖灭；煤层分层或层理被下伏基岩界面截断，上下分层呈超覆关系。

3. 聚煤期构造控制

聚煤期构造对煤层形态和厚度变化的控制，主要表现为聚煤盆地基底沉降的不均一性。在泥炭堆积过程中，这种构造条件的分异导致泥炭沼泽基底在不同地段沉降幅度的差异，造成向沉降幅度大的一侧煤层分岔、变薄、尖灭现象(图 5-9)。

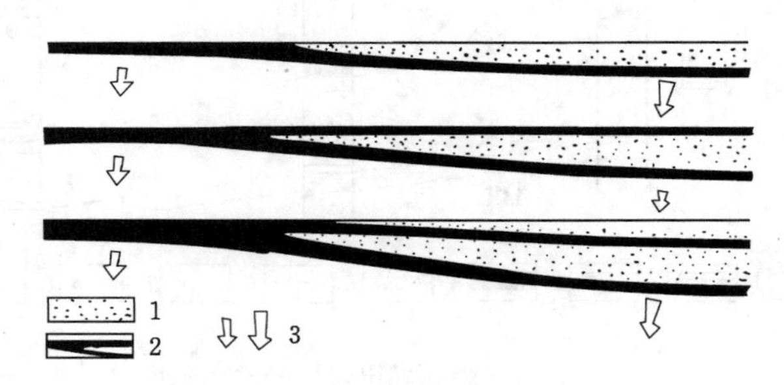

图 5-9　基底不均匀沉降示意图

1——泥砂物质；2——煤层；3——沉降速度不同

大型聚煤盆地中发育的同沉积盆缘断裂、坳陷内基底断块差异性沉陷及在基底深处活动着的隐伏断裂，这些与煤系形成和泥炭堆积过程相伴生的同期构造，都会使底沉降产生分异，控制沉积环境的配置与演变，对煤层形态和厚度产生较大影响。尤其在断裂两侧，岩相变化显著，煤层厚度突变。急剧活动的同沉积盆缘断裂，往往切割很深，形成巨厚的山麓相，构成盆地的边缘相带，煤层则朝盆缘断裂一侧强烈分岔为多层薄煤层而最终尖灭，形成马尾状形态。

在聚煤期，聚煤盆地总体呈下降趋势，但其内部往往发育有次一级隆起和凹陷，即同沉积背斜和同沉积向斜，它们对煤层的形态和厚度具有不同程度的控制作用。由于构造分异和堆积补偿之间的不同状态，煤层发育部位不一，厚煤层既可分布在同沉积向斜核部，也可在同沉积背斜的轴部或二者之间的过渡地段。一般情况下，同沉积背斜若造成蓄水盆地中的浅水地带，泥炭沼泽便持续发育，出现厚煤带或聚集煤层带，向两侧则分岔、变薄、尖灭；泥炭沼泽发育在次级坳陷部位，而隆起部位冲积相发育，在这种情况下，煤层厚度和煤系厚度成正相关，坳陷部位形成厚煤层，向隆起带变薄、尖灭（图 5-10）。

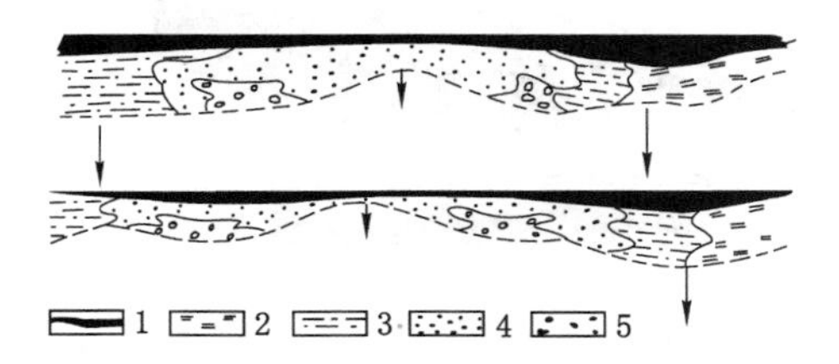

图 5-10　陕西渭北煤田聚煤褶皱运动形成的煤层厚度和相区的带状分布

1——11 号煤层；2——泥岩区；3——砂泥岩区；4——泥砂岩区及含砾泥砂岩区；5——砾岩带；6——箭头长、短分别表示沉降速度的相对大小

一般来说，受聚煤期构造影响，聚煤坳陷基底沉降的不均一性引起的煤厚变化，具有明显的方向性和分带性，且与煤系岩性岩相分带一致；沿同沉积断裂或次一级隆起或坳陷的走向，煤层厚度比较稳定，但在垂直方向上则分岔、变薄、尖灭，变化强烈；煤层底有起伏，顶板岩性岩相变化明显。

4. 河流、海水的同生冲蚀

河流、海水的同生冲蚀是指在泥炭层堆积过程中，河流和海浪对泥炭层的冲刷剥蚀。

邻近泥炭沼泽发育的河流，其支流可能注入泥炭沼泽，虽然一般规模不大，但足以对泥炭层造成冲蚀，引起煤层形态和厚度的变化。河流沉积物在平面上常呈蜿蜒曲折的条带，在剖面上则呈透镜状（图 5-11），填积物一般为河床相、河漫相为主的砂质岩、粉砂质岩，以大小不等、形态不规则的砂体与煤层有相同顶板或由冲蚀带沉积物过渡为煤层直接顶板。这种冲蚀的范围不大，深度有限，一般以煤层的夹矸形式出现，个别情况下也可能完全取代煤层；平面上呈宽度不等的弯曲条形薄化带，向沼泽中心逐渐减弱消失；冲蚀带附近的煤遭受原始氧化，光泽暗淡且灰分增高。

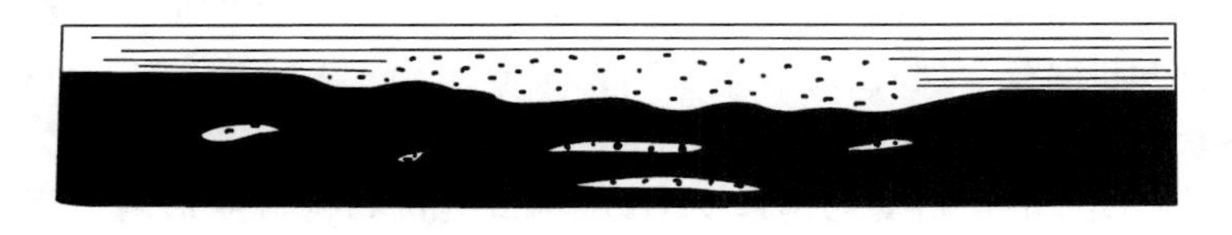

图 5-11　河流同生冲蚀（辽宁）

此外，泥炭层堆积之后，如果上覆岩系为小型河流砂质体，在荷载作用下，顶板砂物质便会突入未固结的松软泥炭层，形成顶凸构造，造成封闭无煤区或使界面附近的煤受挤压而变形，伴有局部煤层增厚，使煤的厚度发生变化。

海浪对泥炭层的冲蚀在山东、山西、内蒙古等地煤田中都有发现。煤层直接顶板为浅海相石灰岩，煤层表面形成许多大小不等的凹坑和槽沟等冲刷痕迹(图 5-12)。海蚀比较严重地段，煤层几乎被冲蚀殆尽，形成大面积薄煤带或无煤区，无煤区内有时残留有块状“煤岛”。

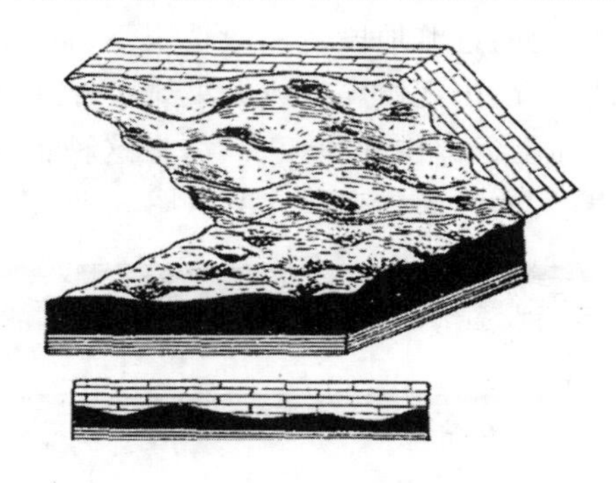

图 5-12　煤层海蚀现象(山东)

二、煤层厚度的后生变化

煤层厚度的后生变化是指泥炭层形成并被新的沉积物覆盖以后，受各种后期地质作用影响而使煤层形态和厚度发生的变化。

煤层厚度的后生变化，主要包括河流对煤层的后生冲蚀，后期构造引起的煤层变形，岩浆侵入导致煤厚的不规则变化及岩溶陷落柱造成的煤层缺失等。

1. 河流的后生冲蚀对煤层厚度的影响

煤层形成以后，煤层和煤系常遭受河流的切割剥蚀，这种后生冲蚀对煤层的破坏作用可以达到很大规模，形成宽达几十米至几百米，长达数千米至几十千米的煤层薄化带或无煤带，在某些煤田是造成煤层厚度变化的主要原因。

河流的后生冲蚀使煤层的正常顶板遭到破坏，冲蚀填积的沉积岩体以河床相砂岩为主，底部常有砾岩、泥质包体、煤屑和炭化树干等滞留沉积物，有时显示定向排列(图 5-13)。冲刷填积物与煤层接触面界限分明，凹凸不平，有时在冲蚀面还出现滑塌漂移的煤、岩块体，接触面附近有时发育边缘小断层。冲刷面附近的煤一般疏松，光泽暗淡，灰分增高，后生裂隙发育并被方解石和石膏等矿物次生充填。河流的后生冲蚀在平面上一般沿古河流方向呈较宽阔的条带状或分枝状分布。由于河流发育、发展过程的复杂性，常使无煤带或煤层薄化带的形态多样化。我国开滦唐山矿石炭二叠纪山西组的 5 煤层，煤厚一般为 1.5～2.0 m，正常直接顶板为湖相泥岩、粉砂岩或砂岩，煤层遭受河流冲蚀部分，直接顶板为细砾岩、粗砂岩，切割煤层正常顶板和部分煤层，出现薄煤带和无煤带。

2. 后期构造变动对煤层厚度的影响

煤系或煤层形成以后所遭受的构造变动，从构造变位和构造变形两方面影响煤系和煤层的变化。其中，构造变位侧重于宏观变动方面，表现为煤系或煤层大规模水平位移或整体升降，从而加剧对煤系、煤层的剥蚀、埋覆、变质等改造过程；构造变形则侧重于局部变动的差异，主要表现为煤系、煤层外表形态上的变化，从而导致煤层重复断失和形态复杂化。与

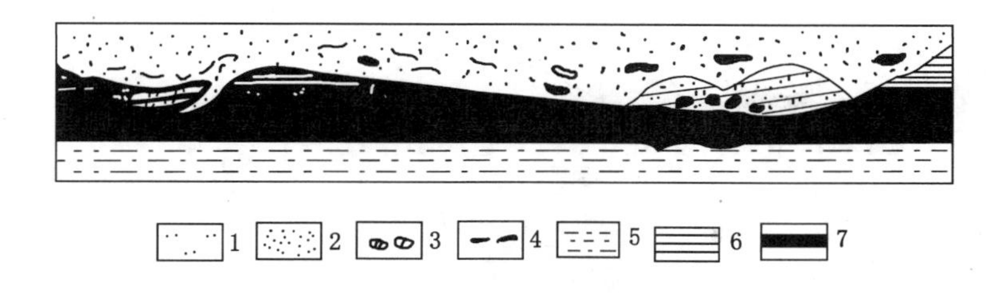

图 5-13 四川永荣矿区河流的冲蚀

1——中粒砂岩；2——细粒砂岩；3——泥质包体；4——炭屑；5——粉砂岩；6——泥岩；7——煤层

其他共生的岩石类型相比，煤层本身比较松软，且具流变性特征，在构造应力驱动下，易于破碎和产生塑性流动，因此是对煤层进行直接改造的最基本方式。这里重点介绍构造变形对煤层形态和厚度变化的影响。

(1) 褶皱构造对煤层厚度变化的影响

褶皱作用对煤层的变形有着广泛的影响。由褶皱引起的煤厚变化常表现为在水平挤压作用下，煤层在褶曲轴部增厚，而在翼部变薄或尖灭；在垂直挤压作用下，煤层在背斜轴部变薄，而在向斜轴部及两翼变厚。如北京京西煤田长沟峪矿区，煤层在向斜轴部强烈增厚而在翼部则明显变薄乃至尖灭(图 5-14)。又如湖南郴耒煤田白沙向斜是包括几个井田的向斜构造，在其南北两个转折端部分集中了这个向斜的大部分可采煤层储量。当围岩和煤层出现倒转甚至平卧褶曲时，除了轴部加厚外，一般正常翼薄而倒转翼厚，平卧的上翼薄而下翼厚。

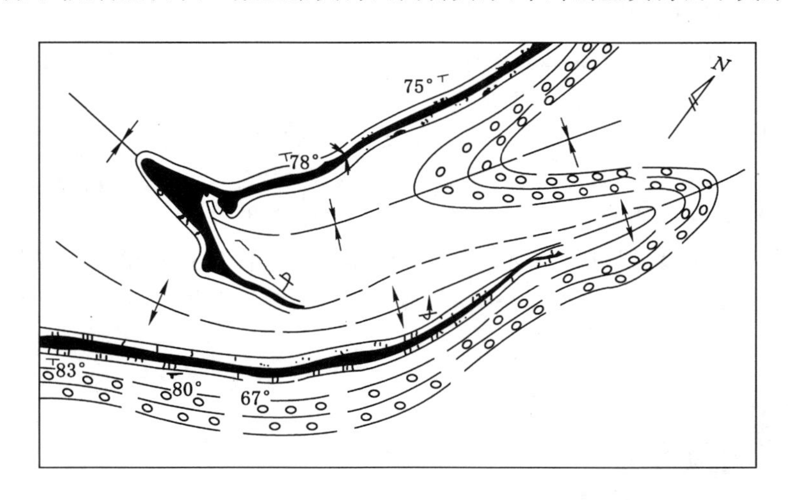

图 5-14 京西煤田长沟峪矿区煤层在向斜轴部加厚的情况(水平切面图)

不协调褶皱对煤层形态和厚度变化的影响最为显著。煤系受到挤压后，由于岩石力学性质和应力状态差异，各处产生的褶曲的幅度、形态不一，造成煤层流变形成不规则增厚带或变薄带。在揉皱部位还可使煤层发生褶叠、褶皱而形成煤包(图 5-15)，它是褶皱和流变作用的综合产物。

伴随纵弯褶皱作用而产生层间滑动可以派生层间牵引褶皱，规模虽小，但常成组出现，造成煤层顶、底板波状起伏，使煤层局部压薄或增厚而呈不规则串珠状或断续透镜体

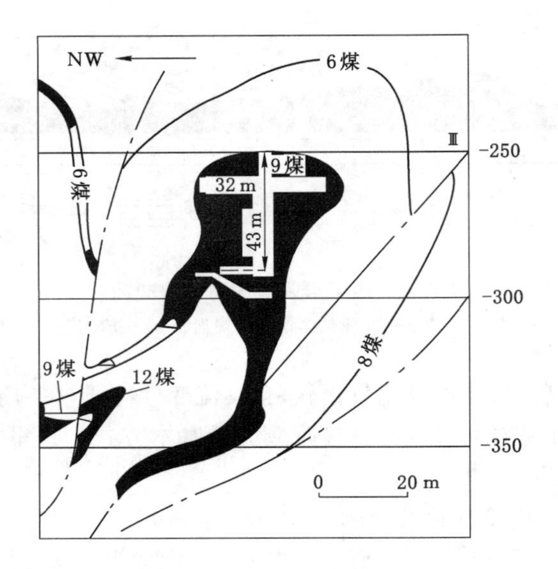

图 5-15　河北开滦唐山矿 9 号煤在背斜核部汇聚的煤仓

图 5-16　溜煤上山剖面图
（湖南永耒）

（图 5-16）。当层间牵引褶皱幅度较小时，仅影响到煤层（或底板），而煤层的底板（或顶板）仍保持正常的产状，即所谓顶褶底不褶或底褶顶不褶，使煤层呈波状变化（图 5-17）。

（2）断裂构造对煤层形态和厚度的影响

断裂构造对煤层形态和厚度的影响比较局部，只表现在断层面附近。由于引捩作用，使煤层局部加厚或变薄、沿断层形成断层无煤带或煤层叠覆带，以及断层两侧的煤厚变化带。与其他层系相比，煤层的物质柔弱，又易发生流变，因此，沿张性、张扭性断裂两侧，由于张拖曳作用而产生细颈化，出现狭窄的厚度减厚带；在邻近压性断层附近，常伴有强烈褶皱形变煤层因受挤压而汇集，出现逆掩重叠的厚煤带（图 5-18）。典型的扭性断裂对煤厚变化不产生明显影响。

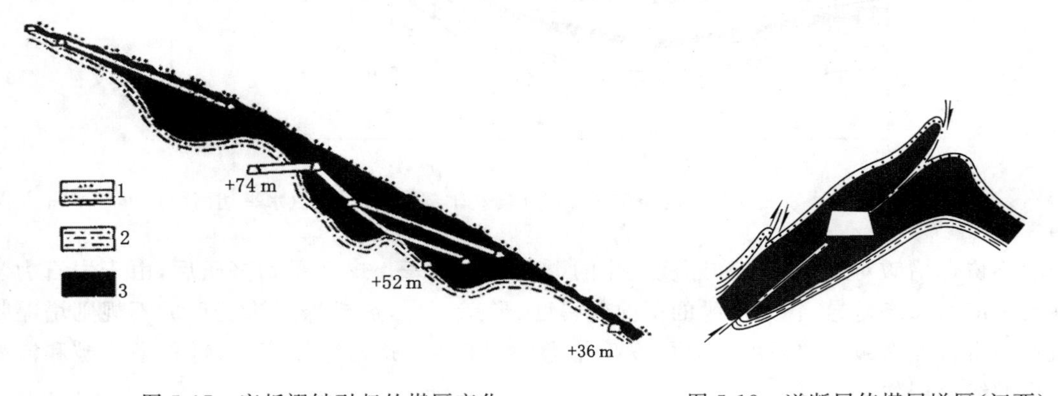

图 5-17　底板褶皱引起的煤厚变化　　　　图 5-18　逆断层使煤层增厚（江西）

由于顶、底板与煤层岩石性质的差异，往往出现顶、底板断裂而煤层褶皱的不同形变效应。所以，常可见到煤层顶、底板中发育的小断层延伸到煤层后逐渐消失，并被小褶皱替代，造成煤层局部压薄（图 5-19），俗称“顶压”。此外，也有小断层尾端切入煤层，由于应力已大部分消失，断层只延入煤层与顶板的界面或与底板的界面，造成“顶断底不断”或“底断顶不断”的现象，使断层两盘煤厚发生变化（图 5-20）。

图 5-19　小断层造成煤层局部压薄现象（山西）

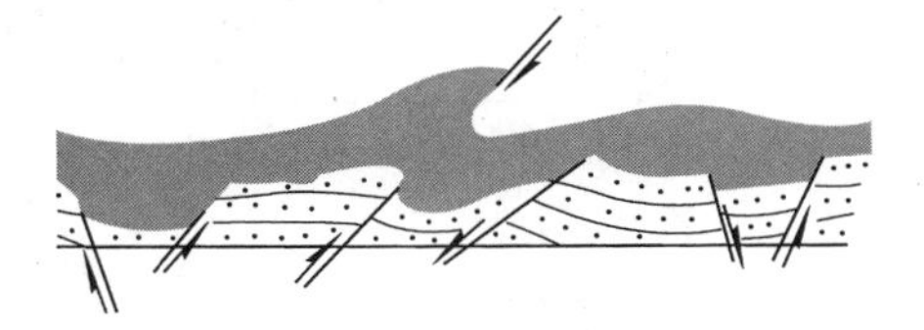

图 5-20　福建龙永煤田煤层底断顶不断

实际工作中，常可见到褶皱与断裂共同作用影响煤厚变化的情况，它既有褶皱影响的特征，也有断裂影响特点，因此要全面观察与分析，找出影响煤厚变化的主要因素，探索其变化规律。

以上叙述了后期构造变动引起煤层形态和厚度变化的情况，其总的特征为煤层的原始厚度遭到破坏，出现层间揉皱和滑动镜面；构造复杂地段的煤层常呈碎粒状、碎粉状、鳞片状，煤的光泽变暗，灰分增高；煤层增厚带和变薄带相间出现，并沿主要构造线呈条带状分布；煤岩层常出现不协调褶皱，有时可互相穿插，使煤层形态复杂，厚度多变。

3. 岩将侵入对煤层厚度的影响

煤系常是软硬岩层的互层，互层之间的软弱面较多，煤层更是比较薄弱部分，因而极易遭受岩浆侵入。一旦岩浆侵入煤系并与煤层接触，就会使邻近的煤层变为天然焦或被吞食，导致煤层的结构、构造遭到破坏，并引起煤层形态、厚度和煤质的很大变化。

侵入到煤层中的岩浆岩一般为浅成岩类和脉岩类，常见的有：花岗斑岩、石英斑岩、细晶岩、正长斑岩、微晶闪长岩、闪长玢岩、煌斑岩及辉绿岩等。岩浆岩体的产状主要为岩墙、岩床两种，最常见的是岩床。

岩墙垂直或斜穿于煤层，在平面上呈长条状延伸，常沿某一组断裂成组出现，一般对煤层厚度影响不大。当岩墙厚度较大时，则造成较宽的无煤带。

岩床形态多样，有层状、似层状、串珠状和不规则指状。岩浆常以断裂为通道，选择侵入较厚煤层，顺层侵入的较大，似层状岩体（图 5-21）对煤层的破坏性很大。它可大片熔毁煤层或使其变为天然焦而丧失工业价值，或使煤层厚度发生剧烈变化；岩浆体也可驱动煤层流变并在某些部位汇集形成煤包（图 5-22）；有时则呈大小不等的透镜或不规则状岩体，在煤层中断续分布，引起煤层不规则变化，使其形态及厚度更加复杂，形态多变（图 5-23）。

4. 岩溶陷落柱对煤层厚度的影响

煤系的下伏岩系若为石灰岩、白云岩、石膏等可溶性岩矿层，同时又具备裂隙等地下水通道和排泄口时[图 5-24(a)]，地下水的溶蚀作用可形成岩溶洞穴[图 5-24(b)]。当溶洞发育到一定阶段，由于重力等作用影响，其上覆煤、岩层就会逐渐垮落，形成环形柱状陷落[图 5-24(c)]，俗称陷落柱。

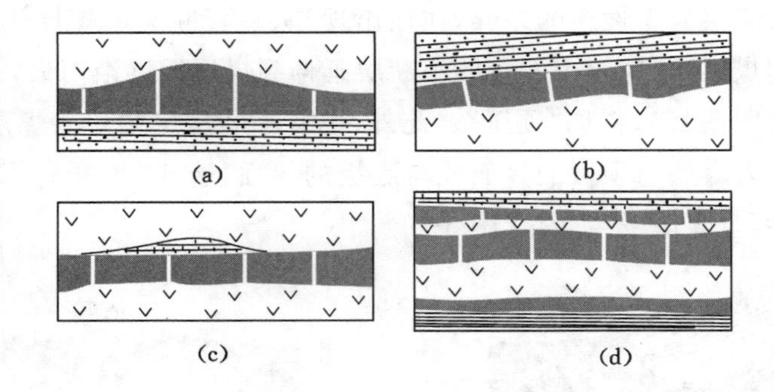

图 5-21　层状、似层状岩浆岩侵入煤层的情况

(a) 沿顶板侵入；(b) 沿底板侵入；(c) 沿顶、底板同时侵入；(d) 沿煤层中间侵入，将煤层分为三层

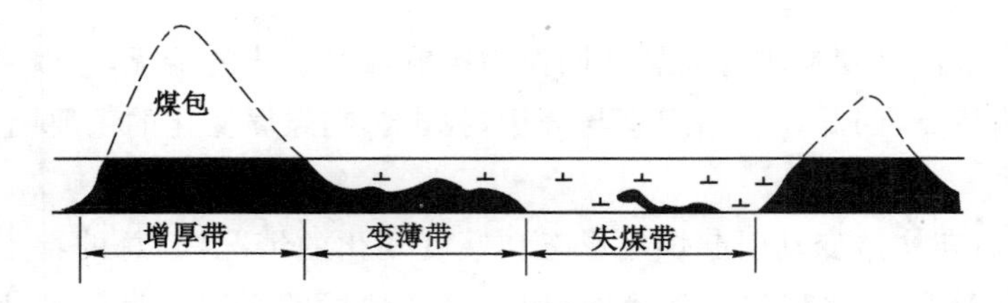

图 5-22　利国煤矿－300 m 西运巷实测剖面图

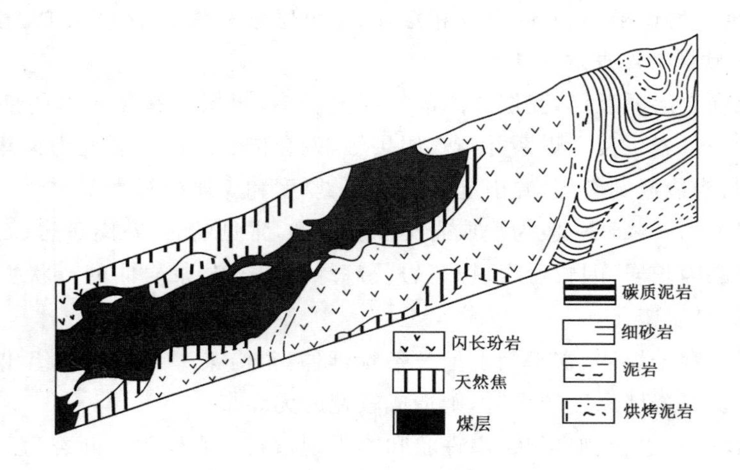

图 5-23　山东坊子矿闪长玢岩侵入煤层

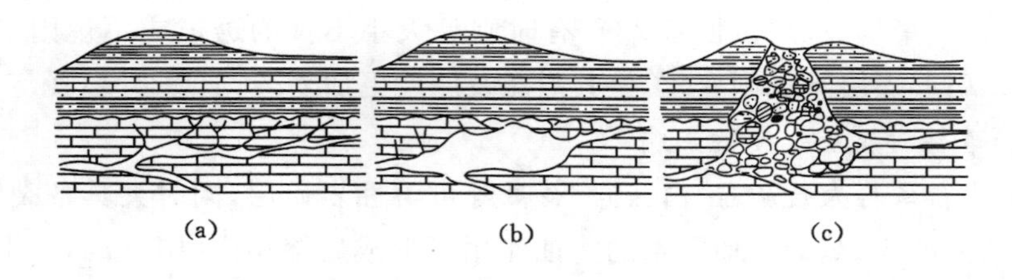

图 5-24　陷落柱的形成过程

陷落柱的发育可破坏煤层的连续性，造成煤层在一定范围内缺失，煤层的部位被上覆地层的岩、煤碎块充填。充填堆积的岩石碎块层序混杂、排列无章、大小不一、棱角显著，并被黏土充填胶结。陷落柱与围岩的接触面呈锯齿状，有时伴生小断层，邻近的煤层及其顶板产状基本正常，巷道贯穿柱体后仍可见原煤层。陷落柱的形态一般呈上小下大的圆锥体，也有呈上大下小的漏斗状或不规则柱形体，截面多呈圆形或椭圆形，截面直径几米至几百米不等，与其规模和所揭露断面的部位有关。大多数陷落柱干燥无水，但有的与含水层导通，开采中可造成突水淹井事故。大型陷落柱可达地表，使周围岩层破裂并向内倾斜，地貌上一般呈环形凹地。

我国华北石炭-二叠纪煤系直接覆盖在奥陶系石灰岩侵蚀面上，陷落柱比较发育。尤以汾河流域的太原西山和霍县两个煤田最为严重，在一些矿井，陷落柱成为破坏煤层、损失储量、影响正常采煤的主要地质因素，个别矿井由于陷落柱相当发育而失去开采价值。

煤层形态和厚度的变化常常是多种地质因素联合、叠加的结果，如地壳不均一沉降在引起煤层分岔的同时，也会造成泥类堆积环境的分异。至于煤层原生变化又被后期构造变动、河流冲蚀等再改造的现象更为常见。因此，研究煤厚变化要从现象观察入手，全面进行分析研究，善于从多种因素中把握其内在联系，分清主次，从而掌握煤层变化规律，以指导地质勘探和煤矿生产的顺利进行。

思考与练习

煤层厚度后生变化的四个原因。

任务四　煤层对比

知识要点

煤层对比；标志层；标准剖面；煤层对比图。

技能目标

绘制煤岩层对比图。

任务导入

煤层对比是煤炭地质勘查各阶段及矿井地质工作中重要的基础工作之一。对构造复杂、煤层不稳定或煤层层数多、层间距小、标志层不明显地区，煤层对比问题就显得更为重要。如何针对不同地区的不同情况，寻找合适、有效的煤层对比方法，是煤层地质工作实践中非常实际且重要的问题。

任务分析

学习煤层对比的方法；熟悉煤层对比工作过程；绘制煤岩层对比图。

相关知识

一、煤层对比及其意义

（一）煤层对比的概念

煤层对比是将一定范围内（一个井田、一个矿区或一个煤田）的天然露头、坑探、物探、钻探及巷探和生产坑道所揭露的煤、岩层资料收集起来，借助于一些标志，理清各个煤层的相互关系，以达到查明煤层在煤系中的层位、结构、赋存情况、煤质及其他们的空间变化规律等特征的一项基础工作。

（二）煤层对比的意义

煤层对比工作的质量，直接影响到勘查区地质构造形态的正确判断和解释、煤层可采边界的圈定和资源/储量的计算、煤质的评价、综合图件的编制及地质报告的质量。实践证明，由于煤层对比不正确而造成的资源/储量计算的误差，远比由于采用不合适的计算方法和计算精度不高等错误所造成的误差大得多。甚至在矿井投入生产后，由于煤层对比错误造成巷道开拓失误的情况也不罕见。对比工作的意义主要表现在以下几方面。

(1) 确定煤系中煤层的层位、层数及空间位置、赋存状态和变化规律。

(2) 解决煤系中各主要煤层组、复杂结构煤层和简单结构煤层或煤分层的关系。

(3) 研究煤层的厚度和结构、构造的变化规律，并对引起煤层厚度变化的原生和后生作用的原因进行研究。

(4) 研究煤层的煤岩、煤质变化规律及含煤沉积与煤层堆积的古地理。

二、煤层对比方法

常用的煤层对比方法有：标志层对比法，煤层本身特征对比法，相-旋回特征对比法，古生物对比法，岩矿特征对比法，地球化学特征对比法和地球物理测井对比法等。一般情况下用其中的某种或某几种方法结合就能基本解决煤层对比问题。但在构造复杂、煤层层数多而不稳定、标志层又不明显的地区，煤层的对比技术和方法问题仍需要研究和探索。

（一）标志层对比法

标志层对比法是煤层对比工作中最常用、最有效的方法之一。在一般情况下，根据标志层就能基本解决煤层对比问题。所谓标志层是指煤系地层中那些具有肉眼易于识别的特征且层位稳定、厚度适中、分布广泛的岩层。只要明确了这些标志层，就可据其与煤层的关系，对其上、下层位的煤层进行正确的归属和划分。

实际工作中要注意标志层的区域性和局部性的问题。由于岩层的标志大都随着岩层形成环境的变化而变化，因而，任何一个标志层都只在一定的范围具有标志意义。在煤系中，区域性的标志层（如某些凝灰岩层、高岭石泥岩层和铝土矿层等）在大范围内比较稳定。可以用于一个煤田范围内各矿区之间的对比，但这是少数；大多数的标志层由于稳定性有限而只能用于矿区内或井田内的煤层对比，为局部性标志层。实际工作中大部分为矿区或井田范围内的煤层对比，只要充分地利用各种局部性标志层就可以解决；当涉及大范围的煤层对比时，可以利用局部性标志层“此消彼长”的特点，即当一个局部性标志层将消失时，可能在其邻近层位上又有另一个局部性标志层出现。这样就可逐步扩大对比范围，达到在大范围内对比煤层的目的。

在煤系中，可作为标志层尤其是局部性标志层的岩层是较多的，且工作做得越细，所能找到的标志层就越多。实际上，任一岩层只要它在颜色、成分、结构、层理、结核、生痕化石、动植物化石等任一方面具有肉眼可以察觉的显著不同于相邻岩层的特征，而该特征又在水平方向上具有相对的稳定性，均可以当作标志层看待。

海陆交替相的含煤沉积中，石灰岩岩层发育普遍，标志明显，层位稳定，可作为煤层对比的良好标志。如我国华北石炭-二叠纪含煤沉积太原组中，作为煤层顶板的几层石灰岩。另外，在海陆交替相中夹在非海相层位中富含动物化石的粉砂岩和泥岩层以及成分单纯的石英砂岩、富含黄铁矿的致密状黑色泥岩和硅质岩以及富含氧化铝的铝土矿、耐火黏土或铝土质泥岩等，都可作为煤层对比的标志层使用。如华北石炭-二叠纪含煤建造底部的 G 层和上部的 A 层铝土矿，西南地区晚二叠世含煤沉积中的铝质岩。

陆相含煤沉积中，碎屑成分有明显差别的某些砾岩和砂岩、富含淡水动物化石或植物化石的粉砂岩和泥岩，季节性水平纹理异常发育的湖泊相粉砂岩和泥岩和油页岩等均可作为对比标志。如北京西山早侏罗世含煤建造顶部的"龙门砾岩"，中部的长石石英砂岩、底部的层凝灰岩及变质砂岩。

应用标志层对比法进行煤层对比时，还应注意煤层的层间距。层间距是指上一层煤底板与下一层煤顶板之间的垂直距离。在海陆交替相含煤沉积中，由于成煤环境比较稳定，因而各主要煤层的层间距在一定范围内往往是有规律可循的。即使是环境变化较大的陆相含煤沉积建造，各煤层间的距离在井田范围内也是变化不大。因此，在一个较小的范围内可以把层间距作为煤层对比的辅助标志。此外，在煤炭地质勘查阶段，层间距稳定时常被用作分析矿区断裂构造、判断断裂性质和确定落差的依据之一。

应用标志层法进行煤层对比，要注意对各标志层进行相互补充和验证，而对于任一层位的标志意义都需要在工作全过程中不断予以检验。

（二）煤层本身特征对比法

严格讲，煤层特征对比法亦属于标志层对比的范畴，它是根据煤层的厚度、稳定性和煤层结构、煤的物理性质、煤岩特征和煤质的不同及其组合关系等进行煤层对比的一种方法。

1. 煤层特征对比法

厚煤层或厚度稳定的煤层本身就是标志层。如华北赋煤区中部山西组中下部的一层厚度大而稳定的煤层，即所谓"大煤"、"头煤"、"丈八煤"，就是一个很好的标志层。它分布广泛、层位稳定，可作为较大范围的煤产地间的对比标志；又如北京西山石炭-二叠纪含煤沉积中太原组上部的一层煤，因厚度大（厚度一般在 3 m 多）、比较坚硬、不染手而得名"大白煤"，成为京西煤田的良好对比标志。

煤的物理性质特征十分显著的煤层，也可作为标志层。如广东连阳煤田内的底槽煤，因其硬度大而被称为"铁煤"；黔西某矿 17 号煤层，质地松软，呈鳞片状，俗称"大糠煤"；有些地区的煤层含黄铁矿细晶，称为"星子煤"；有的含硫高的煤则称为"臭煤"；有些煤易破碎成砂粒状而称作"砂煤"等，都可作为标志层使用。

煤层的结构、分布层位、煤分层的相互固定层位关系等亦可作为煤层对比的标志。如京西大台煤矿 5 槽煤层中的一层稳定的厚度约 20 cm 的矸石层，即是确定 5 槽煤的良好标志；黔西某矿区中煤组 20 号煤层，结构复杂，一般含矸石层 3～5 层，多者可达 7 层，俗称"五花炭"，是与相邻煤层区别的明显标志。

煤层中高岭石黏土岩夹矸的宏观标志(如颜色、结构、构造等特征)和化学组成,矿物组成等方面的差异也会构成煤层本身特征的不同。如云南省富源县北某矿区龙谭组含煤沉积,含可采煤层12层,煤系中具有对比意义的高岭石黏土岩夹矸10层。根据各煤层所含的高岭石黏土岩夹矸的特征不同可对比矿区内的C1、C2+1、C7、C13、C17、C18等6层可采煤层;而且还可与相邻矿区同时代的含煤沉积中的煤层相互对比。

2. 煤岩特征对比法

同一煤层在一定范围内形成时的环境和形成过程中水介质的条件、原始物质的堆积过程基本上是相同的。因此,同一煤层的煤岩成分和特征是基本相似的,而不同煤层的煤岩成分和特征则往往存在差异,这种差异构成了区分煤层的特征。煤岩特征法就是根据煤层的肉眼(宏观)煤岩类型和显微煤岩组分的特征、含量及其变化规律进行对比煤层的一种方法。

(1) 宏观煤岩特征对比法

利用煤岩特征对比煤层时,首先应详细观察和描述煤层剖面,划分煤岩类型,绘制煤层煤岩类型柱状图,然后根据不同煤岩类型和组合特征,进行煤层对比。对钻孔煤芯煤样进行观察、描述时,应以绝大多数的碎煤块的特点作为标准,除描述各煤分层的煤岩类型外,还应注意某些煤分层的一些特殊物理性质。如北京煤田门头沟～城子矿区为下侏罗世陆相含煤沉积,利用宏观煤岩特征较好地解决了二槽和五槽两个主要煤层的对比问题(图5-25)。

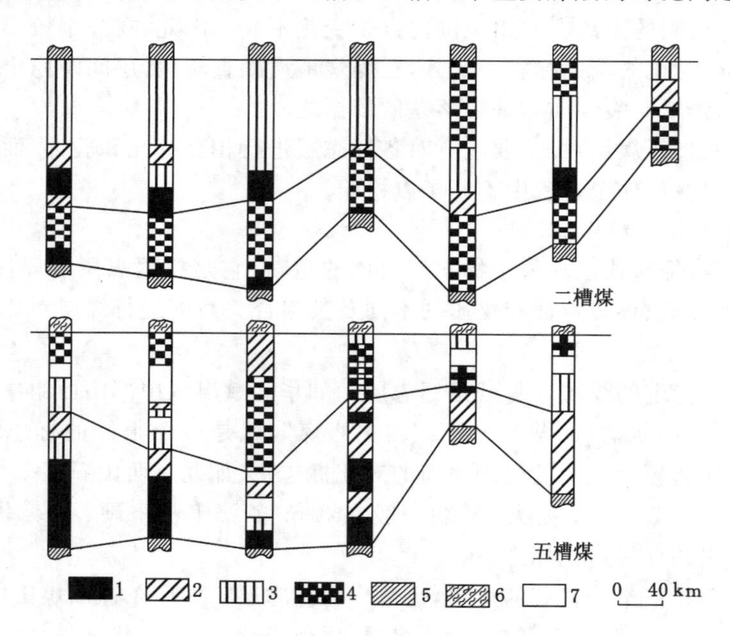

图5-25 北京门头沟～城子矿区煤岩类型对比图

1——光亮型煤;2——半亮型煤;3——半暗型煤;4——暗淡型煤;5——粉砂岩;6——泥质岩;7——泥质夹矸

(2) 显微煤岩特征对比法

当煤芯煤样十分破碎时,常将其制成煤砖光片,在显微镜下进行显微组分的定量研究,根据显微煤岩组分的特征区别煤层并进行对比。如某矿5煤层和6煤层的显微煤岩组分(表5-5),5煤层的比较简单,以凝胶化物质为主,丝炭化和稳定物质含量较少;6煤层的比较复杂，丝炭化和稳定物质较高。这样，通过显微煤岩组分的研究和定量统计，就解决了5、6煤层的对比问题。

表5-5　　某矿5、6煤层煤岩组分定量结果比较表

煤层	凝胶化组分/%	半凝胶化组分/%	丝炭化组分/%	稳定组分/%
5煤层	73	13	12	1.5
6煤层	45	18	28	8

（三）相-旋回特征对比法

大多数的含煤沉积都具有明显的或较为明显的旋回结构，而煤层在旋回中的分布也有一定的层位和规律。相-旋回特征对比法是利用旋回特征在详细研究含煤沉积的相-旋回的基础上进行煤层对比。其具体步骤是：

(1) 在一个地区选择2～3个典型的剖面或钻孔岩芯进行详细的观察与描述，根据相的成因标志确定各种相的类型及相组合特征，并找出各种相在水平和垂直方向上变化的一般规律。

(2) 根据相及相序的组合规律，划出含煤沉积的旋回结构，并编制出1∶200的相-旋回柱状图。

(3) 在柱状图上仔细地确定旋回的数目、类型，并找出若干个具有控制性的标准旋回（即横向上稳定的旋回），作为相-旋回对比的标志。

(4) 编制相-旋回对比剖面图。首先以标准旋回作为基准，把勘查区范围内的全部岩性、相柱状图按照一定的顺序排列起来。然后与标准柱状对比（先对比中旋回，其次对比小旋回，最后再对比煤层）。相-旋回对比剖面图的垂直比例尺一般为1∶500或1∶1 000；水平比例尺为1∶5 000或1∶10 000。

海陆交替相含煤沉积由于旋回结构明显，横向上比较稳定，用此种方法再结合标志层对比法，通常能较好地解决勘查区范围内的煤层对比问题。在陆相含煤沉积中，由于岩性、相变化较大，旋回结构横向上也不稳定，加上标志层少，故有时只能对比到中旋回（即煤组），而更进一步的对比则需要其他手段的配合。

（四）古生物对比法

古生物对比法既可确定含煤沉积的时代，又是进行煤层对比的基本方法之一。含煤沉积中富含各种生物化石时，均可利用古生物对比法。目前常用的是动植物化石对比法和微体古生物对比法。

1. 动植物化石对比法

动植物化石对比法就是指利用动植物化石的种属、数量、生态组合关系、保存完整程度、矿化特征及生物活动遗迹等方面的特征进行煤层对比。采用这种方法对比时，应特别注意标准化石（生存时间短、演化速度快、分布广泛、易于找到的化石）的出现和消失。标准化石是确定含煤沉积时代和划分含煤组、段的主要依据。但由于聚煤时间往往延续不长，仅依靠标准化石一般只能确定大的层组关系，而不能直接用于煤层对比。因此，还应注意不同层位出现的主要种属和共生组合的情况，进而作更细致的煤层对比。此法多用于大区域范围含煤沉积的对比，以确定时代和层位。

2. 微体古生物对比法

(1) 微体古动物对比法

微体古生物对比法在含油岩系的划分和对比中已被普遍应用。含煤沉积中发现的微体古动物有有孔虫、苔藓虫、介形虫等。这类化石具有个体小、数量多、分布广、保存好、易找到等特点,因而用少量的岩芯就能进行鉴定和统计。据此可确定含煤沉积的时代和划分含煤组、段,进而解决煤层对比的问题。

(2) 微体古植物对比法

微体古植物对比法又称孢粉对比法。孢子、花粉在不同时代、不同类型的含煤沉积中都有广泛分布。其特点是个体小、数量多,保存程度好,垂向上变化大,根据少量的岩芯就能进行鉴定和统计,从而进行煤层对比。

孢粉对比法的工作步骤如下。

① 采样

根据目的和任务确定取样点、取样层位和数量。孢粉样主要采自煤层及煤层顶、底板。取样点应避开构造破坏带、岩浆岩接触带、冲刷带,要防止杂物及相邻层位的岩屑混入,以保证样品的代表性。

② 制片和镜下鉴定统计

将样品用氧化剂浸解,分离出孢粉并制成薄片,在显微镜下进行鉴定,确定孢粉类型。然后按孢粉类型及种属进行统计,计算出各类型和种属孢粉的百分含量,绘制出棒带图。

③ 剖面对比

首先建立标准剖面,确定含煤沉积中每一煤层的孢粉组合特征,然后根据下列标志进行对比。

A. 标准类型孢粉,即工作区内作为确定含煤沉积层位和对比煤层依据的标准孢粉种属。

B. 孢粉在垂直剖面上的变化特征。

C. 孢粉组合特征。每一岩层或煤层中,按一定组合关系出现的孢粉常占全部孢粉的60%~90%,它们在横向上分布十分稳定,种属和百分比变化不大,是煤层对比的良好标志。凡按一定组合出现的孢粉在40%以上时,即可用以煤层对比。

孢粉对比法不仅能确定含煤沉积的时代和解决煤层对比的问题,有时还可解决煤层的分岔和尖灭的对比问题。如黔西某井田5号煤层有分岔合并现象,但其顶、底板粉砂岩中三裂片三缝孢特别多,可作为煤层顶、底板层位的特征标志,底板中三角形光面三缝孢、圆形光面三缝孢及粒面单缝孢的特征组合,控制了煤层层位,据此就可分析该煤层的分岔、合并情况并解决其对比问题(图5-26)。

孢粉分析法在岩浆活动较弱、煤层未经强烈破坏、煤的变质程度较低的地区应用效果较好。

(五) 岩矿特征对比法

岩矿特征对比法是指对含煤沉积中的某些岩层进行必要的室内薄片鉴定、重矿物分析和岩矿的简易试验,寻找各种显微标志来解决煤层对比问题的方法。此方法在构造较复杂、标志层不明显、煤层层数多、煤的变质程度高的隐伏式勘查区尤为重要。

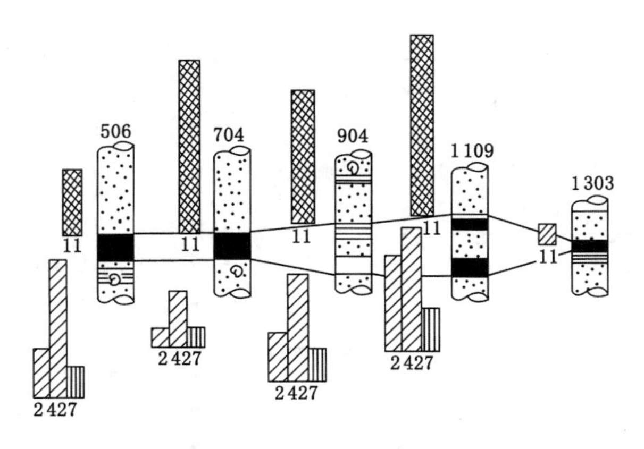

图 5-26　黔西某井田用孢粉特征对比 5 号煤层分岔、合并图

1. 薄片鉴定对比法

薄片鉴定对比法是在野外工作的基础上，将采集岩石样品磨制成岩石薄片，在显微镜下观察碎屑岩的矿物成分、颜色、含量、分选性、矿物的标型特征与次生变化情况，以及岩石的结构和构造、胶结物的成分和胶结类型等显微标志来进行煤层对比。如湖南永丰煤田大岭勘查区，经过系统的岩石薄片鉴定，找出了主要煤层顶、底板岩石 6 个显微特征不同的标志层（表 5-6），从而较好地解决了煤、岩层对比问题。

表 5-6　标志层显微特征表

标志层号	岩石名称	主要对比显微标志						
		胶结物			碎屑			结构与构造
		含量/%	主要成分	胶结类型	成分组合/%	矿物标型特征	重矿物	
K4	石英砂岩	10	黏土矿物炭泥质	分布不均一	石英≥90 偶含长石		锆石、锡石、黑电气石共生	细粒结构，粉砂结构，层状构造
K3	石英砂岩岩状砂岩	6～15	硅质黏土矿物	再生式	石英≥85 含泥岩岩屑	石英大部分次生加大，部分含硅线石包裹体	黑电气石及不完整锆石	再生长花岗变晶结构
K23	岩屑石英砂岩	10～17	绢云母	接触-孔隙式	石英 65～76，岩屑≥10 长石≤10	石英次生加大，含磷灰石等包裹体，正长石普遍绿泥石化，斜长石多分解及剧烈绢云母化，泥岩屑次滚圆状	锆石、屑石、黑电气石及锡石共生	中细粒结构，绢云母胶结蒿状结构
K22	岩屑石英砂岩	18～26	碳酸盐	杂乱	石英 75～80，岩屑 8～13 长石＜10	石英含绢云母包裹体，含钾长石及双晶清晰的斜长石，长石中含有英嵌晶，方解石交代长石	电气石与屑石共生	中细粒结构，定向排列

续表 5-6

标志层号	岩石名称	主要对比显微标志						
		胶结物			碎屑			结构与构造
		含量/%	主要成分	胶结类型	成分组合/%	矿物标型特征	重矿物	
K21	长石石英砂岩	13～17	碳酸盐	杂乱	石英 75～80	石英含多颗绢云母包裹体,斜长石新鲜,钾长石见格子双晶及细长石条纹,方解石交代长石,含喷出岩屑,偶见花岗岩屑	电气石、锆石、屑石、钛铁矿石	中粒结构,不等粒结构
K1	长石石英砂岩	10	绢云母	不均一,亦见接触-孔隙式	石英 70～80,岩屑≤10,长石 13～17		电气石、锆石、锡石等	不等粒结构,花岗变晶结构

2. 重矿物分析对比法

利用重矿物分析对比煤层是以一定的重故物及其组合反映一定的陆源母岩性质及陆源碎屑物的搬运和沉积条件为基础的。因此,不同的重矿物及其组合的富集层位,具有较大的稳定性。

重矿物分析的方法步骤是将采集的煤层顶底板拟定为标志层的砂岩、粉砂岩等样品,先进行破碎,再经化学分解和处理及重液分离以后,在显微镜下对重矿物的成分、标型特征以及某些重矿物的共生组合关系等,进行鉴定和统计,然后进行煤层对比。河南某中生代含煤沉积下部含煤组,有两层煤变化较大,虽然两层煤顶板砂岩所含重矿物都十分丰富,但矿物共生组合和某些标型特征都有显著差别。下部的 1 号煤层顶板砂岩,以电气石、锆英石为主;上部的 2 号为煤层顶板砂岩,则以拓榴子石、电气石为主(图 5-27)。两层煤顶板砂岩的重矿物标型特征也不同,1 号煤层顶板的电气石以绿色为主,锆英石以肉红色为主;2 号煤层顶板的电气石则以棕黄色为主,锆英石无色。依此即可将两层煤正确划分和归属。

3. 岩矿简易试验

在煤炭地质勘查工作中,对肉眼不易区别的岩层进行简易的物理化学处理后,便可利用其物理化学特征差异,进行煤层对比。常用的方法有泥质岩、黏土岩的染色分析、石灰岩的不溶残渣分析及岩石的煅烧试验等。

(1) 染色分析

含煤沉积中泥质岩、黏土岩和煤层夹矸中的黏土矿物由于成分不同,对有机色剂的吸附能力也不同,染色后深浅不一,色调不同。因此根据着色结果,可大致确定矿物成分,进行煤层对比。常用的有机色剂有:浓度为 0.01%的亚甲基蓝溶液,盐酸联苯胺饱和溶液等。染色分析是根据沉淀物的颜色、凝聚物特征及其颜色均一程度、悬浮液颜色和投入硅胶(或米粒)后色剂转移的情况等来确定层位的。

(2) 石灰岩不溶残渣分析

不溶残渣是石灰岩中的不溶于盐酸(浓度一般为 5%～10%)的碎屑物质、黏土物质和

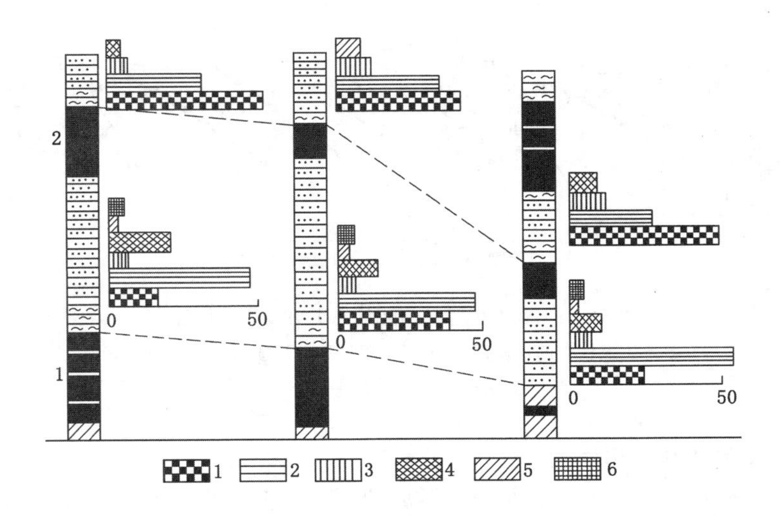

图 5-27　河南某中生代煤田重矿物柱状对比图

1——柘榴子石；2——电气石；3——金红石；4——锆英石；5——绿帘石；6——刚玉

自生矿物等的统称。不溶残渣分析是根据不溶残渣的百分含量、颜色、成分等特点，确定石灰岩层位，进而作煤层对比。

（3）岩石煅烧对比法

将所采集的岩石标本破碎到一定大小后加温除去其中可以燃烧和挥发的物质，利用所获得的高温氧化后的标本的不同特征进行煤层对比的一种方法。岩石煅烧对比法的具体做法是：

① 系统采集样品。系统地采集煤层顶、底及标志层的样品。

② 制样煅烧。将样品破碎到约 2 cm×3 cm×1.5 cm 大小的碎块，从中称取 50 g 左右的样品，放在马弗炉内逐渐升温到 880 ℃，煅烧 3～4 h。

③ 寻找标志进行对比。利用煅烧后标本的不同特征进行对比。对比的特征主要有：A. 颜色。由于岩石的矿物成分不同，煅烧后标本的颜色也有很大不同。B. 组成成分。鉴定碎屑岩时，要注意煅烧后矿物的种类及分布的形式。对于石灰岩、硅质岩，要注意其中所含杂质的种类、含量以及吸水后的溶化程度。C. 固结度。煅烧后岩样的固结度也发生很大的变化，有的由致密坚硬变得松散；有的则由松散变成致密块状。D. 断口结构。样品经煅烧后其断口结构也有变化，是比较好的对比标志。E. 层理和韵律构造。煅烧后岩样的层理和韵律构造的变化特征，有时也可作为对比标志。

岩石煅烧法的优点在于样品加工处理简便、成本低、收效快、设备简单、对比标志易于观察和掌握，因此是野外广泛使用的一种煤层对比方法。牡丹沟井田为中下侏罗世含煤沉积，原地质报告认为井田内有 F_{18}、F_{25} 两条逆断层[图 5-28(a)]，使 1 煤层多次重复，形成“南条煤二”、“中条厚煤”、“北条煤一”等 3 个条带。后经补打 5 个钻孔后，分别对 3 个带煤层顶、底板岩石用煅烧法进行对比，发现“北条煤一”与“中条厚煤”的顶、底板煅烧后的特征相似，而与“南条煤二”的顶、底板则有明显的差别。因此，“南条煤二”与“中条厚煤”不属于同一煤层，它们之间也不存在 F_{18} 断层[图 5-28(b)]。

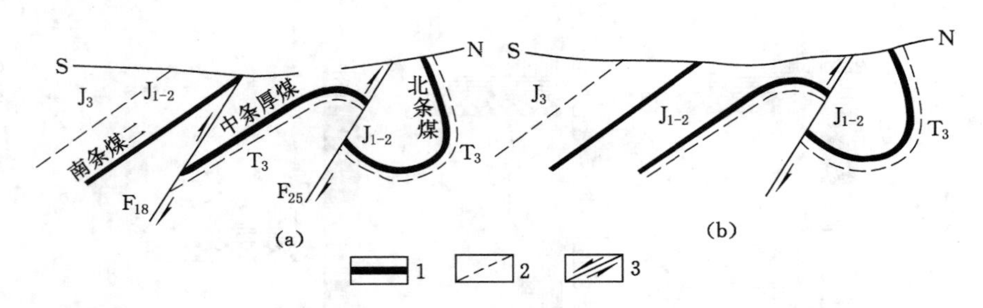

图 5-28　青海省热水矿区牡丹井田地质剖面图

(a) 原地质报告中的地质剖面图；(b) 用岩石煅烧法对比后地质剖面图

1——煤层；2——地质界线；3——断层

(六) 地球化学特征对比法

含煤沉积是在一定的地球化学条件下形成的，因此，其剖面变化在一定程度上反映着地球化学条件随时间的改变，即聚煤盆地中水介质的化学性质、氧化-还原程度、有机质含量的变化等。利用地球化学特征对比煤层，主要是通过研究结核的成分和特征及煤、岩层中微量元素的分布和富集的程度来进行的。

1. 结核对比法

含煤沉积中结核的数量很多。在利用结核的成分及其特征进行煤层对比时，特别应注意结核的组合特征，这是因为结核的组合特征在垂向上往往是有规律地变化的(如靠近煤层常见黄铁矿、菱铁矿结核，远离煤层则出现石灰质、铁白云质等钙质结核)，反映地球化学条件的韵律变化，在平面分布上有一定的稳定性。其研究方法如下。

(1) 野外工作

详细观察描述结核的成分、形态、大小、表面特征、结构、构造、产状及围岩的分离程度、组合特征等。野外采样应尽量做到多而全，采样的原则是：结核分布最普遍的，类型特殊的，直接与煤层伴生的，含有化石的。对大结核应在中心和边缘各部位分别采样。

(2) 室内工作

① 补充鉴定。根据标本对野外描述的内容进行检查、补充。

② 对样品进行全分析，测定其化学成分、烧失量及有机岩和某些标本的 Si、H_2O 和 P 的含量。

③ 用 2%～5%的盐酸作盐酸生成物分析、测定不溶残渣的上述指标。

④ 按构成结核物质的主要矿物成分对结核进行分类，并根据各种类型结核的组合情况确定结核的组合类型。

⑤ 根据结核的成分、特征及组合类型特征，在剖面上划分结核带、确定层位并对煤层进行对比。

2. 微量元素对比法

通过光谱分析，测定含煤沉积中煤、岩层的微量元素百分含量、共生组合特征和在一定层位的富集规律，其结果可用于煤层对比。

微量元素在含煤沉积中的富集和分布情况与元素的本身化学性质和含煤沉积形成时的地球化学条件有关。研究资料表明，在含煤沉积剖面上变化较大的微量元素有：锗、铍、镓、钡、锶、铀、钴、铬、镍、磷、钒、铜、铅、锌等。其富存规律是：在富含沥青质的海相泥岩中，富集的元素往往有铀、钒、镍、钴、磷、铬等。在煤层中高度富集的元素有锗、铍、硼等，通常和镜煤有关。在强还原条件下形成的沉积物中富集的元素有：铅、钼、锌、铜等亲硫元素，一般呈硫化物出现。在碱化水介质条件下形成的岩层常富集有钡、锶。在铝土质及黏土岩中富集的有：钙、铍，与铝的亲和力较强有关。这些特征均可作为煤层对比的标志。

（七）地球物理测井对比法

根据含煤沉积中不同岩石和煤层的物理性质，如电阻率、密度、自然放射性等，通过地球物理测井方法获得不同性质、不同类型、不同幅度、不同形态特征及不同组合关系的测井曲线，对煤层进行对比是煤炭地质勘查工作普遍采用的一种对比方法。

目前我国采用的测井方法有：视电阻率法、人工放射性密度法、自然电位法、自然放射性法、侧向电流法、接地电阻梯度法等方法。图 5-29 反映的是贵州某地 17 号煤层一般含硫量小于 0.3%，视电阻率为 250～500 Ω，而 18 号煤层一般含硫量大于 1%，视电阻率为小于 200 Ω，利用煤层含硫量不同而反映出的电阻率曲线的峰值差异解决煤层对比问题的实例。利用测井曲线进行煤层对比，首先要建立地质-测井标准剖面，即确定参数孔并做好试验工作；通过当地钻探地质资料与测井资料的对比，测定煤、岩层的各种物理参数，寻找物理标志层，掌握参数孔内各煤、岩层的测井曲线的峰值、形态及其组合特征以及特殊物性标志层，然后作为标志进行煤层对比。由于煤、岩层的横向变化、测井参数的不同以及井径的大小、泥浆矿化度等因素的干扰，测井曲线时常会出现多解性，因此，在一个地区进行煤层对比时因地制宜地采取多种参数曲线，并配合其他的对比方法，才能有效地解决煤层对比问题。

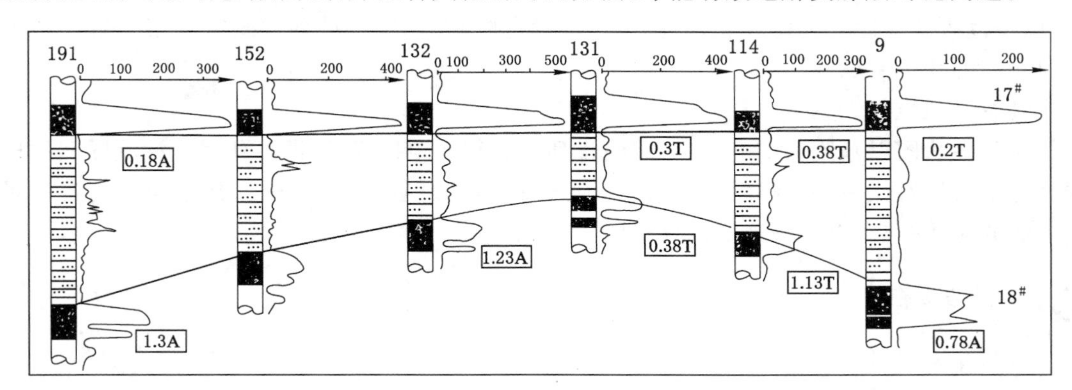

图 5-29　硫化矿物对煤层电阻率的影响

三、煤层对比的步骤

煤层对比工作是在勘查工作达到一定程度并获得了一定的地层资料后开始进行的。

（一）标准剖面的建立

标准剖面的建立是在充分了解该区的地质情况基础上，选择 1～2 条具有代表性的典型剖面，以作为野外观察及室内辅助鉴定的基础，进行深入研究，寻找和确定煤层对比标志。

标准剖面应选择在地质构造简单、地层出露全、煤层发育较好的位置，剖面方向应垂直于地层走向，以利观察和鉴定，确保地层、构造、岩层（特别是标志层）、煤层及其顶底板的可靠性。对已选定的标准剖面，必须详细、系统地进行分层鉴定和描述，系统地采集标本和样品。其成果应绘制 1∶200 的剖面柱状图。

（二）煤层对比标志的选择

煤层对比工作的关键是寻找和确定适合的对比标志。因此，选择对比标志应当充分研究标准剖面和含煤沉积的特点及对比方法。如要选择含有一定生物化石且成分、结构、构造、厚度等方面具有某些特征的岩、煤层，或具有一定的化学特征和地球物理标志的岩层等作为标志层，其特征一定要在横向上稳定而纵向上变化明显，层厚较小，标志明显。

（三）煤层对比图的编制

1. 比例尺的选择

应视含煤沉积的厚度而定，一般多采用 1∶500。如含煤沉积厚度大时可用 1∶1 000，厚度小时可用 1∶200。对比柱状应采用岩、煤层的真厚度。有正断层的钻孔所画对比柱状图应该断开（或在断层处用断层符号表示），其断开的距离视断距的大小而定，一般与垂直断距相等；在逆断层的钻孔对比柱状图应将断层上、下盘的对比柱状图错开，重复的部分在对比图上并列出现，以利研究。

2. 基线的选择

对比图的基线应选择在稳定的煤层或标志层的底界上。最好将基线放在对比图的中部地带，以使绘制的对比图起伏不大。

3. 对比柱状图的排列

对比柱状图的排列应以利于研究为原则。一般有两种排列方式：一是按倾向排列（按勘查线），这种排列方式利于检查勘查线剖面图和了解煤层沿倾向变化的情况。二是按走向排列，即按勘查线顺序。先排浅孔，再排中孔，最后排深孔。这种排列方式有利于了解煤层沿走向方向的变化情况。

4. 对比柱状图间的连线

对比柱状图以基线为基准，按一定确排列方式和间距排好后，即可作对比柱状图间的连线。这是煤层对比是否可靠的关键所在，因此，在连线时必须充分、全面地综合利用各种对比方法的对比标志，以准确地确定煤层层位或层组。

任务实施

绘制煤岩层对比图。

思考与练习

1. 煤层对比的意义。

2. 应用相-旋回特征对比法对比煤层的步骤。

项目六　聚煤构造

聚煤构造是对控制煤系、煤层、煤田的形成并对其进行改造的所有地质构造的总称。按聚煤构造与煤系形成时期的关系，将其分为基底先存构造、同沉积构造、后期构造。

任务一　煤系基底先存构造

知识要点

基底先存褶皱；基底先存断裂。

任务导入

基底先存构造为煤系、煤层的形成提供场所，即煤盆地。基底的性质、界面特征和先存的褶皱与断裂，对煤盆地中煤系的几何形态、构造格架、沉积环境和早期充填的岩屑有重要影响。因此，煤系基底先存构造，是煤系构造研究的重要方面。

任务分析

分析基底先存构造对煤盆地形成的影响。

相关知识

煤系基底先存构造是指煤系形成之前基底岩系中已经存在的各种构造；同沉积构造是指煤形成的同时，控制煤系岩性和厚度发育的同期构造；煤系形成之后所发生的构造称后期构造。

一、煤系基底先存构造

（一）基底先存褶皱

基底先存的褶皱是煤系形成前的古构造。稳定的古陆地区，煤系的基底可能有先存的宽缓褶皱，在长期风化剥蚀过程中，基底先存褶皱可造成地貌差异和对煤系早期沉积产生显著影响。

我国四川盆地晚三叠世煤系与下伏基底岩系之间为微角度不整合（图 6-1）。中三叠世末的印支运动形成北东向的泸州-达县宽缓背斜，经长期风化剥蚀后，核部出露中三叠统嘉陵江组，两翼残留中三叠统顶部的雷口坡组。晚三叠世煤系形成过程中，没有显示出此宽缓背斜，其西翼的古华蓥山断裂为沉积厚度梯度带和岩相变化带，西部为稳定湖盆区，东部为河流冲积平原区。

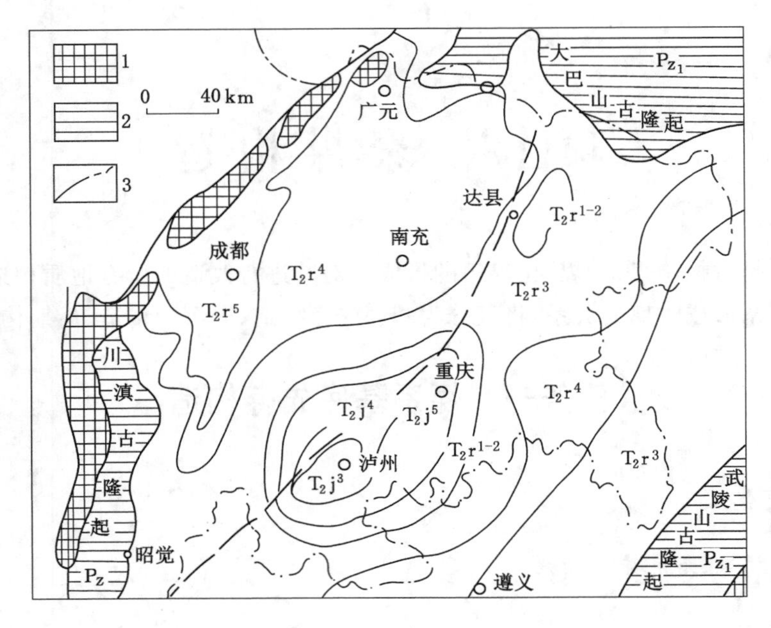

图 6-1　四川盆地晚三叠世前古地质构造略图

1——前震旦系；2——早古生代古隆起；3——古断裂；

T_2j——中三叠世嘉陵江组；T_2r——中三叠世雷口坡组

（二）基底先存断裂和断裂带

基底先存断裂和断裂带常是不同构造单元的分划性构造，具有长期和多次活动的特点。基底断裂和断裂带的识别标志是：串珠状的岩体连线和沉积盆地连线；沉积盆地边缘巨厚的冲积扇带、狭窄的特殊岩相带、厚度突变带；温泉、湖泊的线状分布；物理性质和化学性质的异常带等。

我国东北地区第三纪煤系明显受到基底断裂带的控制，沿抚顺-密山断裂带和依兰-伊通断裂带发育两条煤系带，单个煤系盆地呈狭长几何形态，长轴方向与断裂带方向基本一致，各煤系盆地沿基底断裂带呈串珠状等距排列，十分醒目（图 6-2）。以抚顺-密山断裂带为例，北起黑龙江省的虎林，南至辽宁省的沈阳地区，延伸约 700 km，由北向南依次为：虎林、平阳镇、敦化、桦甸、梅河、清原和抚顺煤盆地等。

基底先存构造常用古隆起、古坳陷、古断裂表述，其中，古坳陷及古断裂的下降盘或两盘是煤系、煤层形成和发育的良好场所。

二、煤盆地

从地貌上来讲，盆地是负向单元，其邻区为高地或山脉并在盆地充填过程中向盆地提供物质来源，盆地的平面几何形态多种多样，主要受构造格架控制，当盆地有煤系发育时，则为煤盆地。煤盆地是国际煤地质界通用的术语，是反映聚煤作用空间展布的二级单元。

根据煤盆地所处的构造位置、盆地的构造样式、盆地的地壳类型及形成机制，可将我国煤盆地划分为八种类型。见表 6-1。

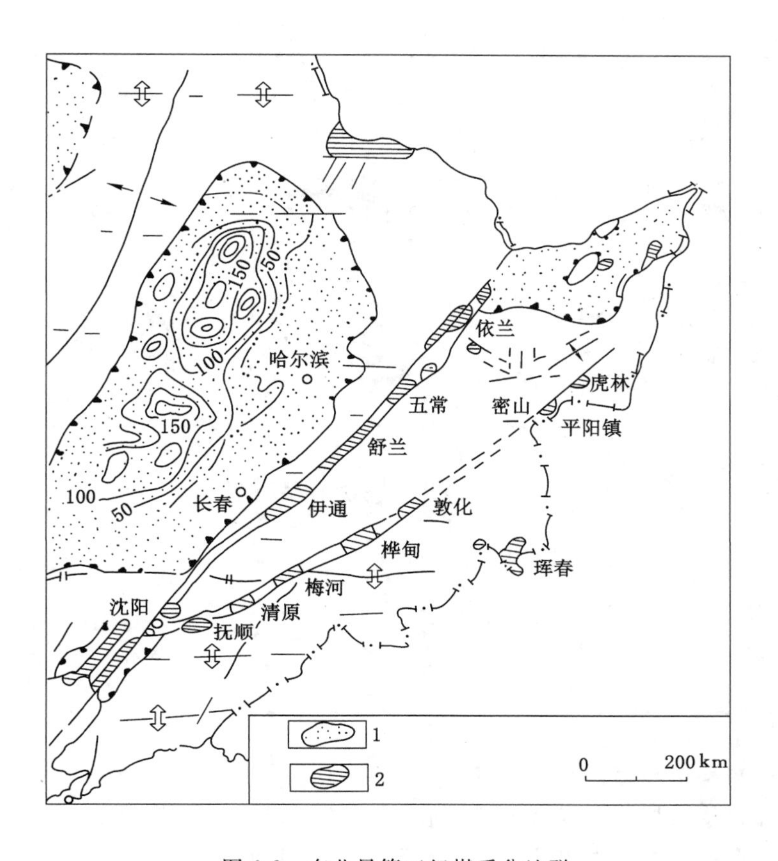

图 6-2 东北早第三纪煤系盆地群

1——新生代坳陷；2——早第三纪煤盆地

表 6-1 **我国煤盆地类型**

地壳类型	板块部位	构造机制	盆地类型	盆地模式	煤层厚度	稳定性	聚煤量
陆壳	克拉通褶皱带	差异沉降	克拉通盆地 ①		中-厚	极稳定	千万～万亿吨级
		张裂、拉伸	大陆裂陷盆地 ②		薄或煤线	不稳定	百亿吨级
		拉　张	断陷盆地 ③		厚度变化大，有巨厚煤层	不稳定	百亿吨级
		差异沉降	坳陷盆地 ④		薄-中厚	较稳定	十亿～百亿吨级

续表 6-1

地壳类型	板块部位	构造机制	盆地类型	盆地模式	煤层厚度	稳定性	聚煤量
陆壳	克拉通褶皱带	挤压、碰撞	前陆盆地⑤		厚度变大	不稳定-稳定	千万～万亿吨级
		张扭、压扭	走道-拉分盆地⑥		厚度变化大有巨厚煤厚	不稳定	百亿吨级
		挤压、磁撞	山间盆地⑦		厚度变化大	不稳定	十亿～千亿吨级
过渡壳	大陆边缘	各种复杂的构造机制	大陆盆地盆地⑧		薄煤层或煤线	极不稳定	千万吨～亿万吨级

三、基底先存构造与煤盆地的关系

(1) 基底先存构造控制了煤盆地的形成、展布方向、形态、规模、古地理类型和含煤性。

(2) 基底先存构造控制类煤盆地的基本类型随着时间的推移而发生变化:侵蚀盆地、构造盆地、断陷盆地与坳陷型盆地之间相互转化或并存等。

(3) 基底先存构造使煤盆地基底下沉速度相对增快、幅度增大时,导致煤盆地超覆扩张;沉降相对减慢或由沉降转化为上升时,导致盆地退缩分化。

(4) 基底先存构造若使盆地沉降中心在不同时期(或同一时期的不同阶段)在空间上转移时,导致煤盆地的侧向迁移。

思考与练习

准噶尔盆地沉积特征。

任务二　煤系同沉积构造

知识要点

同沉积褶皱;同沉积断层。

任务导入

同沉积构造控制煤盆地中富煤带的形成。

任务分析

分析同沉积构造对富煤带形成的影响。

相关知识

煤系形成过程中同时期发育和活动的构造,称为同沉积构造。形成同沉积构造有诸多因素:构造运动,差异压实,基底构造再活动,重力滑动等。尽管表现形式不同,但主要为同沉积褶皱及同沉积断裂。由于这些构造与煤系沉积时同期活动,因而不仅保留了其特有的形态,而且对沉积厚度和沉积相起着控制作用。

一、同沉积褶皱

同沉积褶皱主要是同沉积背斜和同沉积向斜。它们的存在表现为基底的隆起和坳陷、沉积物的加厚和变薄、沉积相的变化。

煤系基底的隆起和坳陷常相邻伴生。在沉积物补给充分的地区,沉积物在隆起部位薄而在坳陷部位厚,这种变化反映了沉降幅度的差异;同时,岩性和沉积相也有相应的反映。例如,在陆相环境下,当河流沿坳陷槽地发育时,较快的基底沉降得到充分的陆源补偿,沿同沉积坳陷堆积了河流相粗碎屑沉积,而沉降速度较慢的同沉积隆起部位则为静水条件下的湖沼相细碎屑沉积。在沉积物补给不足的条件下,同沉积坳陷可能出现湖泊相细碎屑沉积,而同沉积隆起部位则为浅水粗碎屑沉积。在实际工作中,一般首先圈定出同沉积隆起或同沉积背斜,该地段煤系厚度减薄、沉积间断多次出现、沉积超覆现象和岩性及沉积相变化明显。沉积中心向一定方向作侧向迁移,使煤系向一侧不断超覆,这是同沉积褶皱的一种表现(图 6-3)。

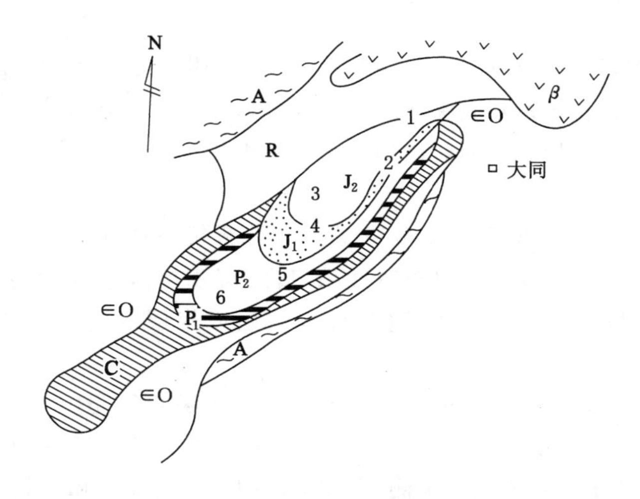

图 6-3 我国山西大同各时代沉降中心迁移图

1——中侏罗世沉降中心;2——早侏罗世沉降中心;3——晚二叠世沉降中心;
4——早二叠世沉降中心;5——晚石炭世沉降中心;6——中石炭世沉降中心

我国东北阜新煤盆地的东梁背斜(图 6-4)为一短轴背斜,经地层厚度分析及沉积相和煤层变化等方面研究，揭示出煤系形成过程中这一背斜构造已具雏形，煤层厚度向背斜顶部方向变薄。

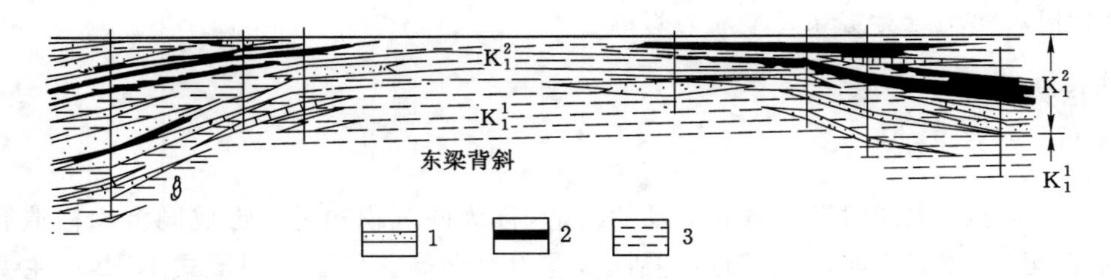

图 6-4　辽宁阜新煤盆地沉积断面图显示的东梁同沉积背斜

1——砂体；2——煤层；3——页岩

我国江西萍乡中生代和晚古生代煤系的形成和分布是同沉积褶皱构造控煤的实例（图 6-5）。

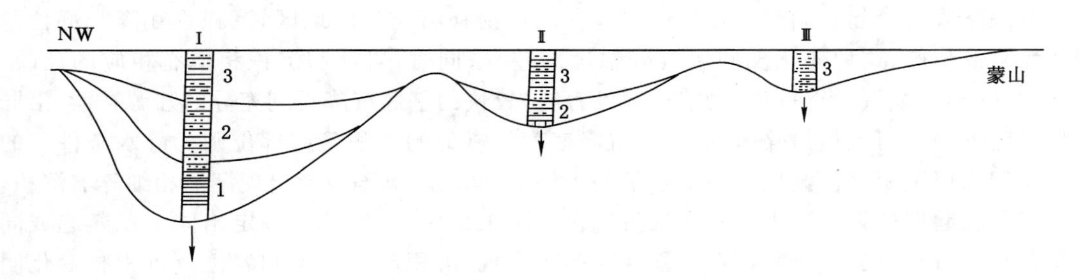

图 6-5　萍乡地区南部紫家冲段形成时的沉降剖面

二、同沉积断裂

同沉积断裂是指煤系形成过程中就存在并活动着的断裂。主要表现为：控制煤系边缘的断裂、煤系内部的断裂、煤系基底深处的隐伏断裂等。这些同沉积断裂是一种线状构造，有明显的方向性。沉积分析和剖面对比是认识同沉积断裂的有效方法。

1. 煤系边缘断裂

煤系边缘断裂是指断裂位于煤盆地边缘。这类断裂往往规模较大，切割较深。其主要识别标志是：边缘断裂的内侧有粗碎屑冲积扇带；沉积层向边缘断裂倾斜和增厚；断裂两侧岩相性差异大，且岩相和厚度不稳定；碎屑岩层或煤层向同一方向变薄至尖灭或分岔等。

我国广西南部的北东东向小董断裂可作为同沉积边缘断裂（图 6-6）。该断裂发育时间长，在成煤期前已发生并控制了几个“纪”的沉积变化，在成煤期继续活动。小董断裂是由许多条断裂组成的，延伸于十万大山东南侧，在我国境内延长约 180 km，其东面与之平行的还有另一条规模巨大的灵山断裂。小董断裂和灵山断裂目前在地表皆表现为强烈的挤压破碎带，破碎带的宽度由数十米到数千米；两侧地层强烈揉褶。晚三叠—早侏罗世含煤沉积形成时，由于小董断裂强烈活动，在其西北侧形成了强烈沉降的坳陷区，晚三叠世煤系厚度达 5 000多 m，而在小董断裂的东南侧呈北东方向分布的晚三叠世煤系仅厚数十米至百余米。

这条断裂的活动时间还可追溯到更早。在小董断裂和灵山断裂之间的晚二叠世煤系一般只有 2 000 余 m，主要为碎屑岩，而在广西全区同期地层一般厚仅数百米并以石灰岩石为主。如图 6-6 所示。

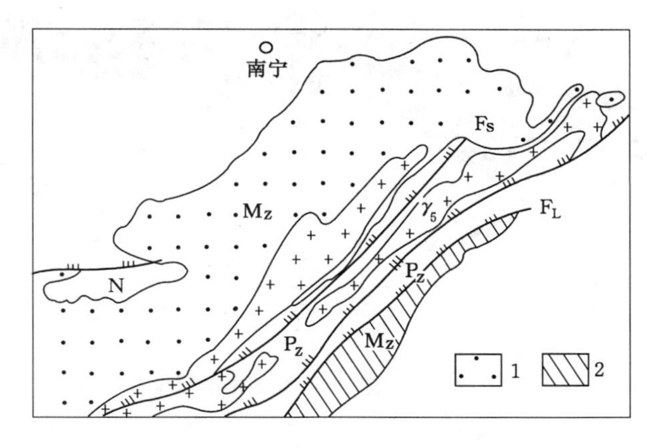

图 6-6 小董及灵山断裂带分布示意图

Fs——小董断裂；F_L——灵山断裂；1——晚三叠世含煤岩系岩性较粗及沉积巨厚的地区（南侧厚度 5 600 m）；2——晚三叠世含煤岩系岩性较细及沉积薄的地区（厚度小于 100 m）

2. 煤系内部断裂

煤系内部也可有同沉积断裂。如我国北方的西来峰断裂，近南北向延伸于内蒙古自治区的桌子山与岗德尔山之间，并伸入宁夏回族自治区境内，长达 150 km 以上。在断裂西侧的公乌素矿区，中石炭世含煤沉积厚 900 m；断层东侧的白音乌素矿区，中石炭统仅厚 20～40 m（图 6-7）。这条断裂的两侧，煤系下伏地层奥陶系变化大：东侧为厚层石灰岩，与华北地区的奥陶系相似；西侧则为笔石页岩、灰岩等互层，属另一类型的沉积。

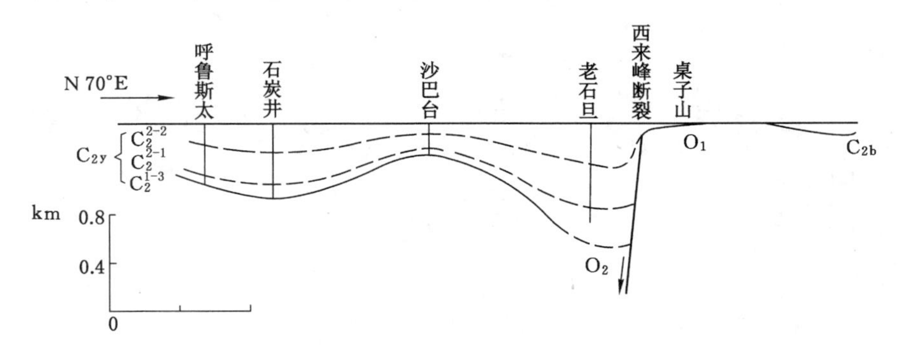

图 6-7 内蒙古呼鲁斯太-桌子山中石炭世沉积剖面图

此外，同沉积断裂还可引起煤层厚度与结构发生突然变化（图 6-8）。

3. 煤系基底深处的隐伏断裂

煤系的同沉积基底断裂可以造成地层和沉积层序的显著不同。这种断裂在发育的早期可作为剥蚀单元和沉积单元的分界。随着盆地的扩展，则演化为隐伏断裂，作为沉积分区的界线。如湘中北纬 27°30′，大致横过斗笠山矿区中部有一条区域性东西向构造带，二叠纪表现为沉积类型南北差异的突变（图 6-9）。早二叠世茅口晚期，由于华南地区东吴运动的影

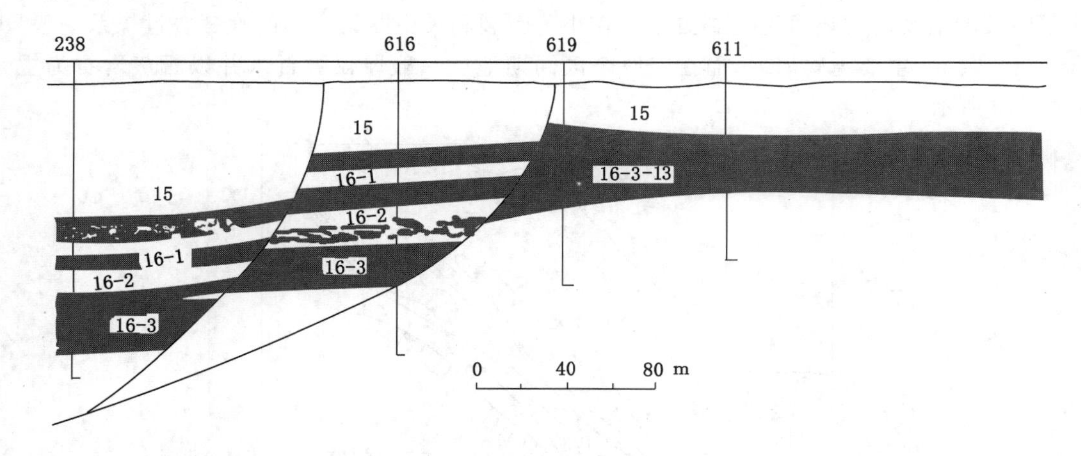

图 6-8　内蒙古伊敏煤盆地同沉积断层引起煤层厚度与结构的突然变化

响，构造带的北侧隆起，并遭受剥蚀；南侧则持续沉降，并堆积了茅口晚期煤系。晚二叠世早期，伴随华南地区广泛的海侵，盆地沉积向北超覆、扩张而形成统一的煤盆地，但南北沉积差异显著，形成湘中南型、北型两种沉积类型。南型含煤沉积以碎屑为主，约 200～1 000 m；北型沉积以石灰岩、泥质为主，约 70 m。

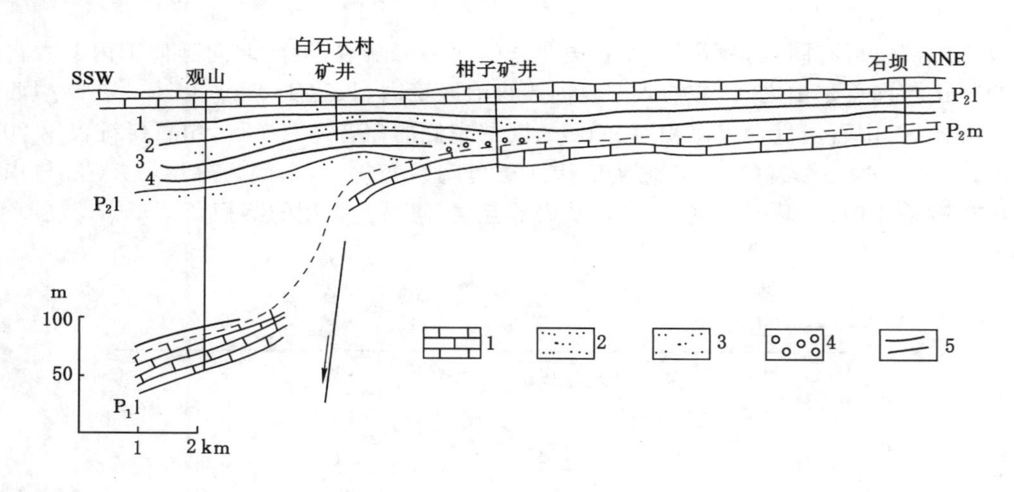

图 6-9　湖南斗笠山矿区二叠纪煤系沉积剖面图

1——灰岩；2——细砂岩；3——中粒砂岩；4——砾岩；5——煤层

4. 生长断层

煤系中的生长断层主要是指分布在煤系中大量低级别的同沉积断裂，是发育于末固结沉积物中的塑性变形。软硬岩层之间的重力滑动和不同岩性的差异压实作用也都会导致生长断层的发生，有的生长断层还可以与基底地形或基底断裂发生联系。例如，大型进积三角洲的前缘，河流搬动的大量砂质沉积物覆于深水泥质沉积物或有机软泥之上，由于下伏泥质沉积物的压缩和滑塌作用，沿砂体和泥质沉积物界面极易产生生长断层(图 6-10)。断层的规模一般不大，主断面向盆地方向倾斜，断面上部倾角约 60°～70°，向下变缓，约 30°～40°。

下伏松软层的滑脱作用所产生的生长断层系列，其规模可达几千米至上百千米。断层带大致沿岸线延伸，滑脱体向盆地方向滑动。滑动体的后方为一系列拉张正断层，而滑脱体的前方发育同沉积褶皱和冲断层。

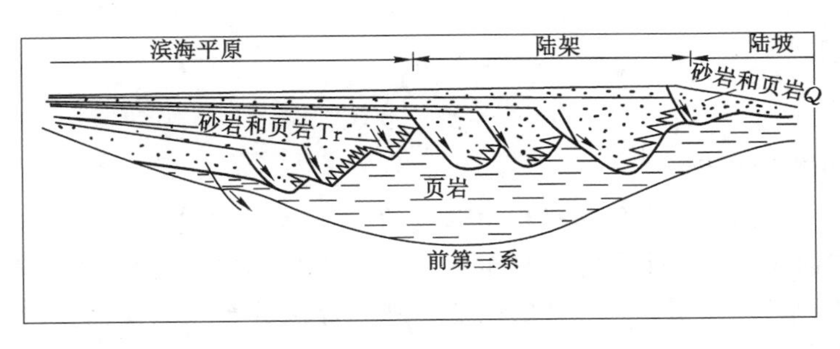

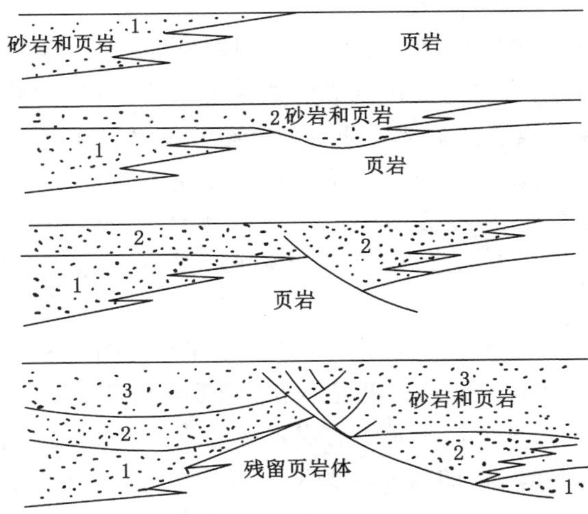

图 6-10　美国墨西哥湾海岸三角洲沉积体中生长断层形成体制

思考与练习

同沉积褶皱在地层厚度上的表现。

任务三　煤系后期构造

知识要点

煤田；煤产地；后期构造。

任务导入

后期构造是指煤系形成之后发生的地壳构造运动所形成的地质构造，后期构造使已经形成的煤系产生变形并进行改造，改造的结果是形成了煤田。

任务分析

分析后期构造对煤田形成的影响。

相关知识

一、煤田、煤产地概念

煤田是指在同一地质历史发展过程中形成的，虽经后期构造变动但大致连续的煤系分布地区。煤田的面积可达数十平方千米至数千平方千米，储量由数千万吨至数百亿吨。因受后期构造变动和剥蚀作用而分隔开的一些单独的煤系分布区域煤储量较小的煤田，面积由数平方千米至数十平方千米，称为煤产地。

煤田的概念与煤盆地的概念不同：煤田由包括煤系的基底、煤系和煤系的盖层三部分构成，总体多表现为向斜盆地；煤盆地既可指成煤期内形成煤系的盆地，也可指经后期构造变动和剥蚀破坏后，现今保存煤系的盆地。两者的分布范围可以相近，但也可以不同。我国云南小龙潭煤田的煤系分布范围与成煤期煤系分布的煤盆地就大体一致。我国河北开滦煤田和蓟玉煤田原属同一成煤盆地，经后期构造变动和剥蚀作用后才被分割成不同的煤盆地。此外，还有些煤田的边界是按大断层、地表河流等因素划分的，显然，这类煤田的分布范围仅是成煤期形成煤系的煤盆地一部分。

煤田按其煤系形成的地质时代可划分为：古生代煤田、中生代煤田、新生代煤田。此外，还可进一步细分为石炭纪煤田、石炭-二叠纪煤田、侏罗纪煤田、第三纪煤田等；按煤系的个数不同，煤田可划分为：只有一个地质时代的煤系称为单纪煤田（如我国辽宁抚顺煤田，只有第三纪煤系）；具有两个地质时代的煤系称为双纪煤田（如我国山西大同煤田，兼有石炭-二叠纪、侏罗纪两个煤系）；具有两个以上地质时代的煤系称为多纪煤田（如我国湖南涟邵煤田，兼有石炭世、晚二叠世、早侏罗世三个煤系）；煤田按煤系形成环境的不同，还可划分为：内陆型煤田和近海型煤田；按煤系盖层对煤系覆盖程度的不同，煤田又可划分为：暴露煤田、半隐伏煤田和隐伏煤田。

二、煤系后期变形（赋煤构造）

煤系经过后期变形能够得以保存的各种负向构造单元称为赋煤构造。它包括构造盆地、向斜、断块或逆掩断层的下盘等。煤系后期变形决定着煤层赋存的形态、规模和空间分布。

（一）煤系的剥蚀与掩埋

剥蚀作用可造成地球表面形形色色的剥蚀表面，其作用方式包括侵蚀、溶蚀、风蚀等，其中以河流的侵蚀作用最为重要。剥蚀作用的范围、强度和速度又决定于构造、地貌、气候和岩性等条件，常常可以达到很大规模和强度，可使煤系的面貌大为改观。

煤系的掩埋作用是使煤系得以保存的重要方式。我国西北的塔里木、准噶尔、柴达木等内陆盆地及鄂尔多斯等地势较高的地区都广泛受到风成砂和黄土堆积的覆盖，使古生代和中生代的煤系掩埋其下。在南极洲边缘山区二叠纪煤系，受到冰雪掩盖。

（二）后期构造变形

后期构造变形使煤系的产状和形态发生改变，使原来沉积时水平或近水平的产状发生褶皱和断裂，从而呈现复杂的构造样式。

（1）以褶皱为主的后期变形

以褶皱为主的构造变形，使煤系主要赋存在向斜或复式向斜中。不同煤田中的煤系，由于经历的构造变动的强度和次数不同，其结果也不相同，如表现为宽缓开阔的向斜（图 6-11）、开阔的不对称褶皱、隔挡式褶皱（图 6-12）、隔槽式褶皱（图 6-13）等。

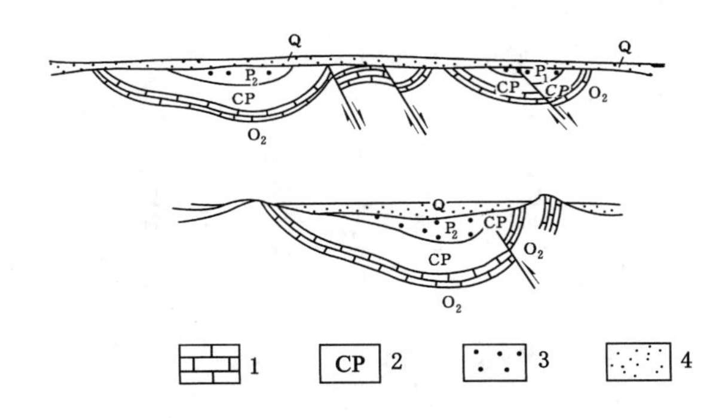

图 6-11 燕山南麓煤田构造剖面

1——奥陶系灰岩；2——石炭二叠纪煤系；3——上二叠统；4——第四系

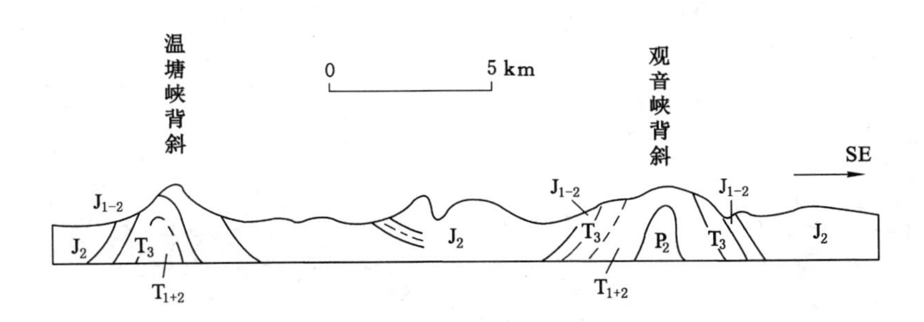

图 6-12 四川华蓥山煤田隔挡式褶皱剖面

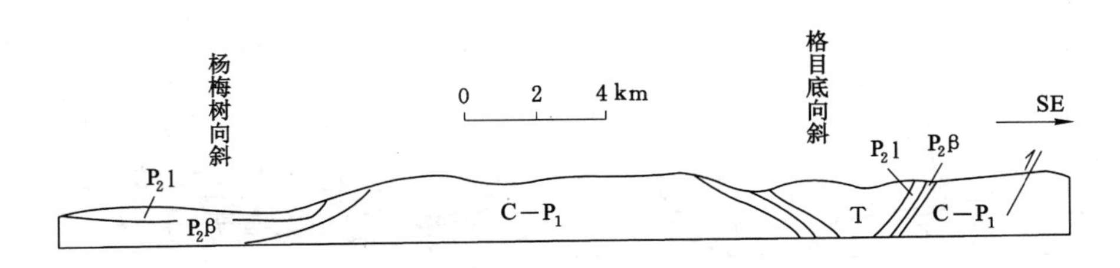

图 6-13 贵州水城煤田隔槽式褶皱剖面

$P_2\beta$——峨眉山玄武岩；P_2l——龙潭组

（2）以断裂为主的后期变形

以断裂为主的后期变形，表现为断陷盆地（图 6-14）、阶梯式构造（图 6-15）、叠瓦状构造（图 6-16）、推覆构造（图 6-17）等赋煤形式。

（3）褶皱、断裂均发育的后期变形

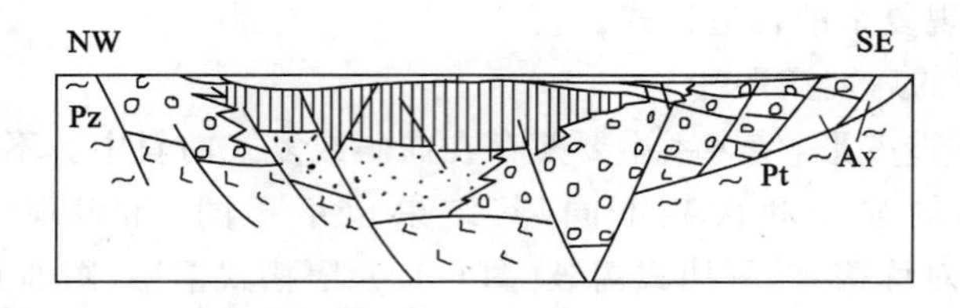

图 6-14　辽宁阜新晚中生代断陷盆地构造剖面

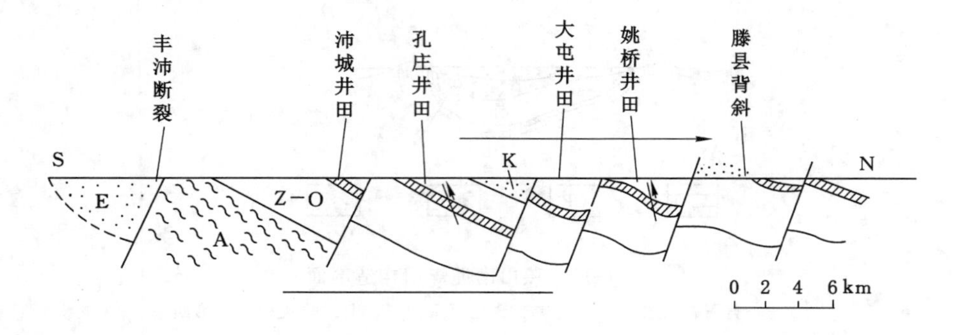

图 6-15　江苏北部大屯煤田阶梯式构造剖面

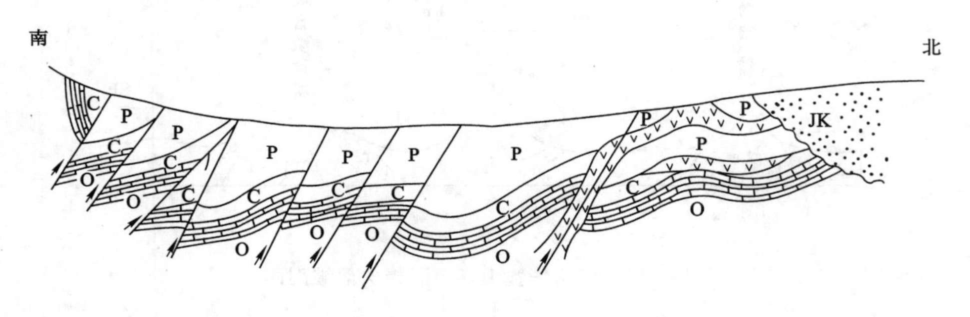

图 6-16　河北兴隆煤田构造剖面图

O——奥陶系；C——石炭系；P——二叠系；J，K——侏罗白垩系

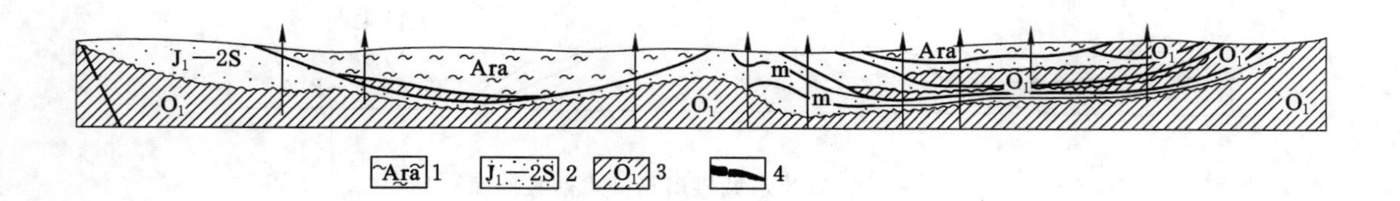

图 6-17　杉松岗煤田的飞来峰构造

1——前震旦纪花岗片麻岩；2——早中侏罗世煤系；3——下奥陶统石灰岩；4——煤层

在构造变形强烈的地区，尤其是煤系经多次褶皱和断裂的地区，表现为极复杂的构造(图 6-18)。

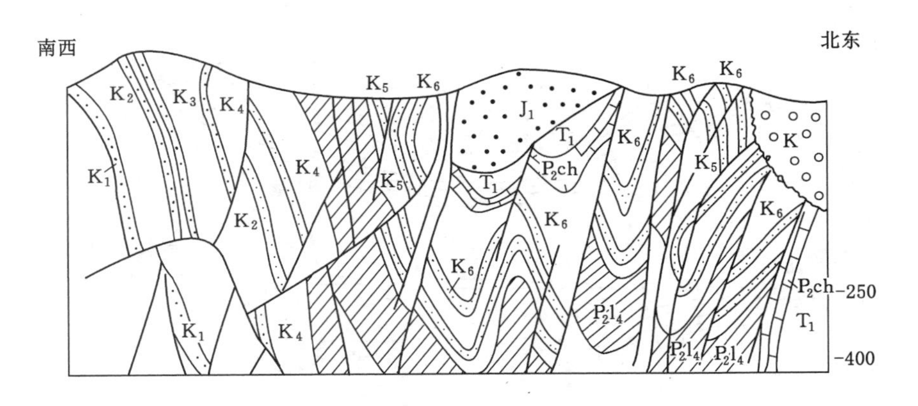

图 6-18 粤北某煤矿区剖面

K_1,K_2,K_3,K_4,K_5,K_6——晚二叠煤系中的标志层;P_2ch,T_1,J_1,K——煤系上覆岩层

(4) 构造与剥蚀多次发生

煤系形成之后,如果构造变动作用和剥蚀作用不止一次发生,就会有多个构造-剥蚀面存在。每个构造-剥蚀面代表着一次构造-剥蚀作用的发生。不同构造-剥蚀面所限定的地层称为构造-剥蚀层。

我国鲁西南地区石炭-二叠纪煤系自中生代以来,主要经历了晚侏罗世前、第三纪前和第三纪后三个较大的构造-剥蚀期。早期主要表现为区域性隆起,并伴随少数区域性断裂和宽缓褶皱。在隆起地区的煤系及其上覆地层遭受剥蚀,隆起区外围煤系则赋存广泛,上覆上侏罗统对煤系起一定程度的覆盖保护作用。中期发生强烈的褶皱、断裂活动,煤系遭受断裂切割和褶皱变形,构造分异和差异剥蚀作用显著,煤系仅残存于下落断块和向斜构造部位,第三系红层主要受区域伸展断裂构造控制,堆积于地堑、半地堑盆地内,与基底岩系呈显著的角度不整合;晚期主要表现为伸展构造环境下的差异升降运动,隆起区继续遭受强烈剥蚀,古老岩系广泛裸露,华北裂谷盆地的煤系则被新生代沉积物广泛覆盖(图 6-19)。由此可见,鲁西煤田的煤系保存部位和埋藏条件与上述三个主要构造-剥蚀作用密切相关。

如果晚期构造是在早期构造的基础上发育起来的,并受早期构造控制,则表现出构造线方向和构造样式具有明显的继承性。因此在继承性构造层次系列中,可根据上覆构造层的形变特征推测下伏构造层煤系的基本构造样式。湖南冷水冲煤矿区(图 6-20)位于区域东西向构造带中,矿区内分布着泥盆纪至第三纪的地层,其中早侏罗世和晚二叠世为两个时代的煤系(后者含煤性好),晚二叠世煤系被中、新生代地层广泛覆盖,只有矿区外围有煤系的下伏基底岩层零星出露。泥盆纪至第三纪地层被两个明显的构造-剥蚀界面分隔而划分为三个构造层:其一是泥盆-二叠系构造层,这个构造层可能形成于印支期,不整合覆盖于下古生代地层之上,总体为一走向近东西的复式向斜,倾伏于中、新生代地层之下;其二是晚二叠世煤系,该煤系经长期剥蚀作用,仅残留于向斜的核部,被侏罗纪地层不整合覆盖。发生于中生代晚期的构造运动形成东西走向的逆掩断层,并将老地层推覆于侏罗纪地层之上,伴生轴向近东西的次级褶皱,使下伏构造层的构造形态进一步复杂化;其三是第三系红层,为更宽展且轴向近东西向斜,叠置在下伏构造层的轴向近东西的向斜轴部,由构造-剥蚀面与下伏地层分隔。因此,可以依据上覆构造层的构造形态推测晚二叠世煤系的保存范围和构造轮廓。

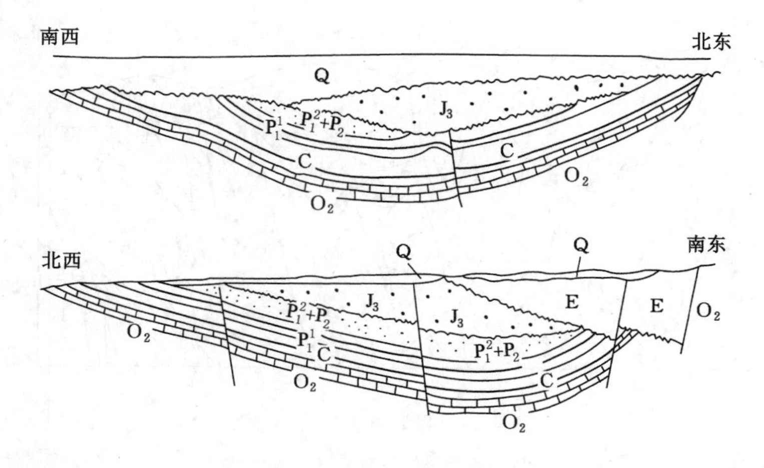

图 6-19　鲁西煤田构造-剥蚀期

C～P——煤系；J_3——上侏罗统红层；E——第三系红层

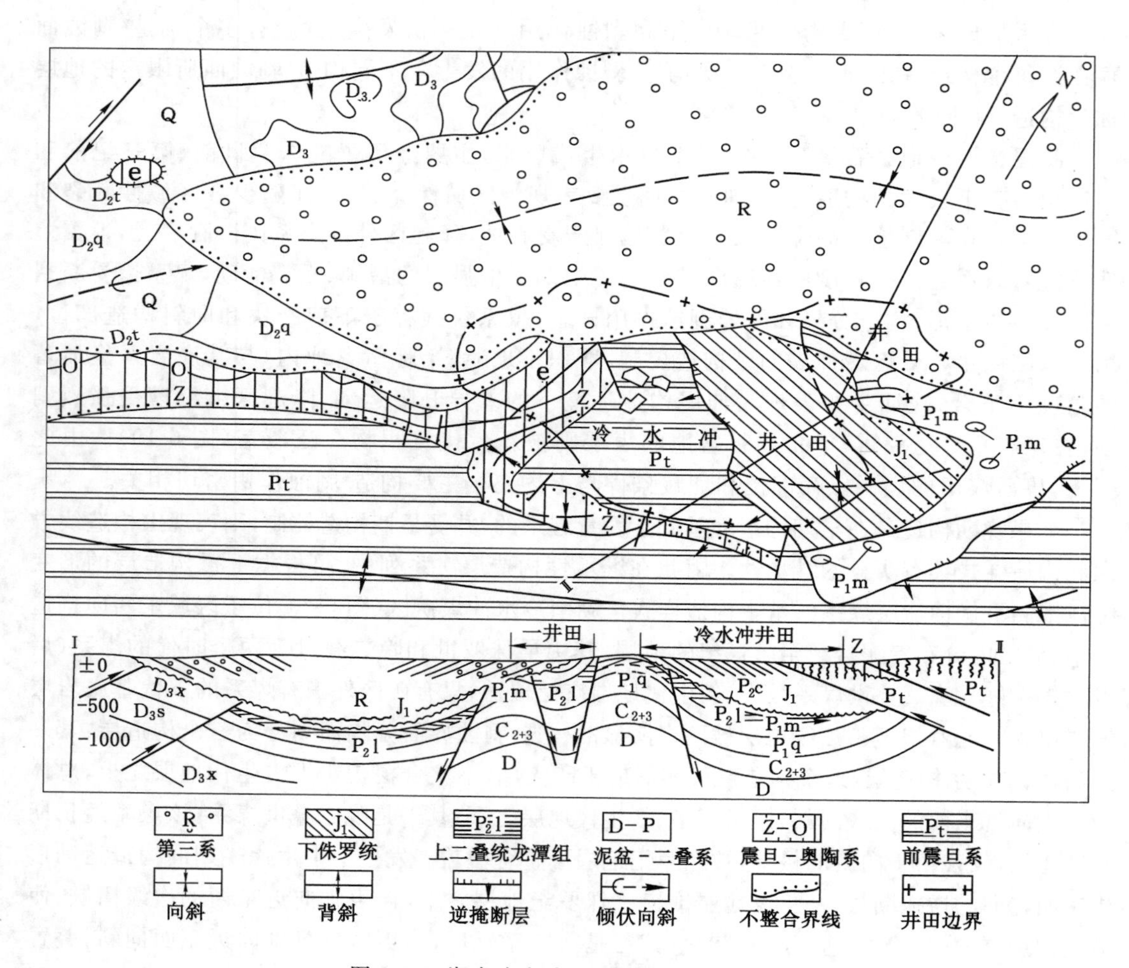

图 6-20　湖南冷水冲煤矿区地质构造剖面

如果不同期的构造变动无继承性,常表现为新的构造方向或新的构造样式与早期构造的不一致性,在这种情况下,只能依据下伏构造层出露部分和其他资料,结合构造变形史的分析,预测下伏构造层内煤系的展布和分布范围。湘东白垩-第三纪红色盆地的长轴沿北北东向伸展(图 6-21),盆地两侧有晚二叠世煤系出露,分别分布于北东向或南北向的向斜构造内。北北东向的红色盆地叠置在其之上,上、下两个构造层在剖面上呈角度不整合,在平面上呈斜接关系。通过分析,在西部圈定出赋煤向斜的延伸部分,扩大煤系分布范围。

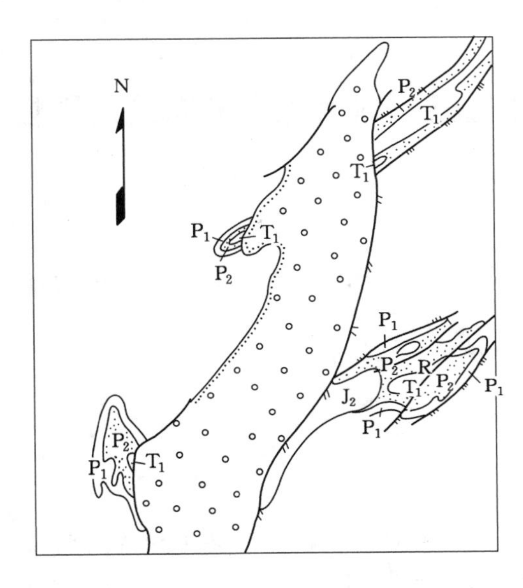

图 6-21 湘东北北东向红色盆地与北东、南北向赋煤构造的关系

思考与练习

煤系基底先存构造、同沉积构造、后期构造的区别。

项目七　富煤带和富煤中心

任务一　判断煤层分布的局限性

知识要点

煤层在煤盆地内的分布;富煤带的概念;富煤中心的概念;富煤带的形成因素。

技能目标

理解煤层分布的局限性;理解富煤带的涵义。

任务导入

煤盆地内的不同地段或不同层段的含煤情况,往往存在着明显的差异,使煤层的分布具有在某些地段煤炭资源相对比较富集,某些地段较为贫乏;并且存在着不同层段富集程度亦不相同的特点。研究煤盆地或煤田内煤炭资源相对富集状态的分布及时空迁移规律,对煤炭勘查和煤炭资源的评价及开发有着十分重要的意义。

研究富煤带、富煤中心的形成及控制因素,对于煤系剖面稳定性较差的中、新生代断陷型聚煤盆地有重要意义,这种类型的聚煤盆地含煤情况特别不均匀,在一些块段内煤系几乎全由粗碎屑岩组成,煤层极不发育,形成贫煤带;而另外一些块段则有数层巨厚煤层富集形成富煤带。这些含煤性相差十分大的条带在聚煤盆地中的分布是有一定规律的,常与一定的古地理、古构造条件有关。与总面积相比较,富煤带在聚煤盆地中所占的面积虽然不大,但是却可能占有大部分盆地内煤储量,例如,辽宁省早白垩世铁法盆地的富煤带,其面积仅占盆地总面积的1/20左右,而储量却占盆地总储量的1/2以上;中国南方的主要富煤带在贵州省西部和云南省东部的部分地区,其主要部分为六盘水煤田。因此,研究富煤带中心的形成和分布规律,分析其控制因素,特别是与聚煤期活动的构造体系的关系,在沉积盆地中圈定和预测富煤带具有重大经济意义。

任务分析

能够根据已有的地质资料,了解煤层在煤盆地内的分布范围,理解煤层分布的局限性,必须掌握如下知识:

(1) 煤盆地中煤层分布的局限性;

(2) 富煤带和富煤中心的概念。

相关知识

一、煤层在煤盆地内的分布

在煤盆地或煤田内，不同地段和层段含煤情况的差异性主要表现在两个方面：一是煤层只是在煤盆地的一定范围内发育，有些地段含煤性好，有些地段含煤性差，甚至于含煤性极差或者没有煤层发育，这种现象反映出煤层在平面上的分布具有一定的分带特征。二是煤盆地内煤层的发育范围也不是一成不变的，它随着聚煤期时间的推移，其发育范围也发生着变化，这种现象能够反映出煤层在含煤沉积中垂向上的分布变化及位置迁移。如我国华北石炭-二叠纪煤盆地，煤层虽然比较稳定，但在大范围内仍有变化，而且显示出一定的分带性。其中太原组地层的含煤情况，自北而南就可以分为三个带：北带在大同附近，煤层层数较少，但有厚煤层存在；中带在山西中部，太行山东麓附近，煤层增多至十几层，但多为薄至中厚煤层；南带在豫西、淮南等地，多为薄煤层和不可采煤层。图 7-1 为我国某中生代煤田的含煤情况与分带。图中Ⅲ带中煤层总厚度明显大于其他地段，它聚集了较大的煤炭资源量，且在平面上往往沿一定方向呈带状分布。

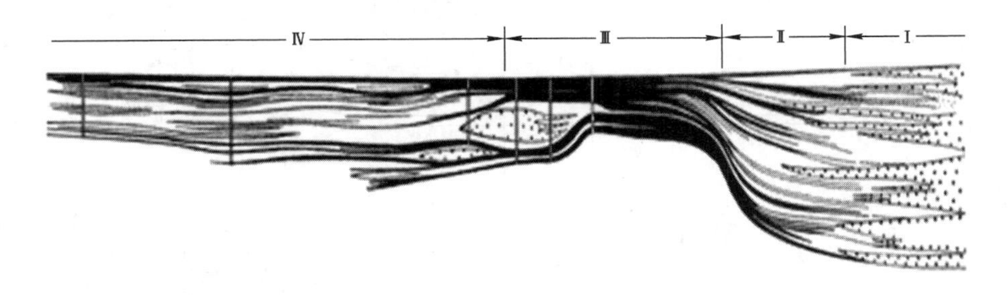

图 7-1　我国某中生代煤田的含煤情况与分带

二、富煤带和富煤中心的概念

煤层在煤盆地或煤系中，存在着某些地段煤层厚度相对较大的分布区域，在该区域煤层常呈多层叠加分布。若所含煤层为单一煤层时，则呈现出厚到巨厚的特征；若为多煤层时，则呈现为煤层的总厚度较大。这一特征在不同时代、不同类型的煤盆地中都有不同程度的表现。图 7-2 为山东黄县古近系上部含煤段主要煤层底板砂岩厚度和煤层厚度图。

富煤带是指同一煤盆地内同一时代（或同一层段）、同一类型的含煤沉积中，可采煤层总厚度相对较大、在平面上呈带状分布的地段。它是煤盆地中古地理和古构造条件最有利配合所形成的聚煤强度最大的部位，并且以可采总厚度相对较大的区域为中心，向煤盆地的边缘方向或者向四周方向煤层变薄至尖灭。富煤带不同于厚煤带，富煤带不一定是厚煤带，有厚煤带的地段常为富煤带。图 7-3 是我国某侏罗纪煤田中一个富煤带平面图。煤层厚度相对较大的区域呈北东向的条带状形态，以富煤带为中心向两侧变薄，向北西方向变化较小，向南东向变化较大。图 7-4 为山东济宁煤田潮汐三角洲体系砂体（A）与富煤单元对应图（B）。

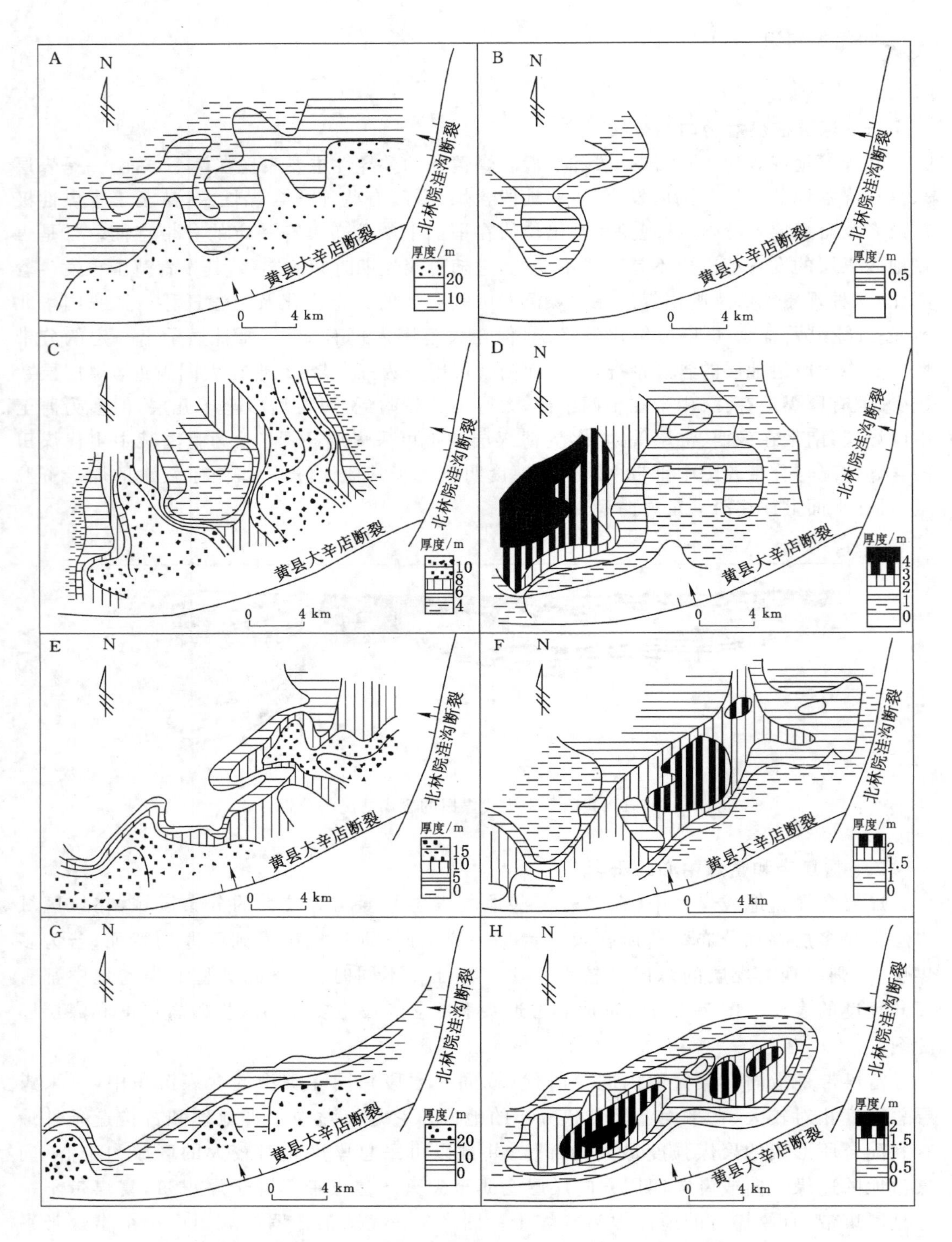

图 7-2 山东黄县古近系上部含煤段主要煤层底板砂岩厚度和煤层厚度图

A——煤 3 底板砂岩；B——煤 3 厚度；C——煤 2 底板砂岩厚度；D——煤 2 厚度；

E——煤 1 底板砂岩厚度；F——煤 1 厚度；G——煤上 2 底板砂岩厚度；H——煤上 2 厚度

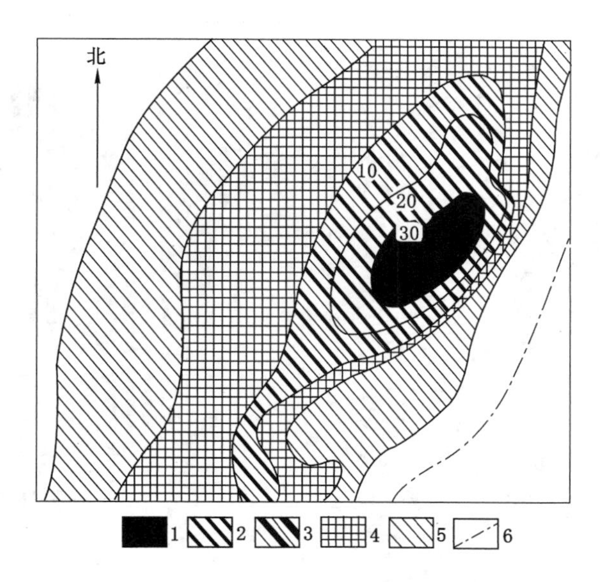

图 7-3　某侏罗纪煤田中一个富煤带平面图

1——煤层总厚>30 m；2——煤层总厚 30～20 m；3——煤层总厚 20～10 m；
4——煤层总厚 10～5 m；5——煤层总厚 5～1 m；6——煤层总厚为 0 的界线

在理解富煤带的涵义时，要注意以下几个问题：

(1) 在不同类型的煤盆地中，富煤带的表现形式也不相同，只要在一个地段的煤层可采总厚度较显著地大于周围各地段，就可以认为是富煤带。富煤带是一个相对的概念，不可能在不同时代、不同地区和不同类型的煤盆地(或煤田)中规定出富煤带煤层总厚度的统一标准。

(2) 由于富煤带是煤系中煤层赋存的一种形态特征，所以研究富煤带必须是在同一煤盆地(或煤田)，同一时代含煤沉积中进行，不能跨越不同时代的煤系圈定富煤带。在多成煤期、多煤系的煤盆地(或煤田)中，必须分别进行富煤带的研究和圈定。对于成煤期延续较长或是地层厚度较大的煤系，可以适当地分层段进行富煤带的研究和圈定，它能够显示出富煤带随时间而产生的迁移特征。

(3) 富煤带的研究工作是在煤盆地这一级别上进行的，因而它既不同于全球或全国规模的聚煤程度分带，也不同于一个矿井或一个井田内很局部的煤厚分带。

(4) 富煤带的涵义比厚煤带要广，在没有厚煤层发育的煤盆地或煤田中也可以使用。

富煤带是煤炭资源地质勘查的主要对象。依据煤资源地质学基本理论，通过编制岩性-相剖面图、相图和古地理图，并与煤系、煤层厚度等值线图对照分析，研究古地理环境、古构造等因素对煤层分布的影响以及含煤性变化。图 7-5 为我国某侏罗纪煤田中富煤带的分布。煤系中含煤 20 层左右，可采煤层一般为 6～10 层，均为薄到中厚煤层。在这个煤田的西侧发育了两个富煤带，即北部富煤带(M)，南部富煤带(X)。它们各呈北东-北北东向展布，在富煤带部位煤层层数较多、层间距小、总厚度大。两个富煤带中的煤炭储量占全部煤田总储量的绝大部分。在南部富煤带中主要部分的一个井田，其面积虽不到煤田面积的二十分之一，但煤炭储量却达到十分之一。

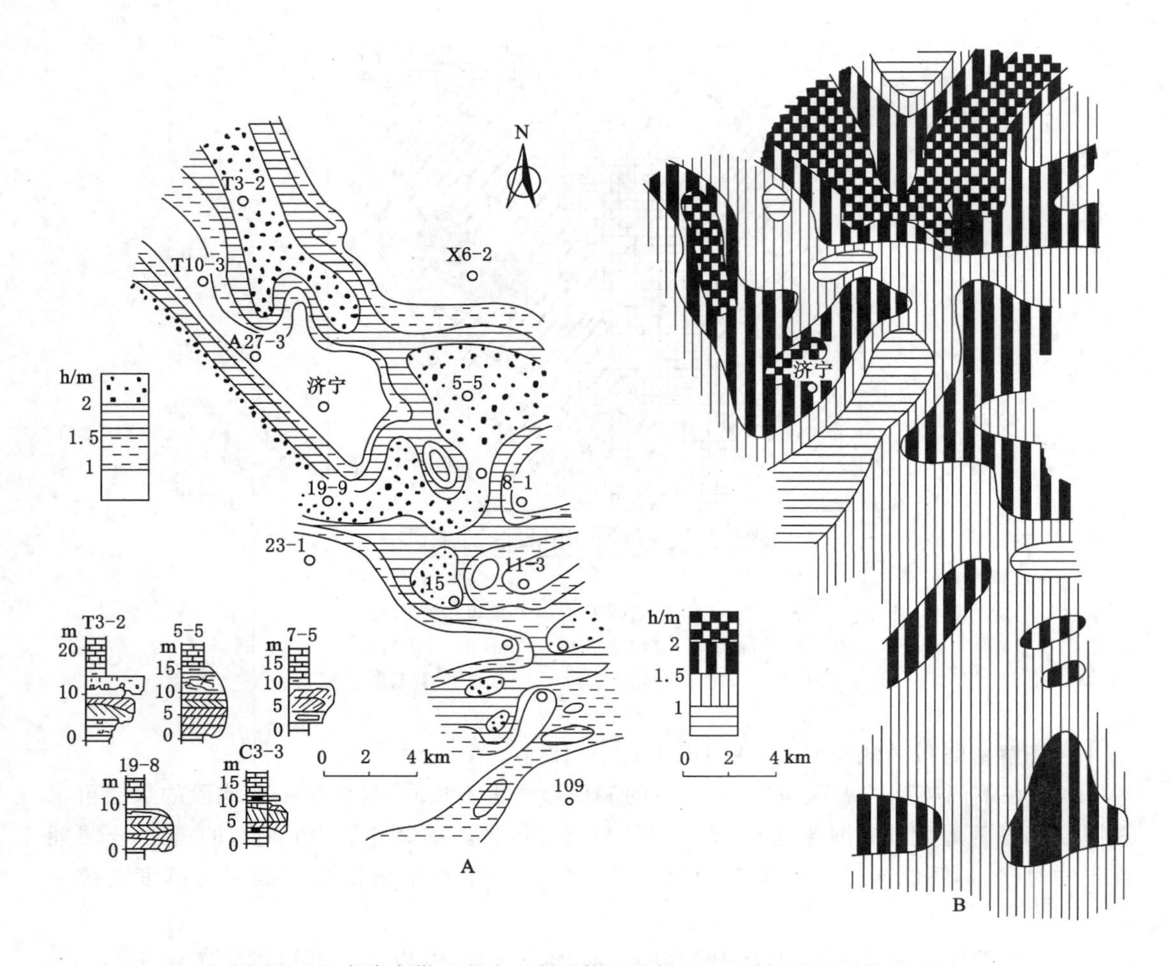

图 7-4　山东济宁煤田潮汐三角洲体系砂体(A)与富煤单元对应图(B)

在富煤带中,煤层可采总厚度最大的部位称为富煤中心。在煤盆地或煤系分布的范围内,由于在成煤期不同区域的古地理环境和古构造条件的差异,聚煤作用的程度不同,可形成不止一个富煤带和富煤中心。图 7-6 是我国某第三纪煤田富煤带富煤中心分布。在该富煤带内,煤层总厚度围绕着三个富煤中心向外逐渐变薄。

三、富煤带的形成

富煤带是煤盆地聚煤作用的产物,它是在煤盆地的形成、发展演化和消亡过程中,成煤条件的综合作用和有利配合,使泥炭沼泽环境在煤盆地内的某个区域长期持续或在垂直方向上周期性多次发育而形成。

在煤盆地中,厚至巨厚煤层的发育意味着成煤的泥炭沼泽环境曾在该地段长期保持,泥炭层的堆积速度与沼泽基底的沉降速度持续地相对平衡。但煤盆地基底沉降是不均匀的,不同地段的沉降速度和幅度不同,造成煤层厚度在横向和纵向上发生变化。而多煤层的发育,说明有利的成煤环境曾在煤盆地同一部位反复出现,只是在煤盆地内总体环境保持不变的情况下,盆地基底发生着周期性的间歇沉降运动,出现成煤环境的时间相对较短,但多次发育了泥炭沼泽的古地理环境,重复着成煤过程。这样,便在煤盆地

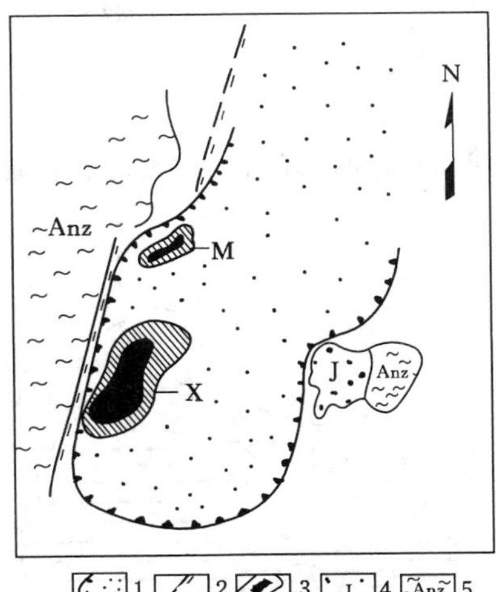

图 7-5　某侏罗纪煤田中富煤带的分布

1——煤田范围；2——盆缘同沉积断裂；3——富煤带；4——侏罗纪火山岩系；5——前震旦纪变质岩系

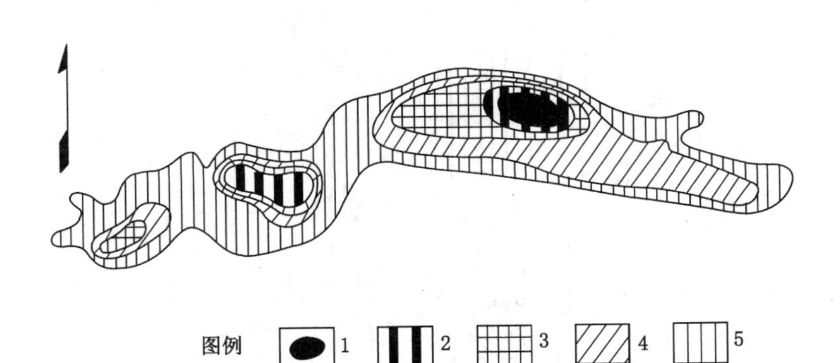

图 7-6　某第三纪煤田富煤带中富煤中心分布

1～5 表示煤厚级别(由厚→薄)

的煤系中形成了富煤带。可以把富煤带的形成条件归纳为简单的两点：第一，具备最有利于泥炭沼泽发育的地貌条件；第二，具备能使这种地貌条件持续存在或反复出现的有利的构造条件和其他条件。

晚侏罗世沙海组沉积晚期，阜新聚煤盆地是一个狭长的山间湖盆，盆地内广泛发育了厚度比较稳定的煤层数层和含淡水动物化石的湖相层，随着盆缘同沉积断裂活动加剧，山间河流带来了大量碎屑物，加速了沉积补偿作用，早白垩世阜新组沉积物以冲积相和浅水湖泊相为主，并夹有厚度极不稳定的煤层，聚煤的古地理景观由山间湖盆演化为山间谷地，阜新组聚煤期聚煤面积缩小，煤层稳定性变差，在河漫沼泽和山前冲积扇前缘地下水溢出带附近，泥炭沼泽长期发育，形成了厚达数十米的巨厚煤层，形成了几个储量十分丰富的富煤带，富煤带的形成，展布方向、排列方式都直接或间接地与盆缘同沉积断裂活动情况有关，并受它所派生的低序次同沉积构造所控制。辽宁的铁岭煤盆地、内蒙古的平庄煤盆地、巴彦煤盆地以及第三纪的抚顺煤盆地等，富煤带呈多字形斜列，其原因与聚煤古构造、古地理条件有关。

任务实施

仔细阅读图 7-7，说明煤层的分布和富煤带的主要存在区域。

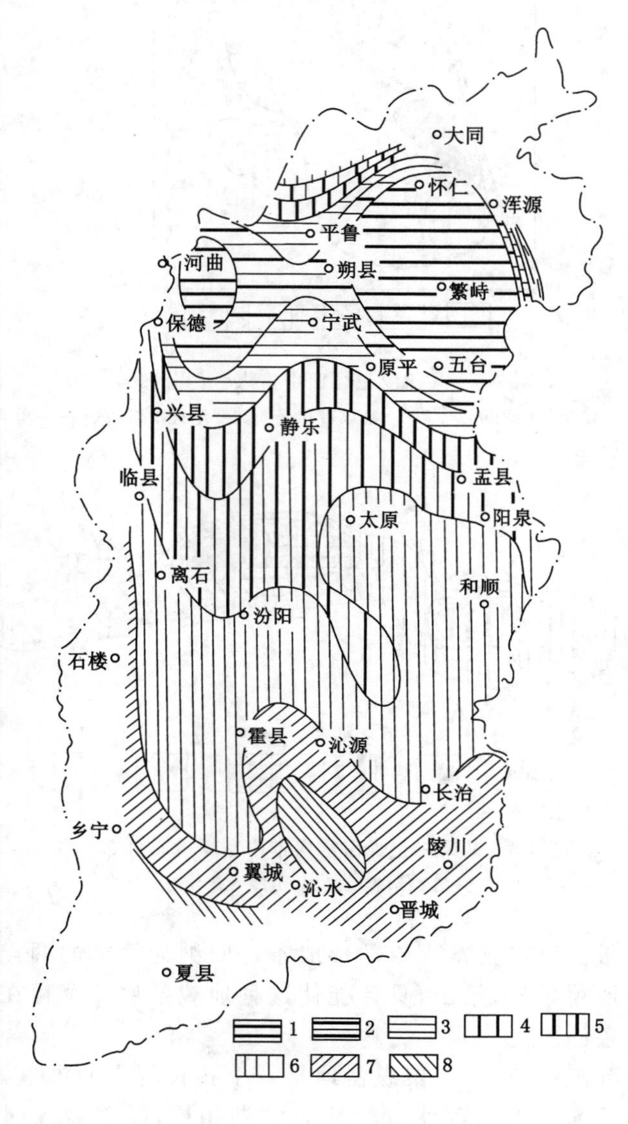

1～8 表示煤厚级别由厚至薄

图 7-7　山西省太原组煤层厚度趋势面图

思考与练习

独立完成解释图 7-8 的地质意义。

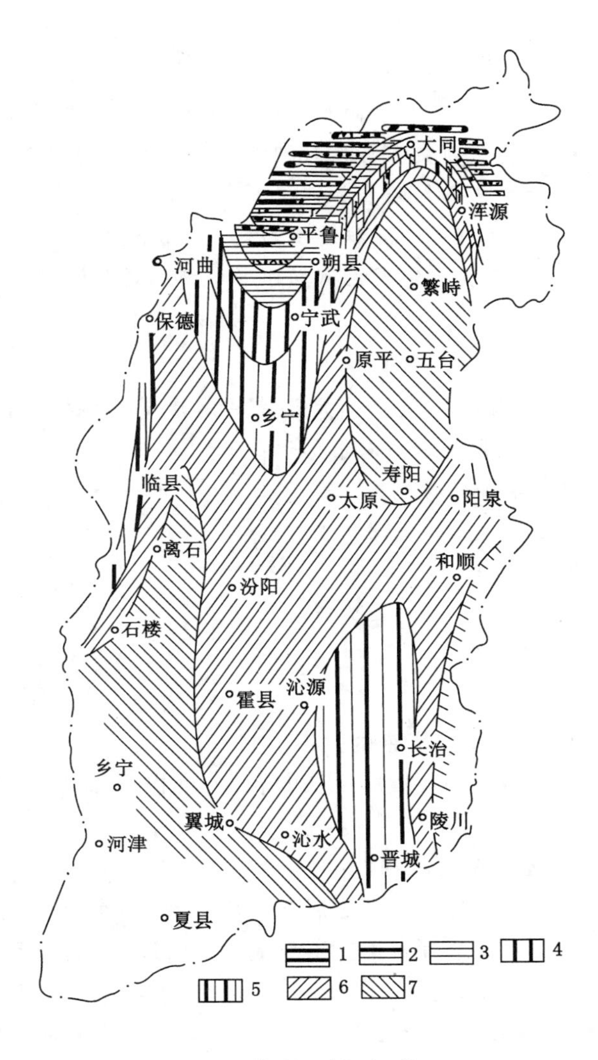

1～7 表示煤厚级别由厚至薄

图 7-8　山西省山西组煤层厚度趋势面图

任务二　分析富煤带的控制因素及展布形式

知识要点

富煤带与古地理、古构造因素的关系；富煤带的展布类型。

技能目标

掌握富煤带形成的控制因素；掌握富煤带的常见类型。

任务导入

聚煤盆地内富煤带的形成、展布方向和排列方式是有一定规律的，这种规律主要受古地理、古构造因素所控制，古构造因素常与聚煤期活动的古构造体系有关，它形成于沉积盆地中有利的古地理环境与古构造条件的叠加部位。在堆积速度与基底沉降速度长期保持平衡的条件下，才有利于厚煤层的形成。沉积过快与地壳沉降过慢的地区，均不利于富煤带的形成，研究富煤带的分布规律及其控制因素有助于寻找新的富煤带。

任务分析

根据已有的地质资料及图件，能够圈定已有的富煤带，能够了解富煤带所受的控制因素，辨识富煤带的展布类型，需要掌握以下知识：

（1）古地理环境对富煤带的控制；

（2）古构造对富煤带的控制；

（3）富煤带的常见展布形式。

相关知识

一、富煤带与古地理、古构造因素的关系

富煤带与含煤沉积的古地理环境所反映的岩性、沉积相、旋回结构、厚度等呈现一定的关系。

（一）古地理环境对富煤带的控制

煤是植物遗体在泥炭沼泽环境中经过成煤作用形成的，富煤带是在煤盆地内某地段泥炭沼泽环境长期保持或多次反复发育情况下形成的。所以，古地理环境的形成、发展和演化直接控制着富煤带的形成和分布。

在含煤沉积中，煤层的发育常与细碎屑岩的发育呈正相关关系，而与粗碎屑岩、灰岩、深水泥岩、油页岩等的发育呈负相关关系；在煤系的垂直剖面上，愈接近煤层，沉积岩的粒度变细、颜色变深、植物化石和结核数增多；煤系中旋回厚度与煤层厚度的峰值常一致，旋回厚度小，含煤性一般差；一般近海型煤系中冲积相-过渡相旋回组合和内陆型煤系中冲积相-湖泊相旋回组合煤层发育较好。如山西地区石炭-二叠纪含煤沉积太原组的含煤系数与旋回类型就有密切的关系（表 7-1）。

表 7-1　山西地区太原组含煤系数与旋回类型的关系

地区	旋回类型	含煤系数/%
大同	全为陆相旋回	37
宁武	下部为海陆交互相旋回，上部为陆相旋回	18
太原西山	全为海陆交互相旋回，其中过渡相、浅海相多，冲积相少	12
沁水	全为海陆交互相旋回	5～6

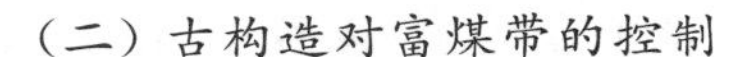

（二）古构造对富煤带的控制

古构造对富煤带的控制作用，是通过对泥炭沼泽环境的控制来实现的。表现为地壳坳陷幅度与速度、成煤前的基底先存构造、成煤期的同沉积构造和成煤后期古构造对富煤带的形成和赋存都有一定的控制作用，特别是成煤期构造对富煤带的形成和分布起着重要的控制作用。

为了探索富煤带与地壳坳陷幅度与速度的关系，并研究富煤带在煤盆地中的部位，常进行煤系厚度分析，即分析煤盆地中煤系厚度与煤层总厚度的关系。在地质学中用厚度分析法研究地壳运动由来已久，M.凯伊曾概括过厚度分析的意义，指出沉积厚度的变化，反映了沉积以前和沉积期间地壳的形变作用，并指出厚度是坳陷的尺度。煤系堆积过程中地壳并不是等速的持续下沉，运动的方向和下沉的速度在不断变化，煤系的厚度数值只是近似地表示相应时期地壳正负向运动的最终结果。煤系厚度与煤层总厚度之间有一定的内在联系并表现为以下三种情况：一是煤层总厚度随着煤系厚度的增大而增大，富煤带形成于煤盆地沉降最深的部位；二是煤层总厚度随着煤系厚度的增大而减小，富煤带形成于煤盆地沉降最小，即相对隆起的部位；三是随着煤系厚度的增大，煤层总厚度也增大，但当煤系厚度增大到一定程度后，煤层总厚度反而减少，即二者为一不对称的抛物线关系。这种关系在许多煤田中都有发现。我国陕西铜川等矿区都存在此情况。

成煤前的基底先存构造常控制成煤期盆地的构造演化和古地理格局。如华南裂陷槽演化控制着华南晚古生代盆地古地理和聚煤规律，煤盆地基底先存断裂如景德镇-三江断裂、无锡-来宾断裂、无锡-郴州断裂在聚煤期的活动，将华南煤盆地三分为扬子克拉通亚盆地、桂湘赣裂陷亚盆地和浙闽粤坳陷亚盆地，从而造成各亚盆地聚煤作用的差别和富煤带的迁移。

成煤期古构造是煤系沉积阶段活动着的对聚煤作用起控制作用的构造。同沉积构造在煤盆地内最为常见，其构造类型主要为同沉积褶皱和同沉积断裂两大类，虽然它们有不同的成因，但对煤盆地内基底的沉降和沉积补偿关系存在着直接影响，引起含煤沉积中岩相、煤层厚度、含煤性的变化。一般情况下，煤盆地基底的沉降幅度大、作用的时间长、基底的沉降速度与泥炭的堆积速度相对平衡，在含煤沉积中易形成富煤带或多个不同时代的富煤带。我国东北某中生代煤田整体为北北东向展布，长百余千米，宽 8～20 km，盆地内堆积了厚达数千米的上侏罗统地层。其下部是很厚的以火山碎屑岩为主的沉积岩系，为盆地早期形成阶段强烈地壳活动的产物；中部和上部为含煤沉积。其中又以上部为最重要，厚度可达千余米，含有巨厚煤层。盆地内部的构造形态总体为一不对称向斜，其内部有一系列各成北东方向的褶皱，排列成多字形（图 7-9）。通过岩相古地理、沉积厚度和含煤性的综合分析，在盆地两侧都证实有边缘相存在，尤以东部的边缘相带最发育，其沉积厚度很大，含煤沉积的各个层位到这里都相变为分选磨圆很差的洪积砾岩（图 7-10）。扇带内侧为河流、湖沼发育地区，也即主要的成煤地区。扇带与聚煤地带的宽度随地形高差的变化而互为消长。图 7-11 所示为穿过盆地北部的断面，可明显地看到这种互为消长的现象。这些都有力地说明现在看到的盆缘断裂在聚煤期即已存在，应属于同沉积断裂。它的形成和发展对含煤沉积的堆积有重要控制作用。通过含煤性变化趋势图的编制，揭示了盆地内富煤带有规律的分布。富煤带都作北东向延展（平均为北东 70°左右），相互呈雁行排列。每个富煤带中的厚煤层沿走向和倾向都有分岔尖灭现象，尤以向东侧主干断裂方向最为急剧。一系列富煤带的连线并不在盆地正中而是稍偏东。这种富煤带分布偏向活动较强的控制性断裂一侧的现象在其他断陷盆地中也陆续发现。其原因在于这一地区是远离河床的漫滩低地与扇带前缘的结合部位，对成煤十分有利。沉积相和厚度分析还表明，这个盆地内存在着一系列的低级别的聚煤古构造。这些低级别的隆起、坳陷亦呈北东向并相互斜列。整体来说自北而南存在着三个次级坳陷，其间被两个隆起所分隔。在这些坳陷中还有一些更低级别的古构造。盆地内的低级别聚煤古构造的轴向排列方式均与富煤带一致，而在平面位置上则富煤带偏于次级构造的斜坡部位。

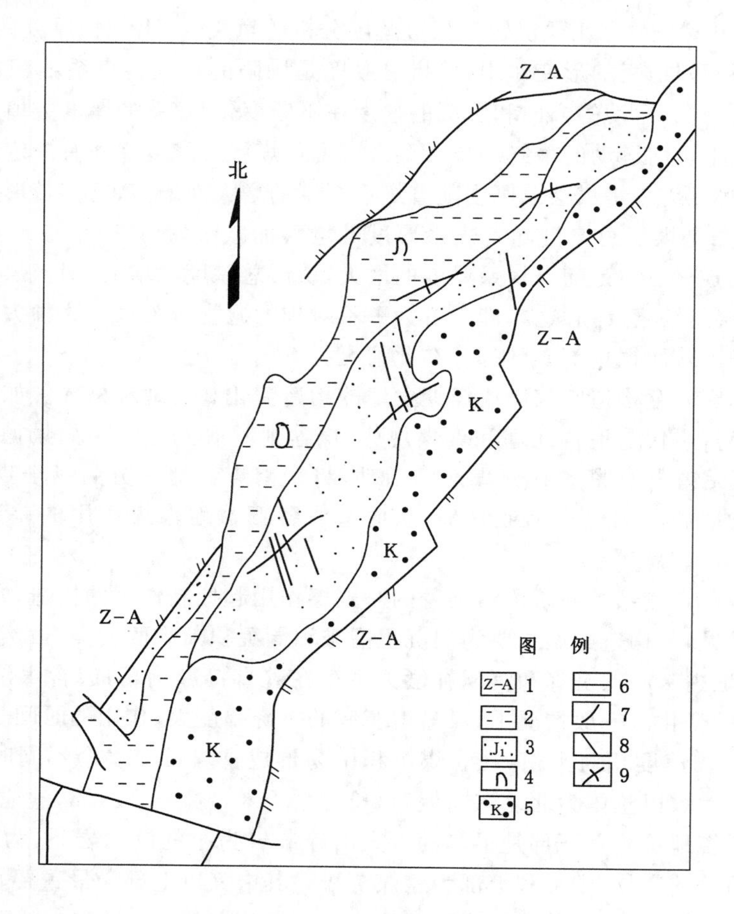

图 7-9 某中生代煤田地质构造简图

1——震旦系及前震旦系；2——煤系以下的火山岩系；3,4——晚侏罗世含煤沉积；5——白垩系；6——东西向压性断裂；7——新华夏系压扭性断裂；8——张性及张扭性断裂；9——盆地内低级别褶皱

综上所述可以看出，作为新华夏构造体系组成部分的这个煤盆地，其在地壳运动中所受到的直线扭动的应力作用方式早在聚煤期即已存在并形成了多字形这样一种聚煤古构造型式。正是这个聚煤古构造型式决定了富煤带的空间分布形态。

在研究聚煤规律时发现，单一构造体系的某些部位本来不具备良好的聚煤条件，但由于其他体系的构造叠加，造成了有利的聚煤条件并形成了富煤带。如图 7-12 所示，南部的断陷盆地中富煤带呈串列式分布，一直延伸到了盆地的北端。这个现象与多数盆地中所见不

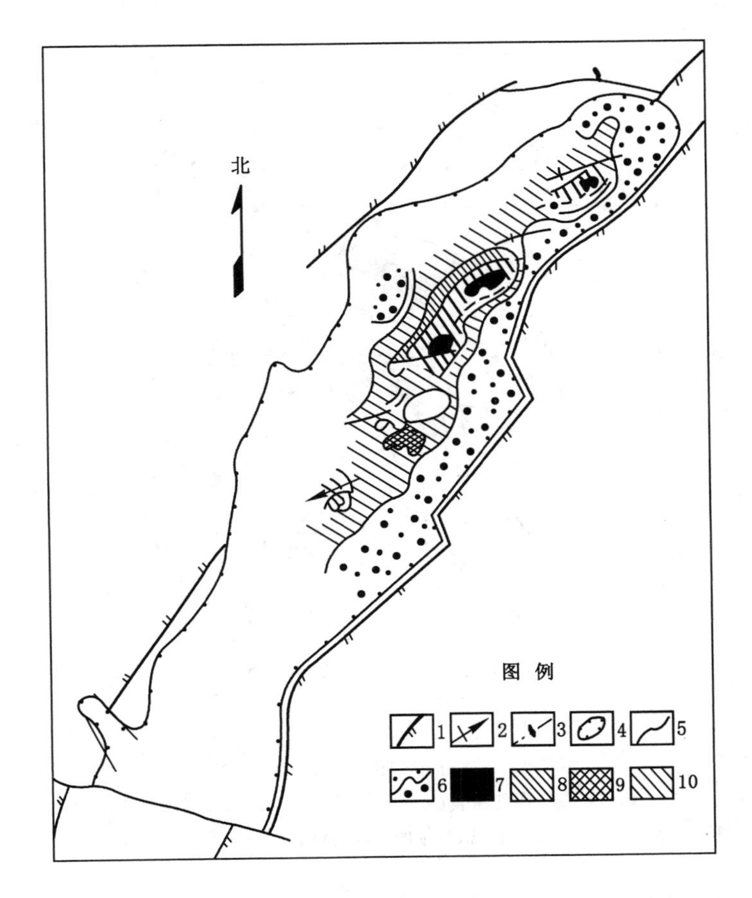

图 7-10　某中生代煤田富煤带与聚煤古构造关系图

1——新华夏系压扭性断裂(盆缘同沉积断裂)；2——低级别隆起的轴向及倾伏方向；
3——低级别坳陷的轴向及倾伏方向；4——同沉积背斜；5——含煤岩系分布范围；
6——洪积扇；7～10——煤厚级别(由厚→薄)

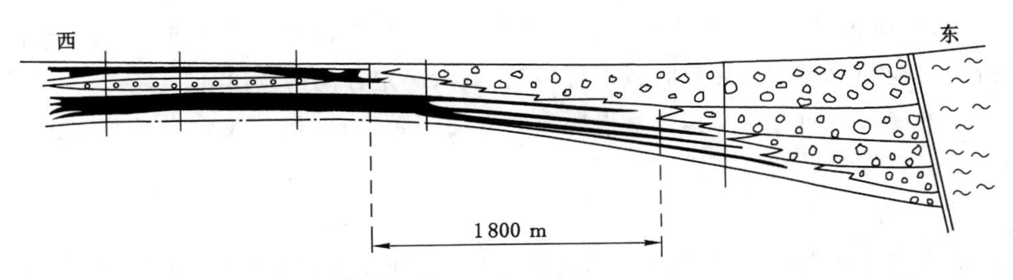

图 7-11　某中生代煤田含煤沉积(J_3^3)中部(两个中旋回)的沉积断面图

同。通常在一个狭长聚煤坳陷的两端，由于基底的抬起和边缘洪积物的大量存在，一般不利于煤层的形成，但是这个盆地北端不单形成了富煤带，且煤层的累计厚度还超过了盆地内的其他富煤带。经过研究，发现其位置正处于北北东向断陷与东西向断陷的复合部位，因而造成了较大的沉降幅度。从而为富煤带的形成创造了条件。

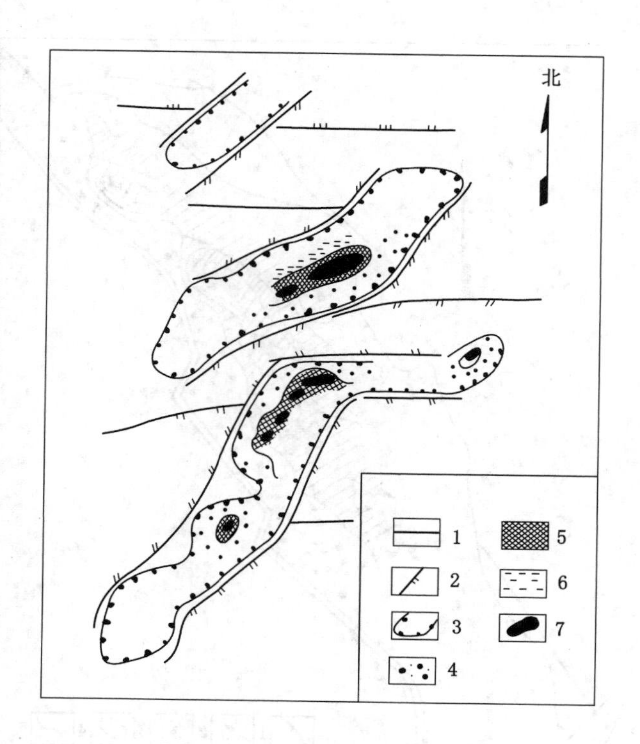

图 7-12 雁行排列的三个中生代盆地

1——纬向断裂；2——新华夏系压扭性断裂；3——煤盆地范围；4——冲积和洪积为主的粗碎屑沉积；5——湖泊、沼泽和冲积沉积互层；6——湖相沉积为主的细碎屑沉积；7——沼泽相长期发育并形成富煤带的地区

后期构造对富煤带赋存都有一定的控制作用，其性质、强度和范围，直接影响到富煤带的赋存特征。

二、富煤带的展布形式

富煤带在同一煤盆地内可以是不止一个，它们的形状受到成煤期构造和古地理因素的控制，其分布规律也是受煤盆地古构造体系所控制的。富煤带从空间分布特征来看，常按一定方式排列，或相互呈多字形斜列，或平行并列，或沿一定方向持续出现。

富煤带的展布方向有时与聚煤盆地展布的方向一致，有时则与聚煤盆地展布的方向有一定偏离。富煤带常见的分布形式如下。

（一）串列式

多个富煤带排列为串珠状，轴的连线大体上呈直线型，总的延伸方向与煤盆地的展布方向一致，有时在煤盆地的轴部，有时在旁侧。如埃金赛煤田，其富煤带就呈串列式排列（图 7-13）。

（二）雁列式

多个富煤带相互斜列呈雁列形状。每个富煤带长轴的方向一般与聚煤坳陷的延展方向斜交，这种排列形式在我国较为多见，由于雁列式富煤带与聚煤期活动的扭动构造型式有关，故亦可按构造地质学的习惯将其分为左型和右型两种排列方式。

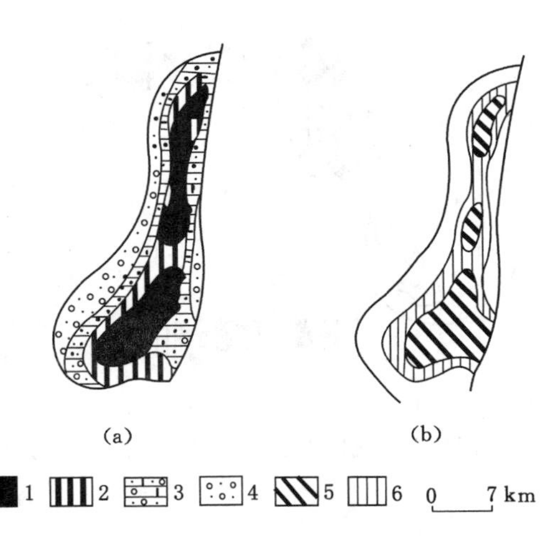

图 7-13　埃金赛煤田的相图和含煤性图

(a) 沉积相图；(b) 含煤性图

1——沼泽相为主；2——湖泊和沼泽相为主；3——湖泊和冲积-洪积相为主；4——洪积-冲积相为主；
5——煤层总厚＞50 m 的地区；6——含薄煤的地区

(三) 并列式(或称平行式)

富煤带平行排列。并列式富煤带通常有两种情况：一种情况是由于控制富煤带的低级别古构造平行排列造成的，如我国华北石炭-二叠纪煤盆地中在一些地区出现的相互平行的东西向富煤带；另一种情况是由于盆地中存在着长期发育的古河流，富煤带形成于古河床两侧(图 7-14)。

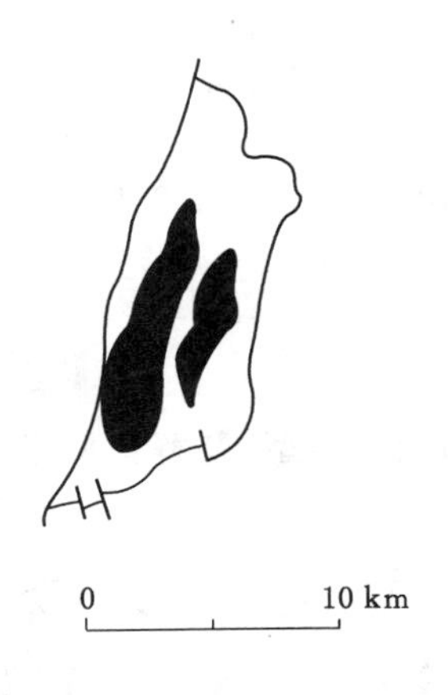

图 7-14　某煤田的富煤带

(四) 弧形排列或弧形侧列式

富煤带排列呈弧形。这种情况往往是受弧形构造控制，有时富煤带整体排列呈弧形，而富煤带之间又相互斜列(图 7-15)称为弧形侧列式。

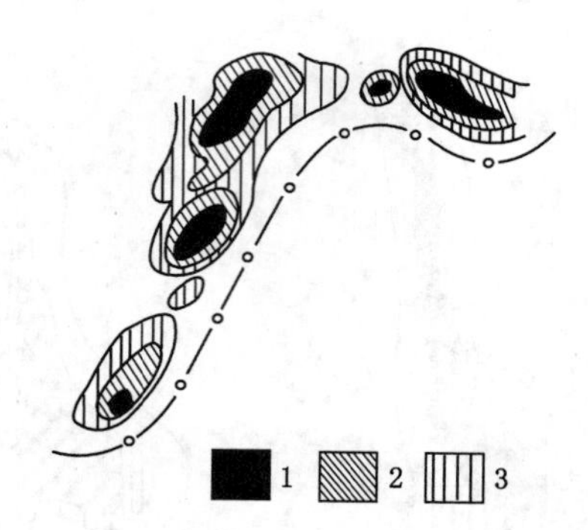

1～3 表示煤厚级别(从厚→薄)

图 7-15　我国华北地区晚石炭世含煤沉积弧形排列的富煤带

任务实施

仔细阅读图 7-16,是什么原因导致了煤层厚度变化?并解释形成巨厚煤层的主要原因。

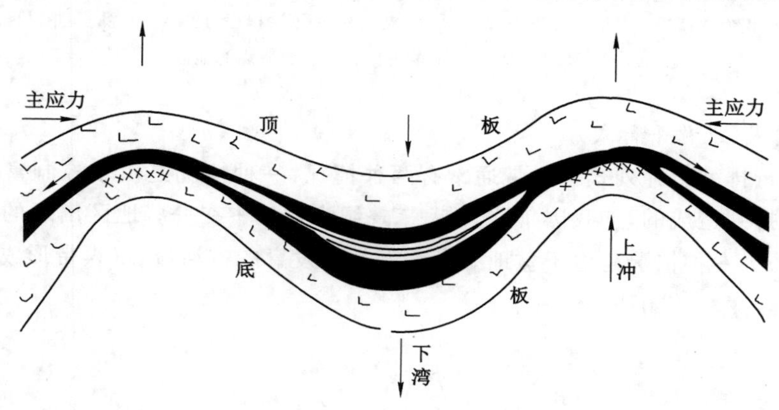

图 7-16　煤层厚度变化

思考与练习

仔细阅读图 7-17,说明富煤带的展布类型,并解释形成这种类型的原因。

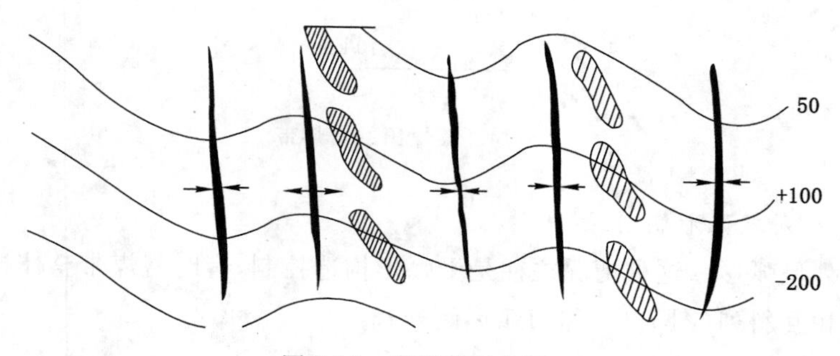

图 7-17　富煤带展布图

任务三　理解中国富煤带的时空迁移

知识要点

富煤带时空迁移的概念；影响富煤带时空迁移的因素；中国富煤带的时空迁移规律。

技能目标

理解富煤带的时空迁移概念；掌握影响富煤带的时空迁移的因素。

任务导入

富煤带是聚煤盆地中含煤相对富集的部位。其范围可根据煤层厚度等值线的轮廓圈定，富煤带内部煤的聚积并不是均一的，常有一个以上的聚煤中心。与聚煤盆地的总面积相比较，富煤带在聚煤盆地中所占的面积虽然不大，但是却可能占有盆地内煤储量的大部分。

任务分析

根据已有的地质资料，能够理解富煤带的时空迁移因素，需要掌握以下知识：

(1) 富煤带时空迁移的概念；

(2) 影响富煤带时空迁移的因素。

相关知识

一、富煤带时空迁移的概念

(一) 富煤带时空迁移

富煤带时空迁移是富煤带在煤盆地或含煤沉积中的分布，在平面上和空间上发生变化的一种现象。它是在含煤沉积形成的过程中，由于煤盆地基底构造呈间歇性和周期性地沉降运动，以及煤盆地基底构造的不均匀沉降运动，使富煤带的分布在煤盆地含煤沉积的不同时期、不同区域内，并随着时间的推移而发生变化所形成的。在煤盆地或含煤沉积中富煤带随着时间的推移而发生迁移的规律，煤地质学称为富煤带时空迁移。

富煤带时空迁移规律存在于多煤层含煤沉积的煤盆地中。在单一煤层的煤盆地中，只存在富煤带的分布规律。

(二) 影响富煤带时空迁移的因素

富煤带的时空迁移受到多种地质因素如古气候、古植物、古地理、古构造、海(湖)平面变化等的影响，这些因素既相互独立，又相互联系、相互制约，构成了一个复杂的聚煤作用系统，控制着富煤带的时空迁移。在我国不同的聚煤阶段、不同类型的煤盆地中，控制富煤带时空迁移的因素特征不尽相同，但归根结底控制富煤带迁移的主要地质因素为盆地的基底构造，其次为海平面变化和古地理变化。

1. 古构造因素

大地构造控制着煤盆地的形成、演化、分布以及煤盆地的类型，煤盆地是构造演化阶段的产物。而煤盆地构造及其演化又不同程度地控制着富煤带的分布和富煤带的时空迁移。控制富煤带时空迁移的古构造主要是指成煤期古构造。古构造对富煤带时空迁移的控制在不同时代、不同类型的煤盆地中都有表现，是最常见的控制因素之一。它是通过对泥炭沼泽环境形成和发展演化的控制，完成对富煤带时空迁移的控制。

煤盆地构造的主要表现形式为同沉积褶皱和同沉积断裂两种基本形式。同沉积褶皱控制富煤带的分布和富煤带的时空迁移。大型同沉积断裂常控制盆地的构造演化和古地理格局，如华南裂陷槽演化控制着华南晚古生代盆地古地理和聚煤规律，煤盆地基底先存断裂如景德镇-三江断裂、无锡-来宾断裂、无锡-郴州断裂在聚煤期的活动，将华南煤盆地三分为扬子克拉通亚盆地、桂湘赣裂陷亚盆地和浙闽粤坳陷亚盆地，控制着盆地的古构造和古地理格局，从而造成各亚盆地聚煤作用的差别和富煤带的迁移。盆地内中小型同沉积断裂往往影响含煤沉积厚度和煤层厚度、结构及富煤带的分布。如东北早白垩世断陷盆地群，盆地内发育很多同沉积断裂，对聚煤作用和富煤带的分布作用产生明显影响。盆缘同沉积断裂往往构成煤盆地边界，控制盆地的构造演化和沉积充填，这类同沉积构造在中生代和第三纪的断陷盆地、拉分盆地和前陆盆地内表现最为突出。由于盆缘犁式断裂或逆冲断裂活动强度的差异，将影响沉积体系的类型及沉积物的粒度，并控制着富煤带的迁移。

2. 海(湖)平面变化

海(湖)平面的变化在煤盆地聚煤作用的过程中是主要影响地质因素之一。首先，海(湖)平面的变化影响着煤盆地聚煤作用；其次，是影响着煤盆地内古地理环境的变迁。

在海陆交互相煤盆地中，海(湖)平面的变化与聚煤作用有着密切的关系，并对富煤带的形成和富煤带的迁移有一定的控制作用。厚度大、分布广的全盆性的煤层，形成于构造稳定期和调整阶段，即体系域的转化期。低位体系域和海侵体系域转化期，海平面下降速率减慢，并逐步开始上升，泥炭沼泽开始在低洼的地区发育并很快扩展至全区。在泥炭堆积的过程中，海平面逐步上升，潜水面随之提高，为泥炭沼泽的发育提供了充足的水源。盆地沉降速率、海平面升降速率以及泥炭堆积速率达到平衡，形成了分布广、厚度大的煤层。在泥炭沼泽发育末期，海平面快速上升，泥炭沼泽终止。显然，煤层是在海侵过程中形成的。海侵体系域和高位体系域的转化期，海平面上升速率明显减慢，盆地沉降速率、海平面上升速率和物质堆积速率之间达到平衡，可容纳空间明显减小并逐步接近于零，利于厚煤层形成，但分布范围一般小于低位体系域和高位体系域转化期形成的煤层。

厚度及分布范围相对较小的煤层，主要与周期性准层序有关，一般发育于准层序的界面附近，与四级海平面变化有关，煤层-泥炭沼泽体系覆盖在不同的沉积体系之上，显然，泥炭沼泽也是在碎屑沉积体系废弃后发育的，煤层的分布范围局限在准层序分布范围内，随着准层序的迁移而迁移，由于海平面速率变化快、频率高，一般形成的煤层较薄。

在陆相煤盆地中，尽管有着不同的构造样式，但盆地都经历了初始充填、盆地扩张、盆地萎缩三个构造阶段。盆地初始充填阶段，构造活动强烈，以冲积扇和残积物的堆积为主，不利于泥炭沼泽的发育，仅在废弃的冲积平原或其他长期积水洼地有局部的泥炭堆积，形成薄煤层或煤线。伴随盆地构造活动的缓和，坑洼不平的古地形被填平补齐，湖泊开始扩张。在盆地初始充填体系域的后期，即盆地初始充填体系域和盆地扩张体系域的转换期，盆地构造稳定，碎屑供应贫乏，泥炭沼泽在已废弃的冲积扇、扇三角洲、河流、三角洲之上大面积发育，由于湖平面的上升缓慢和构造的长期稳定，可容纳空间的形成速率和泥炭堆积速率基本相等，常形成较厚的煤层，如东北断陷盆地的下含煤段。

盆地扩张体系域中期，盆地持续沉降、扩张，湖平面快速上升，准层序向滨岸超覆迁移，煤层也向盆缘超覆迁移，聚煤范围明显缩小，有的盆地甚至终止聚煤作用，完全为湖相沉积所替代。

盆地扩张体系域和萎缩体系域的转化期以及盆地萎缩体系域的早期，为陆相盆地的第二个重要聚煤期。湖平面由快速上升转换为缓慢上升并开始下降，盆地由扩张期进入萎缩期，陆表暴露面逐步扩大，泥炭沼泽逐渐由滨湖带向湖心扩展，形成分布范围广、厚度大的煤层，常构成盆地的上含煤段，如霍林河盆地等，尤其是盆地扩张和萎缩体系域的转换期，常形成全盆性富煤单元。

综上所述，海陆交互相煤盆地海平面的变化和陆相煤盆地湖平面的变化对泥炭沼泽环境的形成、分布以及泥炭沼泽的发育程度有着重要的控制作用，影响着煤盆地中聚煤作用的发育和强度，在煤盆地中形成富煤带。在煤盆地含煤沉积形成过程中，不同体系域的周期性变化造成富煤带的时空迁移。虽然海（湖）平面的变化受到盆地构造的控制，但在聚煤作用中海（湖）平面的变化，也是重要的影响因素之一。

3. 古地理演化

煤层是泥炭沼泽环境中特定产物。泥炭沼泽环境中泥炭堆积速率和可容纳空间的相互关系，决定了富煤带的分布区域。可容纳空间变化率和泥炭堆积速率相等的时间越长，煤层越厚。在煤盆地发展演化过程中，泥炭沼泽环境的形成、发展演化以及分布情况受到成煤期煤盆地构造和海平面变化因素的影响。随着海平面和构造活动的周期性变化，古地理的变化导致泥炭沼泽环境的分布区域在煤盆地中发生空间平面上的侧向位移，从而决定了富煤带的时空迁移。如华北煤盆地的层序地层中层序和 S2 层序（太原组地层）的古地理演化（图 7-18、图 7-19）。

S1 层序古地理特征为：盆地充填初期，华北大部分地区为剥蚀区，东部仅在辽宁本溪、复州湾、吉林浑江、江苏徐州至安徽涡阳一带具有沉积；西部沉积区局限于银川和韦州一带。随着盆地的沉降和海水的持续入侵，沉积物不断向陆地超覆，盆地范围逐步扩大。S1 层序的总体古地理格局是，乌兰格尔隆起呈古陆状态，将阴山古陆和秦岭大别古陆连为一体，形成了东部和西部两个亚盆地的格局。最早的沉积作用发生在西部亚盆地，西部亚盆地从泥盆纪到石炭纪为连续沉积，泥盆系为一套磨拉石建造，盆地东界未超过大、小罗山，总厚达 4 500 m。早石炭世沉积范围较泥盆系有所扩大，向北已达阿拉善左旗，总厚达 40～500 m，沉积中心在宁夏的中卫和香山一带，晚石炭世靖远组为一套台地和海湾、潟湖、潮滩相互交替的沉积。海侵来自西部祁连海。

S2 层序古地理的总体特征是：乌兰格尔古陆下沉呈水下隆起状态，东西亚盆地连为一体，华北成为统一的盆地。海侵体系域海侵范围进一步扩大，至 PS7 准层序海侵期海侵范围达到最大，即为 S2 层序的最大海泛期，也为整个煤盆地演化史上的最大海泛期，海侵方向由 EW 向转变为 SE-NW 向。高位体系域海平面总体下降，海水由北向南退出，伴随着海平面的下降，河流体系、三角洲体系逐步向南推进，台地体系和多重障壁体系为河流体系和三角洲体系所取代。

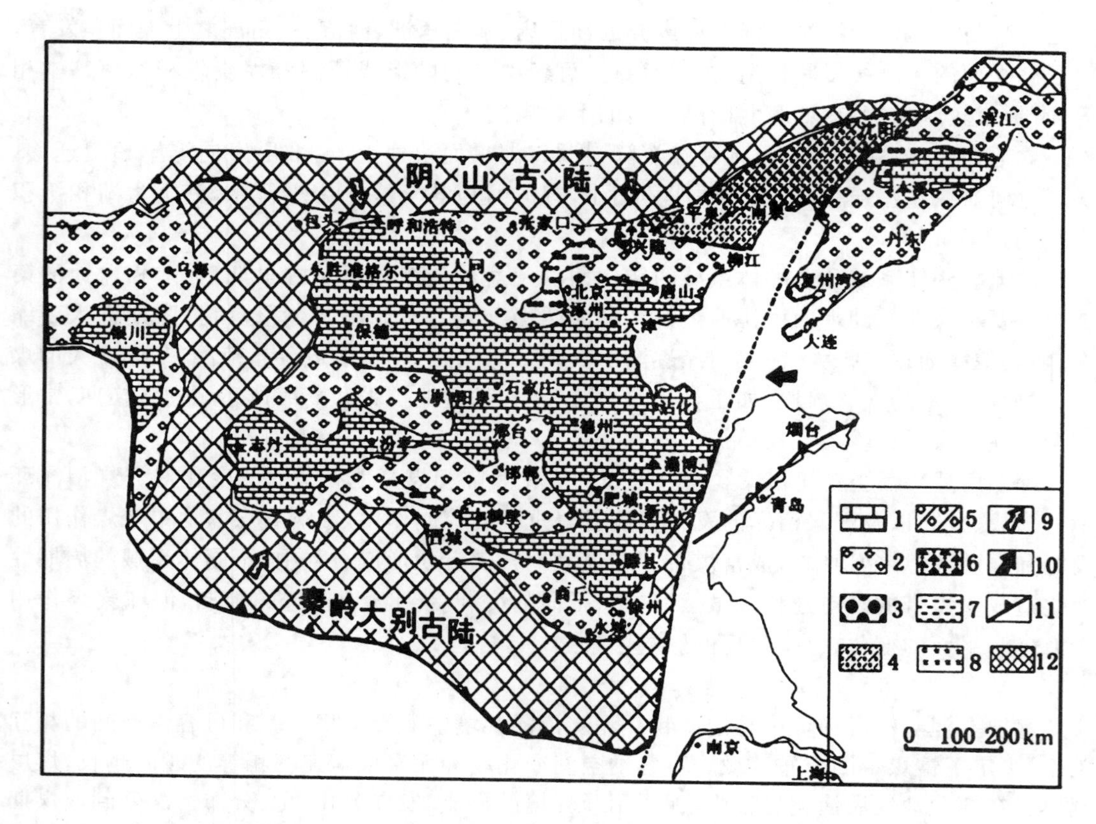

图 7-18　华北煤盆地 S1 层序 PS2 准层序海侵期古地理图

1——台地体系；2——障壁体系；3——障壁岛相或潮汐沙滩相；4——三角洲体系；5——河流体系；6——冲积扇体系；7——湖泊体系；8——泥炭沼泽体系；9——物源供给方向；10——海侵方向；11——大型平移断裂；12——古陆

从 S1 层序到 S2 层序的古地理变化来看，S1 层序古地理特征造成$一_1$煤层主要分布在东部亚盆地范围(图 7-20)，S2 层序古地理特征造成$二_1$煤层的分布在华北统一的盆地内(图 7-21)。从$一_1$煤层的富煤带到$二_1$煤层的富煤带的分布可以看出富煤带随着古地理的变化而发生时空迁移。

二、我国富煤带的时空迁移规律特征

(一) 晚古生代富煤带的时空迁移

加里东运动使塔里木和华北地台、扬子和南海-印支地台连为一体，为晚古生代乃至中生代煤盆地的形成奠定了基础，稳定的地台及其间的加里东褶皱带，控制着富煤带的分布。晚古生代存在的西伯利亚、塔里木-华北和华南沉积聚煤域，由于所处的古纬度和基底活动性不同，聚煤强度的差异很大，以塔里木-华北及华南沉积聚煤域聚煤条件较好。

华北-塔里木沉积聚煤域的主要煤盆地为华北煤盆地，其他还有北祁连-走廊盆地与柴达木北缘盆地以及其他零星分布的盆地。

华北盆地为克拉通盆地，基底构造稳定，构造样式主要为宽缓的大型坳陷，为陆表海沉积所充填，沉积体系主要为河流、复合型浅水三角洲、潮汐沙滩、台地体系，使泥炭沼泽得以持续、稳定和大面积发育，成为该沉积聚煤域上的富煤盆地和聚煤中心。

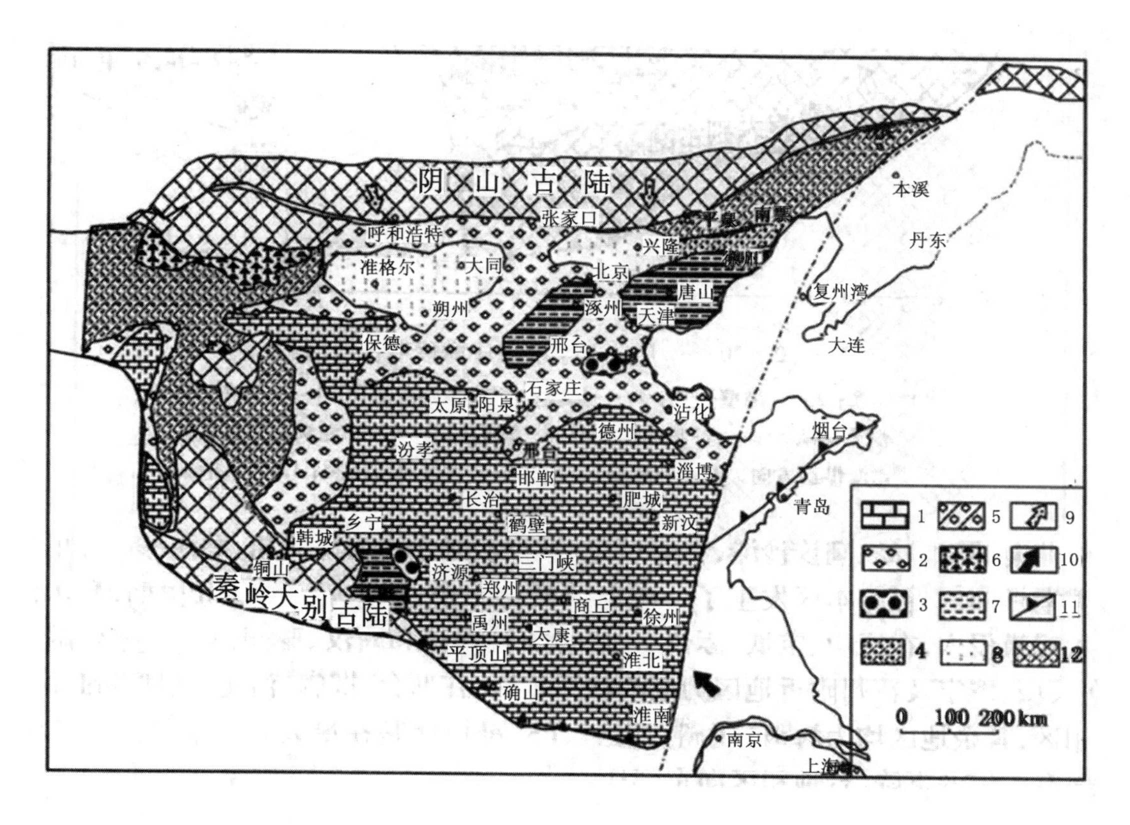

图 7-19　华北煤盆地 S2 层序海侵体系域 PS6 准层序岩相古地理图

1——台地体系；2——障壁体系；3——障壁岛相或潮汐沙滩相；4——三角洲体系；
5——河流体系；6——冲积扇体系；7——湖泊体系；8——泥炭沼泽体系；
9——物源供给方向；10——海侵方向；11——大型平移断裂；12——古陆

华北盆地的聚煤作用在时间上显示周期，空间上有由北而南迁移的特点(图 7-22)。全盆性的富煤单元发育于体系域或层序的转换期，形成了一$_1$和二煤层两个几乎遍及全盆地的富煤单元。局部富煤单元主要发育于废弃的活动碎屑环境之上，形成于小层序和小层序组的转换期，虽能形成大面积的聚煤环境，但煤层分布面积及稳定性明显逊于全盆性富煤单元，如一$_2$～一$_3$煤层和三煤组。附属于其他沉积环境的泥炭沼泽所形成的煤层则更加局限，往往不具工业价值。晚石炭世-早二叠世的富煤带主要分布在北华北，晚二叠世迁移至南华北。富煤带的迁移，是同古地理、古构造和海平面变化直接相关的。随着海平面的下降，海水由北而南退出，三角洲由北向南推进，富煤带亦由北向南迁移。富煤带向南迁移的另一个因素，是由于阴山海槽的关闭褶皱隆起，使北华北地区的海洋性气候消失，干旱气候形成并逐步向南扩大，使北方早二叠世晚期-晚二叠世的聚煤作用几乎终止。

华南沉积聚煤域的主要煤盆地为华南盆地，其聚煤作用始于早石炭世，为一套以碳酸盐台地为主的含煤沉积，形成的煤层厚度薄。早二叠世富煤带位于闽西南，晚二叠世主要富煤带位于扬子地台的川、黔、滇三省交界处，呈南北向展布，次要富煤带分布于湘赣交界处。富煤带有由东向西迁移的规律(图 7-23)。

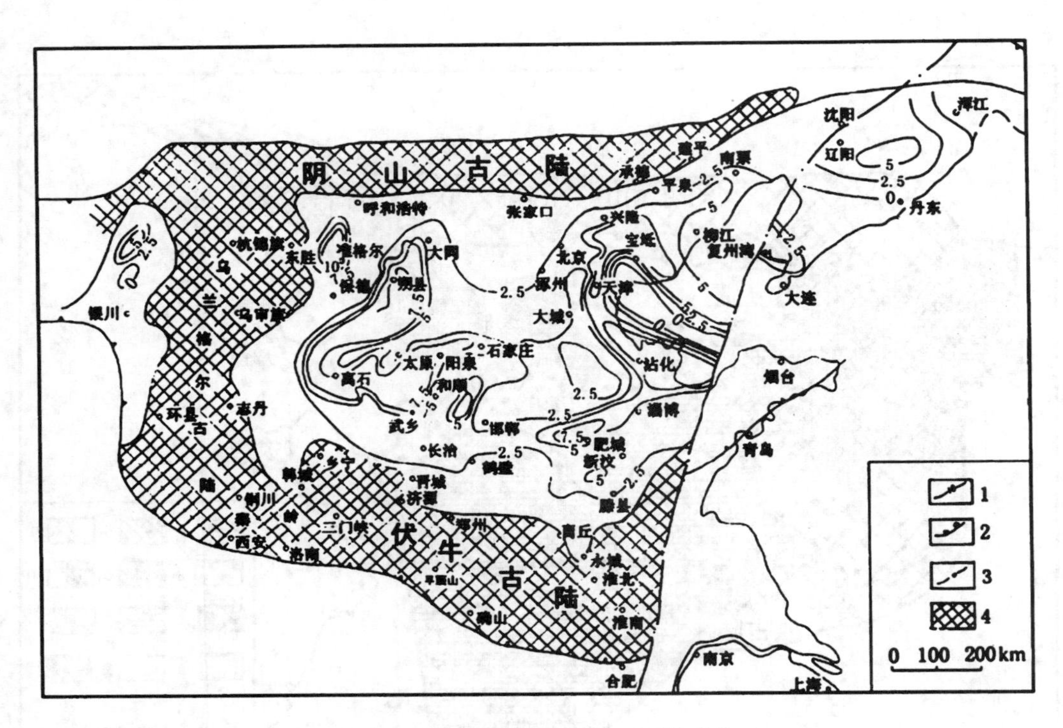

图 7-20 华北煤盆地一$_1$煤层厚度等值线图

1——煤层等值线；2——地台边界；3——郯庐断裂；4——古陆

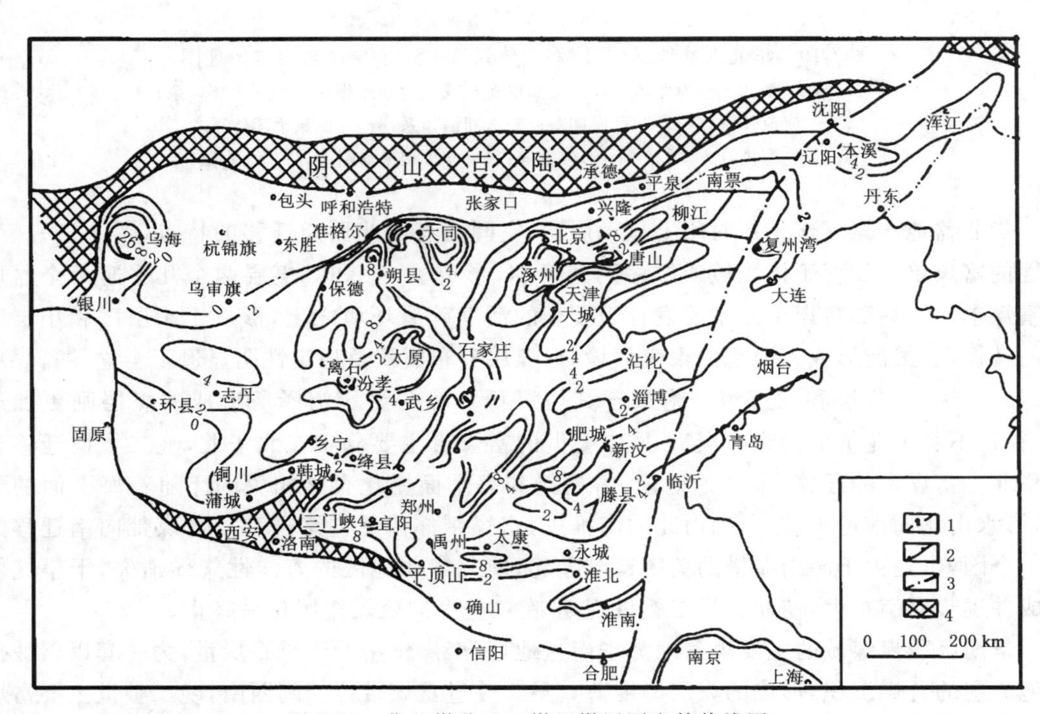

图 7-21 华北煤盆地二煤组煤层厚度等值线图

1——煤层等值线；2——地台边界；3——郯庐断裂；4——古陆

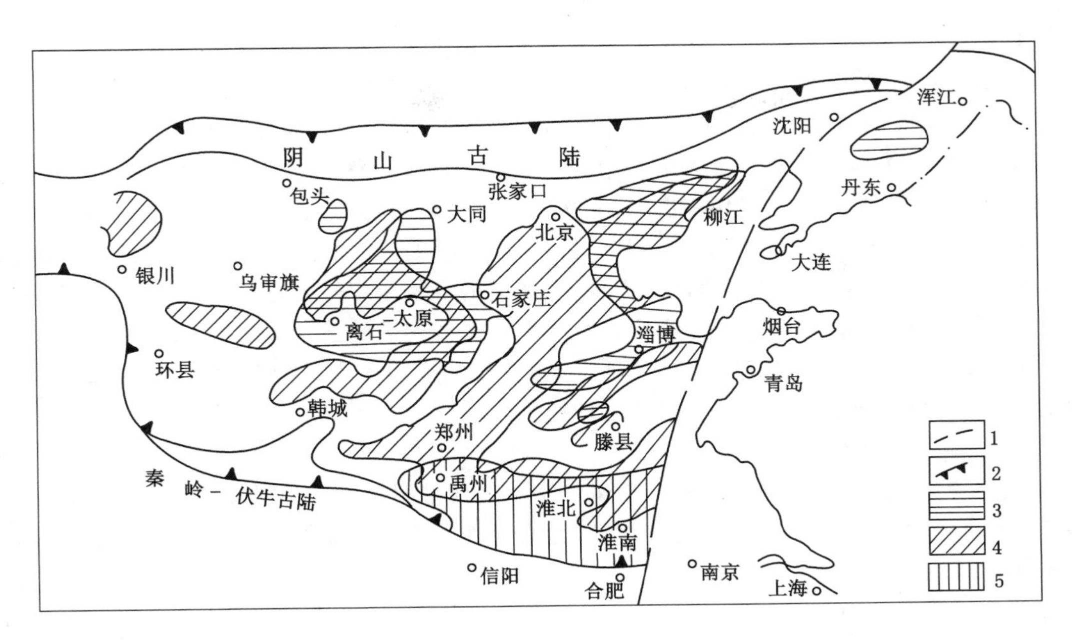

图 7-22　华北盆地富煤带(>4 m)迁移图

1——郯庐断裂；2——地台边界；3——晚石炭世一煤组富煤带；
4——早二叠世三煤组富煤带；5——晚二叠世五煤组富煤带

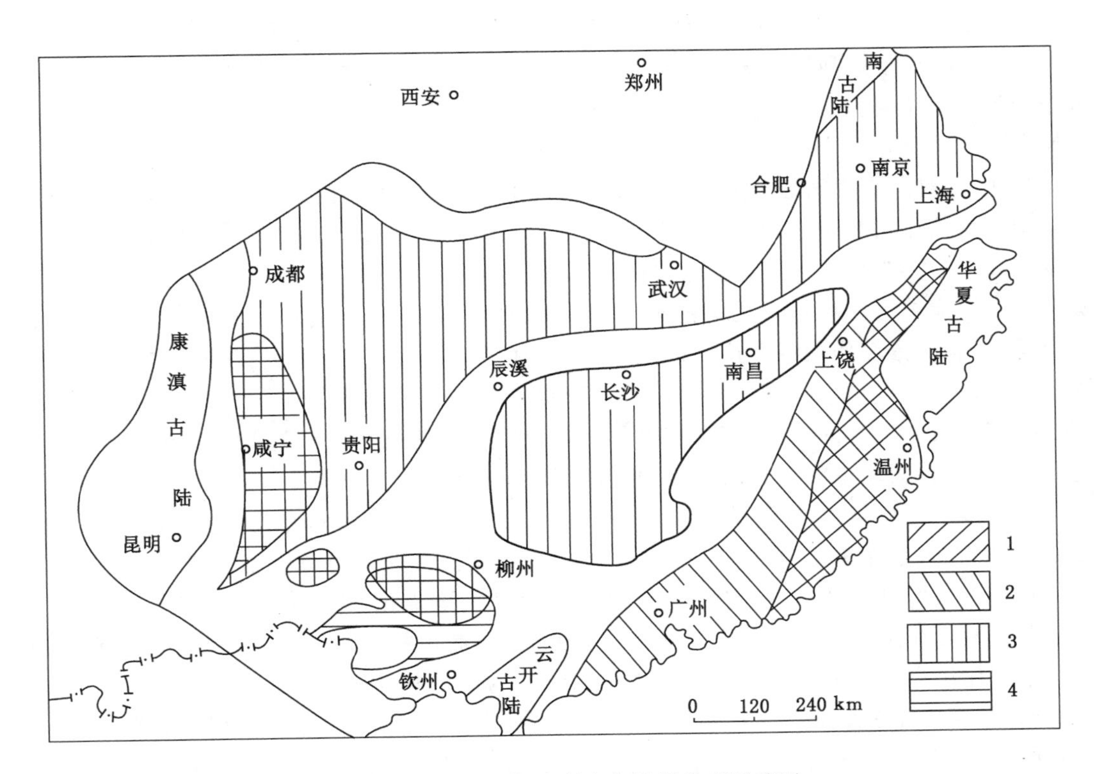

图 7-23　华南盆地茅口-长兴期聚煤作用迁移图

1——SE3 层序聚煤区；2——SE4 层序聚煤区；3——SE5 层序聚煤区；4——SE6 层序聚煤区

扬子地台固结于晋宁期，为主要富煤带的形成提供了比较稳定的构造环境；加里东褶皱带构造活动相对较强，在构造和古地理适宜的地区，形成了次要的富煤带。福建的早二叠世煤系发育在废弃的障壁海岸体系之上，富煤带随着障壁海岸体系的迁移而迁移。晚二叠世东吴运动，使扬子地台西部发生裂陷作用，由西向东形成了冲积扇、河流、三角洲、障壁海岸、台地等体系，富煤带主要与三角洲有关，其次为障壁海岸体系。在加里东褶皱带上，物源区为华夏古陆及盆地内部的古隆起，沉积环境多样化，富煤带多沿滨岸带分布，以废弃三角洲和障壁海岸体系为平台的泥炭沼泽最为稳定，形成的煤层厚度较大，成为裂陷盆地的聚煤中心。广西等地由于海水较深，泥炭沼泽发育于短暂淤浅的碳酸盐台地之上，形成的煤层厚度薄、硫分高。晚二叠世长兴期海平面快速上升，三角洲退积于贵州西北部和川南地区，其他地区均为碳酸盐台地沉积，富煤带也随之迁移。

（二）中生代富煤带的时空迁移

由于联合古大陆的形成，早、中三叠世的干燥气候带明显扩大，几乎没有聚煤作用发生。晚三叠世的华南地区为亚热带潮湿气候区，为聚煤作用提供了适宜的气候条件。太平洋板块的俯冲作用，形成了川滇和赣湘粤煤盆地，攀西、滇西地区发生裂谷作用，在裂谷后期形成薄煤层。川滇盆地为前陆盆地，受松潘地块的侧向挤压，西缘形成了龙门山逆冲断裂带。海水由西北向南东侵入，物源区位于盆地东部，古地理演化总体表现为陆绿物质不断由东向西进积，海湾盆地不断淤浅，由东向西依次为冲积体系、滨岸体系和海湾体系，富煤带主要同冲积、滨岸体系有关，并由东向西迁移。晚三叠世的富煤带位于成都-绵阳-宝兴一带，沿龙门山断裂带分布。赣湘粤盆地的海水来自西南，卡尼早期的聚煤作用主要发生在江西萍乡以南地区，卡尼晚期-诺利期的聚煤作用发生在萍乡-乐平一带，含煤性由西向东变差，富煤带分布于滨岸地带，随海水的进退而迁移。秦岭-大别山以北为干旱-半干旱气候区，仅在鄂尔多斯盆地的局部地区形成以河流相为主的含煤沉积。

早-中侏罗世是我国最重要的聚煤期，聚煤作用主要发生在西北-华北沉积聚煤域，分布在阴山和秦祁昆褶皱带之间。早侏罗世，在库车-满加尔、柴达木、伊犁、准噶尔、吐哈等盆地形成聚煤中心。中侏罗世，阿连-巴柔期的聚煤中心由北疆地区向东和向南两个方向迁移。其中南迁距离约为 400 km，至南疆托云-和田盆地和且末-民丰盆地后聚煤作用迅速减弱，含煤层位抬高，聚煤作用在理论上终止于新特提斯的北岸；向东迁移越过西北广大地域直达鄂尔多斯盆地，再向东到渤海和黄海之滨，聚煤作用呈现强—弱—强—弱的变化，含煤层位逐步抬高。聚煤域内部聚煤强度的变化，主要受控于盆地的基底构造和盆地形成的大地构造环境，层位的变化主要与气候变化和成盆期的早晚有关。

鄂尔多斯盆地早-中侏罗世富煤带同冲积扇、河流、湖泊三角洲有关，主要分布在盆地的西部及东北部，富煤单元为 5—1、3—3、3—2、2 等煤层，富煤区与总体富煤带的分布基本一致。富煤带具有分布宽广、稳定等特征，反映了大型前陆克拉通盆地的聚煤特点。贺兰山造山带及盆地西缘逆冲断裂带的形成和演化，使盆地具有前陆盆地的特征，对盆地的沉积古地理及聚煤作用有明显的控制作用。古地理演化分为湖泊初始充填、湖泊扩张和湖泊淤浅三个阶段，富煤单元多形成于体系域的转换期或转换面附近，而体系域转换期一般为构造的调整阶段，在这个阶段，碎屑活动几乎终止，代之以大面积的泥炭沼泽化。泥炭沼泽发育于已废弃的冲积扇、河流、湖泊三角洲之上，并持续发育、扩展，碎屑活动仅表现为弱的沼泽河，因而形成的煤层层位稳定、厚度大、灰分低。盆地的东南部为浅、深湖区，不利于泥炭沼泽的发

育，形成盆地中的无煤带（图 7-24）。

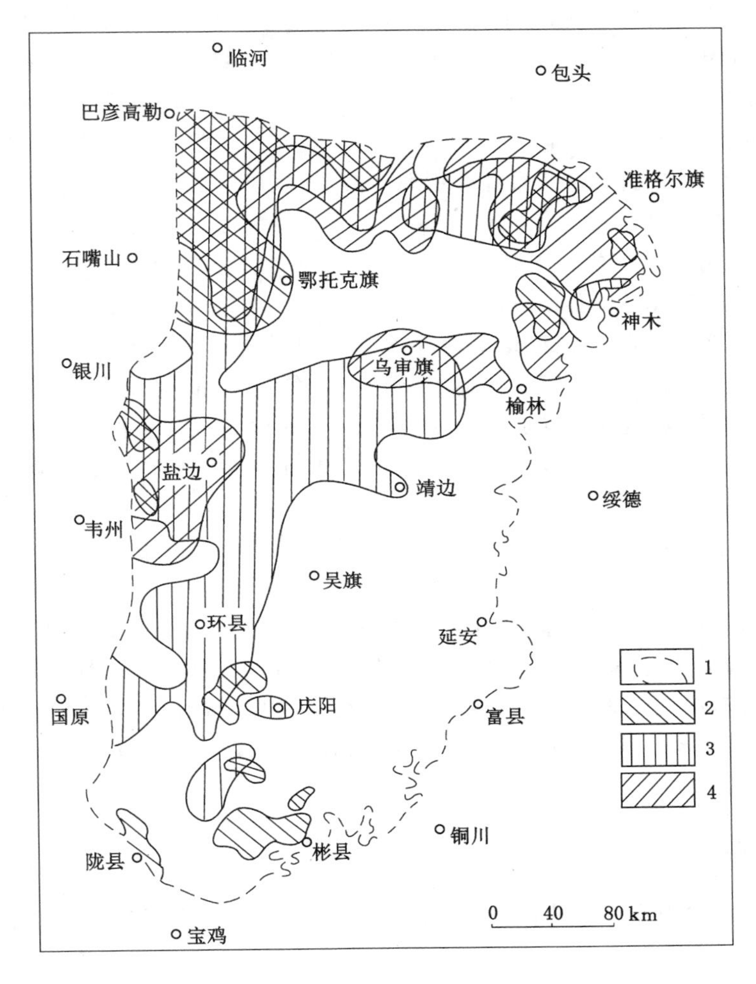

图 7-24　鄂尔多斯盆地富煤带迁移图

1——含煤沉积边界；2——初始充填体系域富煤带；3——扩张充填体系域富煤带；4——退覆充填体系域富煤带

在大盆地的外围形成一系列小型盆地群，可分为祁连山、阴山、燕辽盆地群，这些盆地发育于较活动的构造带上，构造复杂，盆地以成群出现和小型化为特征，聚煤作用明显弱于大型盆地，但在一些盆地也能形成巨厚煤层，如青海的江仓-木里盆地、甘肃宝积山、红会盆地等。

东北早白垩世聚煤带的形成是古气候和大地构造系统作用的结果。早白垩世潮湿气候带位于阴山以北地区，欧亚板块、太平洋板块和印度板块的三向不均衡运动造成的应力场变化，在张扭机制下，使先存的火山活动区和断裂带被引张，在适宜的古气候条件配合下，形成多达 200 多个盆地的断陷盆地群。这些盆地无论是双断式还是单断式，均经历了压扭—张扭—压扭的构造演化，并控制着盆地的沉积充填和聚煤作用。因此盆地构造、沉积序列和聚煤规律都十分相似。由于盆地所处的构造位置不同，聚煤特征具有单煤组及双煤组之分，形成明显的分带性。富煤带一般位于冲积扇前缘淤浅的湖相区，同扇三角洲密切相关，常形成巨厚煤层,但分岔尖灭明显。

刚性的佳木斯地块的存在,可能是三江-穆棱河近海坳陷盆地的形成和煤层大面积稳定分布的主要构造因素。海水来自东北及东部,早白垩世早期自南东向北东依次为冲积扇、河流、三角洲和海湾体系,聚煤作用强,形成的煤层多、单层厚度薄、较稳定。富煤带位于鸡西、勃利、双鸭山和集贤,多与河流、三角洲和稳定的地块有关。晚期海水全部退出,盆地处于萎缩阶段,以河流和湖泊沉积为主,聚煤作用明显减弱,煤层层数减少,富煤带退缩于盆地西南的鸡西、七台河、双鸭山等地。

(三) 新生代富煤带的时空迁移

中国统一大陆在喜马拉雅期形成。第三纪煤盆地主要分布在东北、广西和云南,是环太平洋和新特提斯聚煤带的组成部分,为西环太平洋-新特提斯沉积聚煤域。聚煤带的分布与海洋性气候条件有关。老第三纪煤盆地主要分布在东北,沿依兰-依通、抚顺-密山断裂带分布,均为走滑拉分盆地,盆地的构造演化、沉积充填和聚煤特征同早白垩世断陷盆地相似,具有初始充填、湖泊扩张和湖泊淤浅三个阶段,冲积扇、扇三角洲的前缘有巨厚煤层形成,可能是异地成煤的产物。

新第三纪煤盆地主要分布在云南,有大小盆地 250 余个。由于所处的构造环境不同,盆地有断陷、走滑拉分和坳陷三种基本类型。断陷盆地的煤系沉积厚度大,形成煤层的层数多,但含煤性差;坳陷盆地的沉降幅度小,煤系厚度小,形成煤层的层数少但厚度大,富煤带位于沉降中心,向周边变薄,盆地规模小但富煤强度大;拉分盆地的聚煤强度介于上述两种盆地之间。台湾新第三纪煤盆地为海陆交互相盆地,海侵由南而北,沉积环境主要为滨海、潮滩、海湾和泥炭沼泽。煤层多形成于滨岸地带,并随岸线的变化而迁移,形成的煤层薄而不可采。

任务实施

分析鄂尔多斯盆地富煤带的特征,并解释其形成因素。举例该富煤带上的一个煤矿,并说明其主要的开采煤层。

思考与练习

查找文献,找到某一时期的富煤带,说明其迁移规律,并解释其迁移的原因。

项目八　煤系中的伴生矿产

任务一　认识煤层气

知识要点

煤层气的组分、性质；煤层气的赋存状态；煤层气的形成；中国煤层气资源。

技能目标

掌握煤层气的组成、性质及储藏；掌握煤层气藏形成；了解我国煤层气资源。

任务导入

地球上动植物死亡、堆积、埋藏后，可转为沉积岩或沉积物中的有机质统称为沉积有机质，它们是形成煤、石油、天然气、油页岩等化石能源矿产的物质基础。现代能源地质学认为，含有油、气、煤层（煤线）或油页岩等的沉积岩层，可以是一套在成因上有共生关系的沉积岩系（常根据所含能源的不同，相应地简称为含油岩系、含气岩系和煤系、含油页岩系等），煤系中以腐殖质为主的沉积有机质（包括高度集中的煤层和分散于暗色沉积物中的有机质）都可以演化生成煤成气，而煤层气又属于煤成气的一类。所以，煤层气是煤系中一种重要的、与煤伴生的能源矿产。

任务分析

煤层气属于一种新型清洁能源，在掌握了有关煤层的知识概念后，对煤层气进行认识，必须掌握以下知识才能达到我们的学习目标：

(1) 煤层气的概念、组成及性质；

(2) 煤层气的赋存状态；

(3) 煤层气的形成；

(4) 煤层气及含气量影响煤层气含量的地质因素；

(5) 中国的煤层气资源。

相关知识

一、煤成气和煤型气

煤成气是指含煤岩系中形成的天然气，其成分主要为甲烷，可含不等量的重烃、少量氮和二氧化碳。煤成气的原始母质为腐殖型有机质，是以缩合的环状结构为主的化合物，带有较短的侧链，其热降解产物以天然气为主，并有少量凝析油或轻质油。

张厚福等认为煤型气是与煤系和煤层有关的天然气的总和，而煤成气是指煤系和煤层在演化过程中所形成的天然气，储集在煤层以外的空间内，煤成气属于煤型气中的一类。

唐修义等认为在特定的地质条件下，煤层和煤系中分散有机质在煤化作用过程中生成的气相运移出母质储集在多孔岩层内而形成有经济价值的天然气藏，称为“煤成气”或“煤型气”。

二、煤成气分类

煤成气生成后主要赋存于含煤沉积的各类储层中，亦可运移到非煤系储层中。可按煤成气赋存状态将煤成气划分为煤层气和煤出气两大类。

煤层气是指储存在煤层微孔隙和裂隙中的，基本上未运移出生气源岩煤体的煤成气。煤层气生于煤层，并不需要初次运移，或基本未运移出生气源岩煤层，是储集于煤层内的煤成气，属典型的自生自储式的非常规天然气藏。一般由于煤层较致密，透气性差，吸附性强，储集在其中的煤成气大部分以吸附状态被吸附在裂隙的表面和煤层的微孔隙内，通常不易解析出来。有时有少部分煤成气的气体分子往返运动于煤层的内生和外生裂隙内，呈游离状态储集在煤层中，甚至可聚集成“瓦斯包”，造成采煤中的瓦斯突出灾害。煤层气在适当的地质条件下亦可形成工业性气藏，是现在能源勘查、开发的主要对象。

煤出气是指从生气源岩(煤层、碳质泥岩、泥岩)中扩散、运移出来的那部分煤成气。煤出气占煤成气的绝大部分，根据聚散性可分为聚煤气和散煤气。

聚煤气是聚集的煤成气的简称，指从生气源岩中运移出来，聚集储存于其他储层(如砂岩、砾岩、灰岩)中的那部分煤出气。聚煤气在煤出气中只占很少一部分，但可以聚集起来成为有工业价值的煤成气藏，是以往天然气勘探和开发的主要气藏。散煤气则是指从生气源岩中运移出来的，以游离状态或溶解于地下水中分散储存在生气源岩以外的围岩中的煤出气。散煤气在煤出气中占绝大部分，但在目前的技术条件下还很难收集开采利用。

三、煤内生裂隙

煤内生裂隙是在煤化过程中煤中凝胶化物质受温度、压力的影响，体积收缩产生内张力形成的裂隙。

煤内生裂隙是具有以下几个特点：

(1) 垂直或大致垂直层理；

(2) 裂隙面平坦，常伴有眼球状的张力痕迹；

(3) 具有方向大致垂直的两组，其中一组较发育；

(4) 中变质烟煤中最发育。

任务实施

一、煤层气

煤层气是煤层生成的气经运移、扩散后的剩余量，包括煤层颗粒基质表面吸附气，割理、裂隙游离气，煤层水中溶解气和煤层之间薄砂岩、碳酸盐岩等储层夹层间的游离气。煤层气是一种由煤层自生自储的非常规气藏。

沉积有机质在聚积和成煤后，经历了漫长而复杂的地质演化，在煤化作用各阶段生成的煤成气绝大部分将运移出煤体之外。这些煤层气或释入古大气中逸散，或运移、聚集在煤体围岩外的岩石孔隙和构造空间中，当运移、聚集达到一定规模并满足工业开发要求时，即形成源于煤成气的天然气藏，是常规天然气的主要气田。

煤层气或煤层甲烷、煤层瓦斯，是煤矿瓦斯的主要来源；煤层气生于煤层又储于煤层，主要以气态形式吸附于煤层中，有别于主要呈游离状态存在于地层中的常规天然气，也因此而被称为非常规天然气。由于具有洁净能源、煤矿安全、环境保护等多重效益，自20世纪70年代以来，煤层气日益受到重视。

（一）煤层气的组分、性质

煤层气的组分有甲烷、二氧化碳、氮、重烃气（乙烷、丙烷、丁烷、戊烷及其他化合物）、氢、一氧化碳、二氧化硫、硫化氢以及氦、氖、氩、氪、氙等稀有气体。其中，甲烷含量最高，可达90%以上，重烃含量一般为1%～4%至15%～20%，氮含量小于1%。煤层气的组分还因形成条件的不同而变化，这主要取决于生气源岩的煤岩成分及其“煤化或演化”的成熟度。由此可知，煤层气主要成分为甲烷，所以又称为煤层甲烷或煤矿瓦斯。

煤层气的性质以甲烷和二氧化碳等主要成分性质为主。甲烷为无色、无味、无嗅、无毒的气体，在1个标准大气压下，温度为15.5 ℃时，其密度为0.677 kg/m^3，甲烷相对密度为0.554，比空气轻。当空气中混有5.3%～14.0%浓度的甲烷时，遇火即可燃烧或爆炸；二氧化碳为无色、无嗅、略具酸味，具有一定毒性的气体，比空气重，在矿井中大多分布在井巷的下部，其大量突然喷出可使人窒息。

煤层气的主要成分是气态的甲烷，是一种可燃性气体，在常温下其热值为34～37 MJ/m^3，是一种很好的高效洁净气体燃料和重要的化工原料。

（二）煤层气的赋存状态

煤层气以游离状态、吸附状态和溶解状态赋存于煤层内。煤层气储集机理决定了煤层气以吸附气、游离气和溶解气三种方式储集。

1. 吸附状态的煤层气

吸附状态的煤层气约占80%～90%。吸附气是以分子引力和极性键力吸附于煤孔隙内表面上不能自由运动的煤层气。固相煤物质是多孔的，孔隙的体积不足总体积的55%，但其表面积却占总表面积的97%以上。度量煤体孔隙内表面积发育程度的物理量，称比表面积，即单位重量煤样所具有的孔隙内表面积。有资料表明，煤的比表面积与煤的变质程度有关，低变质煤（长焰煤-气煤）的比表面积为50～90 m^2/g，中变质煤（肥煤-瘦煤）为20～130 m^2/g；高变质煤（贫煤-无烟煤）为90～190 m^2/g。如此发育的内表面积，使煤成为良好的吸附剂，对甲烷、二氧化碳等气体有很强的吸附能力，使煤层气在煤中主要呈吸附状态赋存。另外，煤对游离气的吸附能力还与温度和压力有关，一般温度低、压力大，吸附气的吸附量较大；反之，温度高、压力小，吸附气的吸附量较小。

2. 游离状态的煤层气

游离状态的煤层气一般约占10%～20%。游离气是以分子状态存在于煤的孔隙和煤层内、外生裂隙中，能够自由运动的煤层气。煤层内能储集多少游离气，主要取决于煤的孔隙度和煤层承受的压力。通常煤的孔隙、裂隙被地下水充填时，煤内游离气会减少。当煤内压力增大时，部分游离气转化为吸附气或扩散运移出煤层，使游离气量减少；反之，则游离气量增加。一般在煤层气中，游离气约占总量的10%～20%。

3. 溶解状态的煤层气

煤内含有地下水，少量煤层气可以溶解于水中即为溶解气。煤内溶解气的含量与地下水量、温度、压力等有关。据 Craft 和 Hawkins(1959)研究，在压强为 35 kg/cm^2、温度为 52.6 ℃的条件下，1 m^3 水内可溶 1 m^3 天然气。在动态地下水系统中，溶解气可随地下水运移。

在自然地层储集的条件下，随着压力和温度条件下处于动平衡状态，当压力和温度变化时，彼此可以相互转化，当压力增加、温度降低时，一些游离状态的煤层气较多地变为吸附状态；反之，则相反。这是一种可逆的过程。在一定条件下，被吸附的气体分子与煤的内表面脱离而呈游离状态，称作解吸。煤层内的吸附气、游离气和溶解气处于一种动态平衡，各种地质作用就是通过改变煤储层内煤层气赋存状态的平衡关系而影响煤层气的保存。人工从煤层中抽放煤层气，必须使煤层卸压，让煤内吸附气转化为游离气，再通过裂隙运移进入钻孔或巷道。

(三) 煤层气含量

1. 含量

单位体积或单位重量煤内游离状态与吸附状态煤层气之和，称为煤层气含量或煤层瓦斯含量。它代表了煤化作用中产生的煤层气量与历经地质时间所丢失的煤层气量之差。在实验室条件下，含量是指标准状态下(即在 0 ℃和 760 mm 汞柱下)每吨或每立方米的煤内所含的煤层气量。

2. 逸散气、解吸气和残余气

煤层气是混合气而非单一甲烷气体。煤层气在煤层中的赋存状态会因外界条件的改变而发生变化，所以在测定煤的含气量时，按采集气样的过程和测定方法的不同，可划分为逸散气、解吸气和残余气。

(1) 逸散气是指在采集过程中，由于压力、温度等的变化而发生解吸所逸散掉的煤层气；

(2) 解吸气是指样品在密封后，在与解吸装置连通进行解吸测定而得出的解吸气量；

(3) 残余气则是指经解吸后残留的部分。

(四) 煤层气的形成

煤层气的形成主要决定于煤化作用的过程和煤的不同显微组分。

(1) 煤化作用产生气态物质是形成煤层气的基础。煤化作用中随温度、压力的增加，煤的挥发分逐渐减少，由褐煤、烟煤到无烟煤，挥发分大约从50%降至5%左右。这些挥发分主要以 CH_4、CO_2、H_2O、N_2、NH_4 等气态产物形式逸出，形成煤层气的基础。

(2) 煤化跃变对煤层气的形成起重要作用。在煤化作用的多次跃变中，不仅发生煤的变质，而且每次跃变都相应出现一次成气的高峰。Karweil(1969)据此提出了各阶段煤化作用的产气量(图 8-1)。

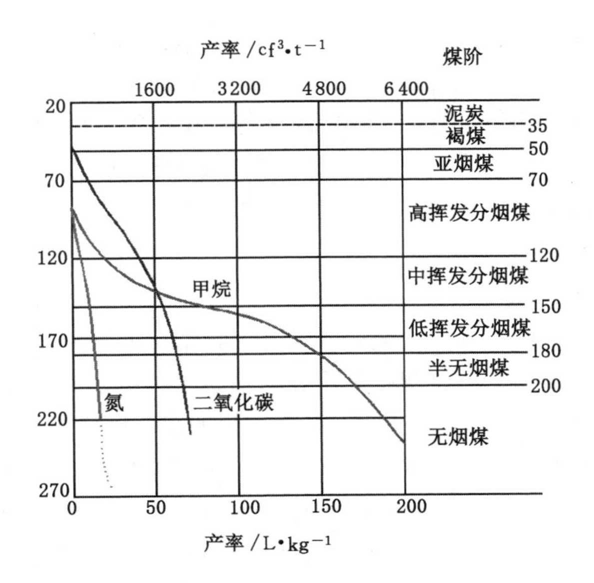

图 8-1　煤化作用中煤的产气量计算曲线

在全部煤化作用的过程中，煤中有机质的基本结构单元(缩合稠环芳烃体系)不断减少所带有的侧链和官能团，如羟基—OH、甲基—CH_3、羧基—COOH、醚基—O—等；可形成各种挥发性产物，其中甲烷逐渐增多，特别是在烟煤转变为无烟煤的第三次跃变，释放出大量甲烷。

(3) 煤化作用中，煤的不同显微组分对成气的贡献不同。研究表明，当达到一定煤化阶段后，各类组分累计产气率逐渐增高，但各自的成烃贡献不同。根据长庆石油开发设计研究院的资料，其最终产气能力比为类脂组：镜质组：惰性组＝3：1：0.8。据刘德汉、傅家谟所得数据(无压真空封闭体系，温度 500 ℃，时间 110 h 的热演化产气实验)，惰性组产气率为 43.9 ml/g，镜质组为惰性组的 4.3 倍，类脂组为惰性组的 11 倍。

(五) 影响煤层气含量的地质因素

(1) 煤层中煤层气的形成首先决定于煤化作用程度和煤的显微组分。一般煤化程度增高，产生的煤层气增多。

(2) 煤层内的煤层气含量是游离瓦斯及吸附瓦斯量的总和，且后者是主要部分。煤吸附甲烷的能力受到许多因素的影响，其中温度的降低、水分的减低和煤化程度的增高都能促使吸附能力的增强。

(3) 煤的煤岩显微组分的不同，也影响煤的甲烷吸附能力。

(4) 煤层顶、底板岩石的透气性和厚度也影响煤层气的含量，这些因素对煤层瓦斯的保存和逸散起着重要作用。

(5) 地质构造因素的重要作用。当煤层围岩透气性小时，表现得尤为明显。煤盆地所处的大地构造位置及其构造演化对煤层气的形成和保存起到了主导作用。

(6) 煤层的赋存埋藏深度与瓦斯含量关系也较为密切。在露头附近，煤层发生风化，其分带自浅而深为。

第一带为二氧化碳-氮气带，氮气占80%～90%，二氧化碳占10%～20%，没有甲烷。

第二带为甲烷-氮气带，甲烷含量少于50%，氮气大于50%。

第三带为氮气-甲烷带，甲烷含量为50%～70%，氮气含量为50%～30%。

第四带为甲烷带，甲烷含量大于70%，其余则为氮和其他气体。

(7) 地下水活动的强弱也将使瓦斯含量降低或增高。

(六) 煤层气资源的勘探开发

1. 勘探开发研究阶段

(1) 煤矿瓦斯井下抽放阶段。这一阶段从20世纪50年代开始，到70年代末，主要目的是为减少煤矿瓦斯灾害而进行的煤矿井下瓦斯抽放与利用。煤矿瓦斯抽放是减少矿井和采区瓦斯涌出量的有效方法，也是防止煤与瓦斯突出的主要措施之一。

(2) 煤层气勘探开发试验初期阶段。这一阶段从20世纪70年代末开始，到90年代初。仍以煤矿安全为主要目的，部分矿井同时进行煤层气开采试验，先后在抚顺龙凤矿、阳泉矿区、焦作中马村矿、湖南里王庙矿等打地面钻孔40余个，并进行了水力压裂试验和研究。这一阶段主要是借用美国的技术和经验，但对于地质条件复杂的中国含煤区不甚适用，因此未获得突破性进展。

(3) 煤层气勘探开采试验全面展开阶段。从20世纪90年代初开始至今，从优质能源的利用出发，开展了煤层气的勘探试验，取得了实质性的突破与进展。石油、煤炭、地矿系统和部分地方政府积极参与这项工作，许多国外公司也积极投资在中国进行煤层气勘探试验。

2. 煤层气开发方式及技术

当前技术比较成熟的煤层气开发方式有3种，即地面垂直井、井下水平孔(即煤矿井下瓦斯抽放)、地面采动区井。

(1) 地面垂直井

地面垂直井，是在地面打钻井进入尚未进行开采活动的煤层，通过排水降压使煤层中的吸附气解吸出来，由井筒流到地面。这种开采方式气产量大、资源回收率高、机动性强，可形成规模效益。它要求有厚度较大的煤层或煤层群，煤储层的渗透性要较好，以及较有利的地形条件等。

(2) 煤矿井下瓦斯抽放

瓦斯抽放，是从煤矿井下采掘巷道中打钻孔，在地面通过瓦斯泵造成负压来抽取煤层中的气体。这种方式在煤炭系统称为矿井瓦斯抽放。矿井瓦斯抽放产量小，资源回收利用率低，井下作业难度较大，并受制于煤矿采掘生产的进程。但其适用条件比较广泛，多以矿井安全生产为目的，并兼顾煤层气资源的回收利用。

(3) 地面采动区井

地面采动区井是从地面打钻孔进入煤矿采动区上方或废弃矿井，利用自然压差或瓦斯泵抽取聚集和残留在受采动影响区的岩石、未开采煤层之中以及采空区内的煤层气。地面采动区井初期产量较大，但单井服务年限较短，一般为1～2年。采动区井受采煤活动的控制，并要求在主采煤层之上赋存多个煤层，以保证有足够的气源。

二、中国煤层气资源

煤成气是天然气的一个重要组成部分，在天然气资源构成中占有重要地位。据估计，天然气中有70%左右是煤成气，按储量大小排列，世界最大气田的前5位都是煤气田。煤层气在煤成气中占据了相当的重要资源地位，是现代能源的重要接替能源。目前对煤成气的研究和开发也都以煤层气为主。开发利用煤层气具有社会、经济与环保方面极其重要的意义。

首先，煤矿中的煤层气，即"煤矿瓦斯"容易爆炸，是煤矿安全生产的重大危害。因此煤矿生产需要通风将煤层气甲烷排放到大气中，增加了煤炭生产成本，还将引起温室效应，污染环境（甲烷造成的温室效应是二氧化碳的20倍，其破坏臭氧层的能力为二氧化碳的7倍）。其次，在采煤之前或同时排采回收煤层气，作为新的接替能源加以开发利用，不仅增加了新的能源，而且将大大降低煤矿瓦斯，减少瓦斯爆炸事故的发生，有效地改善煤矿安全，减少大气环境污染，降低采煤成本。煤层气是一种潜力巨大的非常规天然气资源，煤层气工业必将成为新兴的能源工业。

（一）中国煤层气资源特征

煤层气资源是指以地下煤层为储集层且具有经济意义的煤层气富集体。其数量表述为资源量和储量；煤层气资源量是指根据一定的地质和工程依据估算的赋存于煤中，当前可开采或未来可能开采的，具有现实经济意义和潜在经济意义的煤层气数量。中国煤层气资源具有下列五个明显特征。

1. 资源量丰富，但在分布上既分散又集中

中国陆上埋深2 000 m以浅的煤层气资源量达30万亿～35万亿立方米，仅次于俄罗斯，占世界总资源量的13%，广泛分布在不同的含煤盆地中，其中具有优势开发潜力的资源又相对集中在华北地区的中东部(62%)，开发该地区的煤层气资源对于缓解该区天然气供需矛盾、减轻煤炭运输压力、降低对煤炭的严重依赖具有重要的现实意义。

2. 储层不均一，华北地区相对优越

中国地壳运动具多旋回性和复杂性，造成了煤层及煤层气分布在区域、地质时代上的不均一性，特别是由于成煤构造背景不同、后期构造破坏的强度和范围不同、区域的热史影响不同，使得煤层气的储层条件产生了区域地质和微观结构组成上的强烈不均一性。但华北地区构造基底相对稳定，后期构造破坏在华北地区中部相对简单，特别是燕山后期的快速区域热变质作用使该区煤储层条件相对有利。

3. 高煤阶煤和低煤阶煤占主导，高煤级煤可产气

中国煤层气主要赋存在低煤级煤和高煤级煤中（占总资源量的85.56%）。根据美国煤层气理论，中煤级煤是最有利的煤层气开发目标区，但中国的勘探实践表明，为美国煤层气理论所否定的高煤级区恰恰是目前最活跃的勘探区，并取得了产气突破。低煤级煤的煤层气资源在中国所占的比例最大，但按现有的理论和技术，其开发的难度也最大。

4. 煤体结构破坏严重，特别是南方含气区构造煤发育

由于成煤后构造破坏严重，许多煤层的煤体结构遭到了破坏，特别是南方含气区，在加里东褶皱带或过渡带上发育起来的煤盆地又经受了印支运动、燕山运动和喜山运动的多期

破坏，形成了大面积的构造煤。

5. 低渗、低压、低饱和现象突出

低渗、低压、低饱和是中国煤层气藏的又一个较为显著的特征，给煤层气资源的开发带来了很大的难度。

（二）中国煤层气资源区划

在上述中国煤层气资源分布和富集状况复杂的背景下，需要建立一个科学完善的中国煤层气资源区划方案，以便对全国煤层气资源进行研究和评价。中国煤炭地质总局 1998 年借鉴全国第三次煤田预测中的赋煤区划，建立了中国煤层气资源区划方案。

1. 中国煤层气聚集区带划分的基本原则

（1）构造因素

构造运动控制聚煤作用，聚煤期后的改造控制着煤层赋存状况，同时也控制着煤层气的运移和富集。构造作用是地质成矿的主导因素，因此，煤层气聚气区和聚气带是以区域构造为骨架，以赋煤区和含煤区为基础来区划的。具体以天山-兴蒙褶皱带东段为界，划分东北聚气区和华北聚气区；以祁连山-秦岭-大别山褶皱带划分西北、华北和华南、滇藏聚气区；以贺兰山-六盘山褶断带、龙门山-牢山断裂带划分西北和华北、滇藏和华南聚气区。而二级或三级构造单元则作为划分聚气带的依据。

（2）聚煤期因素

在总体地质构造背景下，我国不同聚煤期煤层气的生成与煤层分布和聚煤期密切相关，煤层气富集区带的展布与煤层分布和聚煤期具有相应的地域时代性。我国四大主要聚煤期为：早白垩世、早-中侏罗世、晚石炭-早二叠世、晚二叠世的煤层相应赋存于东北、西北、华北和华南赋煤区或聚气区，因此在煤层气区划中应综合考虑聚煤期因素。在聚气带划分中，强调以一个聚煤期为主，或以某一聚煤期为主、兼顾多期聚煤作用的实际情况。如东北聚气区的三江-穆棱河聚气带以早白垩世为主，松辽-辽西聚气带以早白垩世、第三纪为主，浑江-红阳聚气带以石炭-二叠纪为主。

（3）煤层含气性因素

在不同构造、不同聚煤环境条件下煤层的含气特性差异很大。方案中原则上对于煤层含气量普遍低于 4 m^3/t 的地区不予命名聚气带和目标区；在同一构造背景和聚煤期内，根据含气量高低的区域分布区划煤层气聚气带。如柴北-祁连聚气带，包括多个二级构造单元和两个聚煤期，但是该区煤层含气性普遍较低、富气区零星散布，故合并为一个聚气带。

（4）地域因素

煤层气的评价一方面应考虑区域构造和聚煤期控制因素，另一方面也应当重视行政区划的人文因素。典型的例子是浑江-红阳聚气带和辽西地区，鉴于地域和行政因素便人为地将华北地台东北部分划归东北聚气带，以利于煤层气资源的管理和决策。

2. 中国煤层气区划方案

中国煤层气区划方案将我国煤层气聚集区带划分为聚气区、聚气带和目标区三级。目标区还可根据勘探程度和研究深度进一步划分出靶区，投入生产后可称为气田。方案中全国煤层气资源分布划分为 5 个聚气区、30 个聚气带和 115 个目标区(表 8-1)。

表 8-1 中国煤层气区划一览表

聚气区		聚气带		目标区	
编号	名称	编号	名称	编号	名称
Ⅰ	东北	Ⅰ$_1$	三江-穆棱河	N101	鹤岗
				N102	集贤-绥滨
				N103	双鸭山
				N104	勃利
				N105	鸡西
		Ⅰ$_2$	松辽-辽西	N106	铁法
				N107	阜新
				N108	沈北
				N109	抚顺
		Ⅰ$_3$	浑江-红阳	N110	红阳
				N111	浑江
Ⅱ	华北	Ⅱ$_1$	华北北缘	N201	大青山
				N202	宣下
				N203	兴隆
		Ⅱ$_2$	京唐	N204	柳江
				N205	开滦
				N206	蓟玉
		Ⅱ$_3$	冀中平原	N207	大城
		Ⅱ$_4$	太行山东	N208	灵山
				N209	临城
				N210	峰峰
				N211	安阳-鹤壁
				N212	焦作
		Ⅱ$_5$	沁水	N213	阳泉-寿阳
				N214	和顺-左权
				N215	潞安
				N216	晋城
				N217	霍东
				N218	太原西山
		Ⅱ$_6$	霍西	N219	霍州

聚气区		聚气带		目标区	
编号	名称	编号	名称	编号	名称
Ⅱ	华北	Ⅱ 7	大同—宁武	N220	宁武
		Ⅱ$_8$	鄂尔多斯东缘	N221	府谷
				N222	三交北
				N223	离柳-三交
				N224	吴堡
				N225	乡宁
		Ⅱ$_9$	渭北	N226	韩城
				N227	澄合
				N228	蒲白
				N229	铜川
		Ⅱ$_{10}$	鄂尔多斯西部	N230	庆阳
		Ⅱ$_{11}$	桌贺	N231	桌子山
				N232	石嘴山
				N233	呼鲁斯太
				N234	汝箕沟
				N235	马莲滩
				N236	韦州
		Ⅱ$_{12}$	豫西	N237	荥巩
				N238	偃龙
				N239	新安
				N240	陕渑
				N241	宜洛
				N242	临汝
				N243	登封
				N244	新密
				N245	禹州
				N246	平顶山
		Ⅱ$_{13}$	豫北-鲁西	N247	黄河北
		Ⅱ$_{14}$	徐淮	N248	永夏
				N249	徐州九里山

续表 8-1

聚气区		聚气带		目标区		聚气区		聚气带		目标区	
编号	名称	编号	名称	编号	名称	编号	名称	编号	名称	编号	名称
Ⅱ	华北	$Ⅱ_{14}$	徐淮	N250	淮北	Ⅳ	华南	$Ⅳ_{5}$	川东	N417	天府
				N251	淮南					N418	中梁山
Ⅲ	西北	$Ⅲ_{1}$	柴北-祁连	N301	靖远宝积山					N419	沥鼻峡
				N302	窑街海石湾					N420	西山
				N303	西宁					N421	螺观山
				N304	木里					N422	青山岭
				N305	鱼卡					N423	东山-古佛山
		$Ⅲ_{2}$	淮南	N306	乌鲁木齐老君庙			$Ⅳ_{6}$	川南-黔北	N424	南武
										N425	南桐
				N307	乌鲁木齐白杨河					N426	松藻
										N427	古叙
				N308	阜康-大黄山					N428	芙蓉
				N309	艾维尔沟					N429	筠连
		$Ⅲ_{3}$	塔北	N310	俄霍布拉克					N430	镇雄
Ⅳ	华南	$Ⅳ_{1}$	下扬子北缘	N401	苏南					N431	黔西北
				N402	长兴-广德					N432	黔北
				N403	宣泾			$Ⅳ_{7}$	滇东-黔西	N433	宣威
		$Ⅳ_{2}$	湘中-赣中	N404	乐平					N434	恩洪
				N405	丰城（泉田-进贤，高安-丰城）					N435	圭山
										N436	兴义
										N437	六盘水
				N406	杨桥-袁村					N438	织纳
				N407	萍乡			$Ⅳ_{8}$	黔桂	N439	贵阳
				N408	涟邵					N440	红茂
		$Ⅳ_{3}$	东南	N409	郴耒					N441	罗城
				N410	曲仁					N442	合山
		$Ⅳ_{4}$	上扬子北缘	N411	广旺			$Ⅳ_{9}$	渡口-楚雄	N443	攀枝花
		$Ⅳ_{5}$	川东	N412	赫天祠			$Ⅳ_{10}$	台湾		（无资料）
				N413	峨层山						
				N414	中山						（无资料）
				N415	华蓥山北段	V	滇藏				
				N416	华蓥山中段						

（1）煤层气聚气区。是依据主要生气时代的大地构造单元划分的一级煤层气资源分

布区划，是煤盆地或盆地群内的煤层气聚集区域。聚气区以某一聚煤期为主或含两个以上聚煤期，聚气区边界主要参考全国第三次煤田预测的赋煤区边界确定，把我国煤层气资源划分为五大聚气区，即东北聚气区、华北聚气区、华南聚气区、西北聚气区和滇藏聚气区。

(2) 聚气带。是在聚气区范围内按主要含煤沉积特征、含气性特征、区域构造特征划分的第二级煤层气资源分布区域。聚气带是聚煤作用同期、构造控制因素相似、具一定煤层气聚集规律和地理上相邻的若干目标区的有机组合。聚气带的划分，主要考虑构造边界和盆地边界，深部边界以 2 000 m 为评价下限，基本上按含煤区边界划定。其规模相当于含煤区或煤田，少数聚气带则由多个含煤区组成。对于含气量整体低于 4 m^3/t 的含煤区不予命名，如大兴安岭西侧中生代煤盆地群，西北诸多含煤区、鄂尔多斯中北部含煤区等。

(3) 目标区。是现阶段查明的煤层气相对富集的地区。目标区一般受同一地质构造背景控制，煤储层特征相近，大体相当于矿区级别和规模。在煤层气资源评价时，煤层气资源计算面积常小于矿区面积，因此对于面积太小或煤层含气量过低(<4 m^3/t)或分散孤立的矿区不单独划分目标区，而是舍去或与其他矿区合并为一个目标区。例如：湘中含煤区(煤田)包括涟源、邵阳和潭宁三个矿区，但有价值的评价区面积过小且分散孤立，故合称为涟邵目标区；赣南含煤区信丰矿区煤层含气量虽大于 4 m^3/t，但因其面积小导致煤层气资源量很少而无经济开发价值，遂予以舍去。

(三) 中国煤层气资源分布

全国埋深 2 000 m 以浅、含量大于或等于 4 m^3/t 的煤层气总资源量为 143 369.44 亿 m^3。全国各省(区)煤层气资源总量前十名依次为山西、贵州、陕西、甘肃、河南、河北、安徽、四川、云南、黑龙江。各省(区)煤层气资源量列于表 8-2。全国煤层气资源分布列于表 8-3。

表 8-2　　中国各省(区)煤层气资源量

省区	总资源量/亿 m^3	省区	总资源量/亿 m^3
山西	49 415.15	宁夏	963.01
贵州	31 511.59	江西	335.24
陕西	13 095.02	湖南	261.97
甘肃	11 184.26	内蒙古	128.35
河南	9 564.93	广西	97.52
河北	5 730.17	青海	91.01
安徽	5 436.18	江苏	72.83
四川	4 712.98	山东	69.32
云南	4 252.79	吉林	78.85
黑龙江	3 122.56	浙江	21.30
新疆	2 202.02	广东	0.56
辽宁	1 021.83		

表 8-3　全国煤层气资源分布

参数项目	煤层气资源量/亿 m^3			
	华北聚气区	华南聚气区	东北聚气区	西北聚气区
总资源量	95 528	41 277	4 223	2 341
预测储量	7 187	1 844	362	282
远景资源量	88 341	39 433	3 861	2 059
富甲烷资源量	81 940	37 035	3 770	1 695
含甲烷资源量	13 588	4 242	453	646
1 500 m 以浅资源量	53 113	34 951	2 877	1 620
1 500～2 000 m 资源量	42 415	6 326	1 346	721

（四）我国煤层气开发前景展望及可持续发展

(1) 我国有丰富的煤层气资源，我国煤层气资源量居世界第二位。

(2) 煤层气开发是国家能源战略和煤矿安全的需要。

(3) 各方面都十分重视煤层气的开发利用。

(4) 煤层气勘探已初见成效。

(5) 外部环境不断改善。

思考与练习

1. 煤层气的赋存状态及其平衡过程。
2. 煤层气资源在中国的分布情况。

任务二　油页岩的特征及形成

知识要点

油页岩的宏观特征；油页岩的有机组成和形成。

技能目标

了解油页岩的宏观特征；了解油页岩的有机组成和形成。

任务导入

含煤沉积中还有较多的与煤共生的其他有益矿产。其中，煤成气是普遍与煤伴生并储存在煤层中的能源矿产，现已逐渐成为重要的接替能源，其他有益矿产还有油页岩等。

任务分析

油页岩是煤系中重要的伴生矿产，主要用于提取液体燃料及其他化工产品。本项任务

中，需要我们着重学习的有：

(1) 油页岩的概念和特征；

(2) 油页岩的组成；

(3) 油页岩的沉积环境。

相关知识

一、生油岩与油页岩的区别

(1) 有机质丰度和演化程度有所不同。生油岩中有机质的原始丰度即使很低，只要埋藏足够深，都有可能通过运移形成有工业价值的油藏；而油页岩必须含有大量的有机物质才有工业意义。

(2) 油页岩在演化阶段上的要求与生油岩不同，对于热解时产油率高的油页岩最好是埋藏较浅的。即在深成热解开始之前，干酪根的演化未达到成熟阶段。

二、干酪根

干酪根(Kerogen)一词来源于希腊字 keros，意为能生成油或蜡状物的物质。1912 年 G.BrMn 第一次提出该术语，用于表示苏格兰油页岩中的有机物质，这些有机物质在干馏时可产生类似石油的物质。以后这一术语多用于代表油页岩和藻煤中的有机物质。直到 20 世纪 60 年代才明确规定为代表沉积岩中的不溶有机质。

1979 年，亨特将干酪根定义为沉积岩中所有不溶于非氧化性酸、碱和非极性(氯仿、苯、甲醇-苯等)有机溶剂的分散有机质。与干酪根相对应，岩石中可溶于有机溶剂的部分，称为沥青(Bitumen)。

在海、湖水体、土壤和沉积物中的分散有机组织发生化学及生物降解和转化，结构规则的大分子生物聚合物(如蛋白质和碳水化合物等)部分或完全被拆散，形成一些单体分子，或构成新的地质聚合物；在成岩作用过程中，地质聚合物变得更大、更复杂、结构欠规则，至埋藏到数十或数百米后，形成具很大分子量的干酪根。

任务实施

一、油页岩的概念和特征

油页岩是一种固体可燃性有机岩，主要由藻类等低等生物遗体和少量动物遗体经过一系列生物化学、生物物理作用而形成。实质上，任何一种能在热解中形成有工业意义的石油的浅成岩石，都可称为油页岩，它就是经过腐泥化作用后形成的高灰分腐泥煤，通常灰分为 50%～70%的腐泥煤。

油页岩的矿物岩石组成是多种多样的。有些属于真正的页岩，主要由黏土矿物组成，有些则主要由石英、长石、黏土矿物等的碳酸盐岩形成。目前世界上开采的油页岩包括页岩、泥灰岩、碳酸盐岩和其他细碎屑岩。

油页岩的宏观特征是颜色变化大，由灰白、黄棕、灰绿、褐、灰黑至黑色都有；多数情况下为暗淡无光，富于弹性，用指甲或小刀刻画后可留下油迹。叶片状的油页岩，其薄片有弹性。油页岩的燃点低，燃烧有沥青油气味。比重通常在 1.7～2.2，比重愈小，含油率愈高。油页岩中动植物化石丰富，植物化石以藻类为主，还有孢子、花粉等，动物化石有鱼类、昆虫、螺、节肢动物等。

二、油页岩的组成

油页岩的有机质化学组成主要是碳、氢、氧、氮、硫等元素，但变化范围较大，油页岩与煤不同的是碳氢比低（C/H<10），含油率和氮、硫含量高（表 8-4）。

表 8-4　　我国某些产地油页岩的元素组成

样品号	C	H	O	N	S
1	11.40%	2.17%	7.00%	0.52%	0.63%
2	12.20 %	1.95 %	11.06 %	0.52 %	0.15 %

三、油页岩形成的沉积环境

油页岩既可形成于内陆湖泊中，也可形成于潟湖、海湾之中。一般认为，油页岩主要为还原环境的静水沉积，主要有以下三种沉积环境。

（1）大型的内陆湖成盆地。主要属于泥灰岩或泥质灰岩型，伴生沉积的还有火山凝灰岩和盐类。内陆湖泊中形成的油页岩经常与煤层共生，湖泊与沼泽环境的更替，造成了油页岩层与煤层互层。油页岩层的形态通常呈层状、似层状或凸透镜状，厚度有的很大，可达50～60 m，有的很薄，仅几十厘米。

（2）浅海陆棚环境。分布面积很大，层数多，厚度不大，含油率高，常和海相碳酸盐类岩石共生，很少与煤共生。此种地带往往为大面积稳定薄层油页岩的形成提供了良好的条件。油页岩大多属于黏土类和硅质类型，也可以为碳酸盐岩型。多为黑色页岩沉积。

（3）小型湖泊、沼泽及伴生沼泽的潟湖环境。此种地带往往形成与煤系伴生的油页岩。且大多位于煤层层位以上，如抚顺煤田古近-新近系油页岩（图 8-2）。

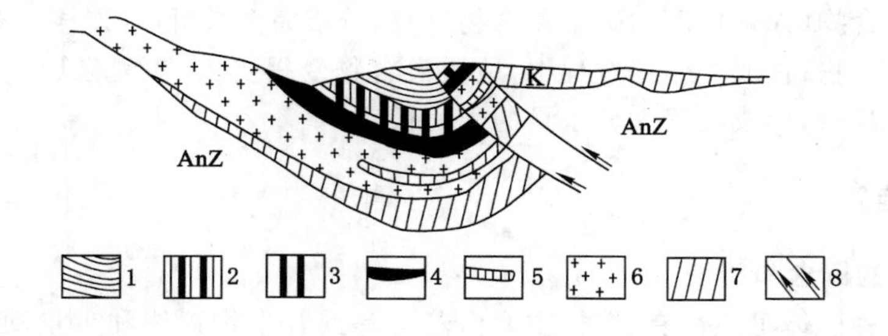

图 8-2　抚顺煤田古近-新近系油页岩地质剖面

1——绿色页岩及泥炭岩层；2——油页岩层（富矿）；3——油页岩层（贫矿）；4——上含煤组；5——下含煤组；6——玄武岩、凝灰岩；7——白垩系；8——逆断层

四、我国油页岩分布

就世界范围来讲，油页岩成矿的主要时代是奥陶纪和志留纪。而我国的油页岩成矿时代则基本和聚煤期相吻合。我国目前已发现的油页岩最早的为中泥盆世，主要分布在云南禄劝一带，以后的石炭纪（主要分布在桂东北地区）、二叠纪（分布新疆某些盆地内）、侏罗纪（河西走廊陕北等地）、白垩纪（主要分布在辽宁）、古近纪和新近纪（粤西南、辽宁抚顺、吉林华甸等地）地层中都有发现，但以侏罗-白垩纪，古近纪和新近纪最为重要。

思考与练习

1. 油页岩的特征是什么？

2. 联系实际，思考一下油页岩有哪些工业用途。

任务三　其他沉积矿产

知识要点

煤系中的伴生沉积矿产。

技能目标

了解煤系中其他矿产的伴生特征。

任务导入

我国煤炭资源丰富，含煤沉积中有较多的与煤共生的其他有益矿产。其中，除了煤层气和油页岩外，还有铝土矿、黏土矿、菱铁矿、赤铁矿、黄铁矿及锰矿、磷矿等沉积矿产。

任务分析

本节的任务中我们会对铝土矿和黏土矿及煤的其他沉积矿产进行了解学习，有兴趣的同学可以对这些矿产进行查阅拓展学习。

相关知识

一、标志层

标志层是指一层或一组具有明显特征可作为地层对比标志的岩层。标志层应当具有所含化石和岩性特征明显、层位稳定、分布范围广、易于鉴别的特点。

二、Eh 值

Eh 通称为氧化还原电位，是反映氧化还原反应强度的指标。土壤中有许多氧化还原体系，如氧体系、铁体系、锰体系、氮体系、硫体系及有机体系等。

在一定条件下，每种土壤都有其 Eh 值。Eh 值的高低受氧体系的支配，即受土壤通气性好坏的控制，在通气良好时，土壤的 Eh 值较高，呈氧化状态；而通气不良时，土壤 Eh 值较低，还原作用较强。因此，土壤 Eh 值又是反映土壤通气性的一个指标。

任务实施

一、铝土矿

铝土矿是富含铝矿物（铝的氢氧化物）的沉积岩，其中 $Al_2O_3>40\%$，$Al_2O_3/SiO_2\geq2$。$Al_2O_3>50\%$的铝土矿称高铝黏土。铝土矿是由含铝硅酸盐及碳酸盐等的岩石，在湿热条

件下经风化作用即红土化及铝土矿化的产物。

中国铝土矿和高铝黏土资源量居世界前列。中国铝土矿主要分布在华北、中南、西南地区，山西地区铝土矿探明储量达到占全国首位，其次为贵州、河南、广西等省区，以上4个省区的铝土矿储量总和占全国总储量的80%。

铝土矿的时空分布机制与其红土化及铝土矿化的程度有关，直接受古湿热气候、构造长期稳定、准平原化、排水条件好、沉积间断时间长、有机质的作用，以及沉积后各个阶段的不断变化和构造上的破坏等的影响，中国铝土矿基本上形成于稳定的地台区。

二、黏土矿

黏土矿是与煤层共生或伴生的重要非金属矿产。比较典型的是煤系高岭岩(土)，在华北地区煤系中广泛分布、品质优良。根据其与煤层的关系，划分为三类。

(1) 煤层夹矸及顶、底板型：赋存于煤层中作为煤层中的夹石层、煤层顶板和底板，分布较为稳定，作为标志层。

(2) 与煤层不相邻型：作为一个独立的矿层出现，与煤层有一定的距离。

(3) 软质型高岭岩：在地表露头或地下浅处与风化煤伴生，富含有机质，具有高可塑性，质软。

黏土矿有以下特征。

1. 黏土颗粒的定向性与组构特征

泥岩中黏土颗粒的排列状况，即是走向性排列还是任意杂乱排列(张鹏飞等，1993)，这些特征有助于沉积环境分析。一般陆相淡水黏土的定向性较好，片状黏土近于平行排列，具有平叠状构造特征；而绝大部分半咸水、海水黏土矿物定向性较差，排列杂乱，一般为凝聚状集合体，有时显蜂巢状构造。

2. 黏土矿物组合

不同的黏土矿物，其形成需要不同的物理、化学条件。一般来讲，高岭石在中性-酸性条件下形成，而蒙脱石、伊利石、绿泥石则是在碱性条件下形成。

不同的沉积环境，其介质的pH值及Eh值均不同，因而就有不同的黏土矿物组合。所以，可根据黏土矿物组合来推断沉积环境。通常认为，在陆相或与陆相有关的淡水酸性环境中以高岭石为主，而在半咸水或咸水碱性环境中以伊利石、蒙脱石为主。

造成不同环境有不同黏土矿物组合的两种原因：① 黏土颗粒的化学与胶体化学分异作用的影响。黏土矿物有较强的阴离子交换和吸附能力，对介质的地化条件要求严格；② 黏土矿物机械分异作用的影响。在沉积过程中，不同粒径的黏土颗粒会随水动力条件的逐渐减弱而按颗粒的大小依次沉积。

三、沉积铁矿

我国各时代的含煤沉积中常有菱铁矿、赤铁矿及褐铁矿等铁矿出现。这类铁矿床一般品位较低，规模不大，但由于其分布较广，并且常与煤共生，因此在发展地方工业上具有一定意义。评定铁矿石质量的主要工业指标是全铁含量，一般要求赤铁矿的全铁含量在30%以上，菱铁矿的全铁含量在25%以上。

菱铁矿多形成在滨海浅湖或内陆湖沼的弱还原环境，与成煤环境相近似，常出现于煤层顶、底板附近。含煤沉积中常呈薄层状、似层状、透镜状，或呈鲕状、豆状等结核出现在泥质岩中。一般层状、似层状的品位偏低。透镜状、结核状的品位较高。我国甘肃东北部、山西中部石炭-二叠纪含煤沉积中，华南早石炭世测水组及晚二叠世含煤沉积中都有菱铁矿分布。价值较高的是新疆、四川、贵州、陕北等地某些中生代含煤沉积中的威远式菱铁矿，一般以菱铁矿结核层出现。

赤铁矿和褐铁矿在我国北方和西南的一些含煤沉积中广泛分布。在华北称作山西式铁矿。山西式铁矿位于石炭-二叠纪含煤沉积的最底部，形成于奥陶纪风化壳上，矿体厚度变化很大，多呈鸡窝状和似层状，其上为铝土矿和耐火黏土。这是风化后期 Fe、Al 在同时搬运的过程中，由于 Fe 难溶于水而先沉淀，Al 易溶于水而后沉淀的结果。赤铁矿易风化转变成褐铁矿，常以土状褐铁矿的形式存在。

四、硫矿

含煤沉积中的硫矿即黄铁矿。黄铁矿为闭塞水盆地中强还原介质条件下的沉积物，常呈结核状，单个晶体或分散存在于煤层中及煤层顶、底板中，层状者少见。我国不少海陆交替相含煤沉积中都有较丰富的黄铁矿，如云南、湖北、贵州的龙潭组，湖南的测水组，河南的太原群中都有较多的黄铁矿产出。湖北长阳一带早二叠世梁山组中的黄铁矿含量可达7%～8%，而湘东某些地方测水组的煤层中黄铁矿含量局部高达40%～50%。

黄铁矿是煤中极为有害的成分。但当其呈结核状集中分布并且含量较高时，则可用作制造硫黄的原料，可作为硫矿与煤同时开采。

五、锰矿

当含锰岩石风化时，锰可呈胶体溶液的形式在腐殖酸的保护下被搬运到湖、海中，并随着介质条件的改变而凝聚沉淀下来，形成锰矿床。含煤沉积中的锰矿与铝土矿、沉积铁矿有着密切的生成联系。锰矿往往形成于覆水更深、水流不畅的还原环境。我国南方二叠纪沉积了大量的湖相铁锰矿和海相锰矿，如贵州等地晚二叠世龙潭组底部发育的遵义式锰矿层，矿层为灰黑色黏土页岩，矿石成分主要为菱铁锰矿和锰方解石，并常与菱铁矿共生形成铁锰矿。华北在某些陆相地层中有铁锰混合型矿床。

六、磷矿

磷矿在含煤沉积中多以泥质磷块岩和砂质磷块岩结核的形式出现，这种结核是由化学和生物化学作用沉积而成的，形状各异，颜色也各不相同，一般为浅灰、灰黑、黄褐色的球状或不规则的瘤状。结核表面一般光滑，也有暗淡缺乏光泽的。我国不少含煤沉积中都发现了含磷层位，如山西的太原群、山西组和上石盒子组，江苏、浙江等地的二叠纪地层中都有含磷层位。

七、钾矿

含煤沉积中钾矿为钾长石型层状沉积矿产。如华东某些地区石炭-二叠纪含煤沉积中钾长石砂岩与泥岩、薄煤层及薄层灰岩相间出现，多达十几层，厚几米到几十米，矿体规模巨大。主要矿物成分为陆源沉积的含钾矿物——微斜长石、正长石等，富矿层 K_2O 含量一般为12%～14%，品位稳定。钾矿目前主要用于生产钾肥。这类矿床可能是形成在靠近供给区陆源物质富含钾长石的滨海三角洲环境中。

思考与练习

请结合生活实际，说出几个黏土矿物的用途。

任务四 伴生微量元素简析

知识要点

煤系中的微量元素。

技能目标

了解煤系中各主要微量元素及用途。

任务导入

煤主要是由植物残骸形成的固体可燃矿产，其组成中既有有机质，也有无机质，目前已发现的与煤伴生的元素已有60多种。这些伴生的元素虽含量不高，但大部分的平均含量都超过了地壳中该元素的平均含量(克拉克值)，具有重要的工业价值。

任务分析

我国煤系中的伴生元素以钒、锗、镓、铀等十分丰富为特征，本节任务主要是对这些伴生微量元素进行了解。

相关知识

成煤作用是植物从死亡、堆积到转化为煤的全部演化过程中经受的各种作用。成煤作用大致可以分为两个阶段：第一阶段主要发生在地壳表面的泥炭沼泽、湖泊或浅海滨岸等环境，是死亡后堆积起来的植物遗体在微生物参与下不断分解、化合、聚积的过程。这个过程使低植物转化形成腐泥，高等植物则形成泥炭。因此，成煤作用的第一阶段是形成泥炭化或腐泥化阶段，已形成的泥炭或腐泥由于地壳沉降等原因被沉积层覆盖掩埋于地下较深处后，成煤作用就进入第二阶段——煤化作用阶段。它是泥炭或腐泥在温度、压力等因素影响下，进一步变化为煤的过程。煤化作用阶段是以一系列物理化学作用为主的，包括成岩作用和变质作用两个连续变化过程。泥炭转变成年轻褐煤所经受的作用过程，称成岩作用；年轻褐煤进一步发生重要变化转变为褐煤、烟煤和无烟煤所经受的作用过程，则称为变质作用。在煤化作用的整个过程中，其物质成分与性质亦相应发生变化。

任务实施

一、概述

(一) 煤中微量元素的富集(来源)

煤中微量元素的富集决定于成煤原始物质的元素组成、煤的形成环境特征，以及成煤期和成煤期后所经历的各种物理化学作用及地球化学作用。依据煤中伴生微量元素与成煤作用的关系，其来源可分为：

(1) 造煤植物生存状态时具有的，以后又带入煤中；

(2) 在成煤植物死后堆积于泥炭沼泽中，由于外部营力(如风、水、大气降水等)的作用带进了矿物杂质；

(3) 在成煤物质形成泥炭并被埋藏后，在煤化作用的过程中因地壳中的循环由水从上覆地层中淋溶渗滤沿孔隙及构造裂隙带入到煤中；

(4) 在成煤之后，由于后期火成岩侵入接触、挥发气体、热液活动带入到煤中。

(二) 有机质对煤中伴生微量元素的富集作用

研究表明，有机质对煤中伴生元素的迁移和富集起着重要作用，是煤中一些伴生元素相对富集的重要原因。

(1) 吸附作用。植物残骸在沼泽内的腐解过程对元素的迁移和富集具有更为突出的作用。煤中微量元素的富集基本是化学和物理的吸附作用，即成煤物质分解所形成的腐殖酸和腐殖质具有很高的吸附能力，这在成煤的初期阶段对微量元素的富集是有利的原因。

(2) 配合作用。可以改变一些微量元素的迁移和富集能力，即在泥炭沼泽中由于含氨基、羟基、羧基等功能团和腐殖质等有机物质，它们都可作为配位体与金属离子相配合。有的元素形成的金属有机配合物难溶于水，从而因其迁移的能力降低而富集，有的则易溶于水而大大增加了该元素的迁移能力。

(3) 成煤环境的影响。煤中的微量元素含量依赖于成煤环境，尤其是环境的 pH 和 Eh 值的变化，这种变化不仅影响到煤岩组分的差异、沼泽环境的不同，也影响到微量元素的聚集和分散。

(4) 变质作用。煤中微量元素的富集也受到接触变质作用及区域变质作用的影响。接触变质作用往往是由较年青的火成岩侵入而造成，大多伴有矿化作用，由于侵入体具有挥发性气体及热液等作用，从而使一些微量元素富集。区域变质作用明显地影响到许多元素，如硼、锗等的富集，且随着变质程度的增高而使微量元素含量减少。

(5) 所在层位。许多微量元素的富集常常与煤层的地层层位有关，在煤层内又往往富集于煤层的近顶、底板和近夹矸的分层中。

(6) 无机矿物的影响和作用。一些微量元素是随着某种成因类型的矿物质(即微量元素载体)进入煤层或泥炭层后与有机质相结合，因此这种矿物质愈多，煤中微量元素聚集得愈多。

(7) 煤层形成的古地理条件也影响微量元素的富集。如靠近含煤盆地的边缘或近物源区的煤中，微量元素有富集的趋势；有些微量元素在陆相煤盆地内含量高，近海煤盆地内则含量低，如煤中的锗等。此外，有些煤中的微量元素富集与同期或准同期岩浆活动和火山活动有关。

二、煤中主要微量元素

(一) 锗和镓

锗属稀有分散元素，它主要以伴生组分赋存于煤层中。锗在煤层内的分布往往富集于顶、底板附近；此外，在薄煤层和透镜体中锗的含量较为富集。

煤中锗的主要赋存状态，有的以腐殖酸盐的形式存在，有的以吸附状态或其他锗金属有机化合物的形式存在，有的以硅酸盐或硫化物形式及含锗的氧化物形式存在。

锗主要富集在低灰分的镜煤和亮煤中，但有时顶、底板及复杂结构煤层的夹矸中锗的含量比煤中还高一些。一般随煤变质程度的增高，锗的含量减少。所以锗在烟煤，特别是在低变质烟煤和褐煤中较富集，在无烟煤中则含量较少。这可能是由于在温度和压力增高的情况下，煤分子侧链上的锗转化为气体产物而逸出的缘故。锗在煤层及顶底板中富集的原因目前还不十分清楚，一般认为是植物遗体在还原环境下进行凝胶化作用的过程中吸收了流入沼泽的富锗水溶液中的锗元素的结果。

镓也是典型的稀有分散元素。自然界中尚未发现单独的含镓矿物。镓主要分布于多金属矿和铝土矿中。在煤中也有镓，但一般品位不高。煤中的镓一般认为是在聚煤作用阶段有机质吸附水溶液中镓的结果。

（二）铀

铀是现代原子能工业主要的原料，与煤伴生的铀矿是该种矿床的重要类型之一。煤中伴生铀的工业品位要求一般为0.02%。

目前已知具有工业价值的富铀煤层大多形成于陆相沉积环境，尤其是在褐煤层中较多。铀在煤中主要以铀的有机化合物形式出现。铀多富集于煤层的顶、底板附近，并向煤层中心含量逐渐减低。在含煤岩系各煤层中，铀的分布多富集于煤系的底部煤层。

（三）钒

钒的分布相当分散，多与其他元素伴生形成含钒矿床。钒主要用于钢铁工业炼制优质合金。钒在沉积岩层中的富集与有机质有密切关系，钒在海底沉积物中富集。有的钒富集于有机质中，有的钒富集于黏土矿物中，有的则形成独立的钒矿物。

含煤沉积中有时赋存含钒砂岩，其风化面上有鲜黄或橙黄色钒酸钾薄膜。钒和铀常以钒钾铀矿存在的形式共生，所以含钒砂岩也是寻找铀矿的重要标志。

思考与练习

分析煤中伴生微量元素的富集原因。

项目九　中国煤资源

任务一　理解聚煤的控制因素及聚煤规律

知识要点

聚煤的主要控制因素；聚煤规律。

技能目标

掌握聚煤的主要控制因素；理解不同构造学说对聚煤规律的认识。

任务导入

每个聚煤期的发生、发展、衰减与古植物条件、古构造运动、古气候变化、海(湖)平面的变化密切相关。聚煤的时空变化及控制因素，对聚煤规律的理解和分析有着重要的意义。聚煤规律的不同构造学说认识，进一步总结和归类了不同的聚煤盆地，提出了煤炭资源的寻找方向。

任务分析

根据已有的地质资料，掌握聚煤的主要控制因素，学会分析其关键特征，解释并认识聚煤规律。需要掌握以下知识：

(1) 聚煤的主要控制因素；

(2) 不同构造学说对聚煤规律的认识。

相关知识

一、聚煤因素

聚煤的发生与地史期植物的大量繁殖、植物的遗体得以保存、一定的古地理环境(形成相应的沉积体系)、适当的古构造条件等因素密切相关。聚煤盆地是这些聚煤控制因素的综合反映和最终结果。各项聚煤控制因素不是孤立的，它们是相辅相成的有机统一整体。

(一) 古植物条件

古植物是成煤的主要原始物质，即煤形成过程中提供有机质的植物，包括高等植物、低等植物。煤主要是由高等植物遗体转变而成的。地史时期时，植物界的组成和演化以及植物的群落生态的地理分布决定了聚煤的发生和演化。

植物界是由低级向高级演化的，其演化的速度相当缓慢，在这一漫长演化过程中，植物不断拓宽适应环境的范围，从滨海逐渐向内陆扩展、从气温较高的低纬度热带和亚热带向高纬度的寒温带和亚寒带扩展。从宏观演化趋向方面看，元古代和早古生代为菌藻类低等植物时代；志留纪末到中泥盆世，植物从浅海扩展到炎热潮湿的滨海地带，出现了裸蕨植物；早石炭世晚期开始，在热带、亚热带近海泥炭沼泽发育了大量高达 30 余米的鳞木、芦木、辉木等蕨类、种子蕨植物及科达植物，形成大面积的沼泽森林；晚石炭世地球上出现了明显的植物地理分区，即安加拉植物群、冈瓦那植物群、欧美植物群和华夏植物群。我国除东北、新疆北部属安加拉植物群，藏南属冈瓦那植物群以外，绝大部分地区为华夏植物群，也称大羽羊齿植物群，由石松纲、楔叶纲、真蕨纲和裸子纲等组成茂密的沼泽森林；二叠纪的植物群落与晚石炭世相近，但银杏、苏铁、本内苏铁、松柏类等相继出现，并扩展至内陆干燥地区。许多著名的近海型煤田，包括欧洲的顿涅茨煤田、鲁尔煤田，美国的阿巴拉契亚煤田、伊利诺斯煤田，中国华北、华南的一系列大煤田，均是在石炭纪、二叠纪形成的。中生代时，地球表面陆地面积大增，地形和气候都发生急剧变化，植物界也发生了新的演替，石炭二叠纪繁盛的石松纲、楔叶纲、种子蕨纲和科达纲显著衰退和绝灭，代之而起的是适应能力更强的裸子植物门的苏铁、本内苏铁、银杏和松柏纲植物群的繁荣昌盛，并向大陆内部和温带地区扩展，使中生代时期形成的煤田，既有近海型又有内陆型。在我国，晚三叠世时的南方属于叉羽羊齿植物区系，北方则属于丁菲羊齿植物区系；我国北方早、中侏世以大量银杏发育为特征，形成凤尾银杏-锥叶蕨植物群；晚侏罗世-早白垩世植物群以松柏、银杏、苏铁为主，以拟金粉蕨-高腾刺蕨植物群为代表；新生代时，被子植物迅速代替裸子植物，成为主要成煤植物，植物向寒带、高原和干旱地区扩展。我国抚顺煤盆地始新世古城子组植物化石经鉴定共有 51 属 73 种，其中 61 种为被子植物，是新生代内陆型煤田的成煤基础。

（二）古气候条件

气温和湿度是决定气候的基本要素。古气候的冷、热、干、湿会直接影响古植物的组成与繁殖并控制植物群落的分布、植物遗体的变化、泥炭沼泽的形成与演化。其中，影响最大的是气候带、气温和空气湿度。

1. 气候带

气候带是以气候分类为基础，同类气候的地理分布便构成了气候带。地理纬度是分带基础，现代的地球存在明显的按纬度划分气候带，自赤道至两极为热带、亚热带、温带、寒带；同时，在一些区域存在依一定纬度延伸的干旱气候带。地史上的地球亦存在气候分带现象，但其具体位置随不同时期赤道的变化而迁移，是控制各聚煤期大范围聚煤边界的主要条件。

要正确划分地史中的气候带应综合考虑古植物、古地磁、海水温度及矿物、岩石、同位素测定等多方面资料和成果。并会有不同认识、不同观点出现。美国学者 A.A.麦依霍夫(1970)等认为泥盆纪以来各时期的煤都是形成于潮湿气候带中，而潮湿带与赤道两侧的干旱带相平行。地史上各时期干旱带的宽度是不同的，大的聚煤期都与干旱带面积最小时期相吻合。他认为大规模的聚煤不是在热带的条件下发生，而主要在潮湿的亚热带、温带和寒温带中出现。他还认为聚煤作用与冰川活动有密切联系，地史上大规模的冰川活动时期也都是聚煤强盛时期，例如石炭纪和二叠纪就是这样。

2. 气温

气温影响植物群的种、属及其繁殖生长速度、遗体分解的方式。

3. 空气湿度

空气湿度是植物生存繁盛的必要条件。湿度可用年平均降水量和平均蒸发量的比值来测量，称为湿度系数。湿度系数大于1时就能引起植物的繁殖昌盛和泥炭的形成。

地史中气候情况是不断变化的，对聚煤作用而言，虽然不要求炎热与特别潮湿的气候条件，但适宜的温度和一定的湿度，则是必要的。以我国晚二叠世古气候为例，华南气候潮湿，有利于植物生长，成煤作用发育；而华北地区除南部仍持续温暖潮湿气候，有煤层发育外，从整体上看，气候已渐趋干燥，并向西扩展，聚煤作用终止。

（三）古地理条件

古地理条件直接影响聚煤的空间分布，包括煤层发育地段（图9-1）、形态、结构、侧向变化以及顶、底板岩石特征等。

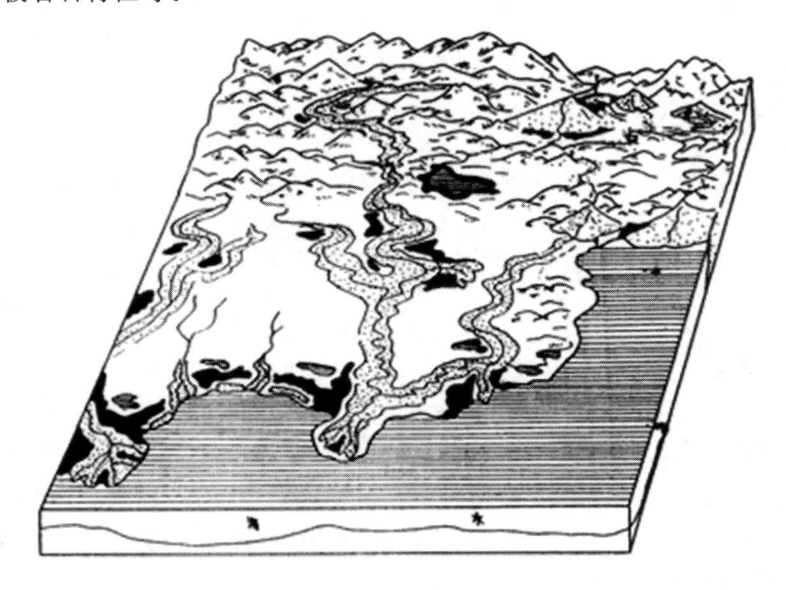

图9-1 古地理环境及泥炭沼泽分布示意图（涂黑处为泥炭沼泽分布范围）

聚煤古地理是聚煤时的地质景观和环境，包括地形条件和富水情况、沉积区与供给区的分布及空间关系、搬运介质的强度和速度等。从古地理条件上看，并不是所有地形条件都是成煤的，有利于聚煤的古地理环境可以是广阔滨海湖沼区、广阔内陆湖沼区、滨海山前平原湖沼区、滨海山间湖沼区以及内陆山间或山前湖沼区等。无论什么类型的环境，成煤时都需要有水，水不能太深，也不能太浅。太深则植物不宜生长繁殖，太浅则植物生长死亡后易于氧化。

每一种古地理类型或亚型，都是由一、两种或更多的沉积体系组合而成的。沉积体系是由成煤环境下沉积相组合而成的沉积总体。以发育冲积扇的山间盆地为例，当冲积扇体系与贯流河体系组合时，构成山间谷地型含煤岩系；当冲积扇体系与湖泊体系组合时，则构成山间湖盆型含煤岩系。不同的聚煤古地理环境在空间上和时间上都可以相互过渡和转化，因而必须十分注重聚煤古地理环境的时空演化。

（四）古构造条件

煤从聚积造煤物质开始，到成煤后的构造变化和现存状态，全部过程都受构造作用控制。换言之，构造条件控煤有双重控制的意义，既表现在成煤前和成煤后，也表现在成煤过程中；既可以表现为直接提供聚煤场所的构造控制作用，也可以表现为构造古气候和古地理的变化，从而控制聚煤作用。可以说，与煤有关的沉积体系形成、分布范围，其结构和相变以及煤层厚度、结构、横向变化等主要是古构造控制的结果。图 9-2 展示了构造作用对聚煤作用的影响和控制。

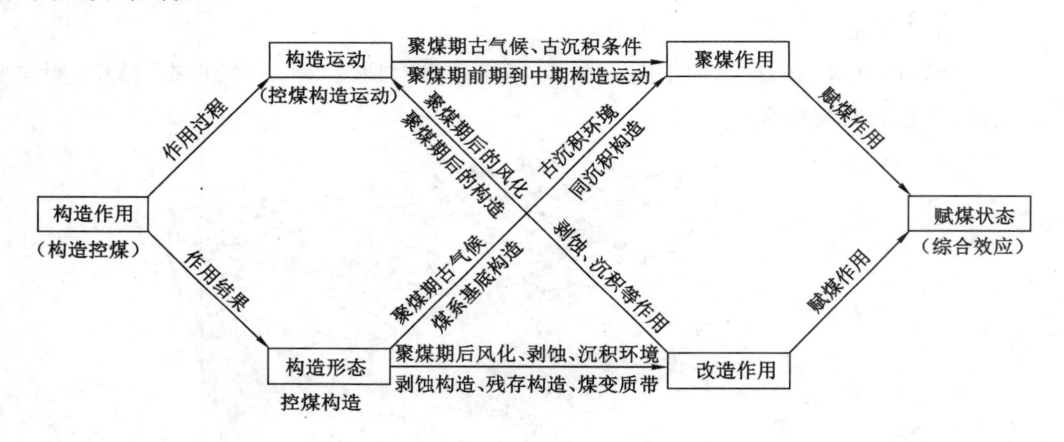

图 9-2　构造控煤系统

（五）海平面的升降

地史中，奥陶系表现为全球广泛发育的碳酸盐岩系，石炭二叠系广泛发育煤层，白垩系广泛发育海相沉积和深水湖相沉积。野外露头沉积岩系中，某些岩性岩层组合在剖面中有规律地重复出现，人们称之为旋回、韵律。这种周而复始、略带重复的变化寓意着在全球显生宙时期存在某种起支配作用的因素，如构造运动、海平面变化、气候变化、生物的变异以及相伴生的沉积环境变化。有一点可以肯定：地质历史中，全球性海平面确实发生过周期性变化，并伴随着周期性的全球气候变化。海平面的变化会改变沉积状态，沉积物是反映海平面变化最敏感的证据，而全球海平面变化是统一的，因此根据海平面变化可以在全球范围内进行地层层序的划分和对比，这就是层序地层学的基础。海平面的变化产生了地层层序，对地层层序进行研究产生了层序地层学。

层序地层学认为：构造运动、全球绝对海平面的变化和沉积物质供应速度综合作用的结果，产生了地层记录，也可称为地层信息。这些地层信息反过来又反映形成它们的各种作用以及各种作用的规模、强弱、持续时间和影响范围。比如：构造作用与海平面变化，引起了全球性相对海平面的变化，控制着沉积物形成的潜在空间；构造作用与气候变化的结合，控制沉积物的类型和沉积数量以及可容纳沉积的空间被沉积物充填的比例；水流与地形和水深的相互影响导致不同岩相分布等。

利用层序地层学的原理研究地质是如今地质学的焦点和生长点，研究重点是不同构造、不同背景下不同级次的层序地层模式。我国煤地质学家应用层序地层理论，对华北晚古生代聚煤盆地、鄂尔多斯盆地和华南二叠纪煤盆地进行了含煤岩系的层序地层研究，将聚煤作用放在层序地层格架中进行研究，大大提高了聚煤规律的研究程度。得出在大陆边缘近海或陆表海聚煤盆地的聚煤作用中，海平面变化对聚煤作用产生着重要的影响的结论。对我国华南晚二叠世陆表面盆地西部织纳煤田的聚煤作用研究表明，在大陆边缘盆地或陆表海充填过程中，每个亚层序的形成与海面变化有着密切的关系。海陆交替含煤的地层中，在补偿沉积区，即沉积速度大于容纳空间扩展的速度时，随海平面上升，沉积体系不断进积，逐渐从泥质向砂质过渡；当沉积界面接近或超出海平面后，即可形成沼泽或泥炭沼泽[图 9-3(a)]；而在次补偿沉积区，即沉积速度小于容纳空间扩展的速度时，随海平面上升，沉积界面总低于海洋面，沉积滨浅海或潮下灰岩、泥岩，不利形成沼泽或泥炭沼泽[图 9-3(b)]。

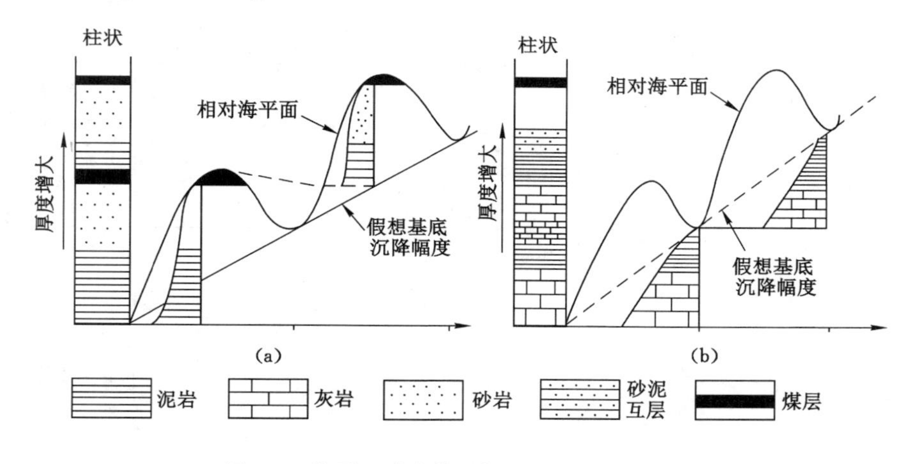

图 9-3　海平面升降旋回与沉积相关系示意图

二、聚煤模式中聚煤沉积环境与泥炭沼泽

聚煤沉积环境是指泥炭沼泽形成前的沉积环境，即泥炭沼泽形成的背景环境。按传统的聚煤模式理解，泥炭沼泽是发育在活动的碎屑环境中，受下伏和侧向沉积环境的控制，泥炭沼泽同活动碎屑环境相互毗邻，是碎屑沉积系统的组成部分之一。碎屑环境，在陆地中是指冲积扇、河流、湖泊环境；在海陆交界处是指三角洲、潟湖-海湾、潮滩、滨海平原等。表 9-1 为华北晚古生代泥炭聚积的各种碎屑环境。泥炭沼泽是河流作用形成的，称之为河流泥炭沼泽，主要是发育在河流泛滥盆地的基础上，其分布范围、持续时间是受邻近河道控制的；泥炭沼泽发育在三角洲沉积环境中，称为三角洲泥炭沼泽，主要发育在分流河道的泛滥盆地和废弃的三角洲朵叶上，分流河道和活动的三角洲朵叶控制泥炭沼泽的发育，影响煤层的厚度、结构和分布范围等。

表 9-1　　　　华北晚古生代沉积体系与沉积相分类

沉积环境		沉积体系	沉积相	
泥炭聚积环境	冲积平原	冲积扇体系	扇顶相 扇中相 扇尾相	
		河流体系	河道充填相 天然堤相 决口扇相 泛滥盆地相	
		湖泊体系	滨湖相 滨湖三角洲相 浅湖相	
	海岸平原	三角洲体系	三角洲平原	分流河道相 天然堤相 决口扇相 泛滥盆地相
			三角洲前缘	河口砂坝相 远砂坝相 分流间湾相
			前三角洲	前三角洲相
	陆表海	潮汐砂滩体系	潮汐砂滩相 潟湖相	
			潮滩相	泥坪相 混合坪相 砂坪相 潮沟相
		碳酸盐台地体系	开阔台地相 局限台地相	

这个聚煤模式是20世纪60年代通过对密西西比河三角洲及其泥炭研究得到的，并以此为出发点，建立各种环境的成煤模式。得出了泥炭沼泽是发育在废弃的碎屑沉积的环境之上的结论。图9-4为鄂尔多斯盆地早-中侏罗世代表性含煤充填系列，含煤的延安组在垂向上由五个三角洲单元组成，聚煤作用形成于每个三角洲单元的废弃阶段。

但是传统的聚煤模式难以令人满意，新的发现和新的认识不断出现。如传统的聚煤模式难以解释聚煤盆地中煤层分布范围广、厚度大、层位稳定和易于对比；将泥炭沼泽归属于其下伏碎屑沉积体系和同期沉积体系是非常勉强的，因为煤层同下伏沉积物之间有明显的沉积间断；主要活动的碎屑环境，如三角洲、河流、障壁岛等的水动力条件强，难以形成厚的、低灰煤层；泥炭的堆积是十分缓慢，平均速率仅为0.5～1.0 mm/a，从泥炭到煤层有6∶1的

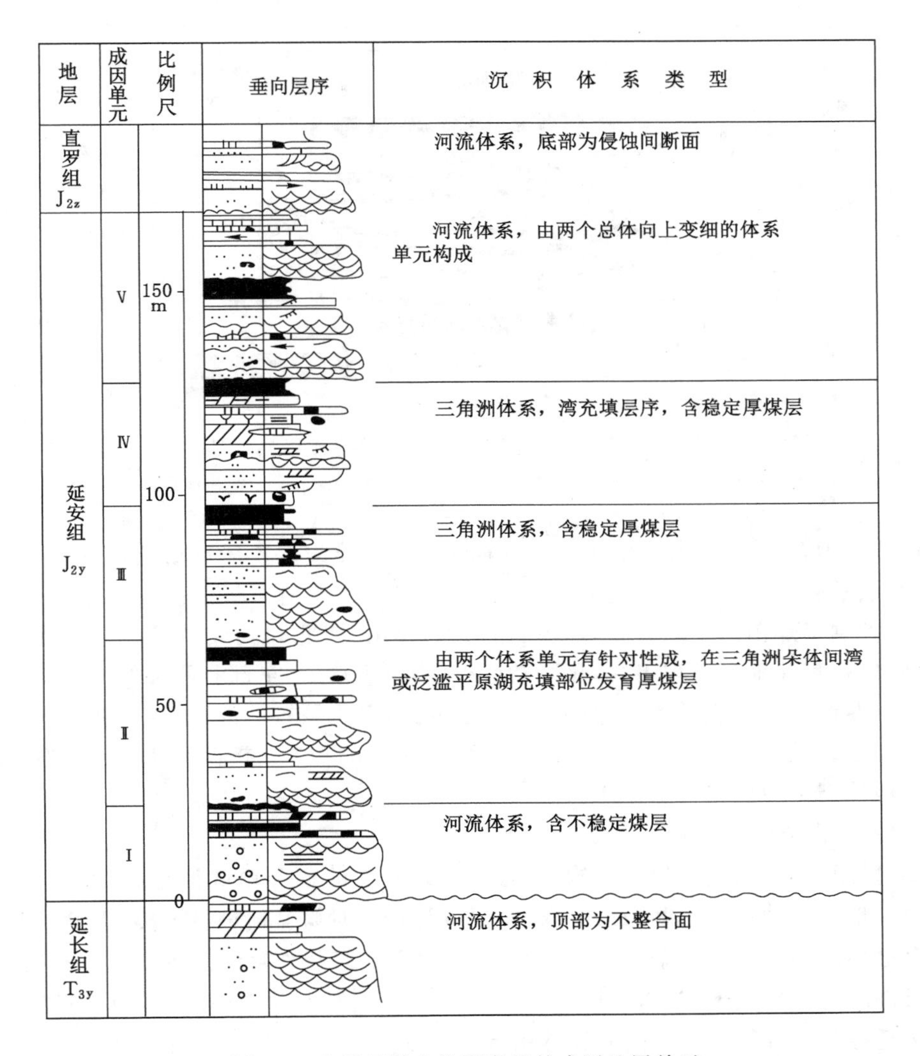

图 9-4　东胜区神山沟延安组的成因地层单元

厚度缩减，对于厚达几十米甚至上百米的煤层而言，其形成时的时间和空间是相当可观的。煤地质学家提出泥炭沼泽体系的新概念，认为泥炭的沉积环境和泥炭的沉积过程是在成因上相联系的，沼炭沼泽体系一般形成于体系域和准层序的转化期(图 9-5)。

沉积体系的概念是代表有统一物源、统一水流动力体制的，在成因上有共生关系的沉积相组合而成的巨大三维沉积体。这一概念是 1967 年美国学者针对美国墨西哥沿岸第三纪岩系中有许多不同沉积体系，如河流沉积体系、三角洲沉积体系提出的。

三、不同构造学说对聚煤规律的认识

（一）地槽-地台学说

地槽-地台学说认为地台稳定发展阶段是形成沉积矿产的良好环境。绝大多数煤田形成于地台区，其中以地台边缘部分最为重要。这种类型的煤田含煤量占煤总量一半以上。著名的煤田如连斯克、彼乔拉、鲁尔等煤田都发育于地台边缘部位；地台内部的煤田是很重要，著名的煤盆地如通古斯、鄂尔多斯等均属此类。

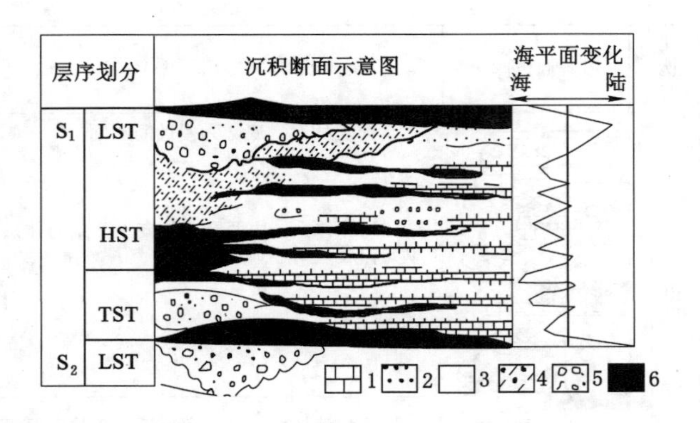

图 9-5　层序地层、海平面变化与聚煤作用关系图

1——台地体系；2——障壁岛相；3——多重障壁体系；4——三角洲体系；5——河流体系；6——泥炭沼泽体系

我国华北地台石炭-二叠纪的主要成煤期是地台稳定发展阶段形成起来的，表现为煤层厚度较大、层数较少，地台中台向斜、台背斜、台槽带中的大型向斜构造以及地盾、地轴中的断陷盆地，控制了煤田的空间分布，如山西的大同煤田、河北开滦煤田、河南平顶山煤田等。印支运动之后，华北地台表现出"活化"的特征。燕山运动后，东部和西部的地质构造有着明显的差异。西部出现了包括陕北、甘肃东部、宁夏东部、内蒙古西部、山西西部等地区在内的大型坳陷盆地。东部则为中、小型盆地，并受断裂构造的控制，属于新生代的断陷盆地。这些坳陷盆地控制了中生代聚煤作用。

（二）板块构造学说

从 20 世纪 60 年代兴起的板块构造学说，在地质学的各个领域都有深刻影响。板块学说是从整个地球的动力学角度来研究煤盆地的成因，并对煤盆地进行分类，把盆地的类型和分布与全球性的板块运动联系起来，认为板块活动引起聚煤作用的出现，在适当的古地理和古气候条件配合下形成聚煤带，聚煤带的变迁是由板块的运动控制的。如青藏高原聚煤带由北向南迁移是由各板块由南向北迁移引起的。冈底斯-念青唐古拉-横断山区为石炭二叠纪和晚三叠世聚煤带；印度板块在喜马拉雅区沿雅鲁藏布江俯冲向北挤压生成冈底斯-念青唐古拉区早白垩世聚煤带；印度板块向北与欧亚板块碰撞拼合时生成雅鲁藏布江缝合线北侧的晚白垩世聚煤带（图 9-6）。各板块依次向北俯冲拼合，聚煤作用则相继相对向南迁移，两者表现出向相反方向发展迁移关系。如华南陆块在晚石炭世至早二叠世期间向北漂移挤压华北陆块并使其逐渐上升，海岸线不断南移，聚煤作用也随之南迁，在华南陆块上形成了晚二叠世含煤地带（图 9-7）。

（三）地质力学说

地质力学用构造体系的观点来研究聚煤作用的规律，认为聚煤坳陷是地壳形变的产物，是隶属并受控于一定的构造体系。巨型构造体系影响和控制聚煤盆地的形成以及它们的展布。因此，通过地质力学关于构造体系的研究，有可能揭示大区域的聚煤规律问题。李四光 20 世纪 20 年代曾根据构造体系的理论分析英国和西欧煤田分布的规律性，预测了英国南部隐伏煤田可能出现的部位，此预测在 20 世纪 60 年代得到证实。

在我国，地质力学认为：纬向构造带和经向构造带内的坳褶带、山字形构造及其反射内

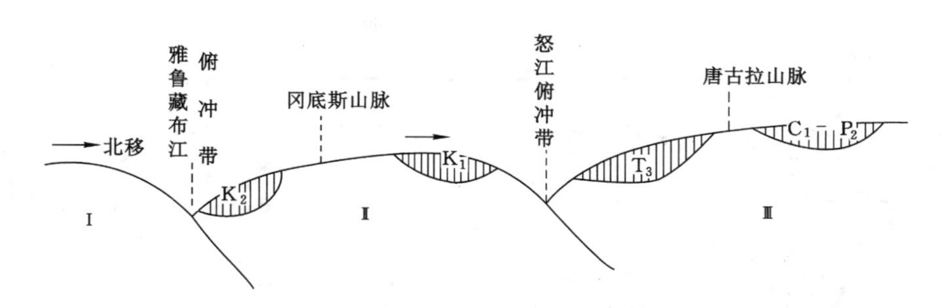

图 9-6　青藏滇石炭-二叠纪、晚三叠世至白垩纪聚煤作用迁移与板块运动关系

Ⅰ——印度板块喜马拉雅区；Ⅱ——青藏滇板块冈底斯-念青唐古拉区；Ⅲ——青藏滇板块唐古拉-横断山区

C_1-P_2——早石炭世聚煤期和晚二叠世聚煤期；T_3——晚三叠世聚煤期；K_1——早白垩世聚煤期；

K_2——晚白垩世聚煤期

的马蹄形盾地、多字型构造的新华夏系和华夏系等内部的斜列坳陷带，都是煤盆地发育和分布的有利地带。如广西山字形构造体系（图 9-8），总体上控制晚二叠世聚煤作用的分布。山字形盾地部位，由于与其他构造体系复合，又遭受后期强烈的侵蚀夷平，煤系只残留于孤立的向斜构造部位。

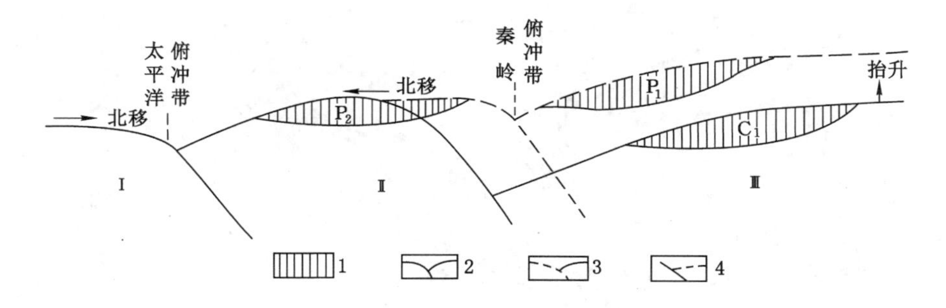

图 9-7　我国晚石炭世至二叠纪聚煤作用迁移与板块运动关系示意图

Ⅰ——太平洋板块；Ⅱ——华南陆块；Ⅲ——华北陆块

1——聚煤期；2——晚石炭世（C_3）；3——早二叠世（P_1）；4——晚二叠世（P_2）

（四）重力构造说

煤系中重力构造是指煤系在重力侧向扩展作用下，沿着低摩擦阻力面发生剪切滑动和变形的构造。重力构造包括层间的顺层滑动、各种规模的薄皮型和厚皮型逆掩推覆断层和同重力密切相关的滑脱构造。从重力滑动构造的形成机制看，通常认为是基底隆起时，两侧因有一个倾斜角度使重力趋于不稳定，有触发因素时，会形成重力滑动。位于河南嵩山和箕山之间的芦店地区是一个较大的重力滑动构造。由于燕山期由北向南和喜山期由南而北的两次重力滑动，造成 2—1 煤层上覆地层不同程度缺失，尤其在两翼地区，使山西组下部全区可采的 2—1 煤层埋深大大减少（图 9-9）。重力滑动构造也能造成地层重复，重力作用使岩层产生折叠伏卧等滑脱褶皱，这种褶皱只发生在滑动岩层内部，不影响到下伏地层系统。如福建省龙永煤田翠屏山矿区，滑动构造下伏地层为下二叠统栖霞灰岩、石炭系和上泥盆统灰岩、石英砂岩及石英砂砾岩，总厚达 2 250 m；滑动层为下二叠统栖霞灰岩与童子岩组煤系

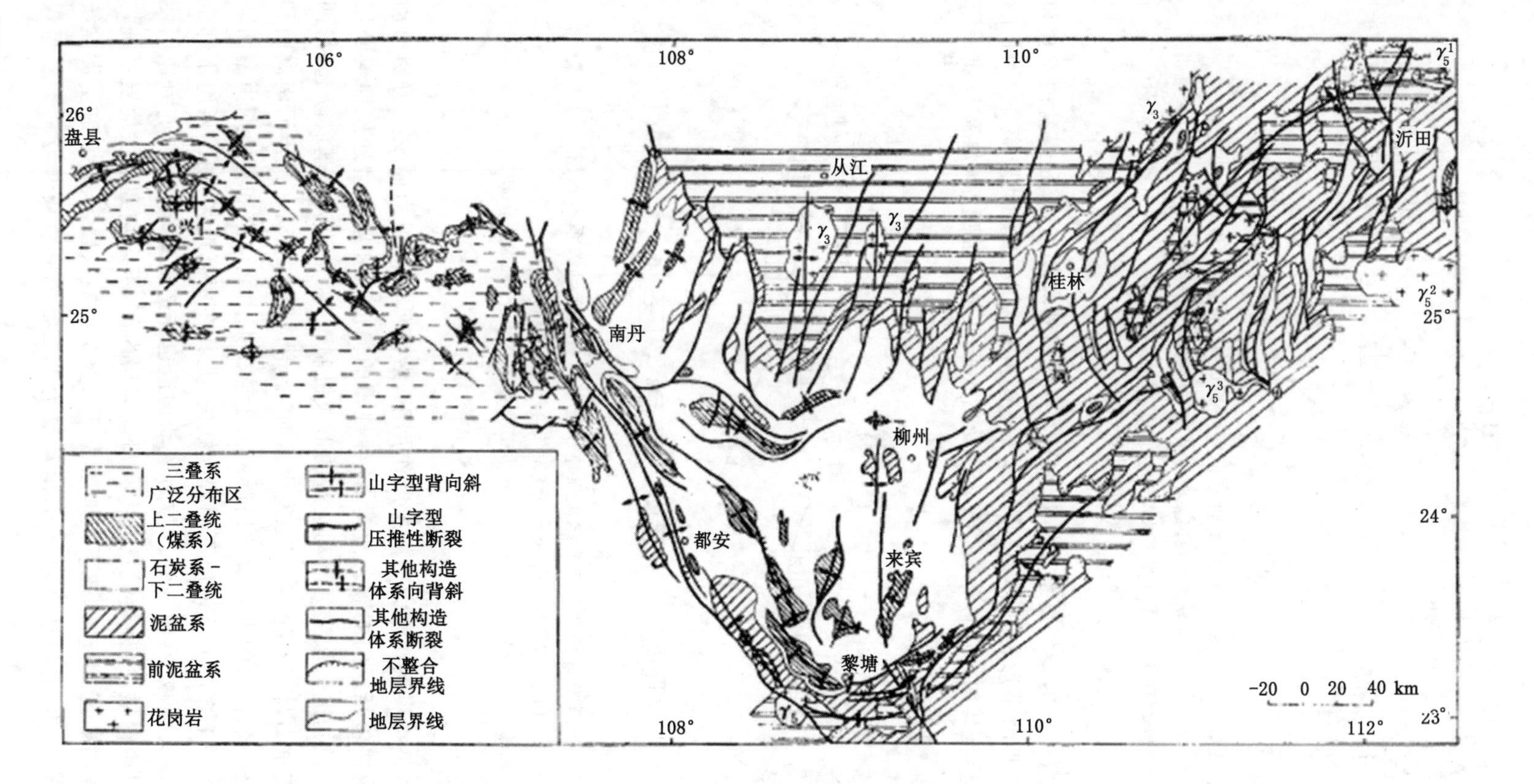

图 9-8 广西山字型与晚二叠世含煤岩系分布简图

之间的海相泥岩、粉砂岩，厚约 300 m；主滑面为煤系之下，栖覆灰岩之上发育的 F_0 断裂。在滑动过程中，由于各组成部分运动速率和强度的差异，造成老地层覆盖在新地层之上以及折叠式的滑脱褶皱。

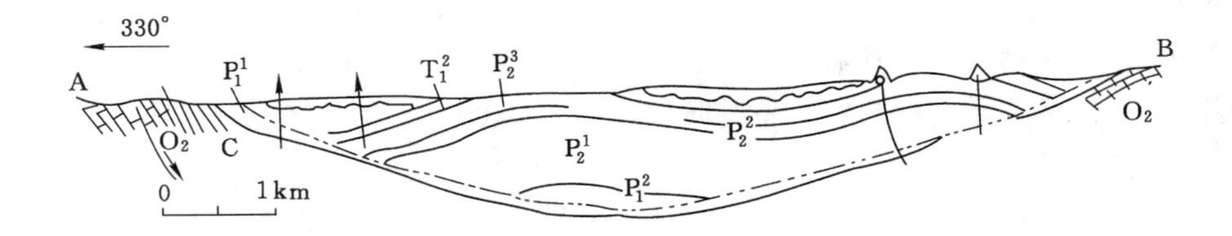

图 9-9　河南芦店滑动构造剖面图

任务实施

(1) 影响聚煤因素的条件有哪些？其中最重要的是哪一个？为什么？

(2) 有益于成煤的环境有哪些？

思考与练习

阐述不同构造学说的产生背景，比较其异同。

任务二　区分不同的聚煤环境和聚煤期

知识要点

聚煤的演变；主要的聚煤期；主要的煤系。

技能目标

理解聚煤的演变规律；了解主要聚煤期的古气候条件；了解主要聚煤期形成的煤系。

任务导入

煤炭资源的分布无论是在时间上还是在空间上都是不均匀的。

从时间上看，主要聚煤时间按地质年代不同级别划分，以“代”可划分为晚古生代，中生代、新生代三个聚煤阶段；以“纪”可划分为石炭纪、三叠纪、侏罗纪、白垩纪、第三纪五个聚煤期。上述五个聚煤期的煤炭资源量占煤炭资源总量的99.6%，其中石炭纪占24.3%，三叠纪占31.7%，侏罗纪占16.8%，白垩纪占13.3%，第三纪占13.5%。

从空间上看，煤炭资源在地理分布上也不均匀，其中北半球占煤炭资源总量的92.2%，南半球仅占7.8%。在北半球，近80%的煤炭资源分布在北纬30°～70°地带中。约有80个国家和地区拥有煤炭资源，其中俄罗斯、美国和中国拥有的煤炭资源占世界煤炭资源总量的80%以上。

任务分析

根据已有的地质资料，理解聚煤的演变规律，了解古气候对聚煤作用的影响，需要掌握以下知识：

(1) 主要聚煤期的古气候条件；

(2) 了解主要聚煤期形成的煤系特征。

相关知识

一、聚煤环境的演变

聚煤作用是在一定古地理环境条件下发生的。我国的聚煤作用随着地史时期的海陆变迁、海面变化和植物的演化，由浅海、滨海向内陆逐步扩展和迁移，聚煤古地理环境也随之发生一系列变化。早古生代的煤形成于滨海-浅海环境，为菌藻类形成的腐泥煤；晚古生代的煤多形成于滨海环境；中、新生代则从邻海环境逐步过渡为以内陆盆地环境为主，聚煤作用的范围逐渐扩大，聚煤古地理环境也趋于多样化。

早古生代末，华北、塔里木、上扬子等陆块隆起剥蚀，华南东部的古华夏海槽和西北的祁连海槽也褶皱隆起，陆地范围显著扩大。晚古生代海侵沿袭了古华夏海槽和祁秦槽地的方向，早石炭世晚期海水曾达滇东、苏北和皖南一带。在短暂的海退期，沿陆缘滨海地带形成小型三角洲平原、障壁潟湖和滨海湖滩成煤环境，主要分布于上扬子-江南古陆东南缘和河西走廊一带。

晚石炭世海侵范围扩大，华南、西南大部分地区沦为浅海，海侵范围波及长期隆起的华北地块，晚石炭世末期(太原组沉积中段)华北逐渐成为统一的海域，海岸线位于兴隆、南票一带，由北而南依次为冲积平原、海岸平原及陆表海。主要煤层赋存于海进沉积序列，在盆地北缘形成东西向展布的厚煤带。早二叠世，随着内蒙古-大兴安岭海槽的封闭，大量陆源物质注入华北盆地，海侵范围向南退缩，以浅水三角洲为主体的聚煤环境自北向南推移，呈现出山前冲积平原、滨海三角洲平原和潟湖海湾沉积环境的有序配置，赋煤层位亦自北向南逐步抬高，组成海退沉积序列。

早二叠世华北、西北地区广泛海退的同时，华南地区的海域则继续扩展，扬子古陆快速侵漫，沿古陆边缘的潟湖潮滩环境发育早期的含煤沉积，并迅速被海相碳酸盐沉积所替代。早二叠世晚期，受东吴运动影响，华南广大地区隆起为陆，海水退居东南隅，在海西造山带的前缘堆积了滨海碎屑含煤沉积。晚二叠世早期，海水再次进侵，但强度已明显减弱。在海域不断扩大的趋势下，华南地区呈现出比较复杂的岛海地理景观，海岸线曲折，海陆穿插，沉积类型多样。东南沿海为陆相、过渡相含煤沉积，盆地中部为滨海、浅海相碳酸盐含煤沉积，黔西、滇东地区则发育大型三角洲复合体，是煤层最富集地区(龙潭煤系)。晚二叠世晚期，华南地区再度被海水淹没，含煤沉积则局限于川滇古陆东侧的滇东、黔西和四川一带。

晚三叠世秦岭以北及我国东部广大地区隆起为陆，海水退于华南东南隅及西南地区，煤盆地主要分布于海陆交接的邻海地区，古地理环境以过渡型为特色。华南东部以海湾型沉积为主，主要煤层赋存于盆地早期冲积扇粗碎屑发育的充填层序，中期各盆地与海域连通，形成地形复杂的海湾，晚期随着海退过程再次出现聚煤作用。西南地区以潟湖型沉积为主，由于海流注入导致潟湖谈化，逐步扩张超覆，向邻海湖盆演化，主要含煤层段形成于三角洲-平原环境。

侏罗纪早期西南和华南的海域进一步退缩，伴随潮湿气候带的北移，早中侏罗世煤盆地主要分布于昆仑-秦岭构造带以北地区，内陆盆地占主导地位。大型内陆盆地主要分布于西部地区，以湖盆为中心构成内流水系，呈现冲积扇、冲积平原-三角洲平原-湖泊沉积环境的有序配置，冲积平原和滨湖三角洲平原是主要聚煤环境。如塔里木盆地、准噶尔盆地、鄂尔多斯盆地。中生代晚期海域退缩于藏南和东北三江平原局部地区，并有滨海型含煤沉积分布。东北、内蒙古东部地区则广泛发育内陆断陷盆地，构成高地和湖泊星罗棋布的古地理景观，如大兴安岭盆地群。

新生代第三纪煤盆地主要分布于东北和西南地区，多为内陆断陷或构造-侵蚀盆地，濒太平洋地区尚有滨海型海湾潟湖型含煤沉积，与第三纪伸向陆地指状海相连通。内陆煤盆地常赋存巨厚煤层，煤层一般出现于填充盆地向湖盆演化的过渡阶段。

二、主要聚煤期的古气候

聚煤期的古气候是影响沉积盆地充填和聚煤作用的重要因素之一，适宜的古气候条件对植物的发育和泥炭的聚积有利。

（一）晚古生代聚煤期古气候

早石炭世的古气候比较单一，植物界刚刚扩展到陆地，只能在温暖潮湿的气候条件下生存。我国绝大部分地区属拟鳞木植物群分布区，相当于热带、亚热带气候，仅在内蒙古、东北北部地区见有安加拉植物分子，说明气候略为温凉。

晚石炭世植物地理分区已经形成，分为安加拉植物群、冈瓦那植物群、欧美植物群和华夏植物群四个类型。前两个地理分区属于温带气候，后两个地理分区属于热带、亚热带气候。我国除东北、新疆北部属安加拉植物群，西藏南部属冈瓦那植物群外，绝大部分地区属华夏植物群，说明我国绝大部分地区为热带、亚热带气候。

二叠纪植物演化更加明显，植物地理分区清楚。早二叠世天山以北，内蒙古北部和东北北部为安加拉植物群分布区，属于温带半潮湿气候。冈瓦那植物群主要分布于西藏南部地区，代表温带或冷温带半潮湿气候。我国大部分地区为华夏植物群分布范围，贵州西部发现丰富的辉木，反映了热带雨林气候条件下的生态特征。华北地区辉木不发育，大羽羊齿体形小，属于亚热带半潮湿气候。晚二叠世华北南部仍持续温暖潮湿气候，华北广大地区、西北地区的气候已渐趋干燥，干燥带由西向东扩展，聚煤作用终止。

（二）中生代聚煤期古气候

早、中三叠世我国大部分地区处于干燥气候带，中三叠世末华南地区转为热带、亚热带潮湿多雨气候，华北、西北地区为温带半潮湿气候。

早、中侏罗世我国南方苏铁、真蕨植物繁茂，代表热带、亚热带气候；北方则以真蕨、松柏类和银杏为主体，是亚热带-暖温带气候的反映。中侏罗世中晚期紫色沉积增多，植物化石罕见，反映气候渐趋干燥。早、中侏罗纪我国北方气候潮湿，形成了许多重要的煤盆地。

（三）新生代聚煤期古气候

早第三纪，我国自北而南跨越了暖温带和热带、亚热带两个植物区，晚第三纪气候有缓慢变冷的趋势，亚热带北界南移。随着青藏高原的隆升，受海洋气团控制的潮湿气候带移至云南和华南沿海地区，在滇中、滇东等地形成数百个小型煤盆地。

第三纪位于北半球的两条潮湿气候带和一条干旱带以北西到南东方向穿越全国，干旱带的分布范围由新疆经青海、甘肃、宁夏、陕西到达闽浙沿海，这一广阔的干旱气候带是煤盆地分布的一级控制因素，加之印度洋和太平洋季风的影响，使我国第三纪煤盆地主要分布于东北和西南地区。

三、主要聚煤期的煤系

（一）早石炭世煤系

早石炭世煤系主要分布于昆仑山-秦岭-大别山以南的华南区和青藏-滇西区，其中滇、黔、桂、湘、粤、赣等省（区）的含煤性较好，苏、皖、浙、鄂、闽及青藏地区的含煤性较差或很差（表 9-2）。主要煤系有黔南的祥摆组，滇东的万寿山组，赣中、赣东的梓山组，桂北的寺门组，湘中、粤北、赣西测水组，浙西的叶家塘组，粤东的忠信组，闽西的林地组，苏、皖、鄂及浙北的高骊山组，青海南部扎多、囊谦和西藏东部类乌齐、昌都、左贡、芒康一带的马查拉组。含煤性较好煤系为黔南的祥摆组、滇东的万寿山组、桂北的寺门组、湘中及粤北中的测水组。

表 9-2　南方早石炭世地层对比表

地层＼地区		贵州南部	贵州西部	滇东	桂北	湘中	粤北、中	赣西	粤东	赣东	浙西	福建	皖南浙北	苏南	鄂西	豫皖东西	陕南	昌都
上覆地层		石板组 C_2	咸宁组 C_2	咸宁组 C_2	大埔组 C_2	壶天群 C_2	壶天群 C_2	黄龙组 C_2	壶天群 C_2	黄龙组 C_2	黄龙组 C_2	黄龙组 C_2	黄龙组 C_2	老虎洞白云岩 C_2	黄龙组 C_2	道人冲组 C_2	草凉驿组	里查组 C_2；鹫曲组 C_2
下石炭统	德坞阶	摆佐组	赵家山组	摆佐组	罗城组	梓门桥组	梓门桥组	梓门桥组	忠信组×	梓山组×	叶家塘组×	林地组×？		和州组	和州组	杨山组×	二峪河组	马查拉组。
	大塘阶	上司组	草海组	上司组	寺门组。	测水组*	测水组。	测水组×										
		旧司组		旧司组	黄金组	石磴子组	石磴子组	石磴子组					高骊山组×	高骊山组×	高骊山组×		下沟组 C_1-D	
		祥摆组。	簸箕湾组 C_1-D	万寿山组														
下伏地层		汤耙沟 C_1		汤耙沟组 C_1	十字圩组 C_1-D	刘家塘 C_1	刘家塘组 C_1	横龙组 C_1-D	太湖组 C_1-D	华山岭组 C_1-D			金陵组 C_1-D	金陵组 C_1-D	金陵组 C_1-D	花园墙组 C_1		乌箐纳组？

* 含煤性好　。含煤性一般　× 含煤性差

（二）石炭-二叠纪煤系

石炭-二叠纪煤系主要分布于昆仑-秦岭-大别山一线以北，是一套海陆交互相为主的碎屑岩含煤沉积，可分为华北、柴达木-祁连山、塔里木、天山-兴蒙四个地层区。华北地层区的煤系有太原组、山西组、下石盒子组、上石盒组及个别地层分区以地方地层名称命名的地层，如阴山大青山小区的拴马桩组、杂怀沟组（大红山组），燕山小区的马圈子组、张家庄组、荒神山组、茂山组，贺兰山分区的红土洼组、羊沟组（表 9-3）。柴达木-祁连山地层区的主要煤系有红洼组及羊虎沟组（克鲁克组）、太原组（扎布萨尕秀组）、山西组。根据最新研究成果，按照国际公认的古生物年代标准，太原组中上部（包括相同层位的地方名称地层）划归下二叠统。

表 9-3　　华北地层区石炭-二叠纪地层划分对比

系	统	阶	阴山-赢辽分区：阴山大青山小区	阴山-赢辽分区：燕山小区	阴山-赢辽分区：辽西小区	阴山-赢辽分区：辽西小区	北华北分区：陕西	北华北分区：太原西山	北华北分区：晋东南	北华北分区：河北峰峰	北华北分区：淄博	南华北分区：豫西	南华北分区：两淮	南华北分区：徐州	贺兰山分区
二叠系	上统	长兴阶	老窝铺组	石千峰组	后潘庄组		石千峰组	石千峰组	石千峰组	石千峰组	石千峰组	石千峰组	石千峰组	石千峰组	石千峰组
		吴家坪阶	脑包沟组	上石盒子组	蛤蟆山组		上石盒子组	上石盒子组	上石盒子组。	上石盒子组	上石盒子组	上石盒子组•	上石盒子组•	上石盒子组	上石盒子组
	下统	茅口阶	石叶湾组	茂山组 ×	虹螺岘组	茅子沟段•	下石盒子组。	下石盒子组	下石盒子组。	下石盒子组。	下石盒子组。	下石盒子组。	下石盒子组•	下石盒子组•	下石盒子组
		栖霞阶	杂怀沟组。 大红山组。	荒神山组		山家子段•	山西组•	山西组•	山西组•	山西组•	山西组•	山西组•	山西组•	山西组•	山西组•
		龙吟阶	拴马桩组•	张家庄组。		南票段•	太原组•	太原组•：山垢段• 西山段•	太原组•	太原组•	太原组。	太原组。	太原组。	太原组•	太原组•
		马平阶						晋祠段•							
石炭系	上统	达拉阶		马圈子组 ×		石场子段 ×	本溪组	本溪组	本溪组	本溪组	本溪组	本溪组	本溪组	本溪组	羊虎沟组。
		滑石板阶													红土洼组。

• 含煤性好　　。含煤性一般　　× 含煤性差

（三）晚二叠世煤系

晚二叠世煤系是我国南方各聚煤期中最主要的煤系，主要分布在华南区，在青藏-滇西也有零散分布，是一套海陆交互相或以浅海相为主的含煤沉积。华南区按其沉积特征和含煤性，可划分为东南、江南和扬子三个地层分区，各分区地层划分对比关系见表 9-4、表 9-5。

表 9-4　　东南分区二叠纪含煤沉积对比表

系	统	阶	浙江桐庐	浙江江山	福建	粤东兴海	江西上饶	粤中广花	海南
上覆地层			大冶组（T_1）					?	新昌组
二叠系	上统	长兴阶		大隆组				?	南龙组
		吴家坪组	雾林山组：上段 下段	雾林山组：上段 下段	翠屏山组*	（翠屏山组）	雾林山组	翠屏山组	
	下统	茅口阶	礼贤组。：上段（灰岩亚段 页岩亚段） 下段	礼贤组。：上段 下段	童子岩组*：三段 二段 一段	童子岩组*：海相段 中煤段 下煤段	上饶组*：童家段 彭家段 饶家组 湖塘段	童子岩组：上段 下段。	江边组
			丁家山组	丁家山组	文笔山组			文笔山组	
		栖霞阶	栖霞组	栖霞组 梁山组	栖霞组				鹅顶组 峨查组
		龙吟阶	船山组：上部	船山组：上部	船山组：上部	船山组：上部	船山组：上部	船山组：上部	乐东河组
石炭系	上统	马平阶	下部	下部	下部	下部	下部	下部	

* 含煤性好　　。含煤性一般　　× 含煤性差

表 9-5　　江南分区晚二叠世含煤沉积对比表

年代地层			苏浙皖	赣中	湘东南	粤北曲仁	粤北连阳	桂北	广西钦州
上覆地层			殷坑组（T1）	大冶组（T1）				马脚岭组	
二叠系	上统	长兴阶	长兴组		长兴组 大隆组	大隆组	长兴组 合山组：上煤段× 球灰岩段	合山组：上段×	大隆组
		吴家坪阶	龙潭组： 上煤段× 中段 下段煤* 不含煤段	龙潭组*： 王潘里段 狮子山段 老山段：上亚段、中亚段、下亚段 官山段：上亚段、下亚段	龙潭组： 上段 下段* 不含煤段	龙潭组： 东煤段* 海相层段 余煤段* 云煤段* 不含煤段	合山组： 白灰岩段 生物灰岩段 下煤段。	合山组： 中段 下段。	龙潭组×
	下统	茅口阶	孤峰组	茅口组	当冲组	当冲组	茅口组	茅口组	?
		栖霞阶	栖霞组 梁山组×	栖霞组					

* 含煤性好　　。含煤性一般　　× 含煤性差

主要煤系有几乎遍布全区的龙潭组；分布于闽西及广东沿海一带的童子岩组；浙江江山、衢州、建德一带的礼贤组（与童子岩组层位相同）；江西上饶的上饶组；粤北连阳等地的合山组等。

（四）晚三叠世煤系

晚三叠世煤系是一套位于三叠系顶部，以陆相为主，部分属海陆交互相的碎屑岩含煤沉积，除台湾、海南以外的各省（区）均有分布，在我国南方是仅次于二叠系的主要含煤沉积。晚三叠世含煤沉积可分为华南区、青海-滇西区和北方区。华南区的主要煤系有分布于祥云-石屏一带的祥云群花果山组；禄丰-平浪的-平浪群干海子组和舍资组；滇北永仁、永胜、宁蒗及四川盐边、攀枝花、西昌、喜德等地区的大荞地组、宝鼎组；滇东-黔西地区的火把冲组；四川盆地中部、东部及鄂西地区的小塘子组、须家河组和沙镇溪组；广东-湘东地区的红卫坑组；湘赣地区的紫家冲组、三丘田组；鄂中、鄂东南地区的九里岗组；闽西南漳平的大坑组及闽西南、闽西北及浙西的文宾山组（表 9-6）。青藏-滇西区的煤系有青海南部的尕毛格组；藏北的巴贡组或土门格拉组；滇西的麦初箐组。北方区上三叠统全为陆相沉积，局部含煤（线），较为重要的煤系有北祁连-河西地区的南营儿群上部；昆仑山北坡的八宝山群八宝山组；陕北的瓦窑堡组；豫西的谭家组；吉中的大酱缸组和吉南的北山组。

（五）早中侏罗世煤系

早中侏罗世煤系是我国重要的含煤沉积，分布遍及全国，蕴藏量占全国总量的 60%。根据侏罗纪含煤沉积的分布和沉积特征，将其划分为北方和南方两个地层区。在昆仑山-秦岭一线的北方区，早中侏罗世的煤系有新疆分区北疆地区的八道湾组、西山窑组，南疆

表 9-6　　青藏-滇西区和扬子分区三叠纪含煤沉积对比表

分区	地区	上覆地层	三叠系上统 瑞替—诺利阶	三叠系上统 卡尼阶	下伏地层
青藏-滇西区	藏北	J_1	结扎群：土门格拉组*、碳酸盐组	结扎群：碎屑岩组	康南组 T_2
	青海	Q	结扎群：尕毛格组○、肖恰错组	结扎群：东茅岭组	康南组 T_2
	藏东川西	察雅组 J_1	巴贡组*（夺盖扎段*、阿堵拉段×）、波里拉组	甲丕拉组	从拉组 T_2
	滇西	漾江组	麦初箐组○、三合洞组	歪古村组	上兰组 T_2
扬子分区	云南祥云	冯家河组 J_1	祥云群：白土田组、花果山组○、罗家大山组	祥云群：罗家大山组、云南驿组	Pt
	一平	下禄丰组 J_1	一平浪群：舍资组*、干海子组○、普家村组		Pt
	宁蒗	冯家河组 J_1	新安村组*、松桂组×	丰窝组	Pt
	永仁	冯家河组 J_1	太平场组*、大荞地组○	大荞地组○	Pz
	四川攀枝花	益门组 J_1	宝鼎组○、大荞地组※	大荞地组※	Pz
	盐源		东瓜岭组*、博大组	舍本笼组	白山组 Pz
	会理	益门组 J_1	白果湾组*		Pz-An
	四川盆地西部	白田坝组 J_{1-2}	须家河组（V—I段*）、小塘子组○	跨溪洞组	天井山组 T_2
	滇东	Q	火把冲组○	乌格组	法朗组 T_2
	黔西南	下禄丰组 J_1	二桥组*、火把冲组○	把南组	法朗组 T_2
	黔中	自流井组 J_{1-2}	二桥组*	三桥组	资阳组 T_2
	黔北	自流井组 J_{1-2}	二桥组		狮子山组 T_2
	四川盆地东部	白田坝组 J_{1-2} / 珍珠冲组 J_1	须家河组（VI—I段*）、小塘子组○		雷口坡组 T_2
	鄂西	香溪组 J_1	沙镇溪组○		巴东组 T_2

续表 9-6

分区	地区	上覆地层	含煤地层	下伏地层
江南分区	桂西南	汪门组 J_1	扶隆坳组○；平洞组×	板人组 T_2
	桂东南	Q	扶隆坳组上段○	D
	粤西	金鸡组	小云雾山组？	D_2
	粤中、东	金鸡组 J_1	艮口群：头木冲组×；小水组；红卫坑组○	龙江组 C_1
	粤北	金鸡组 J_1	艮口群：头木冲组×；小水组；红卫坑组*	石磴子组 C_1
	湘东南	唐垅组 J_1	三丘田组；杨梅垅组；出炭垅组*	石磴子组 C_1
	湘西	唐垅组 J_1	小江口组○	大冶群 T_1
	湘中	观音滩组 J_1	杨柏冲组○	当冲组 P_1
	湘北	唐垅组 J_1	鹰嘴山组○	巴东组 T_2
	湘东北	造上组 J_1	安源群：三丘田组○；三家冲组；紫家冲组*	大冶群 T_1
	萍乡	K_2	安源群：三丘田组○；三家冲组；紫家冲组*	大冶群 T_1
	乐平	Q	安源群：蚂蟥山组；井口山组○；峡口组；白衣冲组*	大冶群 T_1
	横峰	门口山组 J_1	安源群：熊岭组○；石塘坞组*	马平组 P_1
	荆当	武昌组 J_1	王龙滩组×；九里岗组○	巴东组 T_2
	鄂东南	武昌组 J_1	鸡公山组	蒲圻组 T_2
	皖西南	唐山组 J_1	拉犁尖组×；黄马青群	T_{2-3}
	苏南	象山组 J_1	范家塘组×；黄马青群	T_{2-3}
东南分区	闽中南	犁山组 J_1	文宾山组○；大坑组*	安仁组
	闽西北	犁山组 J_1	焦坑组*	An_1
	浙西	马涧组 J_1	乌灶组○	An_2

* 含煤性好　○含煤性差　×仅含煤线

地区的塔里奇克组、克孜勒努尔组；北山-燕辽分区西段酒泉北山和内蒙古阿拉善右旗的青土井群，中段（包括内蒙古大青山煤田、锡林浩特、冀北及京西等地）的五当沟组、召沟组，东段（分布于辽西、辽东、吉南及大兴安岭南部）的红旗组、北票组、大堡组；柴达木-秦祁分区（包括甘、青两省大部及陕西西南部）的龙凤山组、小煤沟组、甜水沟组、大煤沟组、窑街组；鄂尔多斯分区[包括地跨陕、甘、宁、内蒙古等省（区）的鄂尔多斯盆地和晋北、豫西等地]的延安组（表 9-7）。在昆仑山-秦岭一线以南的南方区，虽为广袤的滨海平源，有相当稳定的河流、湖泊、三角洲沉积，但未形成大片持续的泥炭沼泽沉积，没有含煤性好的煤系形成。含煤沉积主要有鄂西的香溪组，鄂东的武昌组，湘东、赣西的造上组，湘东南的唐垅组及桂东北的大岭组等。

表 9-7 北方早中侏罗世含煤沉积划分对比表

地区	上覆地层	侏罗系 中统（巴柔-阿连阶）	侏罗系 下统（托尔阶）	侏罗系 下统（普林斯巴-赫塘阶）	下伏地层
伊宁盆地	头屯河组 J_2	水西沟群：西山窑组*	水西沟群：三工河组*	水西沟群：八道湾组*	郝家沟组 T_3
准噶尔盆地	头屯河组 J_2	水西沟群*：西山沟组*	水西沟群*：三工河组*	水西沟群*：八道湾组*	郝家沟组 T_3
吐哈盆地	三间房组 J_2	水西沟群*：西山窑组*	水西沟群*：三工河组	水西沟群*：八道湾组*	郝家沟组 T_3
塔里木盆地北缘	恰克马克组 J_2	克拉苏群：克孜勒努尔组	克拉苏群：阿合组	克拉苏群：塔里奇克组上部*	塔里克奇组下部
塔里木盆地南缘	杨叶组 J_2	叶尔羌群：康苏组*	叶尔羌群：莎里塔什组		C-P
塔里木盆地东缘	杨叶组 J_2	康苏组。			D-S
柴达木盆地北缘	石门沟组 J_2	大煤沟组*	甜水沟组	小煤沟组*	Pt
江仑木里	江仑组 J_2	木里组*	热水沟组		F_3
西宁大通	小峡组 J_2	元术尔组*	佐士图组	日月山组	Z
兰州窑街	小峡组 J_2	窑街组*	炭洞沟组		Z
兰州阿干	铁冶群 J_{2-3}	阿干镇组*		大西沟组	Z
西秦岭		龙家沟群	龙家沟群	龙家沟群	
北祁连河西走廊西部	新河组 J_2	中间沟组*	大山口群		南营儿群 T_{2-3}
北祁连河西走廊东部	王家山组 J_2	龙凤山组*		刀楞山组	T_{2-3}
酒泉北山	沙婆泉群：上组	沙婆泉群：下统。	下统	下统	珊瑚井群 T_2
潮水盆地	青土井群：上段	青土井群：下段*	芨芨沟组		Ar
鄂尔多斯盆地	直罗组 J_2	延安组*	富县组		T_3
大同盆地	云岗组 J_2	大同组*	永定庄组		C-P
义马盆地	孟村组 J_2	义马组*			T_3
鲁西	蒙阴组 J_{2-3}	坊子组。			P_2
冀北京西	门头沟群：龙门组 J_2	门头沟群：窑坡组*	南大岭组	杏石口组	P_2
内蒙古阴山	长汉沟组 J_2	石拐沟群：召沟组*	石拐沟群：五当沟组		Ar
锡林浩特	查干诺尔组 J_2	阿拉坦合力群。	阿拉坦合力群。		P
辽西	兰旗组 J_2	海房沟组×		北票组。；兴隆沟组	T_3
辽东	三个岭组 J_2	大堡组*	长梁子组	北庙组	T_2
吉林泽江	腰沟组 J_2	望江楼组×	义和组。		T_3
万红盆地	呼日格组 J_2	万宝组×		红旗组；火山岩	P_2
大兴安岭	龙江组 J_3	颜家沟组	颜家沟组	颜家沟组	

*含煤性好 。含煤性较差 ×仅含薄煤或煤线

（六）早白垩世煤系

早白垩世煤系是我国东北部最主要的一套含煤沉积，含煤沉积集中分布于北纬 40°以北，东经 95°以东的东北和内蒙古东部地区，在内蒙古的中、西部，甘肃北部以及河北北部，也有零星分布。见表 9-8。含煤沉积以陆相沉积为主，局部夹海相地层。我国南方仅在西藏拉萨一带有早白垩世海陆交互相含煤沉积分布。根据其分布特点分为兴蒙、华北和青藏-滇西三个地层区。兴蒙区包括甘肃北部和东北东部地区，煤系有分布于甘肃北山和内蒙古西端的老树窝群；内蒙古东部和东北的巴彦花群、霍林河群、南屯组、大磨拐河组、伊敏组、沙河子组、穆棱组、珠山组。华北区包括内蒙古中部及河北北部等地，煤系有固阳组、青石砬组。青藏-滇西区的早白垩世为海陆交互相含煤沉积，含煤性较差，主要煤系有多尼组、林布宗组和川巴组。

（七）第三纪煤系

第三纪煤系多属内陆侵蚀或为断陷盆地沉积，其展布受盆地规模的限制，含煤层位也各地不一。第三纪煤系的分布，大致可分为北方和南方两片。北方以东北为主，鲁、豫、冀等地亦有零散分布，主要煤系有舒兰组、达连河组、宝泉岭组、杨连屯组、抚顺群（其中古成子组含煤性最好，有较稳定的巨厚煤层）、梅河群、桦甸组、永庆组、平阳镇组、乌云组、依安组、珲春组、黄县组、五图组、灵山组、白水村组、汉诺坝组（表 9-9）。南方第三纪煤系多赋存于孤立的中小型盆地中，其岩性、沉积相、含煤性有较大的差异。主要煤系有秋乌组、门士组、昌台组、双河组、阿坝组、三营组、小龙潭组、昭通组、那读组、油柑窝组、长坡组等（表 9-10）。

表 9-8　　　　北方早白垩世含煤沉积对比表

地层＼地区	兴蒙区 北山分区	兴蒙区 二连-海拉尔分区			兴蒙区 辽松-吉东分区				兴蒙区 三江-穆棱河分区		华北区		
	吐鲁-驼马滩盆地	二连盆地	霍林河盆地	海拉尔盆地群	四平-九台	蛟河	浑江	和龙	鸡西-勃利	宝清-密山	阜新-铁法	固阳盆地	沽源-隆化
上覆地层	Q	Q	Q	青元岗组 K_2	泉头组 K_1	磨石砬组	桦甸组	大砬子组	桦山组 K_1	桦山群 K_1	孙家湾组 K		土井子组 K
下白垩统	老树窝群。	巴彦花群：赛汉塔拉组。 腾格尔组* 阿尔善组	霍林河群*	扎赉诺尔群：伊敏组* 大磨拐河组* 南屯组。	营城组。 沙河子组*	乌林组。 中岗组。 奶子山组。	小南沟组。 石人组	泉水村组 长财组 西山坪组	鸡西群：穆棱组* 城子河组*	珠山组。	阜新组* 沙海组。	固阳组：固阳组。 李三沟组	青石砬组。
下伏地层	J_3	兴安岭群 J_3			火石岭组	C-P	四道沟组 J_3	天桥岭组 J_3	滴道组 J_3	云山组 J_2	义县组 J_3	前寒武系	张家口组 J_3

* 含煤性好　。含煤性差

表 9-9　　　　北方第三纪含煤沉积对比表

地层＼地区		黑龙江 孙吴	黑龙江 依兰三江	黑龙江 敦密虎林	松辽平原	吉林 舒兰	吉林 梅河	吉林 桦甸	吉林 珲春
新第三系	上新统	孙吴组	富锦组	玄武岩	太康组		绿色岩层		土门子组
	中新统		宝清组	平阳镇组	大安组				
老第三系	渐新统		宝泉岭组		依安组。	小曲柳组	梅河群：四段	桦甸组：含煤段*	
	始新组		达连河组*	永庆组*		舒兰组*	二、三段		珲春组*
	古新统	乌云组。		黄花组		新安村组	一段	含油页岩段 含黄铁矿段	
下伏地层		北学台组	k_1或γ_4	k_1或γ_4	明永组	γ_4	白垩系	白垩系	屯田营组

地层＼地区		辽宁 沈北	辽宁 抚顺	鲁东 五图	鲁东 黄县	山西 垣曲	河北 曲阳	河北 围场	内蒙古 集宁
新第三系	上新统			尧山组	宿迁组	羊山岭群		三趾马红土	
	中新统	邱家屯组		山旺组 牛山组	唐山棚组			汉诺坝组。	汉诺坝组
老第三系	渐新统	洋河组				白水村组。	蔚县组。	蔚县组	上段 中段 下段
	始新组	杨连屯组*	抚顺群：耿家街组 西露天组 计军屯组 古城子组*	五图组*	黄县组*	河堤组	灵山组*		
	古新统	木梳屯组	栗子沟组 老虎台组						
下伏地层		孙家湾组	龙凤坎组	王氏组	?	白垩系	中生界	中生界	中生界

* 含煤性好　　。含煤性差

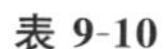

表 9-10　　南方第三纪含煤沉积对比表

地层＼地区		青藏-滇西区								华南区														台湾区
		藏南分区		滇西-川西分区						滇东分区						桂粤分区							闽浙分区	
		门士	秋乌恰布林	德格理塘	阿坝松潘	盐源会理	腾冲瑞丽	保山澜沧	中甸兰坪思茅	四川芦山宜宾	元谋楚雄	滇东北	昆明开远	文山富宁	贵州施秉	广西百色	广西永乐	广西南宁	广西南康	广东茂名	海南长昌	海南长坡	闽西佛县	浙东嵊县	
新第三系	上新统	日须沟组	大竹卡组		红土坡组；阿坝组。	望源组；博格达组	芒棒组	羊邑组	三营组。	青龙场组；红崖子组	沙沟组	昭通组*	茨营组						高棚岭组；老虎岭组×	高棚岭组；老虎岭组×	瓦窑组	海口组；长流组	佛县群。	嵊县群。	卓兰组；锦水组；三峡群：桂竹林组、南庄组。
	中新统	野马沟组	大竹卡组	昌台组*	马拉墩组	博格达组	南林组	芒回组	双河组。；三号沟组	凉水井组	石灰坎组		小龙潭组	花枝格组	瓮哨组				尚村组；黄牛岭组	尚村组；黄牛岭组		长坡组*	佛县群。	嵊县群。	瑞芳群：南港组、石底组。
老第三系	渐新统—始新统	门士组。	恰布林。；秋乌组。													公康组：建都岭段、伏平段；那读组：新州段。、田东段。、那读段*；洞均组	那读组；洞均组	上部含煤段；中部含煤段；下部含煤段；凤凰山段		油柑窝组*	长昌组。	长昌组		长河群	野柳群：大寮组、木山组。；五指山组？
下伏地层		火山岩	γ_6^2	西康群	T_2	E_3；K	γ_5^3	珠山群	E_{2+3}；E_{2+3}	E_2	E_2	K	E	E_{2+3}	J	T_2-P_2	T_2-P_2	T_2-P_2		K_2	E_1	E_1	K	K	

*含煤性好　　。含煤性差

任务实施

(1) 成煤作用需要什么样的气候条件？

(2) 近代是否还有成煤的有利条件？

思考与练习

(1) 为什么古生代才开始有大量的煤沉积形成？

(2) 不同的煤系是否有不同的特征？

任务三　区分中国主要聚煤期和主要赋煤区

知识要点

中国聚煤期；煤资源的区划分布。

技能目标

掌握中国煤资源的时空分布；掌握中国赋煤区的分布。

任务导入

煤炭资源在地壳中的分布是受地质构造条件控制的。在地质历史时期中，地壳运动引起海陆变迁、气候更替，推动了植物界的演化迁移和聚煤作用呈波浪式向前发展。同时，地壳运动引起的地壳形变，使地球表面出现一系列隆起和坳陷，为聚煤作用提供了适宜的天然场所，并在一定程度上决定着聚煤古地理景观。聚煤盆地形成的含煤建造又遭受后期构造变形的切割，保存下来的含煤建造在一定构造的体系中占有相应的部位，并依一定的规律展现。

我国各聚煤期均有可采煤层形成，从早石炭世到第三纪富煤面积缩小，煤层稳定性变差，煤层层数减少，单一煤层厚度增大。聚煤范围最广、煤层连续性最好的是华北赋煤区，其次为华南赋煤区，单层煤层厚度最大的是西北赋煤区和东北赋煤区。

任务分析

能够查找并分析地质资料，判断相应的聚煤时代和所在的赋煤区，了解该赋煤区的煤类和分布，掌握聚煤环境。需要掌握以下知识：

(1) 中国主要的聚煤期和时空分布；

(2) 中国煤资源分布区划。

相关知识

一、中国煤资源的时空分布

煤的聚积受古植物、古地理、古气候和古构造系统的控制，表现出明显的周期性和阶段性。不同时期、不同阶段的聚煤作用、聚煤强度具有明显的差别，与全球海平面的变化具有相关性，聚煤作用主要发生在全球海平下降期(图 9-10)。我国不同聚煤期的煤盆地分布，反映出我国聚煤作用的空间分布随时间的发展有是明显的迁移性。

晚古生代煤盆地为华北盆地、华南盆地、北祁连-走廊盆地和柴达木盆地。早石炭世煤系主要分布于滇、湘、赣以及唐北、昌都盆地。晚石炭世煤系主要分布于华北、北祁连、柴达木北缘盆地。早二叠世煤系主要分布于华北盆地和华南盆地的东南部。晚二叠世煤系则发育于华南盆地的扬子地台区、桂湘赣裂陷区和华北盆地的南部。其迁移规律为早期由西向东迁移，晚期由北向南迁移。

中生代的早-中三叠世，我国普遍无聚煤作用，晚三叠世在华南川滇盆地、湘赣粤盆地形成聚煤区，早-中侏罗世聚煤盆地广泛分布于西北和华北，且以大型湖盆和小型湖泊群为特征，早白垩世在东北地区形成以断陷盆地为主的煤盆地。中生代的聚煤作用具有自西南向东北迁移的规律。

新生代的老第三纪聚煤作用主要发生于我国东北盆地群，新第三纪成煤作用主要发生在我国南方，主要有云南盆地群、台湾盆地、海南盆地、西藏芒乡盆地，北方仅有零星的分布。

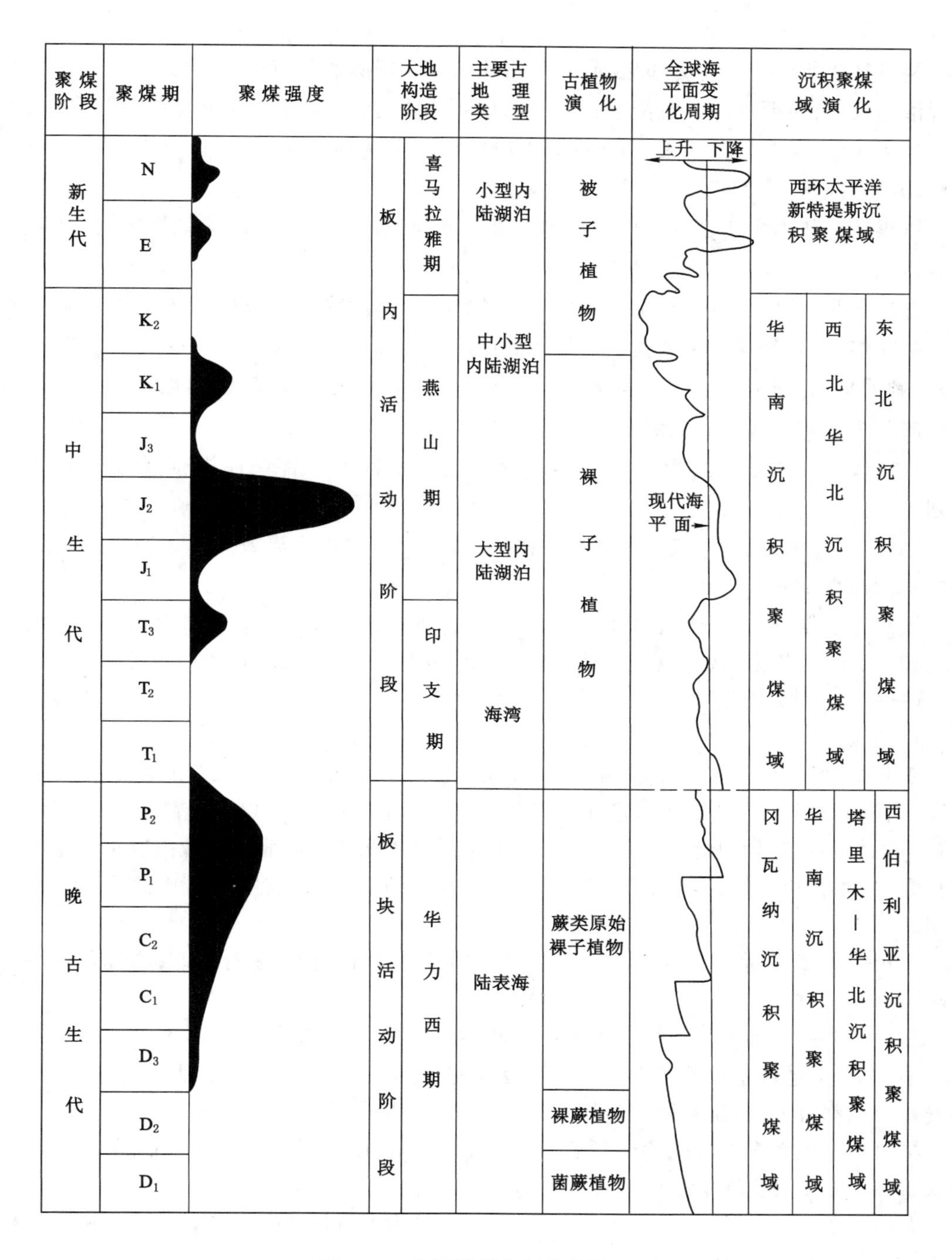

图 9-10 我国聚煤作用演化图

第四纪晚更新世纪聚煤作用主要发生于南方各省，以云南、贵州、四川、广东等地发育较好，全新世聚煤作用除内蒙古西部、准格尔盆地、柴达木盆地未见外，几乎遍布全国。新生代聚煤作用的总趋势是由东北向南迁移。

二、煤资源分布区划

科学地进行煤炭资源分布区划，对阐明我国煤炭资源的分布特征，研究地区经济发展的资源潜力，具有重要的实际意义。根据我国煤炭地质勘查和研究的最新成果，采用以成煤地质背景为主线，结合其他因素，将煤炭资源分布区划分为赋煤区、含煤区、煤田或煤产地、勘查区(井田)或预测区四级。

赋煤区是依据主要含煤地质时代的成煤大地构造单元划分的一级赋煤区划，是煤盆地或煤盆地群内的煤炭资源赋存地域。

含煤区是在赋煤区内，按主要含煤沉积的特征、含煤性的差异和区域构造特征进行划分的二级赋煤区划，是煤盆地或盆地群经历后期改造后形成的赋煤单元，一般以区域构造线或沉积(剥蚀)边界圈定其范围。含煤区通常有一个地质时代的含煤沉积，也可能包括含有继承性的两个地质时代的含煤沉积。

煤田或煤产地是在含煤区内根据后期构造形变特征与含煤性进行划分的三级赋煤区划。

勘查区(井田)或预测区是煤产地内按勘查区边界、井田边界或预测区边界进行划分的最基本的赋煤单元。

按照上述划分，全国煤炭资源分布的一级区划单位共五个，即：东北赋煤区、华北赋煤区、西北赋煤区、华南赋煤区和滇藏赋煤区。全国赋煤区及含煤区的名目见表 9-11。

(一) 东北赋煤区

1. 概述

东北赋煤区位于狼山-阴山-燕山一线以北，包括东北三省、河北北部和内蒙古的东部及中部，面积 154.5 km×104 km，区内有 13 个含煤区，不同地质时代的含煤面积为 7.03 km×104 km，大地构造区划属天山-兴蒙褶皱系的东部及华北地台的北缘。区内以早白垩世含煤沉积为主，并有新生代、早中生代和晚古生代含煤盆地的分布，其中早白垩世是最重要的聚煤期。

石炭-二叠纪煤系零星分布于辽西、辽东太子河和吉林南部，多为老矿区，现存煤炭资源有限。

三叠纪煤系更加零星地分布于浑江等地，煤炭资源规模极小。

早、中侏罗世煤系仅分布于本区的西南部，在内蒙古的锡林浩特、辽西的北票、吉林的大兴安岭等地都有分布，煤炭资源规模不大。

早白垩世煤系多以断陷盆地群的形式分布于海拉尔、二连、平庄元宝山、松辽盆地南东周缘、阜新-长春以及黑龙江东部的三江-穆棱等盆地内。

老第三纪煤系主要分布于辽宁、吉林、黑龙江三省的抚顺、沈北、依兰、舒兰、梅河、桦甸、延边、三江-穆棱、虎林、密山等地。

2. 煤类及分布

东北赋煤区煤类较全，多数地区煤的变质程度偏低，以褐煤和低变质的烟煤为主，中、高变质的烟煤较少、无烟煤则更少。伊通-依兰以东，早白垩世和早、中侏罗世煤以低变质烟煤为主；大兴安岭两侧的早白垩世煤基本为褐煤；三江-穆棱含煤区因受岩浆岩影响，出现变质程度较深的中变质烟煤为主的气、肥、焦煤；南部浑江-长白山一带的石炭-二叠纪煤也因受区域岩浆热影响，有无烟煤类；辽西一带则以气煤为主。第三纪煤以褐煤类为主，有少量长烟煤。早白垩世煤类分布有明显的规律性，可分为四个呈北东、北北东向延伸的变质带。

表 9-11　　全国赋煤区、含煤区名目

赋煤区	含煤区	区码	赋煤区	含煤区	区码	赋煤区	含煤区	区码
东北DB	三江穆棱	DB01	华北HB	京唐	HB17	华南HN	赣浙边	HN06
	延边	DB02		冀中平原	HB18		萍乐	HN07
	浑江辽阳	DB03		豫北鲁西北	HB19		赣南	HN08
	敦化抚顺	DB04		鲁中	HB20		闽西	HN09
	辽西	DB05		鲁西南	HB21		闽中	HN10
	蛟河-辽源	DB06		徐淮	HB22		闽东	HN11
	依兰-伊通	DB07		其他	HB00		黔溆	HN12
	松辽东部	DB08	西北XB	准北天山	XB01		湘中	HN13
	松辽西部	DB09		准噶尔东部	XB02		湘南	HN14
	大兴安岭	DB10		准噶尔南部	XB03		粤北	HN15
	海拉尔	DB11		三塘-淖毛湖	XB04		粤中	HN16
	二连	DB12		焉耆	XB05		百色	HN17
	多伦	DB13		吐鲁番-哈密	XB06		南宁	HN18
	其他	DB00		塔东	XB07		黔桂边	HN19
华北HB	阴山	HB01		塔北	XB08		广旺龙门山	HN20
	桌子山-贺兰山	HB02		塔西	XB09		雅乐	HN21
	鄂盆北部	HB03		尤尔都斯	XB10		华蓥山	HN22
	鄂盆西部	HB04		伊犁	XB11		永荣	HN23
	黄陇	HB05		柴达木北	XB12		川南、黔北、滇东北	HN24
	陕北	HB06		中祁连	XB13		大巴山	HN25
	渭北	HB07		西宁-兰州	XB14		昭通曲靖	HN26
	鄂盆东缘	HB08		北山潮水	XB15		昆明开远	HN27
	大宁	HB09		北祁连走廊	XB16		渡口楚雄	HN28
	霍西	HB10		蒙甘宁边	XB17		六盘水	HN29
	沁水	HB11		其他	XB00		贵阳	HN30
	恒山五台山	HB12	华南HN	鄂中	HN01		黔东	HN31
	豫西	HB13		川鄂湘边	HN02		其他	HN00
	豫东	HB14		鄂东南赣北	HN03	滇藏DZ	扎曲芒康	DZ01
	太行山东麓	HB15		长江下游	HN04		滇西	DZ02
	冀北	HB16		苏浙皖边	HN05		其他	DZ00

（1）大兴安岭东、西麓褐煤带

由大兴安岭西麓向西南至阴山，包括海拉尔、霍林河、二连和固阳等盆地，该地区只在拉布达林、五九煤矿有长焰煤，伊敏五牧场有小面积的气煤-贫煤。大兴安岭东麓包括西岗子、黑宝山、平庄等地，向南延伸至河北的张家口、承德地区和山西浑源、阳高等地，除因局部地质因素影响出现小范围的长焰煤、气煤甚至焦煤、无烟煤外（主要是受岩浆侵入影响）基本上都是褐煤。

（2）松辽平原长焰煤带

伊春、绥棱、木兰、延寿、尚志、营城、蛟河、双阳、刘房子、双辽、金宝屯、铁法、八道壕、阜新等煤田和煤产地，基本为长焰煤，仅有少量的气煤和褐煤。

（3）三江平原低中变质煤带

三江平原低中变质煤带的北部包括鹤岗、鸡西、双鸭山、七台河等地，以气煤和焦煤为主。向南延至辽源，以气煤为主，有长焰煤。

（4）东宁-延吉长焰煤带

东宁、老黑山等地为褐煤、长焰煤。

3. 煤系与含煤性

（1）石炭-二叠纪煤系

石炭-二叠纪煤系分布于浑江-辽阳含煤区、辽西含煤区的红阳、本溪、沙尖子、浑江、南票、凌源等地，煤系为本溪组、太原组、山西组和下石盒子组。

本溪组为陆相沉积，含薄煤层，局部可采。煤系在本溪一带厚度为 90～160 m，在南票、凌源厚 8.4～47.0 m。

太原组为海陆交互相沉积。在本溪厚 90～120 m，含煤 5～7 层，可采 3 层，单层厚0.4～8.14 m。

山西组为陆相沉积。在南票、凌源一带厚 21～156 m，一般 40～50 m，上部含煤段含煤 3 层，5 号煤最厚可达 23.46 m。

下石盒子组为陆相沉积。在南票发育较好，上部含煤段含煤 2 层，1 煤厚 0～1.54 m，2 煤厚 0～7 m。下石盒子组厚 5.3～183 m，一般厚 40～50 m。

（2）早、中侏罗世煤系

早、中侏罗世煤系主要分布于辽西、辽东、吉南及大兴安岭南部的中小盆地中。煤系为红旗组、北票组、海房沟组、长梁子组及大堡子组等。

红旗组分布于内蒙古通辽及吉林的万宝、红旗等地。以灰色、灰黑色粉砂岩、泥岩为主，夹多层砂岩、砂砾岩，含多层薄～中厚煤层，可采层集中于中部。组厚 500～700 m，不整合于下伏二叠系之上。

北票组分布于北票-朝阳盆地的杨树沟-铁杖子、巴图营子-双塔沟等地，分为上下两段，下段以砂岩为主，夹粉砂岩、砂砾岩及煤层，含煤性较好；上段为厚层泥岩夹粉砂岩、砂岩及煤层。该组厚度变化较大，在北票最厚可达 800 m。

（3）早白垩世煤系

早白垩世煤系是东北赋煤区分布最广且含煤性最好的含煤沉积，可划分为二连-海拉尔、松辽-吉东、三江-穆棱三个分区。现以二连-海拉尔分区为例，介绍其煤系发育情况。

二连-海拉尔分区位于内蒙古西东部的锡林郭勒盟、呼伦贝尔市、通辽市境内，有上百个内陆断陷盆地，可分为二连和海拉尔两个盆地群。

① 二连盆地群

二连盆地群位于锡林郭勒盟的苏尼特左旗、霍林郭勒一带，含煤沉积为巴彦花群和霍林河群。

A. 巴彦花群主要分布在二连-苏尼特左旗—东乌朱穆沁旗一带，自下而上分为阿尔善组、腾格尔组和赛汗塔拉组，后两个组含煤。

腾格尔组。自下而上分为三段：一段下部为含砾粗砂岩、粉砂岩与泥岩互层，中上部为泥岩与劣质油页岩、钙质砂岩及不稳定的泥灰岩，以色深、含油为特征，是重要生油层，本段厚 0～915 m。二段底部为砂砾岩或粗砂岩，中上部一般由浅色的砂砾岩、粗砂岩、深色泥岩和煤组成，东部个别盆地夹玄武岩。含 3 个煤组，48 层煤，煤层最大厚度为 48.9 m，以白音华煤田最好，西部各盆地含煤性变差，甚至不含煤，本段厚 0～320 m。三段以页理发育的灰绿色泥岩为主，本段厚 0～445 m。

赛汗塔拉组。本组在各盆地普遍发育，自下而上分为三段：一段除西部个别盆地外均有赋存，岩性以泥岩、粉砂岩为主，底部为砂砾岩或粗砂岩，中上部含煤层，含 11 个煤组，可采煤层累厚达 190 m 以上，以胜利煤田最好，其中 9 号煤最大厚度为 114.75 m，本段厚 0～746 m。二段和三段分布于乌尼特、马尼特坳陷，二段以粗粒碎屑岩为主，三段以细碎屑岩为主，均不含煤，两段总厚度 0～615 m。

B. 霍林河群主要分布在二连盆地群最东部的霍林河盆地，自下而上划分为底部砂砾岩段、下部泥岩段、下含煤段、中部泥岩段、上含煤段、顶部砂泥岩段。下含煤段由粉砂岩泥及各粒级砂岩组成，含煤数十层，可采达十几层，煤层厚几米至十几米，比较稳定，可采累厚达 70 余米，本段厚 300～600 m。上含煤段由砂岩和煤层组成，与下含煤段相比碎屑岩增多，含煤性较差，含不稳定薄煤层 20 余层，其中 3、4、5 号煤层局部可采，本段厚 400 m左右。

② 海拉尔盆地群

海拉尔盆地群位于呼伦贝尔市境内，煤系为扎赉诺尔群，分布在扎赉诺尔、伊敏、拉布达林、免渡河等地。可划分为南屯组、大磨拐河组和伊敏组。

A. 南屯组。本组在南屯-西索木、宝日希勒北部比较发育。主要为细碎屑岩、厚层状粉砂岩、泥岩夹煤层组成，局部夹钙质砂岩。含煤 20 余层，有 2～3 层可采，煤层厚度 4～10 m。本组厚 150～1 072 m。

B. 大磨拐河组。为海拉尔盆地群的主要含煤岩组，区内普遍发育。下段为粗碎屑岩，由砂岩、含砾砂岩、砾岩夹粉砂岩、细砂岩、泥岩及薄煤层组成；中段为含煤段；上段以块状厚层泥岩、砂岩为主，夹薄层砂岩及砂砾岩。在伊敏煤田含 13～17 个煤层组，煤层总厚达 123.23 m，平均 85.29 m。

C. 伊敏组。为海拉尔盆地群又一重要含煤岩组，分布虽不及大磨拐河组，但在海拉尔河断裂以南普遍赋存，并往南西方向增厚。下段为主要含煤段，由粉砂岩、中细砂岩、泥岩及煤层组成，含煤近 20 层，可采 4～6 层，煤层总厚度 105.45 m。本组厚 1 605 m。

(4) 第三纪煤系

第三纪煤系主要分布于呈北北东向展布的依兰-伊通断裂带(佳伊地堑)和沈阳-敦化-密山断裂带的盆地群之中，并零散分布于吉林东部。含煤性较好的有舒兰组、桦甸组、珲春组、抚顺群、杨连屯组、达连河组、永庆组等。

① 舒兰组分布于舒兰-伊通一带。分为两段，下部含煤段厚 30～700 m，含煤 20～30 层，可采 8～12 层，可采总厚度 9.5～19.35 m；上部泥岩段，厚 30～480 m。

② 达连河组分布于伊通-依兰地堑东北段的依兰、方正、延寿及尚志等盆地中，以依兰达连河最为发育。分为三段，中段为含煤段，厚 140～260 m，含油页岩及煤 7 层，煤层总厚 11.10～18.17 m，平均 13.36 m，最大可达 23.08 m。

③ 抚顺群为断陷型湖盆沉积，自下而上划分为老虎台、栗子沟、古城子、计军屯、西露天、耿家街等 6 个组，其中古城子组为富煤层位，有较稳定的巨厚煤层；栗子沟组、老虎台组的煤层发育于火山喷发间歇期，环境不稳定，含煤性差。古城子组在抚顺主煤层厚一般为 50～60 m，最厚可达 130 m，煤层中含烛煤、琥珀，组厚 0.6～195 m。

4. 聚煤环境

(1) 晚古生代聚煤环境

东北赋煤区晚古生代的聚煤环境属西伯利亚聚煤域，地处中纬度，为温带潮湿气候带，适应植物的生长，但由于该沉积聚煤域的我国部分为陆缘，构造活动强烈，聚煤作用很差，在东北地区只发育一些次要的煤盆地。

(2) 中生代聚煤环境

早-中侏罗世，东北沉积聚煤域虽然气候条件有利，但由于库拉-古太平洋板块俯冲作用的加强，该地区为左旋压扭应力场所控制(李思田，1990)，仅形成一些北东向的火山型中小断陷盆地，聚煤条件较差。

中、晚侏罗世-早白垩世，东北地区受海洋性气候的影响而较为湿润。早白垩世，印度板块作用加强并明显占据优势，我国东部产生右行张扭应力场，应力场的逆转，导致裂陷作用发生，为聚煤作用提供了有利构造背景，加上有利的古气候条件形成了我国东北最重要的断陷煤盆地群。由于基底和构造机制等因素，除断陷盆地群外，早白垩世还有少数坳陷盆地。

① 早白垩世断陷盆地群

早白垩世断陷盆地共有 200 多个，其构造样式、沉积充填和聚煤特征都十分相似。断陷盆地受基底先存断裂的控制，多呈北东、北北东向展布。沉积充填序列一般为底部粗碎屑岩段，下部含煤段、湖相段，上部含煤段和顶部粗碎屑岩段等五段。沉积体系一般为冲积扇、扇三角洲、湖泊、河流体系。泥炭沼泽一般发育在扇三角洲的前缘淤浅的湖泊相之上或废弃的碎屑体系之上，常能形成巨厚煤层，并向盆地边缘分岔尖灭。早白垩世断陷盆地的分布与晚侏罗世火山喷发活动关系密切，在火山活动强烈的部位断陷盆地规模大，含煤性好；反之则盆地规模小，含煤性差。

② 三江-穆棱坳陷盆地

在盆地的北部及东部，从边缘向盆内方向依次为海湾、三角洲、湖泊、河流、冲积扇等沉积体系。三角洲沉积体系发育在鸡西、勃利等地，河流、湖泊体系发育在七台河、双鸭山一带，泥炭沼泽发育于废弃的三角洲、河流体和淤浅的湖泊之上。早白垩世晚期，海水从盆地中退出，成为一个陆相盆地，以冲积扇、河流、湖泊三角洲、湖泊体系为主，废弃的湖泊三角洲体系是聚煤的有利场所。

(3) 第三纪聚煤环境

东北的西部为自早白垩世晚期持续隆起的古兴安岭，中部的松辽盆地已大面积萎缩，残余盆地发育于依安附近及逊克、嘉阴一带，为陆相含煤沉积，东部沿伊通-佳木斯断裂带和抚顺-密山断裂各发育一组拉分盆地群，最东部的延边一带发育珲春等陆相煤盆地，由东向西构成山盆相间的古地理格局，沿断裂带发育的两组盆地群为该区主要的煤盆地群，也是我国老第三纪的主要煤盆地群，其中最主要的煤盆地有抚顺盆地、梅河盆地和舒兰盆地。以上三个盆地的沉积特征和含煤性均有相似性：① 沉积盆地均为拉伸盆地，狭长状，地堑式或半地堑式，边界断裂的活动控制着盆地的充填演化。② 盆地充填都经历了初始裂陷期、湖泊扩张期、鼎盛期和萎缩期四个阶段。最有利的聚煤时期是湖泊扩张期和盆地萎缩的初期。③ 沉积体系以冲积扇-扇三角洲、湖泊三角洲-湖泊体系的配置为主。扇三角洲远端部分和湖泊三角洲平原为最有利的聚煤场所。

如抚顺盆地在老虎台期为盆地初始裂陷期，火山活动强烈，其后为湖泊扩张期，形成了栗子沟组河湖相含煤沉积及古城子组以泥炭沼泽相为主的沉积。计军屯期湖水加深，以深水湖泊沉积为主，聚煤作用终止。抚顺盆地的演化过程是：火山喷发相→火山碎屑沉积＋泥炭沼泽相→火山喷发相→河流＋泥炭沼泽相→深水湖泊相。

（二）华北赋煤区

1. 概述

华北赋煤区位于我国中、北部，北起阴山-燕山，南至秦岭-大别山，西至桌子山—贺兰山—六盘山，东临渤海、黄海。包括北京、天津、河北、山西、山东诸省市及宁夏、甘肃的东部，河南、陕西大部、江苏与安徽的北部和内蒙古的中、南部。面积 102.0 km×104 km，不同地质时代的含煤面积 24.48 km×104 km。华北赋煤区煤炭资源十分丰富，自石炭纪至第三纪有多次聚煤作用发生，其中石炭-二叠纪、侏罗纪是最重要的聚煤期。

石炭-二叠纪煤系广泛分布于全区。晚三叠世煤系分布于陕北子长一带。中侏罗世煤系分布于鄂尔多斯盆地、晋武-大同盆地、豫西义马盆地等地，北部大青山也有早、中侏罗世煤系分布。早白垩世煤系在冀北隆化张三营有分布。第三纪煤系在晋南垣曲、冀北曲阳、涞源、鲁东的黄县零星分布。

2. 煤类及分布

华北赋煤区各时代煤的煤类，总体情况是古生代的煤变质程度高，中生代次之，新生代最低。石炭-二叠纪煤以中高煤级烟煤和无烟煤为主，也有个别地区为低变质煤；早、中侏罗世煤以低变质烟煤为主，局部也有高煤级烟煤和无烟煤；晚三叠世多为低变质烟煤；第三纪煤为褐煤。由于影响煤变质的地质因素比较复杂，同时代的煤变质程度会有差异，甚至时代较新煤的变质程度高于较老时代的煤。

华北地台西缘和北缘断裂构造发育，沿贺兰山、桌子山、大青山分布的石炭-二叠纪和侏罗纪煤的变质程度较高，以中煤级烟煤为主，局部可分为贫煤和无烟煤。如宁夏汝箕沟侏罗纪的煤，按深成变质作用只能达到长烟煤，但该地区的煤受深部岩浆热的影响变质成无烟煤。

鄂尔多斯盆地石炭-二叠纪煤层，埋深由盆地边缘的 1 500 m 至盆地中央的 3 500 m 以上，煤的变质程度也随埋深的增加而增高，由长焰煤（准格尔）、气煤-瘦煤（府谷）到贫煤-无烟煤（韩城）。

山西沁水盆地石炭-二叠纪的含煤沉积加上覆三叠系总厚为 2 318 m（阳泉）至 4 272 m（候马），按深成变质作用，煤类只能达到气煤、肥煤-贫煤。由于燕山期强烈的岩浆活动，在北纬 35°～36°和 37°～38°形成了两条东西向的巨大隐伏岩体，从而在盆地的北缘和南缘分别形成了两条贫煤-无烟煤带。

太行山东麓煤田石炭-二叠系的总厚度在2 000 m左右。按深成变质作用,煤类应为气煤至肥煤。由于燕山期岩浆活动在河北邯郸西部大规模侵入煤层,使煤变为无烟煤。

山东主要煤田保存于断陷盆地中,石炭-二叠煤受深成变质作用,煤类一般为气煤和肥煤。在鲁北各煤田,由于受燕山期岩浆活动影响比较剧烈,煤的变质程度高于鲁中和鲁西南。

河北、章丘、淄博的石炭-二叠纪煤和坊子侏罗纪煤,多达到中高级烟煤至无烟煤。

华北赋煤区东南部的豫西、豫东、苏北、皖北各煤田,按煤的变质程度和类型可分为三个东西向的变质带。北带的徐州、丰沛煤田以气煤为主,其次为肥煤和1/3焦煤,受岩浆岩侵入体影响,在接触带有贫煤、无烟煤和天然焦。南带以淮南、淮北向西延至平顶山、宜洛,其东段以气煤、肥煤、1/3焦煤为主,淮北地区因受岩浆岩侵入影响较强,局部有贫煤、无烟煤和天然焦;其西段以气煤、肥煤、1/3焦煤和焦煤为主,局部有岩浆侵入,影响较小。中带自永夏延伸至新密、荥巩、登封等地,基本为贫煤和无烟煤,石盒子组有焦煤。永夏岩浆活动强烈,以区域岩浆热变质和接触变质为主,西部的高变质煤是深成变质与隐伏岩体岩浆热叠加的结果。

3. 煤系与含煤性

(1) 石炭-二叠纪煤系

石炭-二叠纪煤系在本区广泛分布,太原组和山西组是最主要的含煤层系,下石盒子组和上石盒子组在本区南部较为重要。见表9-12、图9-11。

表9-12　　北华北分区太原组及山西组含可采煤层

地区		太原组		山西组	
		层数	煤层厚/m	层数	煤层厚/m
内蒙古准格尔		2	0.15～42.12	3	0～7.14
山西	大宁煤田	5～8	0～11.02	1～2	0.41～1.0±
	河东煤田	1～2	0～10	1～2	0.25～8.3
	西山煤田	1～2	0～3.85	1～3	0.4～5
	霍西煤田	1	0.16～2.46	1	0～9.09
	沁水煤田	1～4	0～6.7	1～3	0～6.72
太行山东麓峰峰～灵山		4～9	0.4～3.75	1	0～26.12
豫北济源、安阳		3	0～9.43	2	0～5.19
山东济宁、兖州		2～4	0～6.45	1～2	0～17.95
翼东开平		3	0～16.64	1	0～26.12
宁夏王洼、韦州		6～11	7.75～41.79 *	3～5	6.72～12.57 *

* 为可采煤层平均总厚。

① 太原组为一套海陆交互相含煤沉积,南、北(大体以陇海铁路为界)煤系发育情况有一定的差异,总体的岩性特征为泥质岩、粉砂岩为主的细碎屑夹灰岩和煤。

北区太原组以山西太原西山为代表,自下而上分为晋祠段、西山段和山垢段三个段,共含煤十余层,可采3～10层,山西孝义、保德、大同和内蒙古准格尔有厚煤层,煤厚5 m以上,

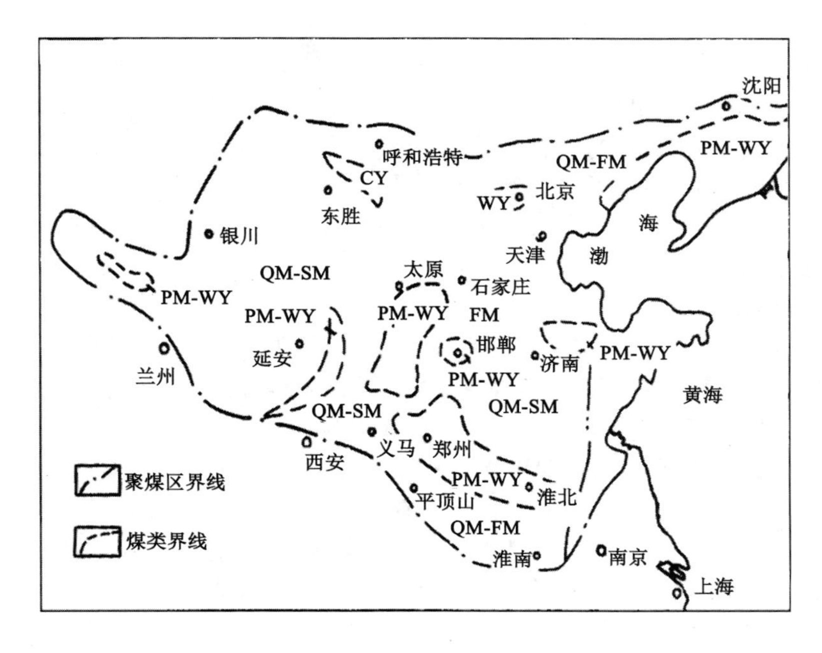

图 9-11　华北盆地石炭-二叠纪煤类分布

由北向南煤层趋于变薄，许多煤层以灰岩为直接顶板，反映了海退成煤，海进灰岩压煤的多旋回沉积特点。本组厚度相对稳定，一般为 50～70 m，东厚西薄，与下伏本溪组连续沉积。

南区太原组比北区灰岩层数增多，江苏徐州、沛县一带可达 13 层之多，厚度也大，含煤性比北区明显变差。南区太原组分三段；上段不含可采煤层；中段含 1 层可采煤层（煤厚 0.2～1.57 m）；下段含可采及局部可采煤层 3 层，煤厚 0～3.25 m。在安徽淮南、淮北及河南登封、平顶山一带仅含薄煤层，基本无工业价值。本组厚 34～150 m。

② 山西组分布与太原组基本一致，为滨海过渡相含煤沉积。岩性主要为泥岩、粉砂岩、砂岩及煤层。南、北区含煤性亦有差别。

北区本组厚度变化较大，北厚南薄、东厚西薄。北京、石家庄一带厚 100～170 m，陕西铜川、山西中部一般为 30～50 m。含可采煤层 1～2 层，单层厚 3 m 以上，最大可达十余米。

南区岩性与北区相似，淮北含煤 1 层，煤厚 0～10 m；淮南含煤 1～3 层，煤厚 1.91～6.98 m。豫西含煤 2～6 层，煤二为主要可采煤层，煤厚 2.9～5.9 m，一般 3～5 m。本组厚度在豫西为 50～80 m，淮南一般为 70 m，淮北为 110 m。

③ 石盒子组为南区主要煤系，其资源地位远高于该区的太原组和山西组。

下石盒子组在南区杂色地层比北区明显减少，由西向东地层变厚，煤层数及煤厚增加。岩性为砂岩和紫斑泥岩、砂质泥岩夹煤。徐州为砂岩和紫斑泥岩、砂质泥岩夹煤。沛县地区含煤 3～9 层，可采 2 层，煤厚 0～12 m；淮南、淮北地区含煤 4～6 层，大部分可采，煤厚 0～9.82 m；平顶山、禹县一带含可采煤层 3 层，厚 1.2～4.3 m。该组厚 86～250 m。

上石盒子组也是南区主要煤系，岩性为砂岩、砂质泥岩、铝质泥岩、泥岩、碳质泥岩和煤层组成，地层厚度由西向东变厚，煤厚增加。在豫西含可采煤层 3 层，煤厚 0～3.77 m，淮南、淮北含可采煤层 1～2 层，煤厚 0～14.12 m。该组厚 457～727 m。

（2）三叠纪煤系

三叠纪煤系含煤性最好的为瓦窑堡组，分布于鄂尔多斯盆地中心的陕西子长一带。此外，豫西济原、义马的谭庄组和豫西南南召盆地的太子组局部含煤，但含煤性差。

瓦窑堡组岩性以泥质粉砂岩、砂质泥岩、泥岩为主，与细砂岩构成韵律层，夹有泥灰岩扁豆体及油页岩。除顶部外，自下而上皆含有煤层，最多达 32 层，大部分不可采。子长-安塞一带含煤性较好，含煤 5 层，可采 1 层，煤厚 0.2～2.95 m。本组厚 250～300 m，在子长与大理河坳陷区超过 360 m，向盆地周边变薄至尖灭。

（3）侏罗纪煤系

侏罗纪煤系主要分布于鄂尔多斯盆地，为中侏罗世的延安组。与其层位相当的还有大同盆地的大同组，义马盆地的义马组，鲁西北的坊子组，京西的门头沟群等。

延安组自下而上可分为五段。一段以厚层砂岩为主，夹薄层粉砂岩、泥质岩，煤层位于上部。在宁夏碎石井-鸳鸯湖一带含煤 2～8 层，厚 1.5～10.6 m。段厚 0～80 m。二段为粉砂质泥岩、泥岩、粉砂岩及薄层状细砂岩，下部有泥灰岩，上部砂岩增多，含煤 1～6 层，煤层厚 0.5～9.6 m。该段中上部的 4—2 号煤在神木-东胜与 4—3 号煤合并，在数百平方千米范围内厚度保持 4～6 m，结构简单。段厚一般为 55 m。三段下部为粉砂岩、砂质泥岩夹中厚层细砂泥及泥灰岩透镜体，含薄煤层，上部为中厚层状中细粒长石砂岩、泥岩、粉砂岩、碳质泥岩，夹煤层，含煤 1～6 层，煤层累厚 4～9 m。段厚 23～65 m，一般 30～50 m。四段下部为细中粒长石砂岩，上部为粉砂岩、泥岩夹薄层细砂岩，含煤 2～9 层，煤厚 2～6 m。该段项部的 2—2 号煤在区内大部分地区的厚度大于 2 m，盆地中部达 7～8 m。段厚 18～72 m，一般 35 m。五段下部为中细粒长石砂岩夹钙质砂岩，上部为泥岩、粉砂岩夹薄层细砂岩、碳质泥岩及煤层，含煤 2～8 层，煤厚 3.5～10.5 m。因受后期破坏，该段保留厚度 1.8～85 m。延出组全组厚度一般为 200～300 m，最大超过 500 m，东南部小于 100 m。

与延安组同期沉积的晋北大同组，在大同口泉含主要可采煤层 6 层，总厚 14.6 m，在静乐含可采煤层 2 层，分别厚 1 m 左右。组厚 80～240 m，一般厚 190 m。

（4）第三纪煤系

第三纪煤系分布零散，有山东半岛北部黄县盆地的黄县组，山东昌乐、潍坊、沂水一带的五图组，河北西部曲阳灵山、涞源斗军湾、张北城关、蓟县邦均、邯郸范村等地的灵山组，晋南垣曲县城东一带的白水组，山西繁峙城北及河北张北、围场、蔚县及内蒙古兴和-桌资、凉城一带的汉诺坝组。含煤性较好的有黄县组、五图组和白水村组。

① 黄县组按岩性自下而上划分为五段，即下部杂色岩段、下含煤段、上含煤段、钙质泥岩段和杂色泥岩段。含可采及局部可采煤层 7 层，其中稳定可采煤层 2 层，煤层总厚度 1.23～15.6 m。组厚 208～1 758 m。

② 五图组自下而上分为六段，即砂砾岩段、下含煤段、油页岩段、中含煤段、上含煤段和杂色岩段。共含煤 30 多层，煤层总厚 36 m 以上，多为极不稳定的薄煤层，结构复杂，仅在一定范围内可采，可采厚度一般为 3～4 m，最大可采厚度 7.46 m。

③ 白水村组为山麓相湖相沉积。下部为砂岩、泥灰岩、砂质泥岩互层，上部为砂岩、泥岩互层，夹白云质泥岩、泥质白云岩，含褐煤 21 层，其中可采 5～7 层，单层厚度一般为0.9～1.2 m，最厚达 5.5 m，煤层总厚 26.3 m。组厚 379 m。

4. 聚煤环境

华北晚古生代煤盆地为一巨型的克拉通盆地，其基底为古老的华北地台。早古生代为广阔稳定的浅海，中奥陶世以后整体隆起为陆地。从晚奥陶世至早石炭世，地台处于抬升和剥蚀的古陆状态，由于长期的风化剥蚀，华北盒地的基底已准平原化，地势十分低平，地质构造也比较简单，以大型东西向隆起和坳陷为主，仅在盆地的南缘有断块构造。晚石炭世早期，华北地台开始沉降，在北部阴山和南部秦岭两个巨型东西向构造带之间形成了稳定的大型波状聚煤坳陷。海面运动使古蒙古海洋褶皱隆起，海水由北而南逐渐退出，干旱气候形成、扩展，富煤带向南迁移，到晚二叠世长兴期聚煤作用终止。

(1) 晚古生代聚煤环境

根据对华北石炭-二叠系的层序地层研究，将滑石板阶(本溪组沉积始)至长兴阶底部(石千峰组沉积之前)划分为3个Ⅲ级层序(图9-12)。

① 晚石炭世SE1层序海侵-早期高位体系域聚煤古地理

SE1层序海侵体系域大致相当于晚石炭世滑石板期(本溪组)沉积。随着华北地台的整体下沉，西部祁连海水侵入贺兰山一带，东部古太平洋海水侵入到浑江、本溪一带，并首先开始接受含煤沉积。滑石板期以后，在东西两支海水的共同作用下，海域不断扩大，形成了北以阴山古陆为界，南以秦岭-伏牛古陆为界，中部为乌兰格尔古陆所间隔的东西两个极不对称的海域。东部盆地为广阔的陆表海，潮汐沙滩和碳酸盐台地体系广布，河流、冲积扇体系仅分布于南票、平原一带，陆源碎屑物主要来自北部的阴山古陆。赋存于该体系域的A煤组多为薄煤层，煤层层数多，稳定性差。

SE1层序早期高位体系域主要由PS2准层序构成，大致相当于马平期(太原组下段)沉积，该期的华北仍为开阔的陆表海、冲积平原景观，沉积体系以陆表海潮汐滩、碳酸盐台地体系为主，冲积扇、河流、三角洲体系仅分布于北部。赋存于该体系域的B煤组具有分布面积广、层位稳定、易于对比的特点，煤层累计厚度一般为1～6 m，厚度大于5 m的富煤带主要分布于华北西部内蒙古准格尔、山西大同-平朔以及离石、太原、阳泉、武乡一带和华北东部的宝坻、沾化和山东肥城等地，在朔州一带最厚在12.5 m以上，在沾化和肥城一带最厚在7 m以上(图9-13)。

② SE2海侵体系域大致相当于龙吟早期(太原组中、上段)沉积。伴随着乌兰格尔陆的下沉，东西两支海水的持续入侵，华北逐渐成为统一的海域，由北而南依次为冲积平原、海岸平原及陆表海环境，其中陆表海占据了华北盆地的绝大部分，海岸线位于河北兴隆、辽宁南票一带。物源区主要为阴山古陆，秦岭-伏牛古陆也有少量的陆源碎屑供给。赋存于该体系域的C组煤含煤3～10层，分布面积广，煤层厚度变化大但规律明显，总的趋势是北厚南薄，层数与煤层厚度负相关，北部大青山、准格尔、大同、北京、阳泉、和顺一带煤层累计厚度均在5 m以上，最厚达15～25 m，煤层1～3层；盆地中部煤层累厚一般为3～5 m，煤层4～6层；华北盆地南部含煤可达10层，单层厚度多为0.1～1.3 m。

SE2早期高位体系域大致相当栖霞期(山西组)沉积，古地理呈现多条河流入海，在海滨形成复合型浅水三角洲。北部为河流体系，中部以浅水高建设性复合三角洲体系为主，南部为陆表海潮汐沙滩和台地体系。形成于高位体系域的D煤组分布面积广，煤层厚度一般为2～10 m，厚煤带主要位于北部和南部。其中北部厚煤带位于保德、朔州、大同、浑源、唐山等地，煤层累计厚度8～18 m；南部厚煤带主要位于豫西、豫北、鲁西南等地，煤层累计厚度6～10 m。西部的石炭井、呼鲁斯太和乌海一带，煤层累计厚度达8～26 m(图9-14)。

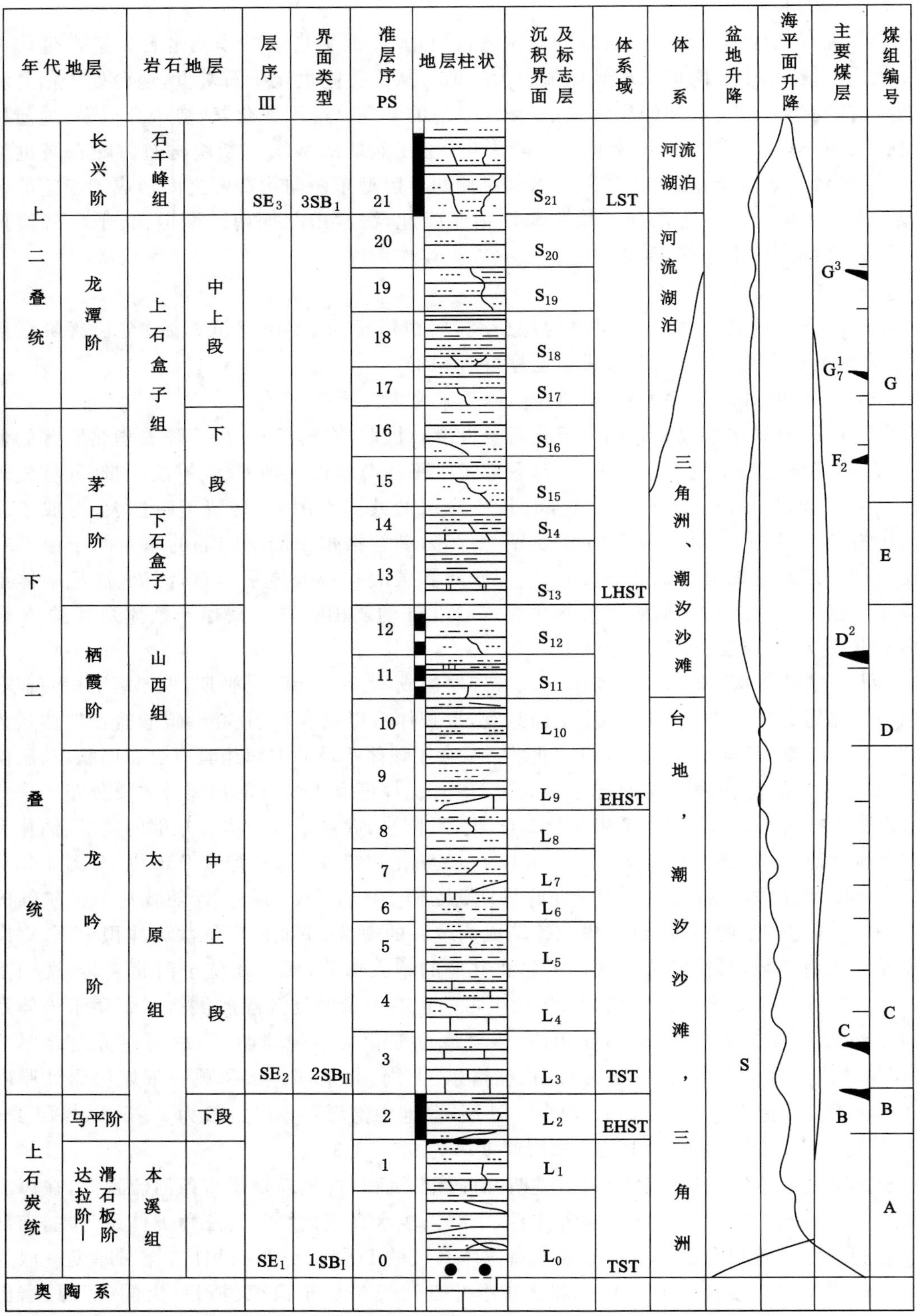

年代地层		岩石地层		层序Ⅲ	界面类型	准层序PS	地层柱状	沉积界面及标志层	体系域	体系	盆地升降	海平面升降	主要煤层	煤组编号
上二叠统	长兴阶	石千峰组		SE_3	$3SB_1$	21		S_{21}	LST	河流湖泊				
	龙潭阶	上石盒子组	中上段			20		S_{20}		河流湖泊				
						19		S_{19}					G^3	
						18		S_{18}						
						17		S_{17}					G_7^1	G
下二叠统	茅口阶		下段			16		S_{16}						
						15		S_{15}		三角洲、潮汐沙滩			F_2	
		下石盒子				14		S_{14}						
						13		S_{13}	LHST					E
	栖霞阶	山西组				12		S_{12}					D^2	
						11		S_{11}						
						10		L_{10}		台地，潮汐沙滩，三角洲				D
	龙吟阶	太原组	中上段			9		L_9	EHST					
						8		L_8						
						7		L_7						
						6		L_6						
						5		L_5						
						4		L_4						C
				SE_2	$2SB_{II}$	3		L_3	TST		S		C	
上石炭统	马平阶		下段			2		L_2	EHST				B	B
	达拉阶—滑石板阶	本溪组				1		L_1						A
				SE_1	$1SB_I$	0		L_0	TST					
奥陶系														

图 9-12　华北盆地晚古生代层序地层划分图

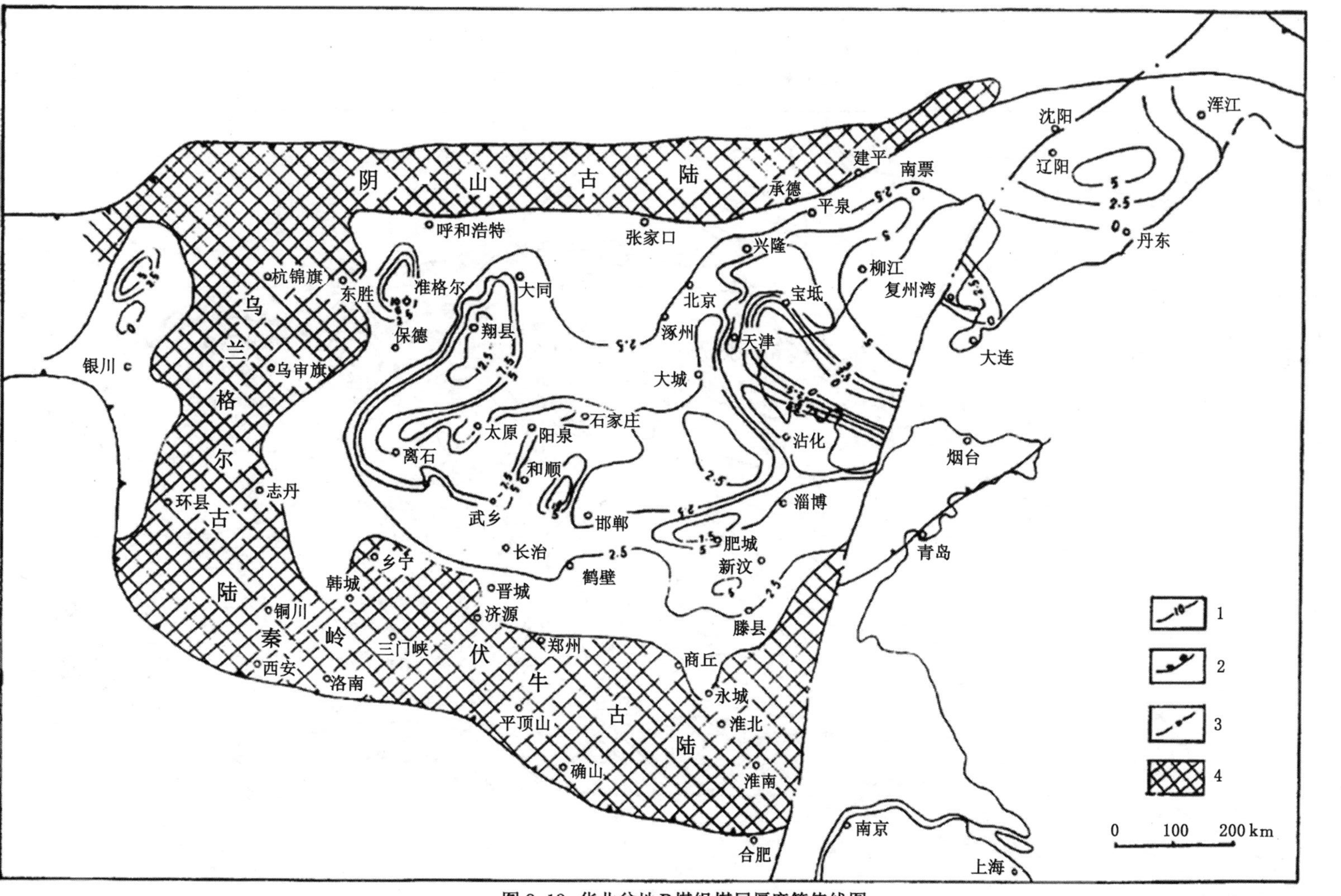

图 9-13　华北盆地B煤组煤层厚度等值线图

1——煤层等厚线；2——地台边界；3——郯庐断裂；4——古陆

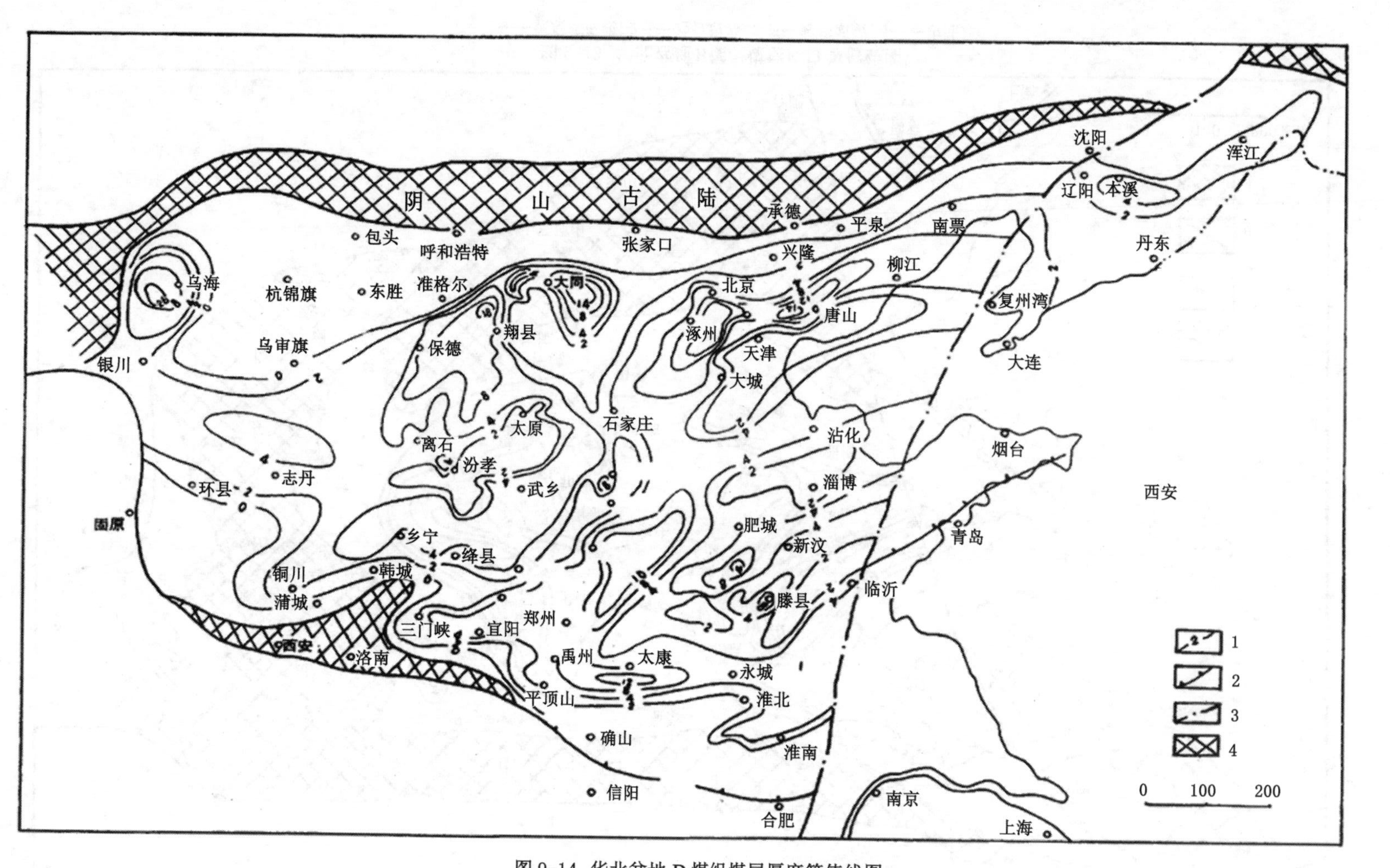

图 9-14 华北盆地 D 煤组煤层厚度等值线图

1——煤层等值线；2——地台边界；3——郯庐断裂；4——古陆

③ 早二叠世茅口期-晚二叠世龙潭期 SE2 层序晚期高位体系域聚煤古地理。

SE2 晚期高位体系域大致相当于下石盒子-上石盒子组下段沉积。早二叠世茅口期，阴山古陆剥蚀加剧，陆源碎屑物质充分供给，河流体系发育并持续向南推进，海水进一步向东南方向撤退，海岸线逐渐移至南华北。由北而南依次为冲积平原、三角洲平原和陆表海潮汐沙滩环境。形成于该体系域的 E、F 煤组仅分布于南华北，在两淮、豫东地区均有较厚的可采煤层 3～4 层，煤层稳定。北华北由于干旱气候的出现，不同程度地抑制了植物的生长和泥炭的聚积。形成于 SE2 晚期高位体系域上部的 G 组煤仅分布于南华北地区（图 9-15）。该煤组含煤 3～12 层，厚 0～20 m，向南层数增多，厚度增大，在淮南达 20 层，最厚达21.5 m。

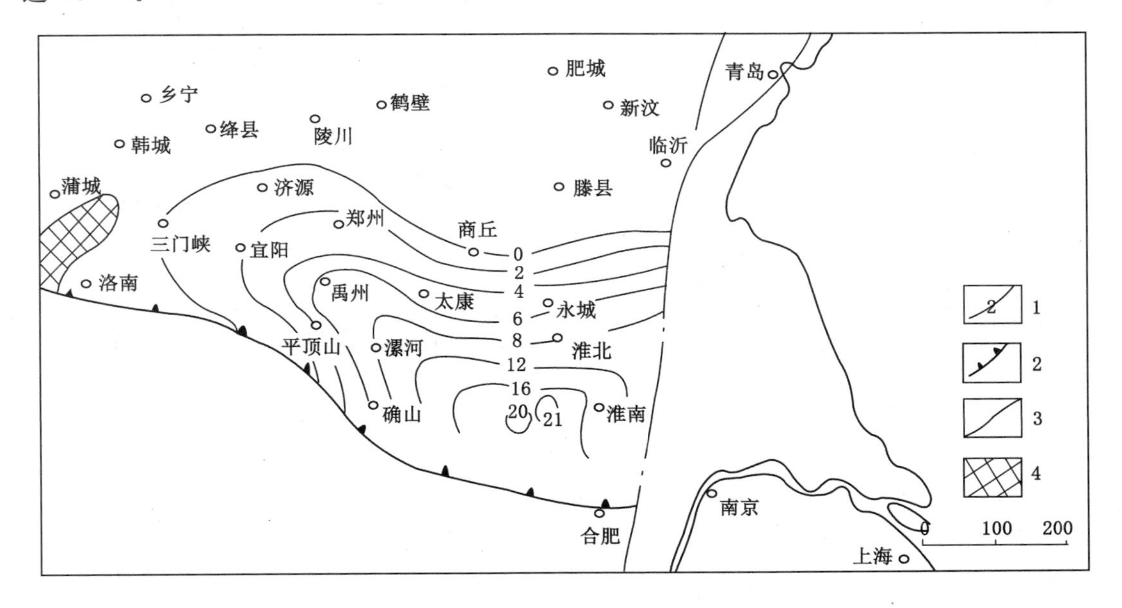

图 9-15　华北盆地 G 煤组煤层厚度等值线图

1——煤层等值线；2——地台边界；3——郯庐断裂；4——古陆

SE3 低位体系域（相当于石千峰组）华北盆地抬升幅度较大，碎屑的物质供应充分，尤其是秦岭-中条-伏牛古陆物质供给明显增多，由于海水已全部退出华北地区，多为河流和湖泊体系沉积，南华北地区为陆缘近海湖泊环境，由于气候干旱，以红色碎屑岩沉积为主，全区不含煤，动植物化石稀少。

（2）中生代聚煤环境

晚三叠世时，华北晚古生代煤盆地向西收缩为鄂尔多斯盆地。根据岩相古地理和盆地演化的综合研究（王双明，1996），其北界为乌拉山-大青山断裂，南界为渭河断裂，东界在三叠纪位于太行山一线，侏罗纪收缩至大同-济源一线，西界为贺兰山麓青铜峡-固源等断裂组成的逆冲断裂系。

晚三叠世，鄂尔多斯盆地为温带半干旱、半潮湿气候，聚煤条件较差，含煤沉积为瓦窑堡组。瓦窑堡组由河流体系、湖泊三角洲和湖泊体系组成，河流体系主要分布在北部，湖泊三角洲体系主要分布于北纬 38°以南，湖泊体系主要分布于子长一带。瓦窑堡组共含煤 6 组

30 余层，唯一可采煤层为 5 号煤，5 号煤的聚积中心与沉积中心基本一致，煤层厚度与地层厚度正相关，在湖泊三角洲平原及湖泊淤浅区形成了较厚煤层，以湖泊分布区为中心，煤层向周围变薄，反映了在湖泊缓慢淤浅基础上聚煤的特点。

鄂尔多斯盆地侏罗系自下而上为富县组、延安组、直罗组和安定组。延安组与直罗组、直罗组与安定组之间都有明显间断面，可将富县组-延安组、直罗组、安定组各划分为一个层序（王双明，1996），含煤沉积可进一步划分为初始充填体系域、扩张充填体系域和退覆充填体系域（表 9-13）。

表 9-13　　鄂尔多斯盆地侏罗纪层序地层表

地层		层序	准层序组	准层序	体系域	主要沉积体系
中侏罗统	延安组	层序Ⅰ	第六准层序组	13 12 11	退覆充填体系域	河流
			第五准层序组	10 9		湖泊三角洲
			第四准层序组	8 7	扩张充填体系域	河流
			第三准层序组	6 5 4		湖泊三角洲 湖泊（开阔）
			第二准层序组	3 2	初始充填体系域	冲积扇 河流
下侏罗统	富县组		第一准层序组	1		河流冲积扇 湖泊（局限）

初始充填体系域第一准层序组相当地层是富县组，沉积范围限于现今鄂尔多斯盆地的东部，主要由河流和局限湖泊体系构成，局部地区含薄煤层和煤线。第二准层序组沉积范围明显扩大，由西北向东南依次为辫状河、曲流河和局限湖泊环境。煤层由 5－1、5－2、5－3 三个分层组成，盆地北部、西部和南部都有煤层发育，而东部中段出现大片无煤区。煤厚大于 5 m 的厚煤区分布在北纬 38°以南，聚煤中心位于甘肃华亭、陕西焦坪，其中 5－1、5－2 煤成形于初始充填体系域和湖泊扩充填体系域的转换期，厚度大，横向连续性好，煤层稳定。

扩张充填体系域以湖泊扩张为主导，由第三、四准层序组构成，前者大体相当于延安组第二段，后者相当于延安组第三段。第三准层序组包括河流、湖泊三角洲和湖泊体系（图 9-16），煤层（4 煤组）主要发育于河流和湖泊三角洲体系之上，湖泊沉积体系不具备成煤条件，该层序组共含煤 1～6 层，煤厚 0.5～9.6 m，聚煤作用明显弱于第二层序组。第四准层序组与延安组三段相对应，沉积体系类型及空间配置与第三准层序组基本相似，但湖泊沉积体系占据空间略收缩。煤层形成于湖泊扩张充填体系域和退覆充填体系域的转换期，富煤带位于东胜、灵武、鸳鸯湖-盐池-横山及环县西，它们均与河流沉积体系有关，并向湖泊三角

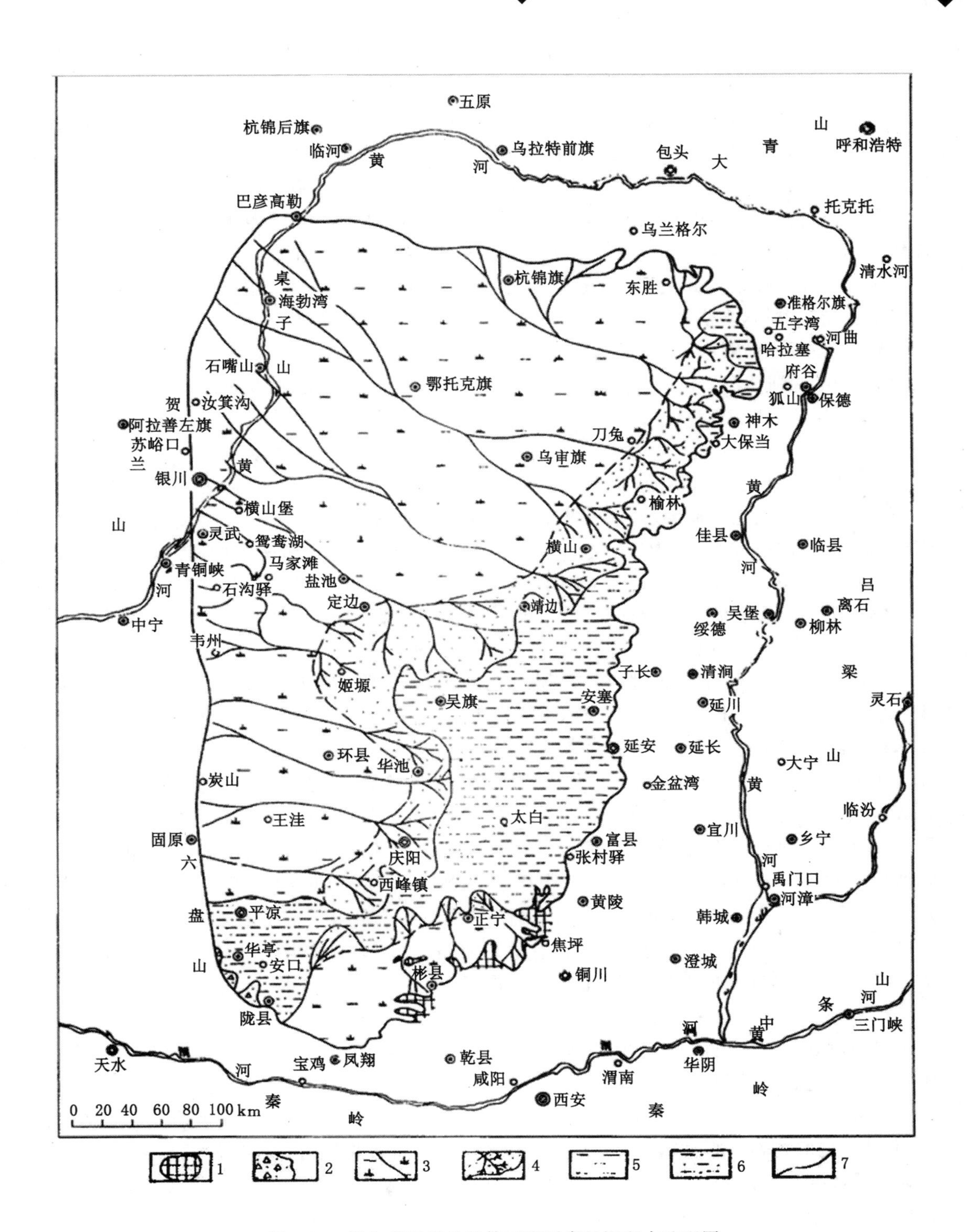

图 9-16　鄂尔多斯煤盆地第三准层序组沉积古地理图

1——古隆起；2——冲积扇体系；3——河流体系；4——三角洲体系；

5——开阔湖；6——湖湾；7——沉积及剥蚀界线

洲体系变薄，至湖泊沉积体系尖灭，共含煤1～6层，厚4～9 m，主要煤层3－3、3－2，煤层厚度大、分布广、连续性好。

退覆充填体系域由第五、六准层序组构成。第五准层序组主要由河流、三角洲和湖泊体系组成，聚煤范围比第四准层序组缩小，富煤带位于盆地的北部和中部，共含煤2～9层，煤厚2～6 m。第六准层序组只有河流体系和局限湖体系，反映了湖泊淤浅的过程，发育1、2号煤层，煤层与河流沉积体系密切相关。与其他准层序组相比，聚煤范围向西北退缩，但聚煤作用明显增强。富煤带主要位于桌子山东麓-杭锦旗、东胜、乌审旗、鸳鸯湖-惠安堡等地。

第三纪煤系在本区分布零星，资源量小，除黄县盆地外，研究程度都较低。黄县盆地为近海山前断陷盆地，含煤沉积为黄县组，下段主要为冲积相、洪积相的碎屑岩，中段为以湖泊相细碎屑岩沉积和沼泽相为主的沉积，含煤8层，可采1～4层，最大可采厚度16.98 m。上段为深湖相-潟湖相泥岩沉积。从垂向上来看，沉积物粒度由粗变细，呈现水进趋势。

（三）华南赋煤区

1. 概述

华南赋煤区位于我国东南部，其北界为秦岭-大别山一线，西界为龙门山-大雪山-哀牢山一线，南东临东海、巴士海峡、南海及北部湾。包括重庆、贵州、广西、广东、海南、湖南、江西、浙江、福建等省(市、区)的全部，云南、四川、湖北的大部，江苏、安徽两省的南部，以及台湾。赋煤区陆地面积210 km×104 km，不同地质时代的含煤面积11.13 km×104 km。

华南赋煤区煤资源相对贫乏，且分布也不均衡。西部资源赋存地质条件较好，资源丰度相对较高；东部的资源地质条件差，地域分布零散，煤炭资源匮乏。

区内有早石炭世，早二叠世，晚二叠世，晚三叠世，早、晚侏罗世，第三纪等各期的含煤沉积。早石炭世含煤沉积在鄂西、苏皖称高骊山组，滇黔边称万寿山组与祥摆组，湘、赣、粤称测水组，桂北、桂中称寺门组，东南沿海称为梓山组、忠信组、叶家塘组等；早二叠世含煤沉积在渝东为梁山组，滇东、滇西、苏、浙、皖及川鄂湘边界为上饶组；晚二叠世龙潭组、吴家坪组、宣威组的分布遍及全区，翠屏山组分布于福建，合山组分布于广西；晚三叠世含煤沉积有四川、云南的须家河组，湘东、赣中的安源组，闽北、粤北、闽西的焦坑组、红卫组、文宾山组；早、晚侏罗世的含煤沉积分布零星，各地名称不一，有鄂西、陕南的香溪组，鄂中南的武昌组，湘东、赣中西的造上组，桂东的北大岭组，湘西南的观音滩组等；第三纪含煤沉积主要分布于云南、广西、广东、海南、台湾及闽、浙等地，有滇东的昭通组、小龙潭组，广西南宁、百色盆地的那读组，广东茂名盆地的油柑窝组，海南的长昌组、长坡组，台湾的木山组、石底组及南庄组。

2. 煤类及分布

华南赋煤区以大巴山-武陵山-都庞岭-云开大山一线为界分成东、西两区，两个区的煤变质作用类型有显著差别。

东区以华南褶皱系为主体，跨扬子地台的长江下游部分，岩浆活动几乎遍及东区各煤田，尤其沿南岭构造带自湘南、粤北、赣南至福建，燕山期岩浆热对煤变质影响巨大，各时期的煤在深成变质作用的基础上不同程度地叠加了岩浆热，使煤级普遍升高，成为全国高变质煤最集中的地区。早石炭世、早二叠世煤为无烟煤和少量高变质烟煤。福建天湖山童子岩组，煤的挥发分仅为1.5%，镜质组反射率达11.09%，碳元素含量高达97.73%，是我国变质程度最高的无烟煤。晚二叠世、晚三叠世煤为中、高变质的烟煤和无烟煤，晚二叠世以无烟煤居多。晚三叠世在南岭-湘东南-萍乡、东平-歙县、无为呈北东向的狭长条带内断续分布中高变质烟煤。早侏罗世在赣南、赣中、湘南、湘中、浙西、皖南零星分布着低变质烟煤至无烟煤，以中变质烟煤为主。

西区处于扬子地台上，自早石炭世以后基本持续稳定沉降，沉积总厚度大，古地温高，煤层连续受热时间长，区内岩浆活动微弱，决定了该区煤变质以深成变质为主。早石炭世、早二叠世煤基本为无烟煤。晚二叠世煤大体可划分成南北向的三个变质带：东带为中、高变质煤带，主要为肥煤-贫煤，局部有无烟煤，分布在鄂西南的松宜、长阳等地；中带为无烟煤带，分布在四川盆地、川南的筠连等地；西带为中、高变质煤带，分布在黔六盘水、滇南羊场、恩洪、圭山等地，主要为气煤-瘦煤。

3. 煤系及含煤性

(1) 早石炭世煤系

① 滇黔分区

滇黔分区包括滇东、黔南及桂西等地。下石炭统地层主要为浅海碳酸盐岩夹少量含煤碎屑沉积。自下而上分为肥沟组、祥摆组、旧司组、摆佐组，其中祥摆组(万寿山组)含煤。

祥摆组为一套海陆交互相含煤沉积，岩性为薄至中厚层石英砂岩、砂质泥岩、泥岩及炭质泥岩夹煤层(线)，煤层主要赋存于中下部。在黔西威宁地区含煤(线)0～7层；黔中贵阳、长顺、都匀一带含煤1～2层，在龙里、麻江、都匀常局部可采，煤层厚0.21～5.21 m；在惠水祥摆附近含煤6层，厚度0.1～0.4 m；在黔南荔波一带煤层多达20余层，其中可采3～5层，厚0.29～1.62 m，可采总厚度4.7 m。一般由北向南、由西向东煤层变好，以荔波茂兰矿区煤层发育最好。煤层多呈似层状、藕节状，结构简单。该组厚80～396 m。

② 湘粤分区

湘粤分区包括湘中、湘南、桂北、粤北及赣西等地。下石炭统地层主要为浅海碳酸盐岩夹少量含煤碎屑岩，自下而上划分为刘家塘组、石磴子组、测水组、梓门桥组，其中测水组含煤。

测水组为海陆交互相含煤碎屑沉积，分上、下两段。下段为主要含煤段，由细中粒石英砂岩、粉砂岩、泥岩、碳质泥岩及煤层组成，含菱铁矿结核，煤层主要赋存于中部。该段在湘东南含煤1～7层，煤厚0～5.48 m，可采1～2层，厚度0～5.26 m；在粤北韶关地区含4个复煤层，单层平均厚度0.85～5.28 m，煤层呈似层状、藕节状或鸡窝状，结构复杂，夹矸可达30余层。该段在湖南厚5～164 m，一般50 m左右，在广东厚14～328 m；上段为石英砂岩、粉砂岩、砂质泥岩夹灰岩、碳质泥岩，夹薄煤层及煤线，一般含0～3层不稳定煤层。

③ 东南分区

东南分区分布包括江西大部(赣西除外)、浙西、粤东北及闽西等地。区内早石炭世含煤沉积以陆源碎屑沉积为主夹有海相层，分别称为梓山组、叶家塘组、忠信组及林地组，梓山组含煤性较好，其余各组均较差。

梓山组根据岩性特征分为三段：下段为厚层状石英砂砾岩、砂岩、粉砂岩及泥岩，底部时有海相层位，不含煤，段厚11～106 m；中段为以河流相为主的含煤碎屑沉积，段厚116～361 m，含煤2～10层，局部达20多层，局部可采2～9层，单层厚度0～3.59 m，煤层结构复杂，不稳定至极不稳定；上段为滨海相碎屑沉积，不含煤，段厚45～91 m。

④ 苏皖鄂分区

苏皖鄂分区包括苏、皖、鄂三省及川东北、浙北等地。区内下石炭统地层出露零星，大致在皖南怀宁以东包括宁镇山脉及长江以南的苏南地区发育较好，在鄂西长阳、松滋、宜都及湘北石门、澧县、临澧等地也有分布。含煤沉积为高骊山组。高骊山组是以滨海湘沉积为主或是以陆相为主的海陆交互相沉积，含煤线或薄煤层，有些地方不含煤。因含煤性差，无工业价值。

(2) 二叠纪煤系

华南区是南方二叠纪含煤沉积的主要分布区，根据其沉积特征和含煤性，可划分为以下三个分区。如图 9-17 所示。

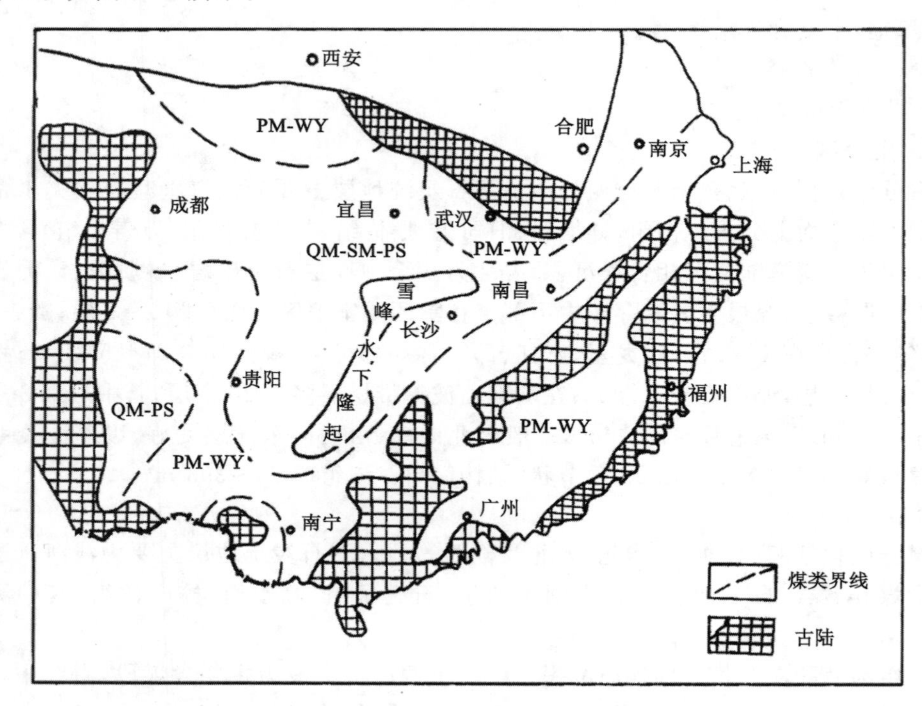

图 9-17　南方二叠纪煤类分布图

① 东南分区

东南分区大致为杭州-鹰潭-赣州-韶关-北海一线以南，包括浙江大部、江西东南部、福建全部、广东东部和中部。含煤沉积在闽西南、粤东和粤中称童子岩组，浙西称礼贤组，赣东一带称上饶组。

童子岩组主要分布在闽西及广东沿海一带，以龙岩-永定地区为代表，可分为三段：上段由粗细砂岩、砂质泥岩和煤组成，厚 327～527 m，共含煤 30 层，可采和局部可采

煤层 6 层，单层厚 0.5～1.1 m，局部达 2～3 m；中段为海相段，由粗细粉砂岩互层和砂岩泥岩组成，不含煤，厚 110～150 m；下段由粉砂岩、细砂岩、砂质泥岩及煤层组成，厚 211～307 m，含煤 16 层，可采和局部可采 5～7 层，平均总厚度 4.0 m。该组在龙岩-永定以东的永春-华安一带陆相和过渡相成分增多，厚度加大，煤层层数增多，含可采和局部可采煤层 11 层，平均总厚 9.6 m。

上饶组该组为一套海陆交互相含煤沉积，厚 112～715 m，浙江江山一带增厚。该组由下至上分为湖塘段、饶家段、彭家段和童家段。童家段为含煤段，由石英砂岩、粉砂岩、泥岩

和煤组成，厚 25～283 m，平均 150 m。含煤 20 余层，煤矿厚总厚度 0.35～5.89 m，含煤系数 0.13%～2.85%，煤层不稳定，局部可采 1～7 层，平均可采厚度 0～3.42 m。

② 江南分区

江南分区范围大致为连云港-合肥-九江-百色一线以南，包括江苏南部、浙江北部、安徽南部、江西中部、湖南中南部、广东北部及广西大部。该区二叠纪含煤沉积主要为海陆交互相的龙潭组，其次是以碳酸盐岩为主的合山组。

龙潭组广泛分布于粤、湘、赣、苏南、浙北、皖南等地。该组分为四段：上含煤段、中段海相层、下含煤段和不含煤段。其中上含煤段主要由粉砂岩、细砂岩、泥岩和煤层组成。粤北曲仁含煤 11～24 层，煤层总厚度平均 8.16 m，可采和局部可采煤层 2～5 层，单层煤厚0～4.36 m，平均 0.68～1.57 m；赣中一般含煤 5～15 层，可采和局部可采 0～4 层，可采总厚度 0～3.06 m；太湖周缘的广德、南皋桥、无锡、苏州一带，含 1～4 个煤组，平均总厚 2 m。上含煤段厚度 15～180 m。下含煤段在区内普遍发育，由砂岩、粉砂岩、砂质泥岩和煤层组成，太湖周围一带夹薄层灰岩，本段底部普遍发育一层较厚的中粗粒砂岩。在粤北曲仁含煤 20 余层，可采和局部可采 10 层，单层煤厚 0～6.54 m，平均厚度 0.42～1.73 m；湘中、湘东南含煤 2～22 层，可采与局部可采 1～11 层，单层煤厚 0～8.31 m；湘赣交界的界化垅含煤多达 73 层；赣中一般含煤 6～10 层，可采与局部可采 2～3 层，煤厚 0.2 m；苏南、浙北、皖南含煤 4～11 层，可采与局部可采 1～3 层，煤厚 0～11.51 m，煤层不稳定。该段厚 48～346 m。

合山组主要分布于广西及广东连阳地区，主要由灰岩(占全组 90%以上)、燧石结核灰岩、铝质泥岩和煤层组成，主要含煤层位在该组的中上部，含可采或局部可采煤层 4 层，可采总厚度 0～10.2 m。组厚 25～400 m。

③ 扬子分区

扬子分区范围为龙门山-洱海-哀牢山一线以东，秦岭-大别山以南，包括赣西北、湘西、湖北、川东、滇东及贵州等地区。本区下二叠统和上二叠统均有含煤沉积。下统梁山组为海陆交互相含煤碎屑沉积，上统有以碳酸盐岩沉为主的吴家坪组、以海陆交互相沉积为主的龙潭组和汪家寨组、以陆相含煤碎屑沉积为主的宣威组。

梁山组为海进序列的滨海相含煤碎屑沉积，岩性为细砂岩、粉砂岩、砂质泥岩、铝土质泥岩、薄层灰岩和煤层、局部有砂砾和砾岩。厚度由几米至 257 米。梁山组沉积在不同的老地层之上。由于海进速度快，成煤环境不稳定。煤系和煤层都较薄。在滇东镇雄、会泽、寻甸等地含煤 1～5 层，一般 1～2 层，煤厚 0.3～3.9 m，一般 0.7～1.46 m，局部达 11 m；黔西北水城-毕节及黔凯里-福泉含煤 2～6 层，局部可采 1～2 层，可采总厚度 0.77～2.95 m，一般 0.77～1.56 m，煤层不稳定；赣北修水至彭泽一带大多含煤 1 层，厚 0～10 m，一般 0.5～1.5 m。鄂西松宜至建始一带发育局部可采煤层 1～2 层，总厚 0～10.82 m，平均 1～2 m，呈透镜状，不稳定。重庆东部梁山组厚 0～23 m，一般厚 10 m 左右，为铁铝质岩型，岩石组成为铝土岩、黏土岩、底部有赤铁矿薄层或透镜体，以浅海相为主，仅局部含透镜状薄煤层 1～2 层，与上覆栖霞灰岩整合接触，与下伏泥盆系至寒武系地层为假整合或不整合接触。

吴家坪组分布范围包括鄂西、湘西北、陕南汉中、渝东、黔东、滇东南个旧-富宁、桂中、桂西等地。该组分为两段。下段为在茅口灰岩顶部古风化壳上形成的残积相、海陆交互相含煤段，由铝土质黏土岩、铝土矿、鲕状赤铁矿、砂岩、粉砂岩、碳质泥岩和薄煤层组成，局部夹薄层灰岩、泥灰岩和钙质泥岩，在湘西北和鄂西还见有玄武质凝灰岩、层凝灰岩和火山岩屑砂岩。该段在鄂东南含煤1～3层，煤层0～8 m，可采厚度0.7～1.5 m，局部可采，不稳定；在湘西桑石、黔溆含煤1～2层，煤厚0～5.5 m，局部可采；湘中涟源至株洲一带煤层发育较好，煤厚0～12.94 m，一般2 m左右，该段厚0.3～53 m；贵州长顺、湄潭、凤岗以及荔波至三都一带含煤最多4层，均不稳定。上段为灰岩段，在赣北和湘北夹钙质粉砂岩、钙质泥岩，在成都-綦江-遵义-关岭一线夹碳质泥岩，有时夹煤线。该段厚20～435 m。

宣威组分布于康滇古陆东缘，乐山-盐津底坪坝-罗平-个旧一线以西(图9-18)，为晚二叠世陆相含煤沉积。岩性由砂岩、泥岩、粉砂岩及煤组成，夹薄层菱铁岩，底部有凝灰质残积铝土质泥岩，局部发育有砂岩和砂砾岩。本组厚度6～276 m，东厚西薄，至康滇陆岛边缘尖灭。滇东含煤性较好，煤层一般分布于中部和上部，下部不含可采煤层。在滇东宝山、羊场一带含煤25～60层，煤层总厚13～27 m，可采8～15层，可采总厚8～15 m；来宾、倘塘、盐津一带东部含煤9～15层，平均总厚度4 m，有2层可采，煤层厚1.5～2.5 m

汪家寨组为海陆交互相含煤碎屑沉积，由灰岩、粉砂岩、泥岩、细砂岩及薄层菱铁岩组成。在盘县-水城一带含可采煤层1～9层，一般1～7层，可采总厚度0.7～14.38 m，平均5.04 m，以六盘水矿区厚度最大。该组在川南及滇东威信-镇雄厚30～60 m，六盘水及织金煤田厚约100 m。

龙潭组为本区主要含煤沉积，分布于四川华蓥山、珙县，重庆天府、中梁山、南桐，贵州桐梓、织金、六盘水及滇东南蒙自、文山一带。岩性由砂岩、砂质泥岩、碳质泥岩、灰岩、硅质岩夹铝土岩及煤层组成，下部局部夹玄武岩或凝灰岩。该组由东向西、由南向北厚度变薄。贵州厚度77～463 m；四川厚约70～200 m；重庆天府、中梁山、南桐厚100～120 m；滇东厚12.9～267 m。在贵州境内分为两段：上段含煤40余层，六盘水、织金一带为厚煤区，可采1～9层，一般3层，可采厚度0.7～15.45 m，平均4.29 m；下段含煤28层，可采1～10层，一般1～4层，可采厚度0.7～16.95 m，平均2.65 m。在川南、华蓥山、重庆一带龙潭煤系广泛发育，大部分地区沉积在茅口组灰岩侵蚀面上，川南的筠连、芙蓉等地沉积在峨眉山玄武岩之上，按其岩性、沉积相和含煤性一般可分三段，含可采和局部可采煤层6～9层，单层平均厚度0.4～3.6 m。滇东南的开远、文山含煤1～4层，煤厚1.5～6.7 m。

(3) 晚三叠世煤系

晚三叠世含煤沉积在华南各地分布比较普遍，但含煤性差异较大。含煤性较好的煤系有滇中的地区的祥云群、一平浪群，攀枝花地区的大荞地组，四川盆地的小塘子组、须家河组，湘、赣地区的紫家冲组、三丘田组及闽西南的大坑组等。

祥云群花果山组岩性为厚层粉砂质岩与中厚层细砂岩互层，含煤5～40层，一般8～20层，下部夹可采煤层3～28层，煤层总厚度4.10～54 m，多在7～14 m之间。该组在祥云厚560 m，楚雄三街厚1 300 m。

大荞地组由砂岩、含砾砂岩、砾岩、粉砂岩、泥岩和煤层等组成，具明显的韵律交替，煤层主要富集于中部，在宝鼎矿区达30～100余层，可采37层，单层厚一般0.8～2 m。组厚2 260 m。

小塘子组是晚三叠世中期的沉积。岩性为石英砂岩、泥岩夹钙质砂岩、粉砂岩，底部为黏土岩及煤层。最多含煤113层，可采总厚约30 m，最厚达56 m。组厚约150 m，向东变薄至尖灭。

须家河组是晚三叠世中期偏晚期和晚三叠世晚期的沉积。煤系厚度变化大，从西向东

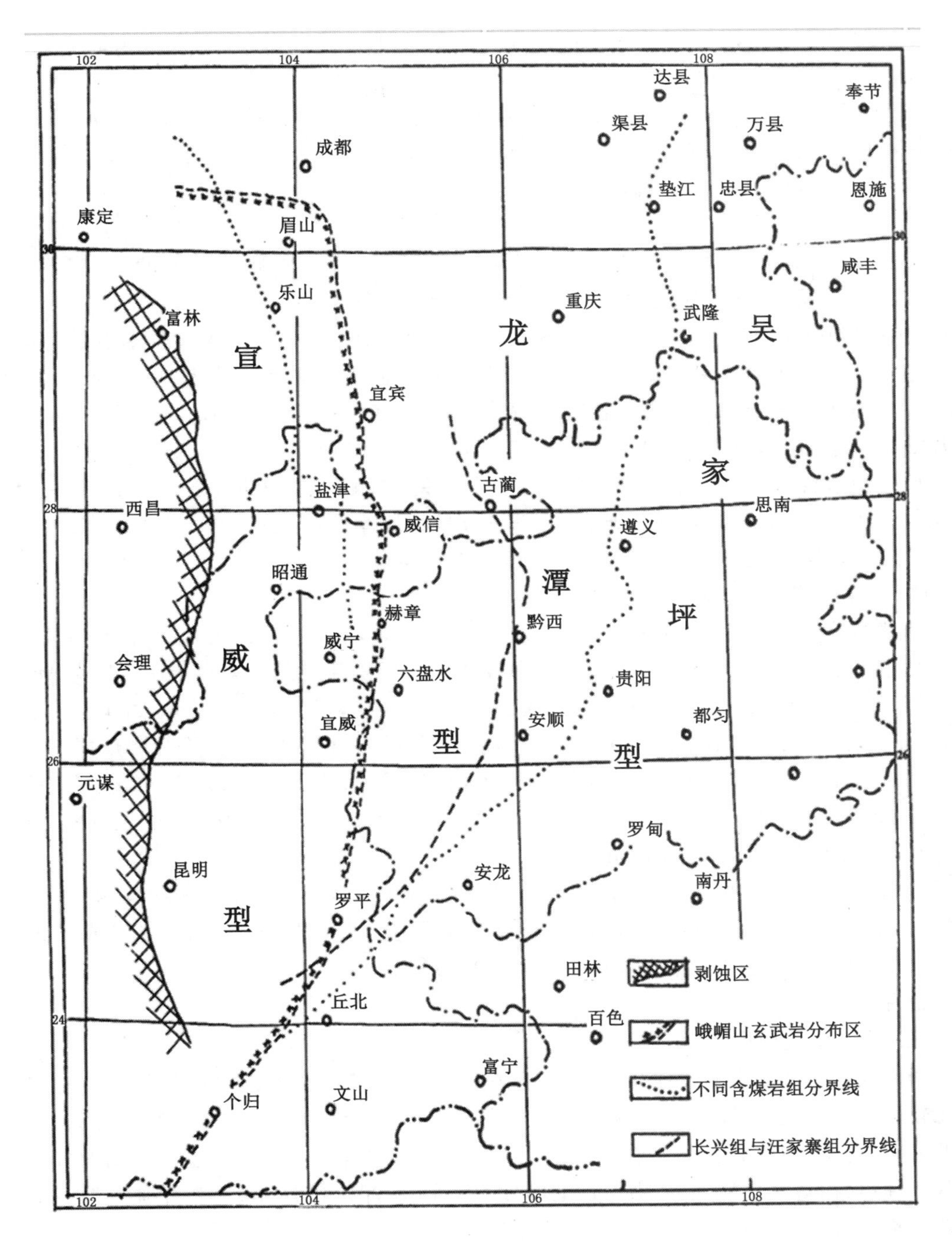

图 9-18　滇黔川晚二叠世含煤沉积分区

由大于 2 000 m 变为小于 300 m。岩性以长石石英砂岩、粉砂岩、泥岩和煤层组成。一般含薄煤层十余层,有数层可采,单层厚度约 0.3～1.0 m,有时可达 2 m 以上。煤层虽薄但分布范围广,且为低灰、低硫煤,仍具有重要的工业价值。

安源群紫家冲组岩性主要为粉砂岩、砂质泥岩、钙质泥岩,夹碳质泥岩和煤层,并夹砾岩和石英细砂岩。含煤层 20 余层，可采 1～11 层，最大可采累厚 31.74 m，西部含煤性较好，东部较差。本组厚 139～425 m。

大坑组分为上下两段。下段俗称“D 煤组”，岩性为细砂岩、粉砂岩、泥岩，含煤 4～11 层，可采 1～6 层，可采总厚度 0.43～9.03 m，组厚 120～488 m，平均 276 m。上段为无煤段，厚 122～196 m，平均厚 161 m。

(4) 第三纪煤系

本区第三纪含煤沉积主要分布于云南、广西、广东、台湾及闽浙等地，最重要的聚煤地在滇东。含煤沉积有滇东的照通组、小龙潭组、那读组、百岗组、油柑窝组等。

小龙潭组分布于开远小龙潭、蒙自、建水黑土-梅塘、曲溪白马、华宁法味、寻甸先锋等盆地。分为三段：下部为砾岩段，中部为褐煤-黏土岩段，上部为泥灰岩段，地层厚度 298～528 m。含煤性较好，含煤 0 至数十层，一般 10 层，4 层可采，可采总厚度数米至 188.5 m，一般 20～50 m。在小龙潭褐煤盆地含巨厚的结构复杂的复煤层(组)，煤厚约 72 m，最大厚度达 215.68 m。

昭通组主要分布于滇东北的昭通盆地以及鲁甸、彝良、大关等地，厚 240 m。岩性为黏土岩夹褐煤层，底部有砾岩或砂砾岩。含煤 3 层，纯煤厚度最大达 193.77 m，一般为 40～100 m。与其层位相当的有沙沟组、茨营组，含煤性均较好，含煤数十层，一般为 10 层，可采 4 层，可采煤层总厚度数米至 76 m，一般 10～30 m。

那读组分为三段：下段分布于百色、那龙、南宁一带，岩性为泥灰岩、泥岩、粉砂岩和煤层。百色盆地中下部含煤 0～16 层，煤层总厚 10 m，可采和局部可采煤层 1～6 层；南宁盆地含煤 39 层，可采和局部可采 1～7 层，可采总厚 4.91 m，段厚 0～398 m。中段分布于百色、永乐、南宁、上思、海渊、宁明等地，岩性为砂岩、粉砂岩、粉砂质泥岩、泥岩和煤层，百色含煤 43 层，总厚 19 m，可采或局部可采 1～6 层；南宁含煤 39 层，可采或局部可采 1～7 层，可采总厚 4.91 m，该段厚 0～950 m。上段岩岩性以泥岩为主，夹灰岩、泥质砂岩及菱铁矿透镜体、膨润土及煤线，段厚 48～315 m。

油柑窝组以广东茂名盆地为代表，为一套陆相碎屑岩、油页岩夹煤层沉积，厚 70～110 m。分为两段，下段为杂色砂砾岩、粉砂岩夹泥岩、油页岩，偶见碳质泥岩或煤线，厚 50～60 m；上段为油页岩夹褐煤 3～6 层，厚 20～50 m。

4. 聚煤环境

(1) 晚古生代聚煤环境

华南煤盆地基底由扬子地台、华南加里东褶皱带和印支-南海地台(华夏地块)组成，构造比较复杂，基底稳定性差异大，规模较大的同沉积断裂十分发育，它的长期活动加剧了构造的复杂性。古构造的复杂性和海平面的变化，决定了华南盆地格局和盆地范围的多变性。按基底性质、构造演化特点，华南煤盆地可分为扬子、桂湘赣和浙闽粤等三个亚盆地，各亚盆地的古构造、古地理和聚煤作用演化既相互独立又相互联系(图 9-19)。

① 早石炭世大塘期聚煤古地理

早石炭世大塘期的含煤沉积是在岩关期碳酸盐岩台地的基础上形成的，古地理(图 9-20)表现为上扬子准平原、华夏古陆与中部的江南丘陵分隔的南、北两个海域，南部滇湘赣海域的海水来源于钦防海槽，陆源碎屑主要来源于东部的华夏古陆，由北东向南西依次展布着冲积扇、河流体系—三角洲、障壁海岸体系-台地体系-盆地体系，在上扬子准平原边缘也有滨岸沉积。

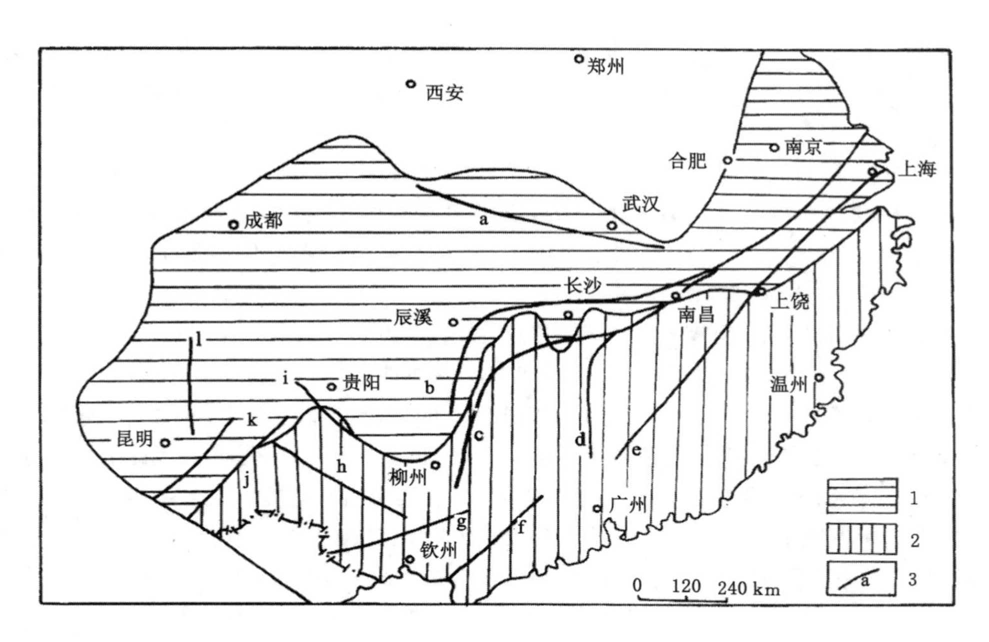

图 9-19　华南煤盆地性质及同沉积断裂图

1——地台；2——褶皱带；3——同沉积断裂及编号；a——雾渡河断裂；b——景德镇-三江断裂；c——无锡-来宾断裂；d——无锡-郴州断裂；e——杭州-龙南断裂；f——佛岗-陆川断裂；g——横县-凭祥断裂；h——右江断裂；i——紫云-南丹断裂；j——南盘江断裂；k——师宗-弥勒断裂；l——甘洛-小江断裂

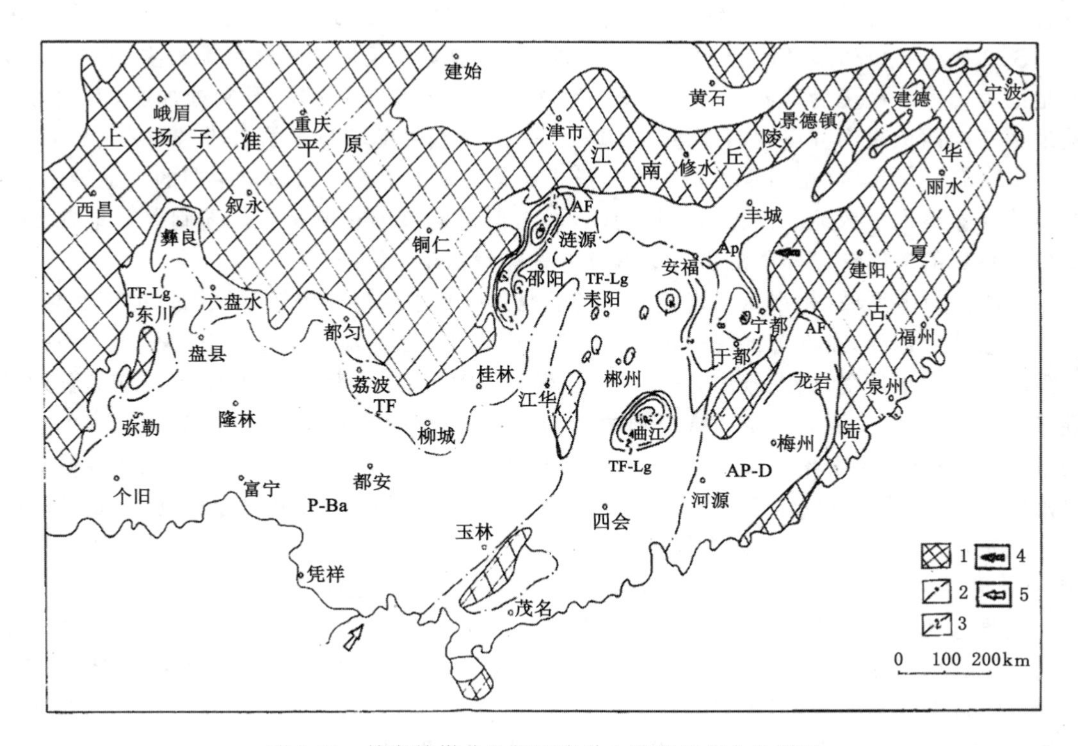

图 9-20　桂湘赣煤盆地早石炭世大塘期岩相古地理图

1——古陆；2——相界；3——煤层等厚线；4——陆源物质搬运方向；5——海侵方向；
AF——冲积扇；AP——冲积平原；D——三角洲；Lg——潟湖；TF——潮滩；P——碳酸盐台地；Ba——台地

北部中下扬子盆地海水来源于北东方向，以三角洲、障壁海岸和浅海陆棚等体系为主。桂湘赣亚盆地的冲积扇、三角洲、障壁及无障壁角岸体系分布区成为大塘期最为重要的聚煤区。

大塘期末发生的区域性海侵，终止了大塘期的聚煤作用，在含煤沉积上覆盖了台地相的碳酸盐岩。持续的海侵和江南丘陵的下沉，使华南盆地的南、北海域逐渐连通，晚石炭世形成统一的华南滨浅海，但缺乏适宜的古地理条件，晚石炭世无聚煤作用发生。

② 二叠纪聚煤古地理

华南盆地二叠系按照层序地层学可划分为6个Ⅲ级层序（图9-21）。

A. 早二叠世龙吟晚期-栖霞期SE2层序聚煤古地理

早二叠世龙吟早期（相当于SE1层序）以碳酸盐的广泛分布为特征。受黔桂运动影响，湘西北、黔西北、川东及苏浙皖赣交界等地一度上升成陆，经受了不同程度的风化剥蚀。随着龙吟晚期的海侵，在扬子一带形成分布广泛的含煤沉积（梁山组），超覆于石炭系至寒武系不同时代的地层之上。古地理显示为康滇链状古岛、淮阳古陆、江南古陆及其围限的上扬子海湾、黔溆海湾古地理景观（图9-22），以潮滩、海湾相沉积为主。SE2层序海侵体系域的含煤沉积是在总体海侵的背景下形成的，聚煤作用延续时间短，含煤沉积厚度小，煤层层数少，稳定性差。

B. 早二叠世茅口期SE3、SE4层序聚煤古地理

SE3层序初期，华南盆地基底断裂复活，构造分化作用明显增强，华南盆地形成了扬子、桂湘赣、浙闽粤三个亚盆地，这种构造格局长期控制着茅口期的含煤沉积。在基底断裂活动增强的背景下，华南经历了一次短暂的海侵，其沉积相当于SE3海侵体系域。

SE3层序高位体系域（相当童子岩组一段）扬子亚盆地仍以碳酸盐台地为主。桂湘赣亚盆地的大部分地区仍为以硅质岩为主的深水沉积。随着华夏古陆隆升剥蚀加剧，浙闽粤亚盆地由东向西依次为滨岸湖泊-障壁、潟湖-浅海相，沉积带随着海水的向西退却相应西迁。

SE4海侵体系域（相当童子岩二段），扬子亚盆地基本上维持了茅口中期的古地理面貌。桂湘赣亚盆地大多数地区仍为盆地相的硅质岩，但盆地范围有所扩大。浙闽粤盆地在SE3高位体系域的滨岸含煤碎屑沉积之上形成了一套海相泥岩。

SE4高位体系域（相当童子岩三段），扬子亚盆地基本保持海侵体系域的古地理面貌，主要为碳酸盐台地相，东部苏浙皖一带变为潟湖-湖滩相。桂湘赣亚盆地的东段总体上为一种局限的缓坡浅水环境，向东倾斜，发育一套三角洲、障壁海岸沉积体系，向南西渐变为盆地相碳酸岩，部分地区为泥岩夹灰岩或硅质岩。浙闽粤亚盆地由东向西依次发育河流、湖泊-潟湖、湖滩-浅海相，并随着海水向西北退却，沉积相带相应迁移。形成于SE4高位体系域的聚煤范围比SE3层序高位体系域大大扩展，B煤组不但覆盖了A煤组的分布范围，而且向南西和北东扩张，聚煤中心西移，含煤性明显变好。

C. 早二叠世茅口期至晚二叠世龙潭期SE5层序聚煤古地理

东吴运动是一次典型的造陆运动，华南盆地整体抬升，海平面迅速下降，扬子亚盆地和浙闽粤亚盆地形成大面积陆表暴露，海水退至桂湘赣亚盆地，扬子地台西缘发生裂陷作用，并随着大量玄武岩喷发，形成了两侧陆表暴露，中部裂陷盆地充填的古地理格局。该期沉积大致相当SE5层序低位体系域，沉积作用仅发生在桂湘赣陷裂盆地，在湘南一带为一套粗粒三角洲近岸沉积并夹少量泥炭层，在攸县桃水、霞流冲、竹叶塘等地为海湾相的泥岩和细粒的三角洲前缘沉积，盆地中心则为以海湾泥质为主的向上变浅的沉积序列。

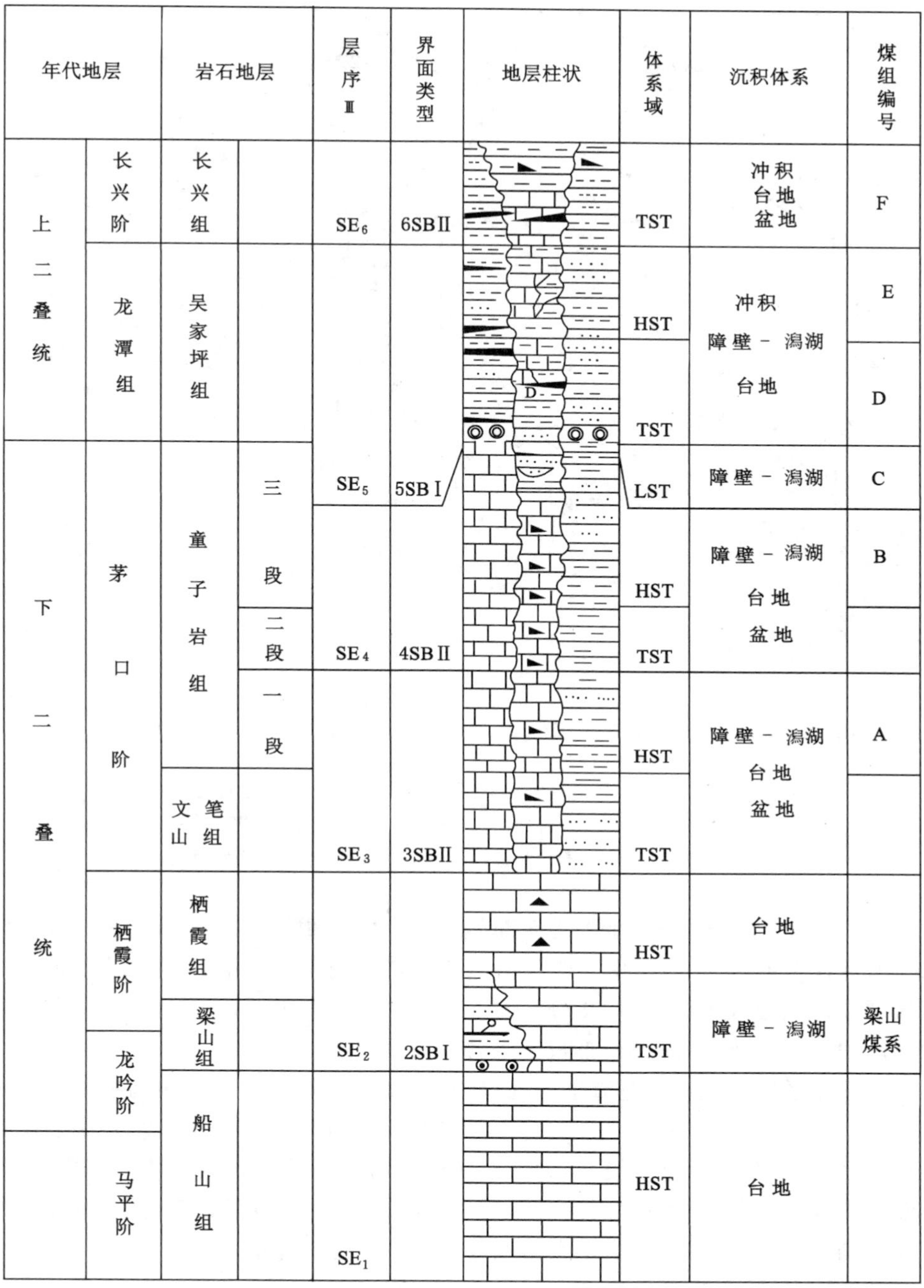

年代地层		岩石地层		层序Ⅲ	界面类型	地层柱状	体系域	沉积体系	煤组编号
上二叠统	长兴阶	长兴组		SE$_6$	6SBⅡ		TST	冲积台地盆地	F
	龙潭阶	吴家坪组		SE$_5$			HST	冲积障壁-潟湖台地	E
							TST		D
下二叠统	茅口阶	童子岩组	三段		5SBⅠ		LST	障壁-潟湖	C
							HST	障壁-潟湖台地盆地	B
			二段	SE$_4$	4SBⅡ		TST		
			一段				HST	障壁-潟湖台地盆地	A
		文笔山组		SE$_3$	3SBⅡ		TST		
	栖霞阶	栖霞组					HST	台地	
	龙吟阶	梁山组		SE$_2$	2SBⅠ		TST	障壁-潟湖	梁山煤系
	马平阶	船山组		SE$_1$			HST	台地	

图 9-21　华南盆地二叠系层序地层划分图

低位体系域形成的早期，海平面下降较快，陆源碎物质供应充分，沉积速度快，不利于泥炭沼泽的形成。随着构造稳定期的到来，桂湘赣亚盆地处于过饱和充填状态，盆地中心逐渐出现了有利于泥炭堆积的环境。末期，海平面开始回升，逐渐侵漫到裂陷盆地和扬子亚盆地东部的苏浙皖一带，形成了一套障壁海岸体系沉积，在废弃的障壁海岸体系之上发育泥炭沼泽，形成

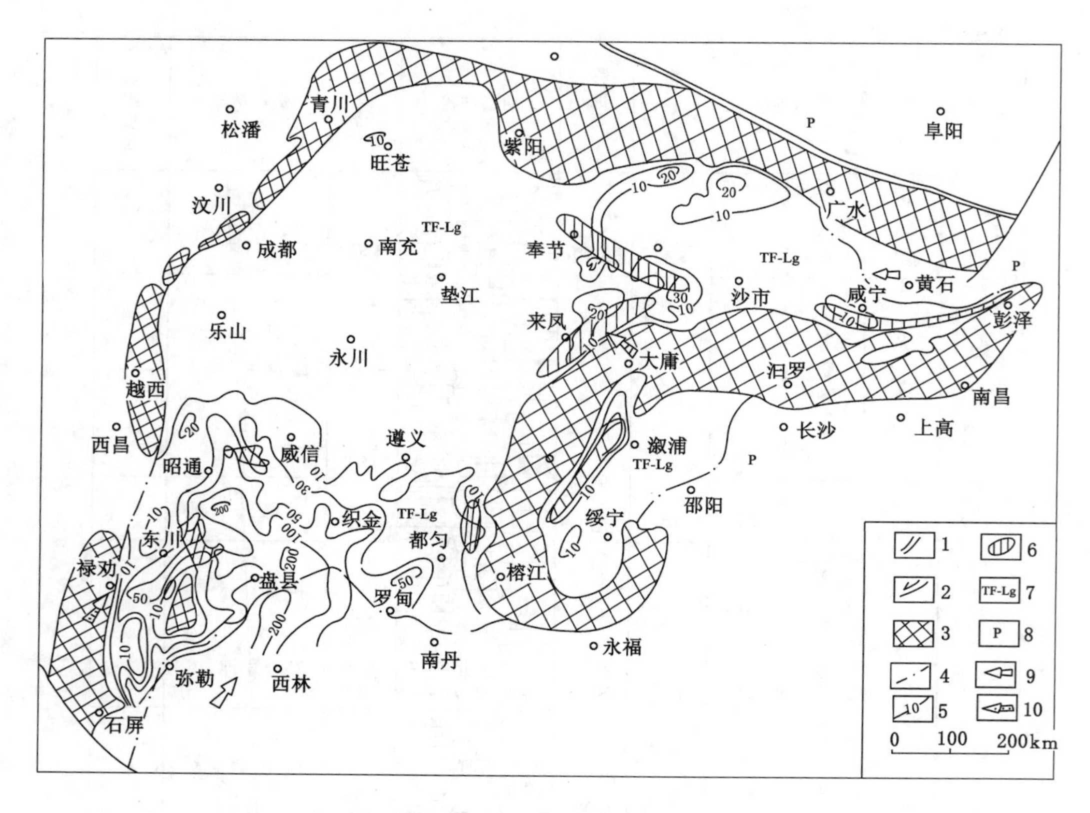

图 9-22 华南盆地西部 SE2 层序海侵体系域古地理图

1——洋壳；2——郯庐断裂；3——古陆；4——相区界线；5——地层等厚线；6——煤层富煤带；7——潮滩-潟湖相区；8——台地相区；9——海侵方向；10——陆源物质搬运方向

了 C 煤组。C 煤组仅分布于扬子亚盆地东部苏浙一带及桂湘赣亚盆地东部湘赣一带。

SE5 海侵体系形成时，海水由北西和南西两个方向侵入华南盆地，将低水位时期风化残积运至潟湖或低洼地区沉积下来，在海平面不断抬升的背景之下，华南地盆地大片暴露的残积平原逐渐泥炭沼泽化(图 9-23)，形成了主要的可采煤层。

SE5 海侵体系域大致相当龙潭早期沉积，普遍发育 D 煤组。西部川南一带含煤沉积厚 70～220 m。川南筠连、滇东、黔西一带含 5 层较稳定的可采煤层。桂湘赣亚盆地在 C 煤组形成之后，同沉积裂陷作用趋于缓和，大部地区形成富含铁质鲕状泥岩或铝土质泥岩，地形差异逐渐变小，随着海平面的抬升，河流碎屑作用相对变弱，并向陆源退缩，冲积平原之上广泛发育浅水湖泊和泥炭沼泽，形成了大面积分布的主要可采煤层。

SE5 高位体系域(相当于龙潭晚期沉积)形成时，华南盆地为华夏古陆、云开古陆和康滇古陆所环绕，盆地总体倾向北西的古地理格局。扬子亚盆地的湘北、鄂南仍为碳酸盐台地，向西过渡为障壁海岸体系、三角洲体系和河流体系，在织金、纳雍、水城等地废弃的障壁-潟湖沉积体系及浅水三角洲积沉积体系之上，泥炭沼泽广泛持续发展。这一时期，苏赣湘同沉积断裂活动增强，对断裂两侧沉积相控制作用渐趋明显，断裂南侧的苏南、浙北及赣中一带，以滨岸带沉积为主，泥炭沼泽发育；北侧的萍乡及苏南、浙北的西区以浅海陆棚沉积为主，湘南一带为盆地相硅质岩沉积，浙闽粤亚盆地以河流沉积为主，泥炭沼泽局部发育。

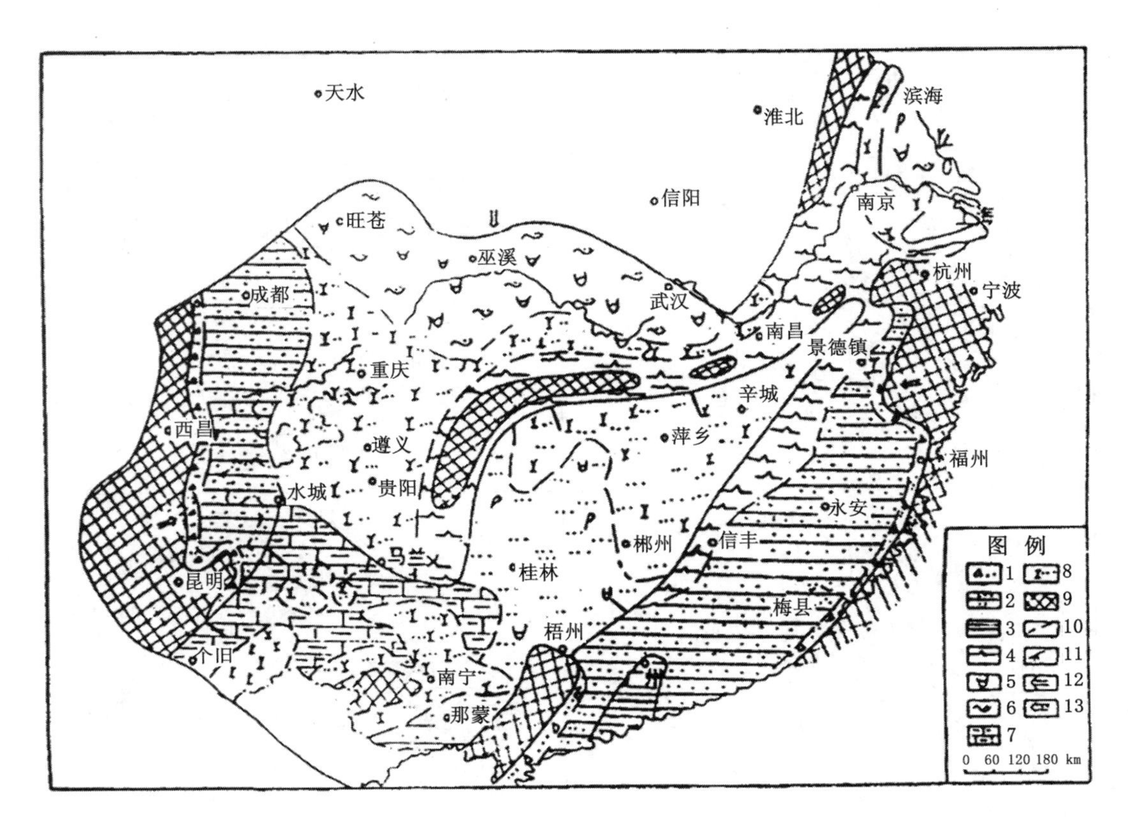

图 9-23　华南盆地 SE5 层序海侵体系域古地理图

1——积扇区；2——河流相区；3——湖泊相区；4——滨海平原相区；5——潟湖（局限海）相区；6——潮滩相区；7——台盆相区；8——沼泽相区；9——古陆；10——相区界限；11——裂隙边界；12——海侵方向；13——陆源物质搬运方向

D. 晚二叠世长兴期 SE6 层序聚煤古地理

SE6 层序继承了 SE5 高位体系域的古地理面貌，表现为北部沉降加速，西南边缘抬升，海侵主要来自北部古秦岭洋。SE6 海侵体系域大致相当长兴期的沉积，华南大多数地区沉积了浅海碳酸盐和硅质岩，黔西、滇东北和川西南一带发育一套以河流、三角洲、障壁海岸体系为主的含煤沉积，广西合山、粤北连阳等地为一套以海湾相和泥炭沼泽相为主的含煤沉积。

（2）中生代聚煤环境

扬子地台和华北地台在印支晚期拼接和古太平洋向北俯冲，导致了华南晚古生代煤盆地的解体，并形成晚三叠世川滇盆地和湘赣粤盆地，成为中生代最重要的两个煤盆地。

川滇煤盆地在晚三叠世早期，除西部边缘为浅海，南盘江裂陷槽为滨浅海-深海外，其余均为古陆。晚三叠世卡尼晚期-诺利期沉陷，将其分为康滇山地区、四川盆地区和南江裂陷区。康滇山地区晚三叠世发生裂陷作用，形成一系列裂陷盆地，以冲积扇、河流体系为主，晚期演化为河-湖体系，在冲积扇及河流的间歇期，泥炭沼泽较为发育，形成了宝鼎、西昌、祥云、一平浪等煤盆地。南盘江裂陷区主要为湖泊、潟湖潮滩、滨海和泥炭沼泽，煤层不发育。

四川盆地按煤层的发展情况为四期：小塘子沉积期[图 9-24(a)]，盆地中心在什那、大邑一带，地势东高西低，海水由北西向入侵，沉积环境从东向西为河流、三角洲、障壁海岸体系。

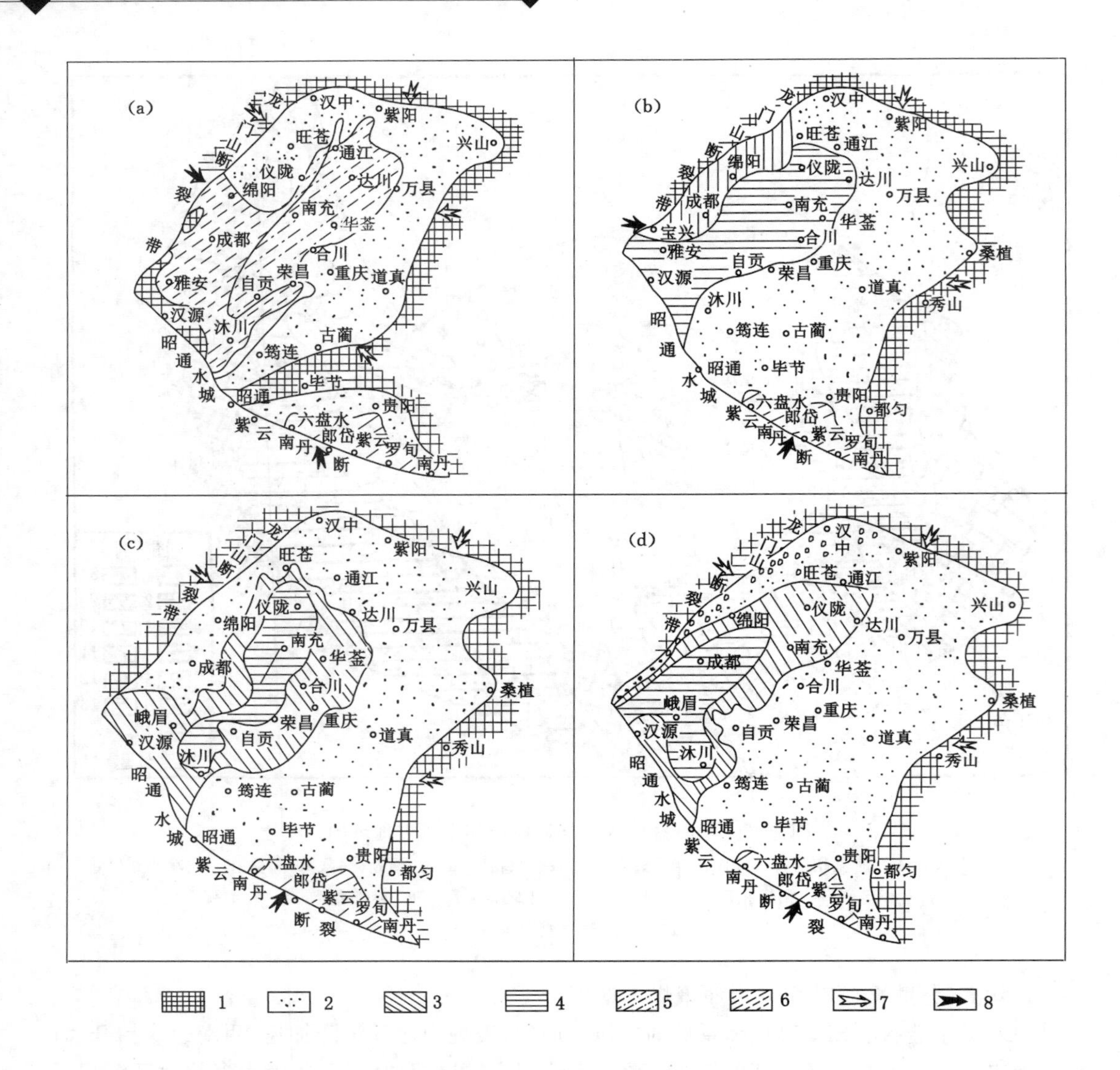

图 9-24　川滇煤盆地四川盆地区晚三叠世中晚期岩相古地理图

(a) 小塘子沉积期；(b) 须家河组一、二段沉积期；(c) 须家河组三、四段沉积期；(d)须家河组五、六段沉积

1——古陆；2——冲积扇河流相区；3——滨湖及湖泊三角洲相区；4——湖泊相区；5——三角洲相区；

6——潟湖潮滩相区；7——陆原物质搬运方向；8——海侵方向

须家河组一、二段沉积期[图 9-24(b)]，龙门山开始隆升，西北海水通道封闭，沉积中心在盆地西北部，沉积环境从东向西为河流、湖泊三角洲、湖泊和海湾，富煤带发育在屏山、南川、万源、南江等地。须家河组三、四段沉积期[图 9-24(c)]，龙门山隆升加剧，沿龙门山一带形成冲积扇裙，残存的海湾化为冲积平原，南充湖除峨眉、沐川一带外，湖缘被河流沉积体系环境环绕，川东河流向南伸入南充湖，形成南充湖东缘的湖泊三角洲体系，泥炭沼泽以废弃的湖泊三角洲为平台广泛发育。须家河组第五、六段沉积期[图 9-24(d)]，西北及北部褶皱成山，盆地与外海完全隔绝，成为内陆沉积盆地，由西向东依次为湖泊、湖泊三角洲、滨湖和冲积平原体系，由于物质供应充分，进积作用强，冲积平原大幅度向西超覆，成煤作用的发生也同时向西推移。

湘赣粤煤盆地处于华夏地块和华南褶皱系之上，为一盲肠状的海湾盆地。晚三叠世卡尼早期[图 9-25(a)]，海水自南而北经宜章、资兴及攸县一带的狭长海湾抵达浏阳、澄潭江一带，形成湘赣海湾的雏形。浏阳、澄潭江一带在此期沉降较深，海水沿狭道间歇性注入，沉积物以砂质泥为主，反映出海湾沉积的特点。江西萍乡-丰城坳陷为滨海沉积体系展布区，形成了本期的富煤带。丰城-乐平一带为山前洪积区，不含煤或仅含薄煤。粤闽区为冲积扇、扇三角洲、河流、湖泊沉积体系，在废弃的三角洲平原上煤层发育较好。卡尼晚期-诺利早期[图 9-25(b)]，海湾范围扩大，湘东南的宜章杨梅山及资兴一带都接受了一套滨岸体系沉积。萍乡一带演化为潟湖相，丰城-乐平一带为滨海平原相沉积，含较多可采煤层，是重要的成煤区。莲花、抚州、弋阳山一带山间盆地范围扩大，环境稳定，形成较多煤层。闽粤地区的中山-肇庆-龙门-阳山一线以西为河流体系的泛滥平原相，以东为潟湖相。在福建漳平一带发育内陆湖扇三角洲体系。诺利晚期-瑞替期[图 9-25(c)]，湘赣地区盆地向西有所扩大，粤闽地区基本保持不变。总的来说，湘赣粤盆地总体表现为海退，海平面升降控制着古地理演化及富煤带迁移。

(3) 第三纪聚煤环境

本区第三纪聚煤作用发生于广西地区沿断裂的差异升降地运动形成的盆地群中。广西老第三纪煤盆地为彼此孤立的内陆断陷盆地，分布在古南岭以南的桂西及桂东西南一带，主要有百色、南宁、上思、那龙等盆地。各盆地下第三系均为厚数百米至 3 000 m 的陆相含煤沉积，其中以百色盆地的含煤性最好。

百色盆地位于右江断裂的西南侧，与右江断裂斜交。该盆地形成初期，地形起伏，在盆地的局部低凹处沉积了代表炎热干燥环境气候下的红色沉积。古新世末气候转入潮湿，湖泊加深，在盆地中下沉幅度较大的部位形成了洞均组深湖相碳酸盐岩沉积。那读早期的沉积作用发生于盆地西部，为扇三角-湖泊环境下的碎屑岩、泥灰岩含煤沉积。那读晚期，沉积作用扩至全盆地，为滨湖三角洲-湖泊环境，东西部各有一个沉积中心，西部发育 A、B、C、三个煤组，煤层最多达 43 层，东部仅发育了 A 煤组。百岗早期湖泊扩张达到顶峰，盆地内普遍沉积了较厚的深湖相泥岩、泥灰岩。百岗晚期盆地开始萎缩，以滨浅湖沉积为主，沉积中心位于盆地东部偏北，共形成六个煤组，含煤 1～33 层，东部发育较好。伏平期开始水体收缩，以河湖相碎屑岩沉积为主，聚煤作用基本停止。

(四) 西北赋煤区

1. 概述

西北赋煤区位于我国西北部，东界为狼山-桌子山-贺兰山-六盘山一线，南界为塔里木盆地南缘、昆山-秦岭一线，西界及北界为国界线，包括甘肃、新疆的全部，青海北部，宁夏西部和内蒙古的西部。

西北赋煤区的聚煤期有石炭-二叠纪、晚三叠世、早-中侏罗世、早白垩世、第三纪，其中早-中侏罗世煤系分布范围最广，资源丰富，资源潜力最大。

石炭-二叠纪靖远组、羊虎沟组、太原组、山西组分布于河西走廊，甘、青交界处的祁连山、靖远-香山和柴达木盆地北缘。

早-中侏罗世西山窑组、八道湾组分布在新疆天山-准噶尔、塔里木、吐鲁番-哈密、三塘湖-淖毛湖、伊犁等大型煤盆地。窑街组、元术尔组、小峡组分布于兰州-西宁一线，热水组、

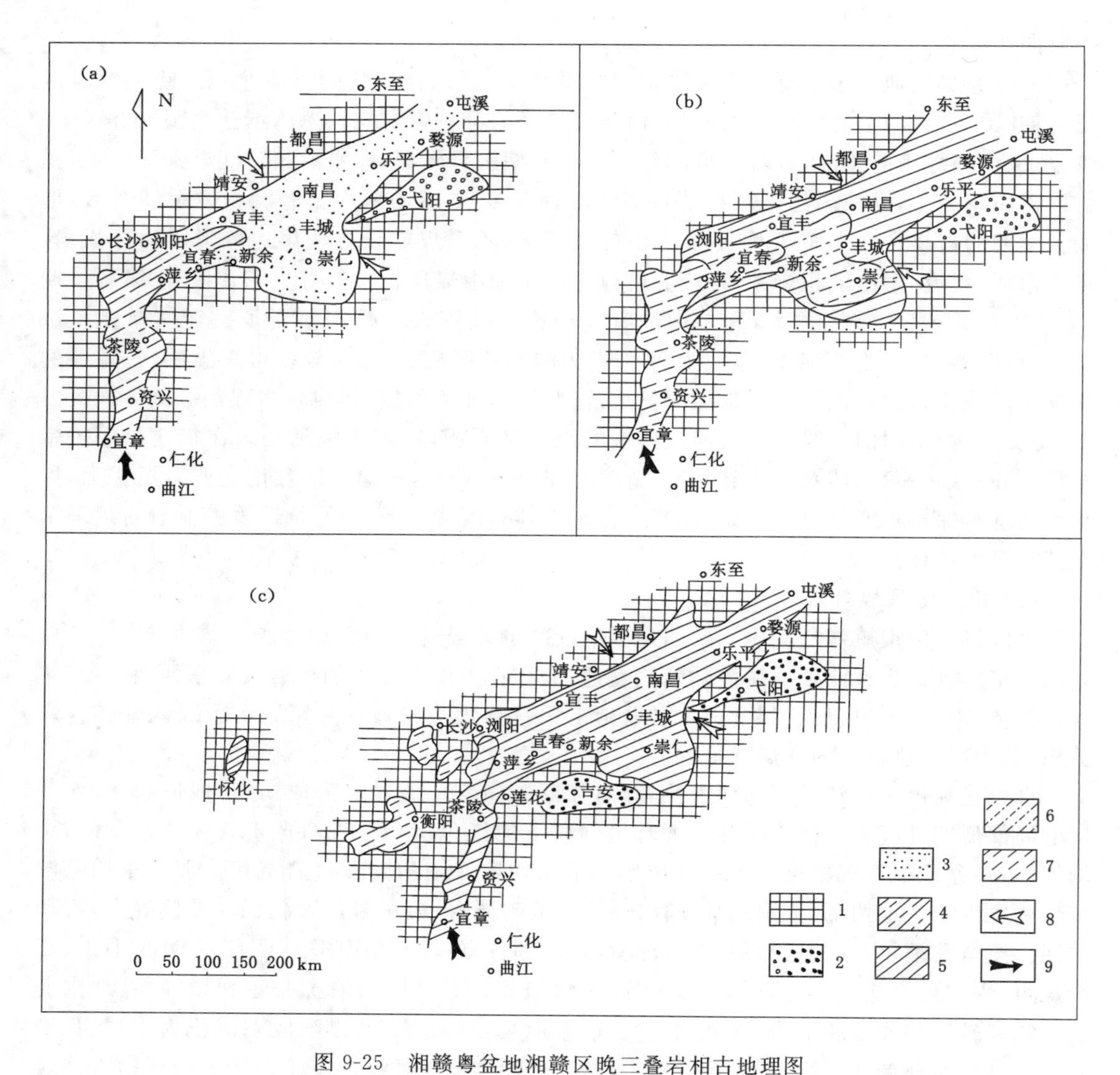

图 9-25 湘赣粤盆地湘赣区晚三叠岩相古地理图

(a) 卡尼早期；(b) 卡尼期-诺利早期；(c)诺利晚期-瑞替期

1——古陆；2——冲积扇相区；3——河流区；4——海湾；5——滨海体系；6——潟湖潮平相；7——潟湖相；8——陆源物质搬运方向；9——海侵方向

江仓组、木里组分布于北祁连走廊及中祁连。

早白垩世含煤沉积仅见于甘肃北部的吐路-驼马滩一带。

2. 煤类及分布

石炭-二叠纪煤分布在准噶尔盆地的西北部和祁连山南、北，呈北西向或东西向条带，以中级烟煤为主，也有贫煤和无烟煤。

晚三叠世煤在新疆天山、准噶尔和乌恰等地以气煤为主，局部有肥煤、焦煤和瘦煤，乌恰煤田的煤与岩浆侵入接触带上有天然焦。青海木里、门源和甘肃天祝、景泰等地有长焰煤、气煤、瘦煤和盆煤。青海昆仑山都兰、八宝山等地为无烟煤带，呈北西向分布。

早-中侏罗世煤可分为四个变质带。

（1）新疆低变质煤带。准北、准南、伊犁、吐哈、准东等主要煤田均以长焰煤、不黏煤和气煤为主，局部有肥煤、焦煤和瘦煤；塔北煤田以气煤为主，局部有弱粘煤、肥煤和焦煤；乌恰煤田为肥煤和焦煤；西昆仑为长焰煤和不粘煤，局部有贫煤和无烟煤。此外，在准噶尔盆地西缘和什托洛盖和克拉玛依尚存少量褐煤。

（2）柴北低变质煤带。包括青海的鱼卡、大煤沟、杨树山、大通，甘肃的窑街、阿干镇至靖远等近东西排列的小型煤盆地，以长焰煤、不粘煤为主，其次为弱粘煤和气煤，局部有贫煤和无烟煤，大有、大滩等地尚存褐煤。

（3）祁连山中、高变质煤带。包括旱峡、红沟、江仓、木里、热水和九条岭等煤产地。红沟和西后沟为焦煤，九条岭为无烟煤，旱峡为贫瘦煤，热水为瘦煤、贫煤，江仓、木里为中、低变质烟煤。

（4）昆仑山-积石山变质带。此带近东西向延展至新疆，昆中断裂两侧为长焰煤-气煤，塔妥为1/2中黏煤。昆南断裂带北侧的纳赤台为无烟煤，南侧的大武煤田为中高变质煤，石峡和野马滩为焦煤、贫煤和少量无烟煤。

西北早白垩世煤为甘肃的吐路-驼马滩为褐煤，成县化垭为长焰煤。

3. 煤系与含煤性

（1）石炭-二叠纪煤系

① 柴达木-祁连山区

柴达木-祁连山区早石炭世至晚二叠世都有沉积，岩性较为复杂，以地台沉积为主，海相碳酸盐岩相、海陆交互相、过渡相的含煤沉积、陆相碎屑及火山碎屑岩、变质岩都有发育。本区含煤沉积主要是海陆交互相的含煤沉积类型，如太原组、羊虎沟组和红土洼组，其次为滨海过渡相沉积类型，如山西组。

羊虎沟组分布于北祁连山及河西走廊地区，为一套海陆交互相和滨海相沉积，以粉砂岩、砂质泥岩、泥岩为主，夹灰岩、砂岩和薄煤层。本组下段和中段含煤1～4层，在宁夏碱沟山可采及局部可采达11层，可采总厚度10.2 m；宁夏土坡可采5层，可采总厚度4.74 m；在景泰花山、山丹花草滩、玉门东大窑等地，偶夹不稳定煤层1～2层，厚0.54～3.18 m。本组厚度南厚北薄，西部酒泉南100 m左右，中部山丹-武威一带24～41 m，东部红水堡和磁窑附近120 m左右。

太原组主要分布于宁夏中卫、中宁地区，内蒙古阿拉善地区南缘以及甘肃营盘水-景泰-区路堡一线以西至玉门的河西走廊地区。本组为海陆交互相含煤沉积，岩性主要为泥岩、砂质泥岩、粉砂岩夹生物灰岩、砂岩和煤层。本组含煤最多达25层，多集中于上部，一般可采2～4层，最多达17层，单层厚度一般1～3 m，最厚达20 m，可采总厚度1.25～33.52 m，一般2～6 m。本组厚度变化较大，23～453 m，一般在数十米至200 m之间，大致东西部厚，中部薄。

山西组主要分布于河西走廊西部山丹、龙首山地区和北祁连地区。本组沉积特征与华北地层区基本一致，为过渡组、陆相含煤碎屑沉积，主要由石英砂岩、含砾长石砂岩、粉砂岩、碳质砂质泥岩、泥岩夹煤层组成。含煤性较好，大多含可采煤层1～2层，平均可采厚度4.32～8.99 m煤层较稳定。本组厚一般为20～60 m，甘肃新河、宁夏线驮石等地分别达120 m和169 m。

② 天山-兴蒙区

天山-兴蒙区石炭二叠纪分布零星，含煤性普遍较差，含可采煤层的有石炭系的黑山头组，太勒古拉群。二叠系的下芨芨槽子群，阿其克布拉克组、珍子山组和乌尔禾群。

③ 塔里木区

塔里木区石炭二叠纪地层出露于西南天山和南疆塔里木盆地周缘地区，据石油勘测资料表明，盆地中、西部地区的石炭二叠纪地层均有发育，属于较稳定的地台型沉积。含煤沉积有比京他乌组、开派兹雷克组、库普库兹满组，均无工业价值。

(2) 晚三叠世煤系

晚三叠世煤系在西北赋煤区分布零星，大多含煤性较差。甘、青两省境内的晚三叠世含煤沉积主要有北祁连-河西走廊地区的南营儿群，南祁连的默勒群和昆仑北坡的八宝山群。

南营儿群西起酒泉，东至靖远，沿北祁连山及河西走廊呈北西西向展布，由砾岩、砂岩、粉砂岩、泥岩等组成，中上部夹煤层(线)，一般不可采。甘肃的永登双龙(煤厚 22.5 m)和景泰大峨岜(煤厚 15.87 m)等地出现厚变巨厚的煤层，在我国北方晚三叠世含煤沉积中出现属罕见。

(3) 侏罗纪煤系

侏罗纪煤系是西北赋煤区资源量最丰富，含煤性也最好，在全区各地都有其代表性的地层。

① 北疆地区

早-中侏罗世含煤沉积广泛分布于准噶尔、伊宁、吐哈等盆地及巴里坤-三塘湖地区，统称水西沟群，自下而上分为八道湾组、三工河组与西山窑组，其中八道湾组与西山窑组为含煤导组。

八道湾组在北疆各盆地中岩性较为一致，为砂岩、粉砂岩和泥岩互层，含碳质泥岩及煤层，底部有砾岩。煤层主要发育于下段及中段，有巨厚煤层，上段多为薄煤层。在准噶尔盆地南缘中段含煤 3～35 层，可采总厚度约 50 m；准噶尔盆地东部含煤 1～15 层，可采 1～11 层，可采总厚度 0.98～36.5 m，盆地北部克拉玛依-乌尔禾一带含煤 1～7 层，可采总厚度 0.8～19.6 m。吐哈盆地北部的艾维尔沟至三道岭一带，可采煤层 14 层，煤层厚度 3～43 m；东部野马泉、梧桐窝子一带煤层总厚度 15 m，含煤性变差，而在其南的大南湖一带已无八道湾组沉积。伊宁盆地八道湾组含煤 2～9 层，厚度 4～62.88 m；在昭苏-特克斯和尼勒克一带，含可采煤层和局部可采煤层 2～5 层，总厚度一般为 10～15 m。在三塘湖-淖毛湖一带的小型含煤盆地中也有可采煤层赋存。

西山窑组岩性为中粗粒砂岩、粉砂岩、砂质泥岩夹煤及菱铁矿薄层，煤层多集中于中下部。在准噶尔盆地含煤 4～58 层，可采总厚度 20～130 m；吐哈盆地含可采煤层 3～13 层，平均可采总厚度 16.64 至 100 多 m；东部三塘湖含煤 4～7 层，煤厚 10 至 40 多 m；伊宁盆地含煤 3～9 层，煤层总厚度 10～46.6 m。本组厚度变化大，为 6～1 313 m。

② 南疆分区

南疆分区包括塔里木盆地和南天山的大部，含煤沉积主要分布于塔里木盆地北西缘的库车、喀什、阿克陶-莎车、江格萨依等盆地。塔东罗布泊地区大部被掩盖，据石油钻井揭露，发现有早-中侏罗世地层赋存。将塔里奇克组的上部划为下侏罗统，下部仍为三叠统。

塔里奇克组分布于库车盆地的阿克苏、库车、拜城和阳霞等地。岩性主要为砂岩、砂砾岩、泥岩夹泥灰岩、粉砂岩薄层，由两个由粗到细的旋回组成，在塔里木盆地北缘含煤 2～17 层，可采 2～13 层，可采厚度 5.5～33.73 m。本组厚度在库车河为 821 m，舒善河为 177 m。

克孜勒努尔组岩性为砂砾岩、细砾岩、泥岩、碳质泥岩、粉砂岩夹煤层，顶部为厚约

130 m的灰绿、黄绿、深灰色的泥岩与粉砂岩，可作为对比标志。组厚一般为500～600 m，最大805 m。在喀什地区与本组相当的地层为康苏组，岩性为砂岩、砂砾岩与泥岩互层，夹碳质泥岩和煤层，顶部有厚80余米的深灰色泥岩作为地区对比标志。喀什一带含煤12～21层，平均总厚13.37 m；叶城含煤8～9层，煤层总厚11.07 m。康苏组厚1 250 m。

4. 聚煤环境

(1) 石炭-二叠纪聚煤环境

西北赋煤区石炭二叠纪聚煤作用主要发生于北祁连-走廊盆地与柴达木北缘盆地、塔西盆地、准噶尔-哈密盆地。

① 北祁连-走廊盆地与柴达木北缘盆地

北祁连-走廊盆地位于阿拉善古陆与中祁连古陆之间，柴达木北缘盆地位于柴达木古陆的北东缘，二者的基底均为祁连山加里东褶皱带。两盆地早石炭世初期的粗碎屑岩沉积与早期裂陷作用有关，随着裂陷的发展和海水的入侵，早石炭世形成一套海相碳酸盐岩夹碎屑岩的沉积岩系，局部有泥炭沼泽发育，无可采煤层形成。晚石炭世裂陷作用有所缓和，为聚煤作用提供了有利条件。马平期至早二叠世龙吟期海水向东退却，潟湖、潮滩沉积广泛发育，聚煤范围向东扩展，形成了北祁连-走廊盆地的主要含煤沉积太原组和柴达木北缘盆地的扎布萨尕秀组。茅口期以后，该盆地的隆起加剧，海水全部退出，以内陆河湖沉积为主，由于气候干旱，无煤层形成。

② 塔西盆地

塔西盆地基底为塔里木地台，晚石炭世以海相沉积（比京他乌组）为主，泥炭沼泽的发育极其有限。随着艾比湖-居延海对接带的拼合，构造趋于稳定并出现陆相沉积，在柯平一带的河流体系（库普库滋满组）中发育1～2层煤，厚0.4～0.6 m。

③ 其他煤盆地

西伯利亚沉积聚煤域在我国境内的新疆部分为陆缘，构造活动强烈，聚煤作用很差，仅发育了一些次要的煤盆地，如准噶尔-哈密盆地、阿尔泰南缘盆地、伊犁盆地等。准噶尔-哈密盆地是随着艾比湖-居延海对接带的拼合而形成的，沉积基地为准噶尔地块及早华力西褶皱带。早二叠世，石盒子以北及博格达山以东地区主要为海湾、潟湖沉积，盆地南缘的巴音沟-清水子一带发育冲积扇体系，托克逊以南为河流体系，在觉罗塔格的大热子泉一带，栖霞期—茅口期形成厚约190余m的含煤岩石系（阿其克布拉克组）。

(2) 中生代聚煤环境

① 准噶尔盆地

准噶尔盆地位于新疆北部，盆地周缘均为大型冲断带或逆冲推覆构造带。八道湾组沉积时，盆地北缘大致有四个冲积裙复合体，河流相区分布于盆地四周，沉积中心位于玛纳斯以北。三工河组沉积时，盆地被湖泊沉积占据，古地理环境不利于泥炭沼泽的形成。西山窑组沉积时的岩相古地理条件与八通湾组沉积时期相似，湖盆水体较浅，河流体系和湖泊三角洲体系沉积发育，为泥炭沼泽的形成创造了有利条件。上述过程揭示了盆地在早-中侏罗世沉积古地理演化特征是：在最初的浅水沉积的基础上，经历了一次大规模的水进后，湖盆又被淤浅，煤层主要发育在废弃的河流体系和湖泊三角洲体系之上。

② 伊犁盆地

伊犁盆地主体位于伊犁河谷，向西延伸越过国境进入哈萨克斯坦，在我国境内的面积约占伊犁盆地总面积的 1/5。

伊犁盆地早-中侏罗世沉积的深湖相不发育，有利于泥炭沼泽的广泛发育，煤层的形成与河流体系和湖泊三角洲沉积体系密切相关(图 9-26)。盆地内煤层总数在 50 层以上，煤层总厚 120 m，有的单厚度达 34 m。八道湾组富煤带在霍城和伊宁之间，含煤 3～9 层，总厚 36.37～62.88 m。西山窑组富煤带在苏阿苏一带，含煤 3～9 层，总厚 33.6～46.6 m。

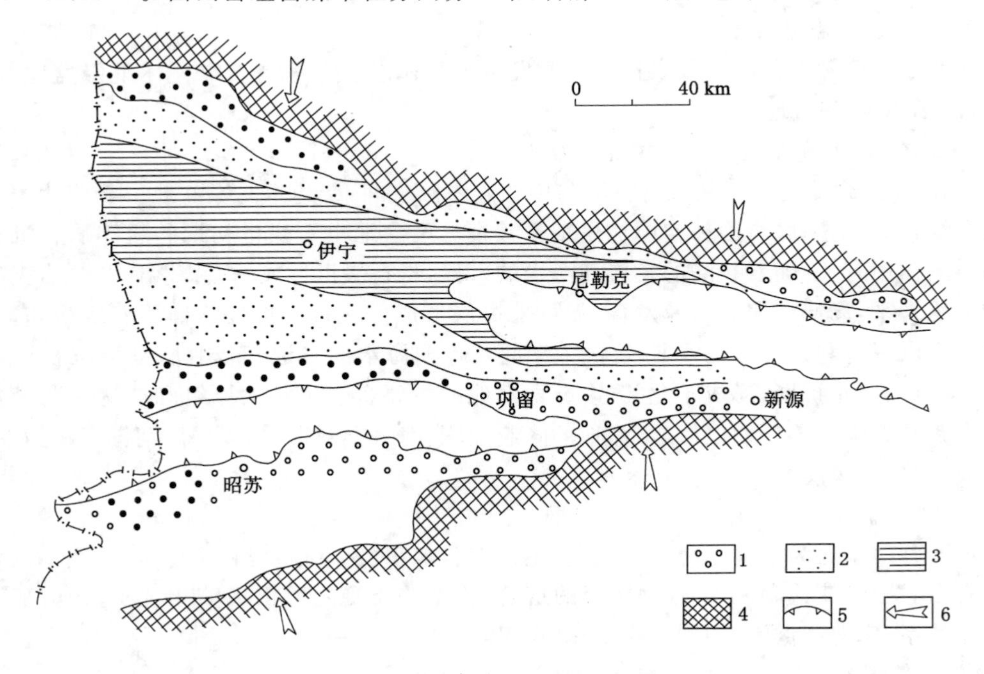

图 9-26　伊犁盆地(中国部分)早-中侏罗世沉积古地理略图

1——冲积扇区；2——河流相区；3——湖泊相区；4——剥蚀区；5——后隆起区；6——碎屑洪给方向

③ 库车-满加尔盆地

库车盆地由黑英山-塔拉克凹陷和尉犁-阿拉干凹陷组成，是三叠纪开始连续发育形成的侏罗纪煤盆地，并经历了水进—水退—水进的演化过程。侏罗系自下而上由湖泊体系、扇三角洲体系、河流体系-湖泊体系组成。目前已确定四个沉积中心分别位于拜城铁力克、黑英山、阳霞和孔雀河下游，沉积厚度 900～2 000 m。缺乏深湖和半深湖沉积，这种古地理条件非常有利于泥岩沼泽的发育和厚煤层的形成，煤层主要与河流体系有关，富煤带位于拜城、库车、阳霞一线，呈近东西向展布。

④ 柴达木盆地

柴达木盆地位于青海的中西部，由柴北凹陷和茫崖-采石岭凹陷组成。盆地的侏罗系由两大沉积旋回组成，下部旋回自下而上经历了冲积扇三角洲-湖泊等体系的演化；上部旋回自下而上的沉积序列是冲积扇体系-河流体系-湖泊体系。泥炭沼泽的发育与河流体系密切相关。茫崖湖凹陷的煤层发育很差，柴北凹陷的富煤带位于鲁卡-柏树山的东北部，富煤中心在大头羊-大煤沟一带。

⑤ 祁连山盆地群

盆地在平面上呈纺锤形，剖面上呈单断式半地堑或双断式地堑结构。盆地被冲积扇-河

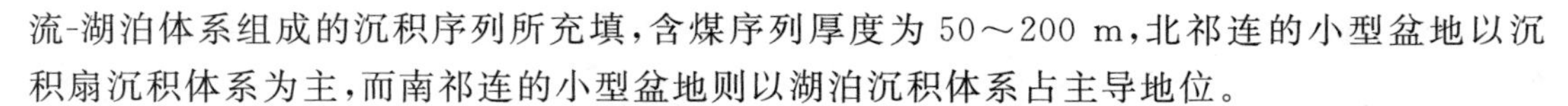

流-湖泊体系组成的沉积序列所充填，含煤序列厚度为50～200 m，北祁连的小型盆地以沉积扇沉积体系为主，而南祁连的小型盆地则以湖泊沉积体系占主导地位。

（五）滇藏赋煤区

1. 概述

滇藏赋煤区位于我国西南部，北界昆仑山，东界龙门山-大雪山-哀牢山一线，包括西藏全部和云南的西部及青海南部。本区地处青藏高原，地域辽阔，交通困难，地质条件复杂，对煤炭资源的评价依据不充分。

区内石炭-二叠纪至第三纪各地质时代的含煤沉积均有发育。早石炭世马查拉组、杂多组和晚二叠世妥坝组、乌丽组较为重要；其次为晚三叠世土门组（西藏）、麦初箐组（滇西）以及新第三纪中新世、上新世含煤沉积。西藏中部还有早白垩世多尼组、拉藏组、川巴组等。

早石炭世杂多组分布于青海南部扎曲南西侧的杂多-囊谦一带，向南延入西藏马查拉及澜沧江西侧的金多、加卡、曲登一线，称为马查拉组。

晚二叠世乌丽组分布于青海西部唐古拉及藏北一带，在藏东的昌都、芒康、妥坝一带为妥坝组。

晚三叠世土门组分布在藏北土门-巴青一线，在藏东为巴贡组，在滇西金沙江-红河以西为麦初箐组。

新第三纪含煤沉积在滇西零星分布于规模较小的断陷-坳陷盆地中，含煤岩组各地命名不一。

2. 煤类及分布

区内煤的变质带大体分为北带和南带。北带沿唐古拉山-横断山分布，属中-高变质煤带，早石炭世煤为贫煤和无烟煤，晚二叠世煤为瘦煤-无烟煤，晚三叠世为肥煤和焦煤。南带西起狮泉河，沿雅鲁藏布江分布，中侏罗世煤为烟煤，早白垩世煤为长焰煤-无烟煤，老第三纪煤为褐煤、长焰煤、弱黏煤、肥煤，新第三纪煤为长焰煤。滇西地区仅有第三纪褐煤，局部变质为长焰煤。

该区煤的变质程度普遍较高，但成煤时代由老至新，煤级由高至低的基本规律还是存在。晚古生代至中生代各煤系的厚度都超过1 000 m，最厚的下白垩统多尼煤系可达1 663～5 563 m，巨厚的沉积盖层使煤层经受了较强的深成变质作用。在深成变质的基础上，一些地区早白垩世煤强烈变质为无烟煤，第三纪煤突变为中高变质烟煤。

3. 煤系与含煤性

（1）早石炭世煤系

马查拉组分布于青海南部多扎、囊谦和西藏东部类乌齐、昌都、左贡、芒康一带，为海陆交互相含煤碎屑岩沉积，其上、下段均为灰岩，中段为含煤段，由深色石英砂岩、碳质泥质砂岩、砂质泥岩、碳质泥岩及煤层组成，段厚在杂多一带为2 300～3 100 m向南东变薄，在芒康附近尖灭。煤层赋存于含煤段的中下部，自家浦一带含煤75层，总厚36.2 m，可采及局部可采37层，可采总厚29.7 m；马查拉含煤82层，可采和局部可采23层，可采总厚12.7 m；曲登含煤14层，可采及局部可采6层，可采总厚5.68 m。含煤层位由南东向北抬高，含煤性自北西向南东变差。

（2）二叠纪煤系

妥坝组岩性为泥岩、碳质泥岩、粉砂岩夹长石石英砂岩、生物碎屑灰岩及泥灰岩，妥坝-

巴贡一带下部含煤 21 层，局部可采 14 层，煤层单层厚度 0.3～1.79 m，平均厚度大于 0.4 m 的 1～4 层，中上部夹薄煤及煤线。该组厚 330～512 m。

那义雄组层位与妥坝组相当，为海陆交互相含煤碎屑岩系，厚度大于 1 300 m。岩性主要为厚层砂岩、泥岩互层，夹灰岩、碳质泥岩及煤层。含煤 10 层，可采和局部可采 5 层，可采总厚度大于 10 m，可采和局部可采 5 层，可采总厚度大于 10 m，单层最厚在 6 m 以上。乌丽以东的扎苏煤矿含煤 8 层，可采和局部可采 7 层，一般厚 1.0～2.5 m，最厚达 9.5 m，多呈透镜状或鸡窝状，稳定性差。

(3) 晚三叠世煤系

巴贡组/土门格拉组两者为同一含煤沉积在不同地区的称谓，分上下两段：下段阿堵拉段以粉砂岩、泥岩夹细砂岩为主，含煤线；上段夺盖拉段为含煤层位，岩性为长石石英砂岩、粉砂岩、泥岩，偶夹薄层灰岩，西部含煤层(线)多达 68 层，一般数层至数十层，可采或局部可采 3～10 层，最多达 20 层，单层煤厚 0～0.9 m，最厚达 5 m。

尕毛格组分布在青海南部扎曲河两岸，岩性为砾岩、硬砂岩、石英砂岩、粉砂岩，夹泥岩及板岩、含薄煤层(线)10～16 层，多不可采，单层厚度一般仅几厘米至 1.5 m，个别达 4.5 m，呈鸡窝状。组厚 385～1 410 m。

(4) 早白垩世煤系

本区早白垩世海陆交互相含煤沉积主要有多尼组、林布宗组和川巴组，含煤性均不好。

多尼组分布在怒江中游地区，沿怒江西侧伸入云南境内。由粉砂岩、泥岩、砂岩、砂质泥岩和煤组成，顶部夹灰岩、中部含薄煤 10 余层。本组厚度大于 1 000 m。

林布宗组分布在拉萨北侧林周至墨竹工卡一带，自下而上可分为五层。一层为深色泥岩、粉砂岩和石英砂岩，厚 245～1 039 m，含煤 10 余层，3 层局部可采，煤厚 0.1～1.93 m；二层为杂色安山质凝灰岩、凝灰质砂岩、粉砂岩、砂质泥岩，厚 0～770 m，夹不稳定煤层，局部可采 1～4 层，煤厚 0.3～1.76 m；三层为主要含煤段，含薄煤 10 余层，可采及局部可采 3 层；四层为石英砂岩、板岩，局部含砾砂岩，厚 0～1 570 m；五层为石英砂岩、长石石英砂岩、含煤层(线)8 层，平均煤厚大于 0.4 m。

川巴组主要由碎屑岩及碳酸盐岩组成，下部为砂质泥岩、泥岩、粉砂岩，含煤层(线)0～6 层，局部可采 2～4 层，上部为石英砂岩，长石石英砂岩夹凝灰质砂岩及泥灰岩。组厚 300～940 m。

(5) 第三纪煤系

秋乌组下段为杂色砾岩，厚度变化较大，在日喀则小于 100 m，在噶尔门士约 500 m；中段为砂质泥岩夹煤层，厚约 219 m；上段为紫红色粉砂岩夹砂岩，厚 75 m。局部地段含煤层 1 层，厚度 0～1 m，个别地段见有开采。

门士组下部为砾岩、砂砾岩；中部为粉砂岩、泥岩夹砂岩和煤层；上部为粉砂岩、泥岩夹凝灰岩。总厚度约 1 200 m。在门士含煤 8 层，局部可采 2 层，煤厚分别为 1.3 m 和 2.2 m，含煤性差。

三营组主要分布于洱源、丽江、宾川、祥云、中甸等盆地中，厚 0～950 m，一般 330 m。岩性为黏土岩、硅藻质黏土岩、泥岩、粉砂岩、砂岩、夹砂质砾岩及褐煤层，成岩及胶结程度均较差。含煤 0 至数十层，一般 7 层，可采 3 层，一般可采厚度 4～20 m。与其层位相当的地层在腾冲-瑞丽称芒棒组，保山-澜沧江称羊邑组，兰坪-思茅称福东组。

4. 聚煤环境

由于赋煤区位于滇藏褶皱系藏北-三江褶皱区和藏南地块上，受北西-南东向深断裂的控制，地壳运动剧烈，成煤环境较差，多为小型断陷盆地。

（1）晚古生代聚煤环境

① 唐北-昌都盆地

唐北-昌都盆地位于青海南部的杂多-囊谦和西藏昌都地区，构造及古地理属于古特提斯洋与其北部金沙江次级消减带之间的地块上，他念他翁古陆东缘。平面形态为北西-南东走向并向北东突出的弧形。早石炭世大塘期的海退，在该盆地形成海陆交互相含煤沉积马查拉组。其后至早二叠世一直以海相沉积为主，未形泥炭沼泽。晚二叠世的海退，再次发生聚煤作用，含煤沉积为妥坝组。

② 扬子西缘盆地

扬子西缘盆地位于康滇古陆以西，晚二叠世在靠近古陆的丽江-哀牢山一带为冲积扇-河流沉积，向西渐变为海陆交互及海相沉积，在川西盐源小高山一带含煤性较好，煤层呈透镜状，极不稳定，其他地区含煤性差。

（2）中生代聚煤环境

本区中生代为海陆交互相成煤环境，以藏北盆地为例。藏北盆地位于班公错-怒江对接带以南、雅鲁藏布江对接带以北的地区。盆地呈东西带状分布，北以班公湖-改则-色林错-那曲-丁青-八宿为界，南以门士-日喀则为界。由于特提斯板块的俯冲，雅鲁藏布江一线形成完整的沟-弧-盆体系，古冈底斯山以北的藏北地区为海陆交互相弧后盆地，早白垩世早期，海水自西向东侵入藏北地区，沉积了大套的砂岩、泥岩、碳质泥岩及煤层，早白垩世晚期，受到持续海侵作用的影响，藏北弧后盆地的西部由海陆交互环境过渡到浅海环境，沉积了大套的灰岩，而盆地的东部及中部仍为海陆交互环境，继续接受碎屑沉积。含煤沉积的厚度差异很大，由西向东增厚。

（3）第三纪聚煤环境

从第三纪开始的喜马拉雅构造阶段，在印度板块与欧亚板块对接的背景下，产生了以青藏高原隆升为特征的构造带（新特提斯构造带），西部的特提斯洋壳最终消灭。本区第三纪聚煤区属新特提斯沉积聚煤域，在该聚煤域内，西南特提斯区为喜马拉雅残留海，沿雅鲁藏布江的近海盆地内，发育了秋乌煤系和门士煤系等海陆交互相碎屑含煤沉积。

新第三纪的古地理面貌和古气候较老第三纪发生了根本改变，此时海域已从喜马拉雅地区和塔里木盆地西南缘退出，该区已全部处于内陆环境，沿雅鲁藏布江形成了许多潮湿气候下的小型河湖盆地，沉积环境为小型的断陷-坳陷盆地，不同盆地因其规模大小、沉降幅度、岩浆活动等因素的差别，含煤性差异较大。

任务实施

（1）简要复述中国煤资源的时空分布特征。

（2）对比中国东北赋煤区和华北赋煤区的聚煤环境。

思考与练习

对比中国各赋煤区的不同之处。

参考文献

[1] 白浚仁,刘凤歧,姚星一,等.煤质分析[M].修订本.北京:煤炭工业出版社,1990.
[2] 陈家良,邵震杰,秦勇.能源地质学[M].徐州:中国矿业大学出版社,2004.
[3] 陈鹏.中国煤炭性质、分类和利用[M].北京:化学工业出版社,2001.
[4] 陈钟惠.煤和含煤岩系的沉积环境[M].武汉:中国地质大学出版社,1988.
[5] 贵州省煤田地质总局.贵州煤田地质[M].徐州:中国矿业大学出版社,2003.
[6] 郭崇涛.煤化学[M].北京:化学工业出版社,1992.
[7] 韩德馨,任德贻,王延斌,等.中国煤岩学[M].徐州:中国矿业大学出版社,1996.
[8] 黄克兴,夏玉成.构造控煤概论[M].北京:煤炭工业出版社,1991.
[9] 纪友亮.层序地层学[M].上海:同济大学出版社,2005.
[10] 李思田,解习农,王华.沉积盆地分析基础与应用[M].北京:高等教育出版社,2004.
[11] 李文阳,王慎言,赵庆波.中国煤层气勘探与开发[M].徐州:中国矿业大学出版社,2003.
[12] 李英华.煤质分析应用技术指南[M].北京:中国标准出版社,2014.
[13] 李增学,魏久传,刘莹.煤地质学[M].北京:地质出版社,2005.
[14] 李增学.矿井地质手册:地质・安全・资源卷[M].北京:煤炭工业出版社,2015.
[15] 陆春元.煤田地质学[M].北京:煤炭工业出版社,1987.
[16] 罗志立,李景明,刘树根,等.中国板块构造和含油气盆地分析[M].北京:石油工业出版社,2005.
[17] 罗志立,童崇光.板块构造与中国含油气盆地[M].武汉:中国地质大学出版社,1989.
[18] 煤炭化学研究总院北京煤化学研究所.煤质分析应用技术指南[M].北京:中国标准出版社,1991.
[19] 宁平.最新煤层气地质综合勘探开发技术与资源量预测评价分析实务全书[M].银川:宁夏大地音像出版社,2005.
[20] 桑树勋,秦勇.陆相盆地煤层气地质:以准噶尔、吐哈盆地为例[M].徐州:中国矿业大学出版社,2001.
[21] 山西汾渭能源开发咨询有限公司.中国煤矿煤质应用评价[M].太原:山西科学技术出版社,2012.
[22] 邵震杰,任文忠,陈家良.煤田地质学[M].北京:煤炭工业出版社,1993.
[23] 孙茂远,杨陆武,吕宣文.开发中国煤层气资源的地质可能性与技术可行性[J].煤炭科学技术,2001,29(11):45-46.
[24] 汤达祯.煤变质演化与煤成气生成条件[M].北京:地质出版社,1998.
[25] 陶明信.煤层气的成因和类型及其资源贡献[M].北京:科学出版社,2014.

[26] 王华，严德天.煤田地质学简明教程[M].武汉：中国地质大学出版社，2015.
[27] 魏焕成，徐智彬.煤资源地质学[M].北京：煤炭工业出版社，2007.
[28] 吴因业，邹才能，季汉成.中国层序地层学导论[M].北京：石油工业出版社，2005.
[29] 武汉地质学院煤田教研室.煤田地质学[M].北京：地质出版社，1979.
[30] 杨焕祥，廖玉枝.煤化学及煤质评价[M].武汉：中国地质大学出版社，1990.
[31] 杨起，韩德馨.中国煤田地质学[M].北京：煤炭工业出版社，1979.
[32] 杨起.煤地质学进展[M].北京：科学出版社，1987.
[33] 于实，李丰田.煤质检测分析新技术新方法与化验结果的审查计算实用手册[M].北京：当代中国音像出版社，2004.
[34] 余达用，徐锁平.煤化学[M].北京：煤炭工业出版社，1996.
[35] 张鹏飞，彭苏萍，邵龙义，等.含煤岩系沉积环境分析[M].北京：煤炭工业出版社，1993.
[36] 赵霞飞.动力沉积学与陆相沉积[M].北京：科学出版社，1992.
[37] 中国煤炭地质总局.中国煤炭资源赋存规律与资源评价[M].北京：科学出版社，2017.
[38] 中国煤田地质总局.鄂尔多斯盆地聚煤规律及煤炭资源评价[M].北京：煤炭工业出版社，1996.
[39] 中国煤田地质总局.华北地台晚古生代煤地质学研究[M].太原：山西科学技术出版社，1997.
[40] 中国煤田地质总局.华北煤层气储层研究与评价[M].徐州：中国矿业大学出版社，2000.
[41] 中国煤田地质总局.黔西川南滇东晚二叠世含煤地层沉积环境与聚煤规律[M].重庆：重庆大学出版社，1996.
[42] 中国煤田地质总局.中国东部煤田推覆、滑脱构造与找煤研究[M].徐州：中国矿业大学出版社，1992.
[43] 中国煤田地质总局.中国含煤盆地演化和聚煤规律[M].北京：煤炭工业出版社，1998.
[44] 中国煤田地质总局.中国聚煤作用系统分析[M].徐州：中国矿业大学出版社，2001.
[45] 中国煤田地质总局.中国煤层气资源[M].徐州：中国矿业大学出版社，1998.
[46] 中国煤田地质总局.中国煤炭资源预测与评价[M].北京：科学出版社，1999.
[47] 中国煤田地质总局.中国煤岩学图鉴[M].徐州：中国矿业大学出版社，1996.
[48] 中国煤田地质总局.中国煤质论评[M].北京：煤炭工业出版社，1999.
[49] 钟蕴英，关梦嫔，崔开仁，等.煤化学[M].徐州：中国矿业大学出版社，1989.
[50] 朱夏.中国中新生代盆地构造和演化[M].北京：科学出版社，1983.
[51] 朱银惠.煤化学[M].北京：化学工业出版社，2005.
[52] 邹常玺，张培础.煤田地质学[M].北京：煤炭工业出版社，1989.

附　录

附　录　A

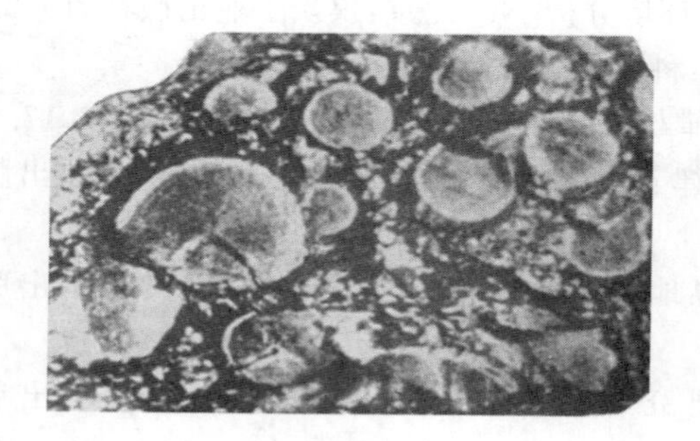

附录 A-1　眼球状内生裂隙

附录 A-2　垂直层面内生裂隙

附录 A-3　放射状外生裂隙

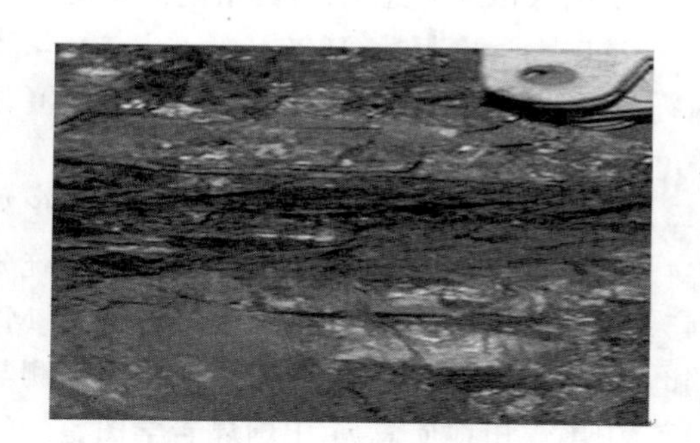

附录 A-4　条带状结构

附录 A-5　线理状结构

附录 A-6　透镜状结构

附录 A-7　均一状结构

附录 A-8　粒状结构

附录 A-9　均一状结构

附录 A-10　粒状结构

附录 A-11　叶片状结构

附录 A-12　碎裂结构

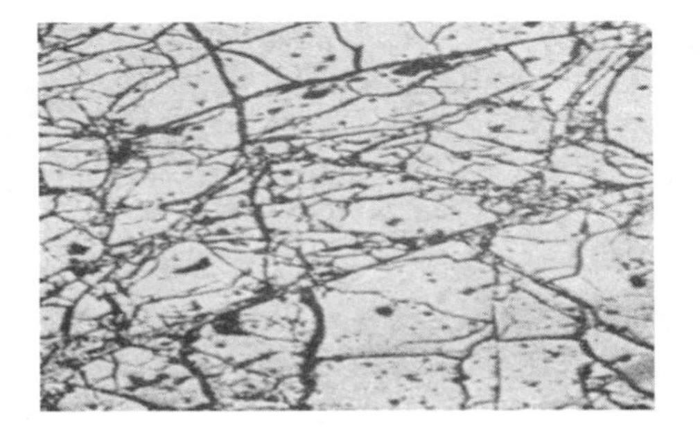

附录 A-13　碎裂结构(镜下)

附录 A-14　碎粒结构

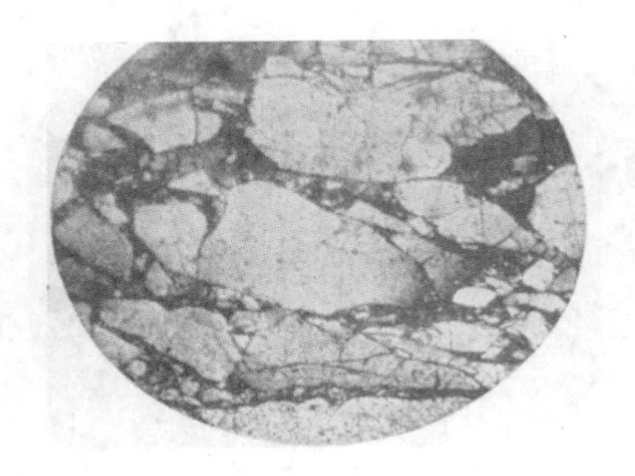

附录 A-15　碎粒结构(镜下)

附录 A-16　糜棱结构

附录 A-17　糜棱结构(镜下)

附录 A-18　层理构造

附录 A-19　块状构造

附录 A-20　镜煤，宽条带状结构

附录 A-21　镜煤化植物结构茎干，显示年轮，透镜状结构

附录 A-22　亮煤，镜煤(细条带状)，光亮煤

附录 A-23　暗煤，丝炭（线理状），暗淡煤（均一状）

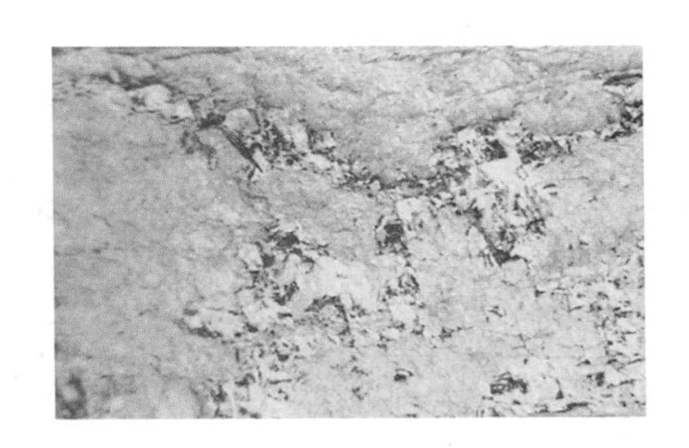

附录 A-24　丝炭，平行层理面

附　录　B

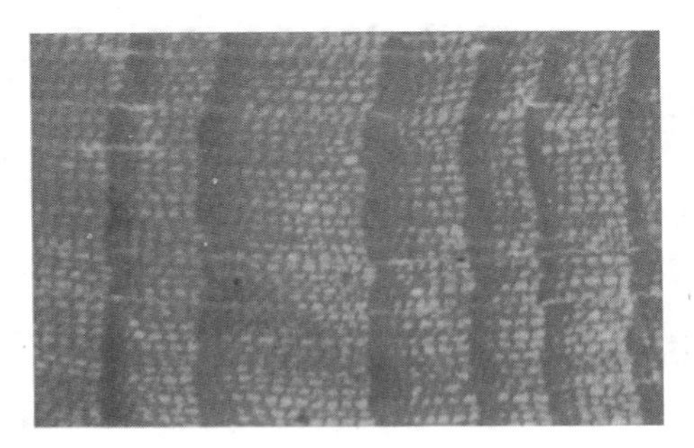

附录 B-1　结构镜质体 1 与树脂体

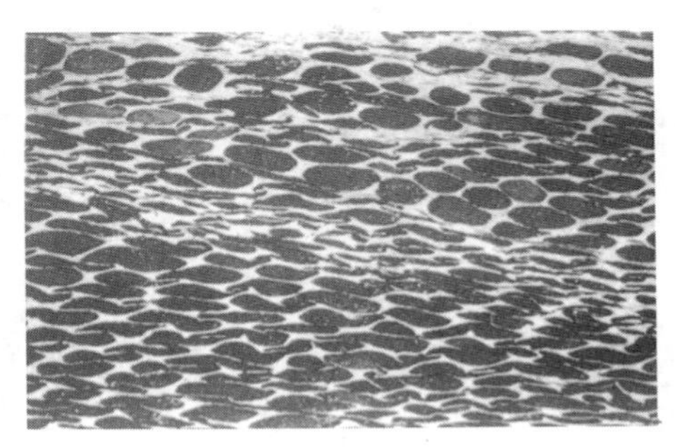

附录 B-2　结构镜质体，细胞腔中充填黏土，油浸反射光

附录 B-3　放射状外生裂隙

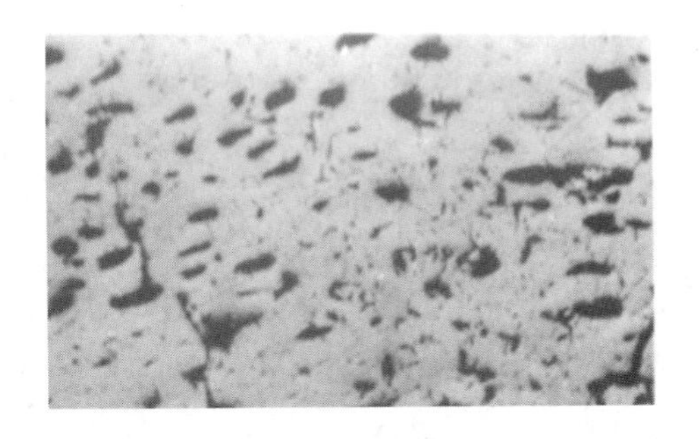

附录 B-4　结构镜质体，油浸反射光

附录 B-5　均质镜质体，透射光

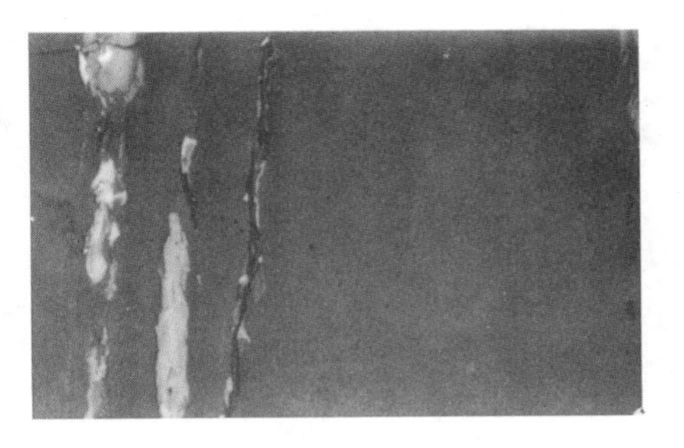

附录 B-6　均质镜质体，油浸反射光

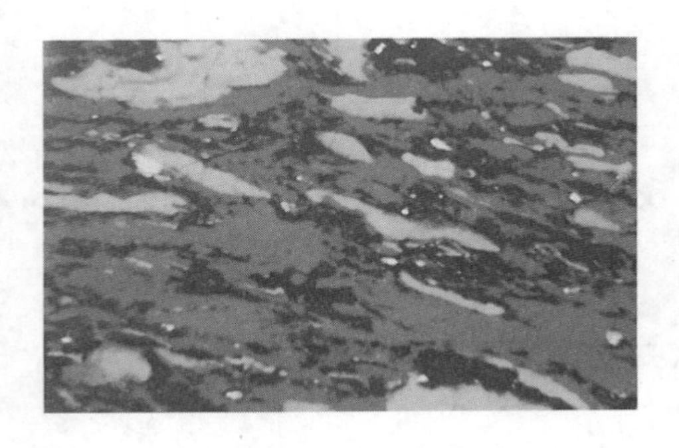

附录 B-7　基质镜质体，树皮体和小孢子体，粗粒体，透射光

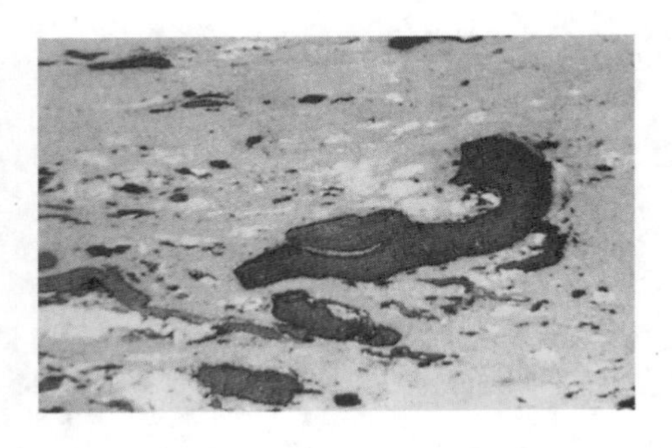

附录 B-8　基质镜质体，树皮体，碎屑惰质体，油浸反射光

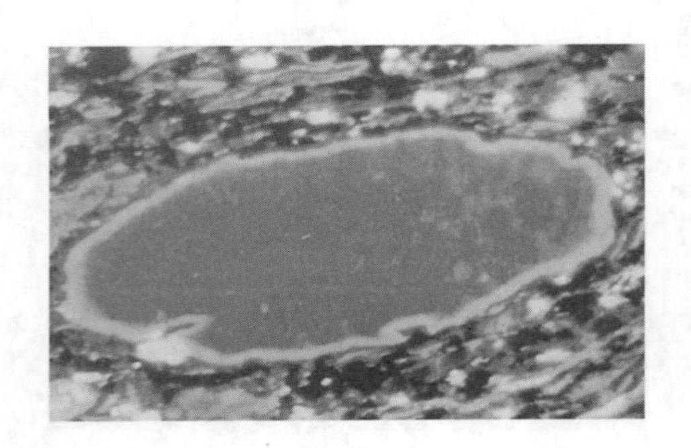

附录 B-9　胶质镜质体，透射光

附录 B-10　胶质镜质体，充填结构镜质体细胞腔，反射光

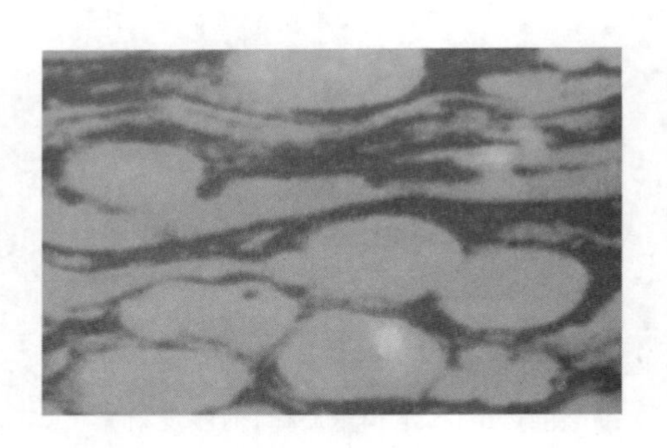

附录 B-11　透射光下，团块镜质体

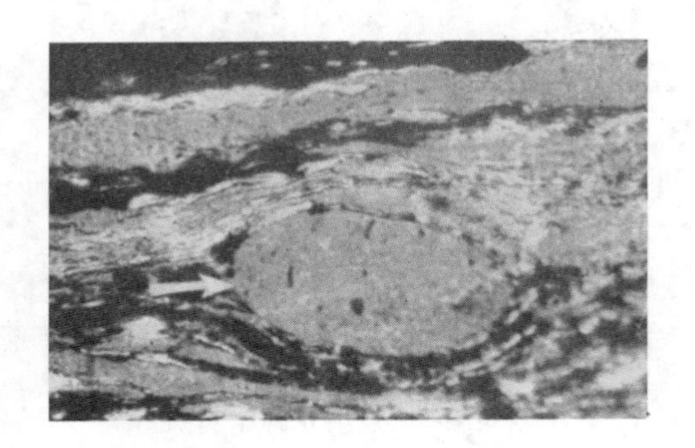

附录 B-12　团块镜质体，油浸反射光

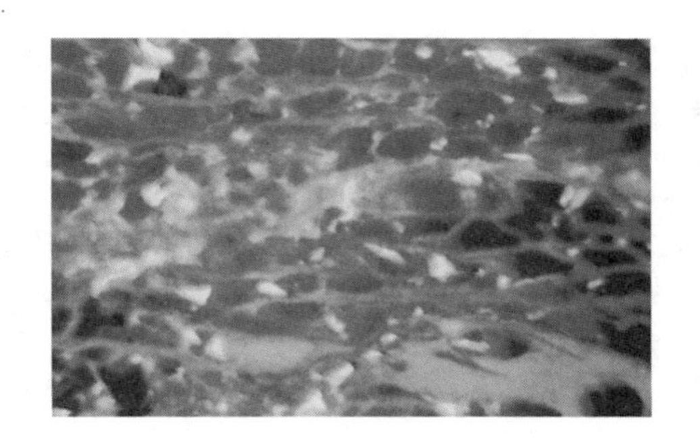

附录 B-13　鞣制体，透射光

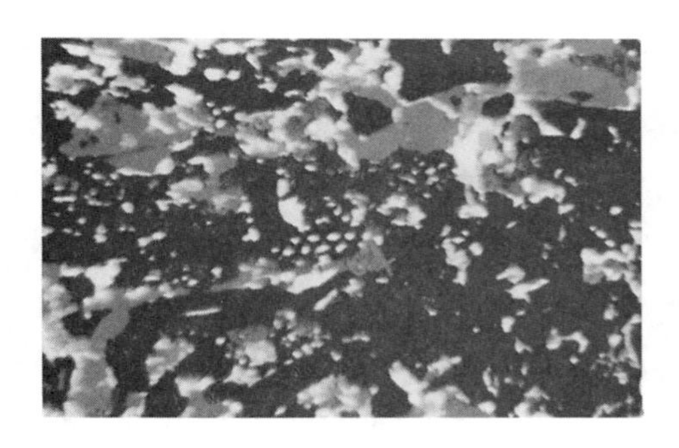

附录 B-14　碎屑镜质体，碎屑惰质体，透射光

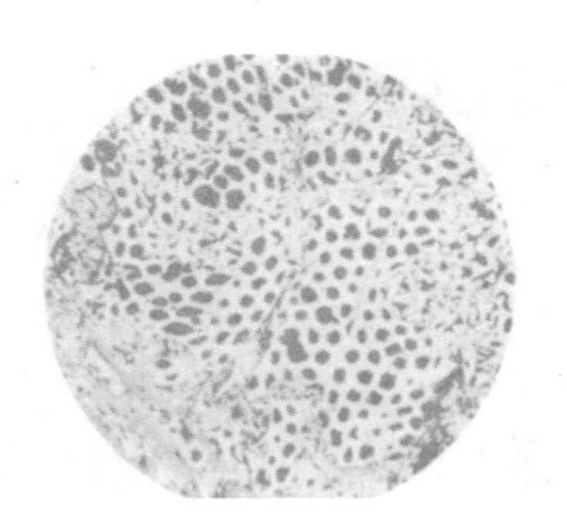

附录 B-15　透射光下，火焚丝质体

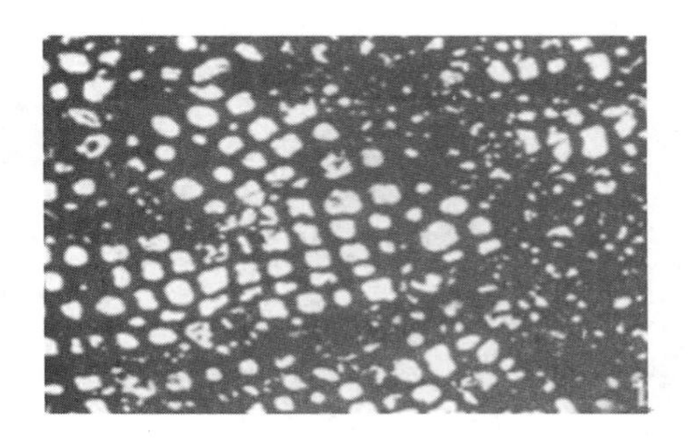

附录 B-16　反射光下，火焚丝质体

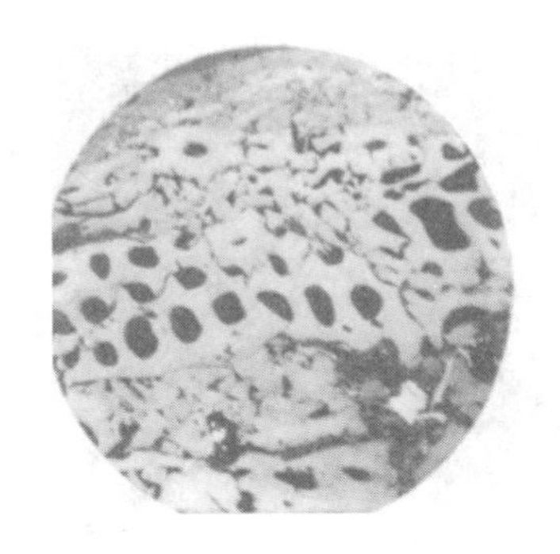

附录 B-17　透射光下，氧化丝质体

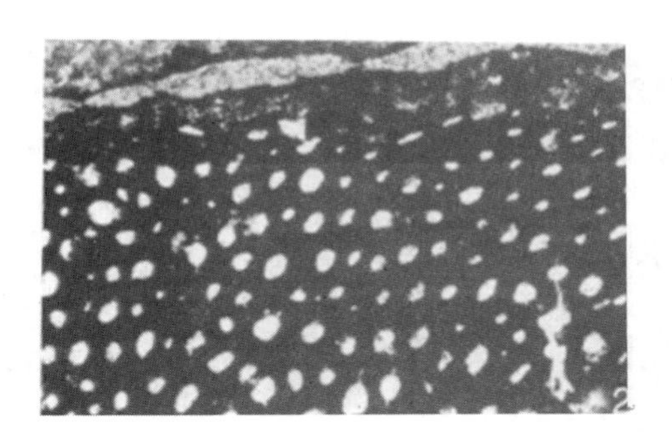

附录 B-18　反射光下，氧化丝质体

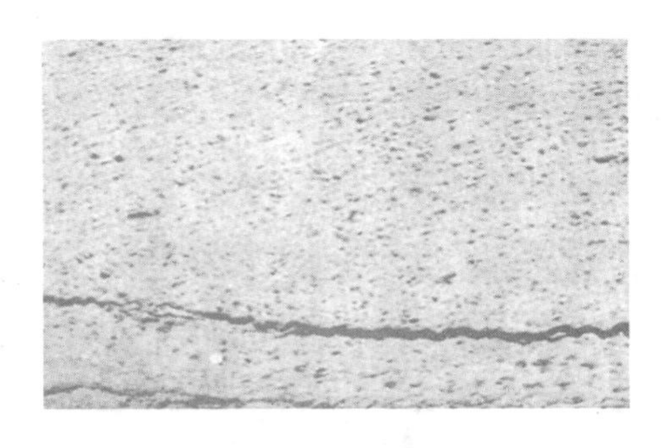

附录 B-19　透射光下，半丝质体

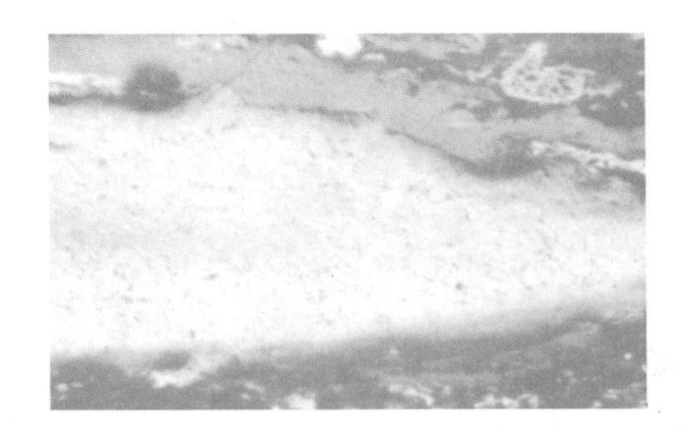

附录 B-20　透射光下，粗粒体

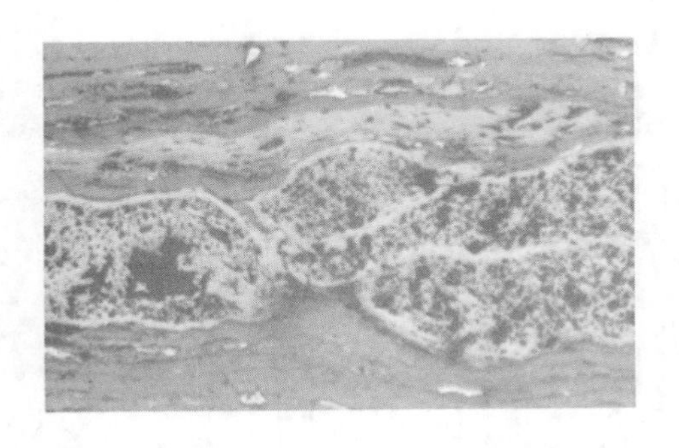

附录 B-21　透射光下，菌类体

附录 B-22　透射光下，微粒体

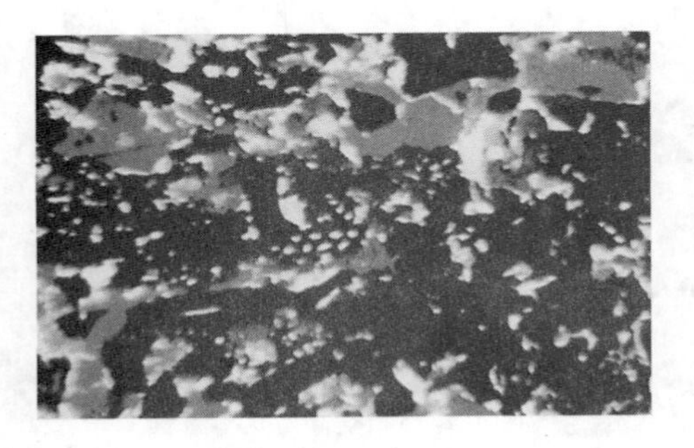

附录 B-23　透射光，碎屑镜质体，碎屑惰质体

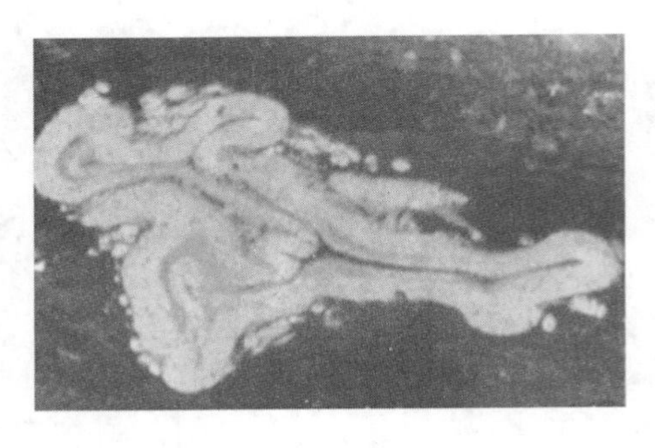

附录 B-24　透射光，大孢子体

附录 B-25　透射光，小孢子体

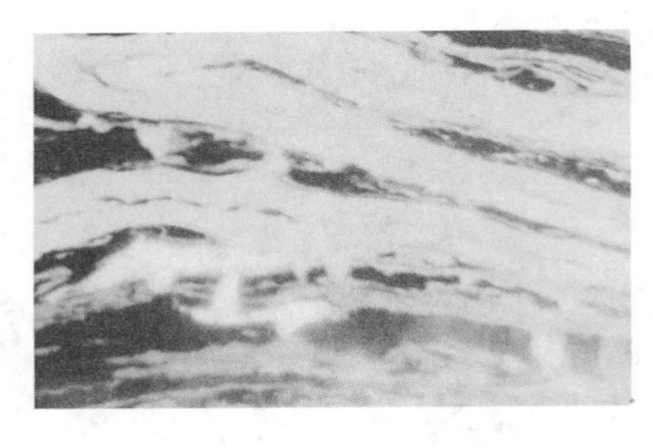

附录 B-26　透射光，角质体

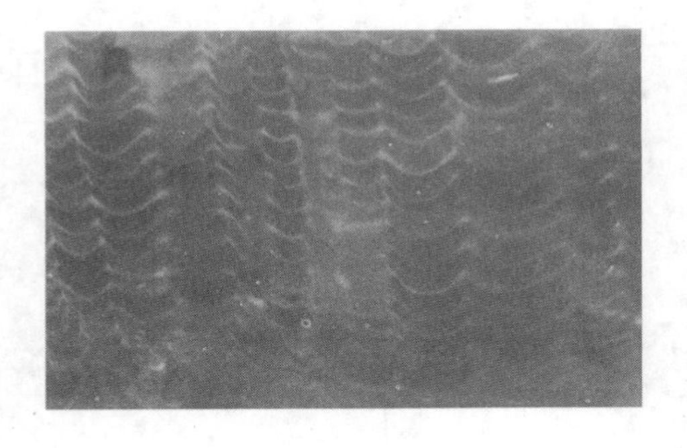

附录 B-27　透射光，木栓质体，包腔充填团块镜质体

附录 B-28　透射光，树皮体，鳞片状结构

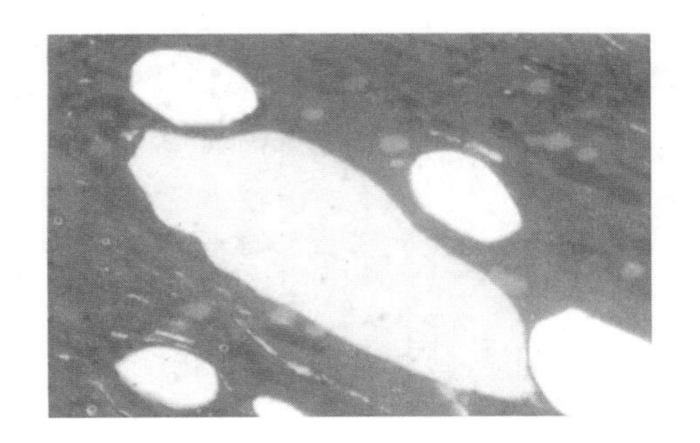

附录 B-29　透射光，树脂体

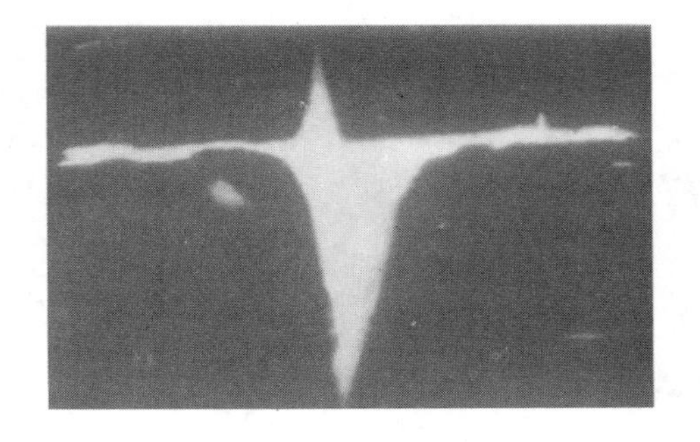

附录 B-30　透射光，渗出沥青体，楔形充填状

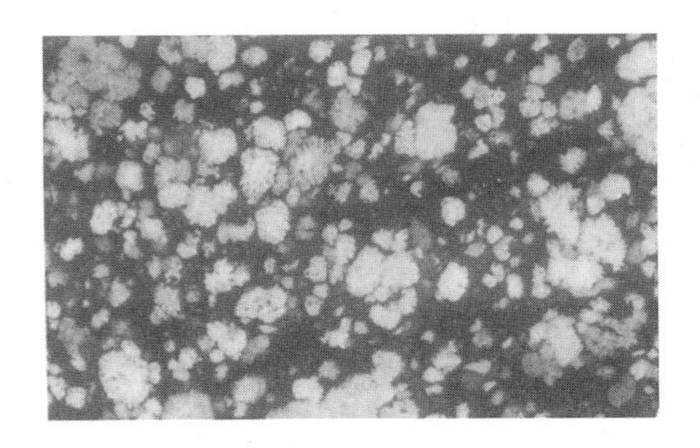

附录 B-31　皮拉藻类体，蜂窝状、菊花状

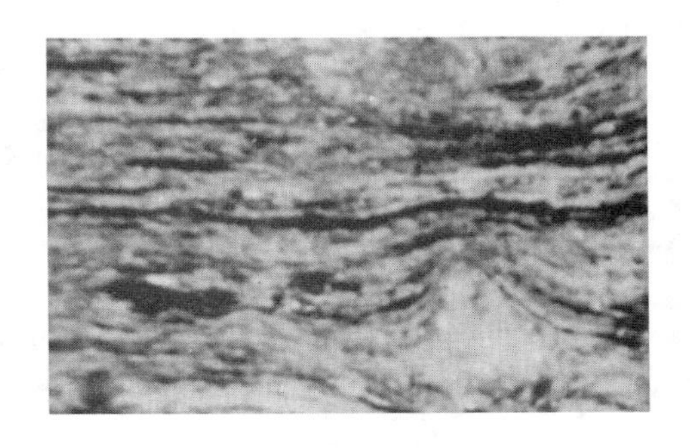

附录 B-32　层状藻类体，沥青质体

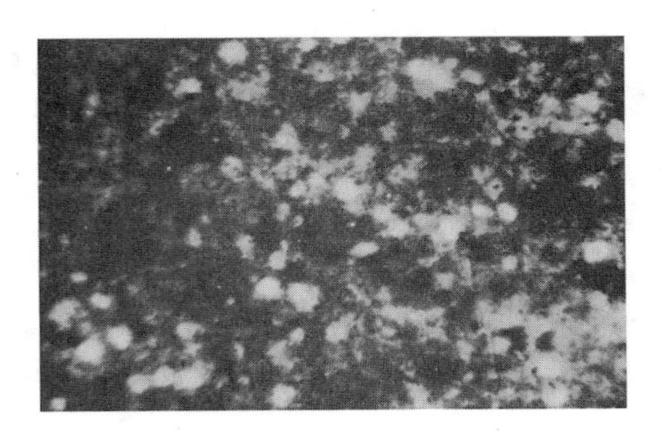

附录 B-33　粒状沥青质体，藻类体

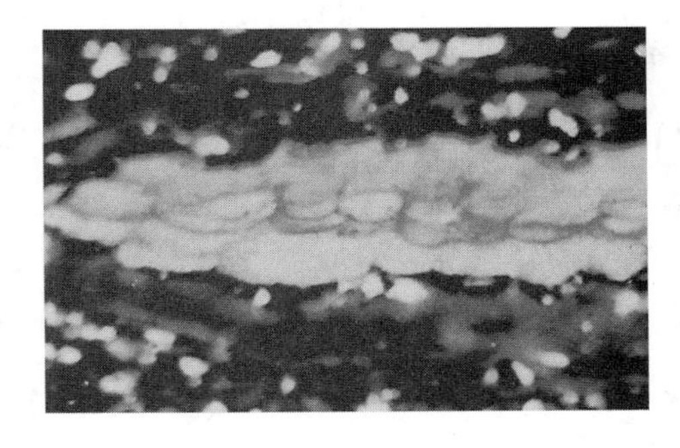

附录 B-34　荧光体，树皮体(叠瓦状)，透射光